学术新视野

当代科学技术论译丛

Scientific Practice and Ordinary Action

Ethnomethodology and Social Studies of Science

科学实践与日常活动

常人方法论与对科学的社会研究

著 【美】迈克尔·林奇（Michael Lynch）

译 邢冬梅

CAMBRIDGE

苏州大学出版社
SOOCHOW UNIVERSITY PRESS

图书在版编目(CIP)数据

科学实践与日常活动：常人方法论与对科学的社会研究 /（美）林奇著 ；邢冬梅译. —苏州 ：苏州大学出版社，2010.9
（学术新视野：当代科学技术论译丛）
Scientific Practice and Ordinary Action：Ethnomethodology and Social Studies of Science
ISBN 978-7-81137-515-2

Ⅰ.①科… Ⅱ.①林…②邢… Ⅲ.①科学社会学—研究 Ⅳ.①G301

中国版本图书馆 CIP 数据核字(2010)第 185239 号

著作合同登记号 图字：10-2009-025 号

Scientific Practice and Ordinary Action: Ethnomethodology and Social Studies of Science (ISBN-13 978-0-512-59742-5) by Michael Lynch first published by Cambridge University Press 1997
This simplified Chinese edition for the People's Republic of China is published by arrangement with the Press Syndicate of the University of Cambridge, Cambridge, United Kingdom.

书　　名	**科学实践与日常活动** ——常人方法论与对科学的社会研究
著　　者	迈克尔·林奇
译　　者	邢冬梅
责任编辑	薛华强
出版发行	苏州大学出版社 （苏州市十梓街 1 号　215006）
经　　销	江苏省新华书店
印　　刷	丹阳市教育印刷厂
开　　本	700 mm×1 000 mm　1/16
字　　数	351 千
印　　张	25
版　　次	2010 年 9 月第 1 版 2010 年 9 月第 1 次印刷
书　　号	ISBN 978-7-81137-515-2
定　　价	46.00 元

苏州大学出版社网址　http://www.sudapress.com

致　谢

尽管是我写的这本书，但是对它的内容我不能完全归功于自己（否则我会感到羞愧）。这本书探讨了发展一种我称之为对科学实践研究的后分析研究方向的可能性。通篇应该清楚的是，这个导向深受迦芬克尔（Harold Garfinkel）对情境性实际活动和实践理性的常人方法论研究的影响（或许该说“感染”）。过去的 20 年，我得益于读解迦芬克尔撰写的大量未出版的手稿并且亲临了许多演讲和讲座，在其中他和他的学生讨论和证明了研究社会秩序产生的新颖的方式。我在这本书中参考的出版和未出版的著述仅仅涵盖我从迦芬克尔及其同事和学生那里学到的一小部分，这其中包括 Eric Livingston，Albert（Britt）Robillard，George Girton，Ken Morrison，Ken Libenman，Richard Fauman，Doug Macbeth，Melinda Baccus 以及 Stacy Burns。我最初理解常人方法论的努力不可估量地受益于亲密的朋友和同事，包括 David Weinstein，Alene Terasaki，Bill Bryant，以及 Nancy Fuller，和他们在一起，我共享了对“哈罗德（Harold）言说的世界中究竟有什么？”这一问题的抢先理解。迦芬克尔也读到了这本书的早期草稿，并且给出了特别的、有用的评注。【ix】

我对常人方法论和谈话分析的不同研究方向的理解还依赖于我从讲座、非正式的数据发布会议以及我与 Melvin Pollner，GailJefferson，Emanuel Schegloff，Anita Pomerantz 和 Harvey Sacks 的讨论中学到的东西。尽管在本书中我批判了一些他们的工作，但我希望这不会影响我对他们的成就的认可。更近一些时候，我对常人方法论以及相关问题的理解得益于和 Jeff Coulter, Wes Sharrock, Bob Anderson, John Psathas, David Bogen, Dusan Bjelic, Graham Button, Lucy Suchman, John O'Neill, Elileen Crist, Kathleen Jordan, Jeff Stetson, Ed Parsons,以及 Edouard Berryman 的讨论和项目合作,我尤其要感谢 Jeff Stetson 的强有力的鼓励和支持,他阅读和评论了这部书稿的早期草稿,并且我所知道的大部分维特根斯坦的著述都
【x】受教于他。无论是在广泛意义上还是在细节意义上,我都受惠于 David Bogen,特别是第六章,包括观点、例证以及合作撰写出版的修改过的相关章节和学术会议发言。尽管相关的章节是“我亲手”写就,但它们与我从许多的谈话和合作研究中得到的那些章节不可分离。

我对这些问题的涉及以及在科学的社会研究中的关键性争论始终受益于与 John Law, Steve Woolgar, Sam Edgerton, Gus Brannigan, Andy Pickering, Trever Pinch, Steven Shapin, Joan Fujimara, Bruno Latour, David Edge, Susan Leigh Star, Harry Collins 及其他我疏于提及的人的合作研究、编辑建议、批判性交流以及许多令人愉快的谈话。对于一种批判性意见交流,我还要感谢 David Bloor,相关的思想我已经吸收进了第五章。尽管在我准备这部书稿的过程中它来得稍迟一点,我还是受益于 1991—1992 年间在圣地亚哥的加利福尼亚大学的科学的文化研究项目的访问教职。在我与 Robert Marc Friedman, Jerry Doppelt 和 Chandra Mukerji 合教的科学史、科学哲学和科学社会学的核心研讨班上,学生和教师们之间的讨论和争论使我大开眼界。

这部书中我所写的许多东西是我从存储文件、手稿以及对各种各样的项目和论文的评述笔记的我的计算机硬盘中挖掘出来的。结果是,这本书的内容中我融合了分别独立发表的几篇论文的部分内容。在这样做的时候,我挑选了与本书的总体目标相关的章节、例证和观点,并相应地作了调整。

我还要感谢加速本书出版的剑桥大学出版社纽约机构的编辑和工作人员,特别要感谢剑桥大学出版社所联系的三位匿名评论者,他们给予了我帮助性的建议和建设性的批评。最后,我要感谢 Nancy Richard,为她对一个社会文本的自私的作者在生活中无数小时充满爱意的支持、耐心和容忍。

目　录
Contents

中文版序言

我非常高兴为《科学实践与日常活动》撰写中文版序言，并且非常感谢译者为之付出的努力。当我在20世纪90年代撰写这本书的时候，我把它作为是由两部分构成的研究的第一部分，并且计划在第二卷进行经验性的案例研究。第一卷（现在也还仅仅是第一卷）对当下科学哲学、科学史以及科学的文化研究流行的主题，主张一种经验性的、但不是经验主义的研究。诸如观察、表征、实验、测量、科学与常识之间的区分以及自然和人工物之间的区分，都是在认识论与方法论中熟悉的论题。但是，借助于迦芬克尔和维特根斯坦，我提出避开这些主题与认识论和方法论联系在一起产生的疑难，并把它们视为常人学研究（ethnographic study）的论题。在那段时间，我完成了几个这类研究，其他的研究也在进行中，但是出于种种原因，我从未把它们在第二卷中集结在一起。我并没有放弃出版第二卷的想法，但同样出于种种原因，这个计划被搁置一旁，我则卷入其他的研究项目，这些项目通常与在波士顿大学、布鲁内尔大学以及康奈尔大学和我一起工作的我的前任学生和博士后助理合作进行。这些研究包括与科尔（Simon Cole）、麦克纳利（Ruth McNally）和若尔达（Kathleen Jorda）合作的关于刑事审判中DNA压型技术的用途的一本书[1]，以及与博根（David Bogen）合作的关于伊朗禁忌听证的证词分析的一部专题论著[2]。这些研究发展了在《科学实践与日常活动》中勾画出的纲领，但它们也还致力于其他的关注。与此同时，我也在继续进行《科学实践与日常活动》中勾画的纲领的研究，这些研究特别体现在与布杰里科

[1] Michael Lynch, Simon Cole, Ruth McNally and Kathleen Jordan. *Truth Machine: The Contentious History of DNA Fingerprinting*. Chicago: University of Chicago Press, 2008.

[2] Michael Lynch and David Bogen. *The Spectacle of History: Speech, Text, and Memory at the Iran-Contra Hearings*. Durham, NC: Duke University Press, 1996.

(Dusan Bjelic)合作进行的关于牛顿光学实验的歌德辨析的项目研究[1]和与马丁(Aryn Martin)合作进行的关于不同的活动环境和政治环境中计数活动的项目研究[2]。

在微观社会学与宏观社会学之间熟知的区分的意义上,这些研究在视野上是微观的(我自己更倾向于称之为"分子的"),因为它们关注的是特定场景中运作的具体的实践。与布杰里科合作进行的研究,包括让读者进行简单的玻璃棱镜或者塑料棱镜的操作。尽管关注的是单个的案例和个人的行为,这些研究还是展示了无处不在的组织性现象。例如,计数和判断是寻常的活动,不仅发生在教室和研究中心,而且发生在许多非学术性场所。计数的操作如何从一个案例到另外一个案例发生变化,受制于特定的偶然性,因此就有必要研究在特定的场景中数字如何产生和使用的问题。这类研究的关键之点不是去揭露从前没有发现的社会活动,或者去展示隐藏力量的真相,而是要使用特定的案例和经历去批判性地重新审视熟悉的认识论主题。

无论是对认识论的研究趋势还是对科学的社会研究的趋势,《科学实践与日常活动》都具有高度的批判性,在这两个领域自 1993 年以来持续发展的同时,这种批判较以往更加适用。由于其自身的原因,谈话分析继续成为一个社会科学的专业领域,这个领域与常人方法论几乎没有什么明显的关联。与此同时,在一些常人研究、谈话分析研究成果继续在《科学与技术研究》上发表的同时,对工作的具体性研究(实验室研究)不再像其从前那样盛行,其实它们也从来没有像传言中那样盛行。对当下的科学、技术与社会(STS)研究而言,对实验室研究的提及,始终注重的是其重要的叙事功能。对活动的常人学研究,受惠于一个既成的观点 ,即科学是在实验室第一线建构起来的。但是,更多的不是去探究这种建构主义观点的诸多成问题的特性,STS 学者们几乎始终不变地把它们视作在几十年前就稳固下

〔1〕 Dusan Bjelic and Michael Lynch,"The work of a scientific demonstration: respecifying Newton's and Goethe's theories of color", pp. 52-78 in G. Watson and R. Seiler (eds.), *Text in Context: Contributions to Ethnomethodology*. London and Beverly Hills: Sage Publications, 1992.

〔2〕 Aryn Martin and Michael Lynch. Counting things and people: the practices and politics of counting, *Social Problems* 56 (2) 2009: 243-266.

来的观点。于是,他们意欲更进一步地推进发展规范性观点和伦理观点的研究局面或者"潮流",并以此介入对于科学和技术的当代争论和关注。在细节上对科学的实践进行持续的研究,于是就似乎是一种对过时的议程的追求,或者更糟,似乎是在享用作用于实际政治变化的STS研究的集体性智慧而逃避一个公民的责任。在规范性的STS研究中,或者在基于STS研究的新的本体论和认识论等肤浅的和野心勃勃的言说中,所缺失的东西是:总的来说,实验室研究的一个教训是STS学者没有"拥有"赋予其研究和争论以生命的那种概念语词、本体论疑问和政治关切。例如,尽管STS的支持者有时也置身于提出政策建议的"专家"位置上,但这个领域本身对于专业性主张几乎没有提供任何有意义的基础。反倒是,那种专业性资源通常来自于学者们所参与的专业的研究领域。作为一个领域,STS对于引发一种有洞见的研究的确能够提供一种激励,但与取自于长期不懈的专业研究领域的资源相比,其能够提供的理论性和方法论的资源相当单薄。在许多要超越常人学研究的言说中(通常在一开始就没有兑现)缺失的东西是:常人学研究的一个关键性要求是要与研究成员提出和陈述问题的方式妥协,这种方式与在学术性社会科学中讨论和争论的方式具有同源的形式。在《科学实践与日常活动》中我主张,取代把STS视为一种新的认识论的基础,我们应该把认识论主题(观察、表征、测量等)视为"认识论话题"。我的康奈尔大学的同事迪尔(Peter Dear)为其历史编撰学研究独立地发展出一个恰当的术语:"认知编撰(epistemography)"〔1〕。为了扩展这个新词,我们可以说:无须创建新的"本体论",我们可以进行"本体论编撰(ontographies)";取代把STS设想为一种伦理学的基础,我们可以进行"伦理学编撰(ethigraphies)"。因此,在这本书中我所希望表达的意愿是:审视认识论的、本体论的和伦理学的关联,如何作为有组织的社会活动的部分得到概念化、陈述和实施。今天,这个意愿保持着和以往一样的确切性。

2010年4月1日,于康奈尔大学

〔1〕 Peter Dear, "Science studies as epistemography", pp. 128 - 141 in J. Labinger & H. Collins (eds.), *The One Culture? A Conversation about Science*. Chicago: University of Chicago Press, 2001.

导 论

没有人会怀疑科学在现代社会中的重要性。科学通常被认为担当着激 【xi】
发技术转换、人口增长以及刻画现代社会面貌的经济生产和资源增效的各种重任。与此同时,似乎又没有人能清楚地说明科学究竟是什么以及科学究竟如何区别于其他的知识形态,科学究竟如何区别于比较普通的理性形态或实践活动,这些问题在科学哲学、科学史以及科学社会学中处于持续的争论之中。争论的参与者们现在甚至开始怀疑:我们把科学视为独立于经济利益、物质文化的内在统一的方法,把科学视为区分不同的亚学科如生物学、化学、天文学、物理学等领域的特殊的技能是否有意义?曾经毫无疑问地确信科学必然与"纯粹"的政治观点、未经证实的猜测以及常识性信念截然不同的观念,已经开始遭受攻击。现如今科学的捍卫者们已经被迫去说明科学何以是无偏见的,或者被迫去解释科学何以不是西方殖民主义的扩展。

在这本著作中,我不打算对这些争论添薪助火,以便去建议我们如何能够发展出一些关于科学、关于科学方法、关于科学与常识之间关系的更确切的概念。我无意解决"科学"的界定问题,无意解决如何使科学区分于其他的理性形式和实践活动的科学分界问题。我所要做的是:尝试一种研究科学的方法并用这种方法去辨析(respecify)[1]那些经常出现在关于科

〔1〕 这个术语来自于哈罗德·迦芬克尔,"Respecification: evidence for locally produced, naturally accountable phenomena of order, logic, reason, meaning, method, etc., in and as of the essential haecceity of immortal ordinary society (I)—an announcement of studies", pp. 10 - 19, in G. Button, ed. *Ethnomethodology and the Human Sciences* (*Cambridge* University Press, 1991). 简要地说,在这些主题中我所理解的"辨析(respecification)",不是对一个术语的意义的重新界定,而是研究在诸如"秩序"、"逻辑"、"意义"等中存在的各种不同活动的逻辑的和实际的相关性的一种方法。

学的讨论中的主题，如“观察”、“表征”、“证明”以及“发现”等。这样一个议
【xii】题，滋生自我自己感兴趣的两个专业研究领域：常人方法论和科学知识社会学，它们通常都被视为社会学的分支学科。

作为社会学的“分支部分”，常人方法论与科学知识社会学是相对较小的研究领域。常人方法论一般被视为是对“微观”社会现象的研究，研究范围是在街道或家庭、商店、办公室等进行的面对面的访问；科学社会学则被认为是对诸多的现代社会建制的其中之一进行研究。在传统的社会学教科书中，二者都没有占据太大的空间。在社会学的核心地带，更多的关注给予了“较大的”社会的和历史的力量，这些社会的和历史的力量引发并维持着经济生产、劳动市场、官僚组织、宗教的和政治的意识形态以及社会阶层的系统运行。在社会科学方法论的明晰划分中，常人方法论和科学社会学也处在边缘地带。两个研究领域都以不使用新近发展起来的数据分析的量化方法而著称。[1]通常二者使用一些“软”的研究模式，诸如历史案例研究、人类文化学研究、访问研究以及文本批判等。

常人方法论与科学社会学恰好也是我自己的两个工作领域，很自然地我会倾向于强调它们的重要性，在本书中我也是这样做的。尽管我认为专业科学社会学家应该更多地关注这两个领域，但我的主要目的并不是要说服社会学家为这个主题分配更多的空间。我更感兴趣的是强调常人方法论和科学社会学之间的跨学科的关联。我认为，这种关联的意义不在于他们都是社会学的分支学科，而是在于二者彼此交织在一起的认识论关注。对于知识生产的研究，它们给出了极具特质的认识论方向。与此同时，它们促进了对科学合理性和技术合理性的结果与本质的当代讨论。

〔1〕 曾经有一段时间，科学社会学家也参与发展了社会计量法在网络分析中的应用。像Nicholas Mullins，Diana Crane，Derek De Solla Price 以及其他许多社会学家，通过系统地再现不同的研究报告之间的引述图式，对不同的科学领域的“无形学院(invisible colleges)”绘制了圣经测量地图(bibliometric maps)。例证可见：Y. Y. Elkman，J. J. Lederberg，R. K. Merton，A. Thackray and H. Zuckerman，eds.，*Toward a Metric of Science：The Advent of Science Indicators* (New York，Wiley，1978).

社会学与跨学科的批判话语

当下，社会学面对着一种非常有趣的整体环境。伴随着为数众多的来自历史领域、哲学领域、文学领域的跨学科的批判讨论的出现，众多学者和研究者开始认同社会实践的突出重要性。因为缺乏更好的术语，在这里我使用跨学科的批判话语(transdisciplinary critical discourse)来言说各种各样的来自哲学、法律、文学以及其他社会科学的反基础主义以及"后什么主义"运动，如后结构主义、后现代主义、后约定主义等。这些运动与对福科(Foucaut)、哈贝马斯(Habermas)、德里达(Derrida)、伽德默尔(Gadamer)、罗蒂(Rorty)、巴塞斯(Barthes)、德鲁兹(Deleuze)、利奥塔(Lyotard)以及先前时代的维特根斯坦(Wittegenstain)、海德格尔(Heidergger)、庞蒂(Merleau-Ponty)、本雅明(Benjiamin)和杜威(Dewey)等著述的挪用和批判密切相关。 【xiii】

尽管公正说来维特根斯坦和海德格尔的遗产最好被认为是反认识论的，但通常认为对"认识论"关注的意义是要把各种各样的反基础主义研究和争论的线索统一在一起。在任何意义上都可以说，在所有的人文和社会科学领域(甚至在一定程度上，在生物学、考古学以及其他的自然科学领域)[1]，伴随着女性主义以及文本批判的其他政治形态的涌现，文本批判

---

〔1〕 参见 Sandra Harding, "Is there a feminist method?" *Hypatia*, (1987) 17 - 32; Donna Haraway, "Situated knowledge: The science question in feminism and the privilege of partial perspective", *Feminist Studies*, 14(1988): 575 - 599; Evelyn Fox Kelle, *Reflections on Gender and Science* (New Haven, CT: Yale University Press, 1984); Alison Wylie, "The constitution of archaeological evidence: gender politics and science", in P. Galison and D. Stump, eds., *Disunity and Contexualism: New Directions in the Philosophy of Science* (Stanford, CA: Stanford University Press, forthcoming) and Atnena Beldecos, Sarah Bailey, Scott Schaert, Karen Hicks, Lori Kenschaft, Nancy Niemczyk, Rebecca Rosenberg, Stephanie Schaertel, and Andrew Wedel (The Biology and Gender Study Group), "The importance of feminist critique for contemporary cell biology", *Hypatia*, 37(1988): 172 - 187.

已经和社会批判融为一体，认识论/反认识论已经深深地文本化、社会学化[1]。社会学关注的传统主题，如种族、阶级、性别、权力、意识形态、技术、符号交流以及语言的社会环境等，已经被遍及整个人文社科领域的数不清的讨论和争论所充斥。

与此同时，这些争论的参与者们似乎极少认为他们的争论值得去参考《美国社会学评论》以及相关的专业期刊的内容。这一点是可以理解的，因为社会学研究成果中最新近的社会学模型以及理性选择理论的最新成果，比互不相干还要更糟。它们是反基础主义的哲学家和文学批评家所极力批判的特定的话语症候群。还有，像种族、阶级、性别这些行业术语，在公共话语中处于极度的争议之中。为了在解释模型中把这些概念视为各种
【xiv】变量，对这些概念需要进行去政治化处理。在当今的政治讨论和学术讨论中，参与者们已经开始限制使用这些术语。

当然，并不是所有的社会学家都沿袭着统治美国社会学研究的科学路线。对社会现象定量的和理性化的研究方法受到许多社会学家的诅咒，社会学领域目前正承受着日益加重的时代危机。像以往一样，危机涉及：社会学究竟应该把自己视为一种新兴的"幼稚"科学，还是应该进行一种更激进的解释性的和人文性的研究？然而即便是这一争论也已陷入在反基础主义那里已经没有地位的旧有的矛盾之中。关于分析的微观尺度对宏观尺度、结构对力量、科学对人文、定量方法对定性方法，是在重述着被当代哲学家和文艺批评家们已经搁置一旁的概念对立。在这些争论的晚些时候，日益增多的社会学家开始接纳后约定主义、后结构主义或解构主义的著述，但是他们的努力似乎总是被视作其他领域早已进行的长跑练习的无力的模仿。在其他众多领域都在经历着"社会学转向"的当今，对于应该作为前沿的社会学的发展来说，这种状况实在是一个绝妙的讽刺。

---

〔1〕 我所谓的跨学科批判话语广泛地被认为是一种"左翼"立场，因为它似乎与那种对政治和文化地位的批判最为相匹。然而，是否真是如此本身就是一个富有争议的问题，一些反基础主义的支持者们强调：认为"激进的"认识论和"激进的"政治是日常事业的一部分，这本身就是一个错误。参见 Stanley Fish，*Doing What Comes Naturally：Change，Rhetoric，and the Practice of Theory in Literary and Legal Studies*（Durham，NC：Duke University Press，1989），p. 350.

由于不同的原因,对于我上述提及的专业社会学研究,常人方法论和科学社会学是一个例外。在常人方法论得到普遍认可之前很久,常人方法论的研究者已经大量吸收了胡塞尔(Hussel)、海德格尔、庞蒂以及维特根斯坦的思想,对于话语以及实践推理(practical reasoning)已经形成了独特的研究,而在新近,科学社会学家也卷入了与科学哲学和科学史学密切相关的"新的运动"。库恩(Kuhn)、波普尔(Popper)、拉卡托斯(Lakatos)、费耶阿本德(Feyerabend)、波兰尼(Polaniy)、汉森(Hanson)、图尔敏(Tulmin)以及新近的哈金(Hacking)的思想极大地影响了科学社会学的当下研究。在相当程度上可以认为,科学社会学家对于在科学的文化研究领域中出现的对跨学科的科学叙述和实践"技能"的研究,贡献不菲。

在跨学科的批判话语中,像其他的贡献者一样,常人方法论者和科学知识社会学家遭遇着"这样一个古老的矛盾,即真理究竟是完全独立于任何地方性的、局部性的见解的东西,还是某种地方性的、局部性的观点显然地渗透其中的东西"〔1〕。通过尝试描述"社会秩序"的成就以及科学"事实"和社会"事实"的建构,他们中间的大多数倾向于后者的立场,即反基础 【XV】
主义。在尝试描述或解释科学的历史发展和当代实践中,他们无一例外地放弃使用关于真理、合理性以及自然实在的超验标准。

尽管常人方法论者和科学知识社会学家非常熟悉当代的各种哲学运动,但与其他的哲学研究和人文研究相比,他们的研究还是更具有"经验性的"特征(无论在什么意义上理解经验性)。他们在特定的社会环境中处理关于行为的研究案例;他们更多地关注细节;他们尝试去描述或解释可观察的(至少是可重建的)事件。鉴于与经验主义和逻辑实证主义的内在关联,诸如经验性观察和解释这样的术语就备受质疑,但是有一点应该清楚,那就是:常人方法论及科学知识社会学的研究和语言使用与实际行为的"实际的"情境极为协调。相比较对现代性的本质和发展进行总体性总结或者对科学家及发明家撰写的出版物进行审视而言,他们的研究更有助于

〔1〕 参见 Stanley Fish, *Doing What Comes Naturally: Change, Rhetoric, and the Practice of Theory in Literary and Legal Studies* (Durham, NC: Duke University Press, 1989), p.5.

我们对语言、科学以及技术的更精细的认识和把握。

伴随着战后哲学的“语言学转向”以及对叙事和实际活动的兴趣的复兴，哲学家和其他学者开始关注传统的关于合理性、实践理性、意义、真理等认识论主题，认为知识不能从广泛而多变的语言和实践的环境中孤立出来，在其中理性由于行动被赋予，规则由于行动被唤起，意义由于行动被明晰，真理由于行动被需要。超越早期的实用主义哲学家和日常语言哲学家的理想化、典型化的研究，当代研究学者更关注各种“实际的”运用。例如，当代的科学哲学家越来越依赖于历史学和社会学的研究〔1〕，而一些长于分析的哲学家则开始向认知科学和人工智能领域寻找灵感与方向〔2〕。

哲学发展的一个方向则特别与我的研究相关，像罗蒂(Richard Rorty)和麦卡锡(Thomas McCarthy)这样的哲学家指出：哲学研究应该吸收文化人类学以及与“语言游戏”的经验研究相关的一些成果。在讨论罗蒂的“新实用主义”中，麦卡锡非常简明地对此进行了总结：“对于合理性和认识论权威的明晰不会来自于各种超验的论断，而是由对知识产生的实际活动的丰厚的人类文化学说明来提供。‘如果我们理解一个语言游戏
【xvi】 的规则，我们就会彻底理解语言游戏的每一步究竟为什么会是那样。’”〔3〕

就像麦卡锡继续陈述的那样，对于情境规则的使用以及对于实际活动的反基础主义研究，常人方法论研究提供了一种特别有效的方法。

〔1〕 例如，参见 Ian Hacking, *Representing and Intervening: Introductory Topics in the Philosophy of Science* (Cambridge University Press, 1983); Larry Laudan, *Progress and Its Problems: Toward a Theory of Scientific Growth* (Berkley: University of California Press, 1977).

〔2〕 参见 Paul Churchland, *Scientific Realism and the Plasticity of Mind* (Cambridge University Press, 1979).

〔3〕 Thomas McCarthy, "Private irony and public decency: Richard Rorty's New pragmatism", *Critical Inquiry* 16 (1990): 355 - 379，引文在第 359 页，引文来自 Richard Rorty, *Philosophy and the Mirror of Nature* (Princeton, NJ: Princeton University Press, 1979) p. 174.

支离破碎的纲领和复杂纷繁的交织

如果我仅仅借助于常人方法论和科学社会学的文献单纯地展示其连贯的内容，本书的写作任务就会相当轻松。遗憾的是，我不打算这样做，因此，在为说明的目的而对二者进行重构的同时，迫使我展开对它们的内在批判。到目前为止，我的描述似乎基本上把常人方法论和科学知识社会学视为就某一论题而言已经明晰统一的学科。事实上事情远非如此。尽管两个领域都非常小，而且大多数从业者彼此都认识或者至少听说过，同时两个领域都各有其特色期刊和公认的标志性著述，但是二者没有任何一种内在统一的认识论信奉。无论是常人方法论还是科学知识社会学，内部都包含着支离破碎的研究纲领，但两个领域又同时在整体的认识论信奉中落脚。实际上在形式主义与反基础主义、价值中立与意识形态化、探索的实证主义与反身性模型之间的这种已经熟知的划分，在常人方法论和科学知识社会学的争论文献中都出现过，而且每一熟悉的观点实际上在语言哲学中、在科学中、在行为中，在这个时候或那个时候都已经得到过挖掘和扩展。

这些交织在一起的解释困难，使得对两个领域，特别是对常人方法论的理解变得格外困难。这种困难在这两个领域的最杰出的工作中表现得更为突出。尝试以一种创新的方式进行常人方法论和科学社会学的研究也同样困难。当下，在根本没有厘清两个领域最基本的思想的前提下，各种各样的研究在常人方法论和"新的"科学社会学的旗帜下进行。结果自然是，在我刻画常人方法论和科学知识社会学时，我必须格外谨慎。事情还不只如此，为了弥合跨学科共同体中两个领域的学者的研究工作，我必须进行大量先期的批判性的准备工作。

常人方法论和科学知识社会学领域中不同纲领的复杂纷繁的交织，也加剧了我的说明的困难。就像我将在第一章要解释的那样，常人方法论在 【xvii】
20 世纪 50 年代末期由迦芬克尔创立，随后作为研究日常话语和实践理性的具有现象学启示的研究纲领而被熟知。从一开始，迦芬克尔和他的同事们就因为其对既成的社会学理论和方法的批判而声名狼藉，然而，他们的批判以及常人方法论研究发展起来的一些理论性主题，却极大地影响了后来的科学社会学的研究和观点。

在20世纪70年代，不列颠的一批学者扩展了知识社会学研究的范围，开始研究“精确”科学和数学领域中知识的社会性生产。早期的科学知识的社会研究主要是纲领性的研究和历史性的研究。但是到了70年代中叶，一些研究者把当代科学实验室视为“建构”或“制造”科学知识和科学事实的场所，他们开始进行一种所谓的“实验室研究”：围绕着一些早些时候文化人类学和常人方法论在研究其他实践活动中发展起来的主题，他们组织起了可观察的研究。

几乎就在同时，但的确是沿着独立的发展道路，迦芬克尔和他的几个学生开始认真地关注实验室的科学家和数学家们的实际活动与话语。尽管他们的这些研究与更大范围的科学知识社会学的研究具有（而且继续具有）亲缘关系，但是，在许多重要方面它们有着显著的不同。要明晰这些不同将会非常麻烦，因为迦芬克尔和他的学生们发展出了在许多重要方面不同于常人方法论纲领的研究。

一般来说，术语“常人方法论”具有其自身的生命。它通常非常随意地被用来描述各种各样的情境性社会实践的人类文化学和解释学研究。在认识到要试图将“真正的”常人方法论研究和各种各样的“似乎是”常人方法论的研究区分开来，会是一件繁琐而无意义并且容易引起内讧的事情的同时，我认为依旧有必要对常人方法论究竟做些什么以及常人方法论会带给我们什么进行澄清。尽管正如我所说的，对于传统的认识论主题，常人方法论和科学知识社会学已经给出了一些独特的经验性研究（尽管必然不会是经验主义的和基础主义的），它们最基本的思想根基依旧被这两个领域的最新发展所波及。就在两个领域的研究成果正开始被科学的文化研究的更广泛领域所认可的同时，科学社会学的建构主义陷入对自身研究的质疑。这种质疑所涉及的通常称为反身性的东西损害了曾经激励对科学的“实际的”活动进行研究的那些原初的力量。

与此同时，尤其是在美国，功能主义社会学和体制社会学的旧有纲领，开始大量吸收建构主义所引发的许多思想,类似的命运也降临在常人方法论的研究领域。就在诸如麦卡锡这样的哲学家和斯坦雷·费什(Stanley Fish)这样的文学批评家认为常人方法论是研究日常话语和实际活动的反基础主义的样板的时候,在常人方法论领域的许多研究已经开始了决定性的基础主义转向。在社会学、语言学和交流研究领域,谈话分析的创新稳定(spin-off)纲领已经成为运用常人方法论研究的样板。对于语言使用的组织过程,谈话分析的形式主义和基础主义特征日益增强,在这个领域中的许多人把迦芬克尔视为一个遥远的"始祖",认为他的基本思想仅仅在历史上具有意义。与此同时,就像我将长篇论述的那样,延续迦芬克尔研究纲领的许多研究,对于形式主义和基础主义研究产生了强有力的替代,这种形式主义研究和基础主义研究一直受到话语分析研究的推崇。 【xviii】

鉴于上述复杂性,我并不想在展现两个领域不同风格的代表思想的意义上进行一种综合分类,从而构建科学社会学和常人方法论的总体观点。我要做的工作具有极强的倾向性和解构性特征。我要强调:常人方法论和科学社会学的研究不仅仅要对传统的认识论和社会理论的主题提供批判性认识,而且要提供一种对常人方法论和科学社会学自身所使用的解释模型与分析模型进行内在批判的力量(leverage)。科学社会学要提供一种针对在常人方法论研究和谈话分析研究中表现出来的科学主义倾向的批判力量;与此同时,对于语言使用和实际活动,常人方法论研究则要提供一种远比在科学的社会建构主义那里所发现的要深刻得多的、更加精细的认识。因此,尽管我已经强调过常人方法论和科学社会学已经为传统的认识论主题贡献了经验性的研究,我还是要倾注极大的精力去探究这两个领域何以能够更加有效地论述这些主题。

同样变得清楚的是:在对实际活动的经验性研究与对话语和实践理性的哲学研究之间并不存在单行道。我不能简单地认为对于认识论问题的讨论,常人方法论和科学社会学提供了经验性的基础,我也不能简单地把这些领域的新近发展归结为一种对其先前思想的哲学信奉。事实上大量的哲学研究都是在经验社会学的旗帜下进行的,而且在触及"现代"或"后

现代"知识[1]状况的时候,哲学家和人文学者们对社会、语言、技术及科学
【xix】 的质疑也毫不逊色。二者之间的系统性区分在于:常人方法论和科学社会学在论及认识论主题时强调不存在说明"经验的"社会学研究的明确标准。结论是:与其说要彻底终结关于意义、合理性、客观性等的哲学争论,不如说常人方法论和科学社会学的实用主义观点与"经验的"研究策略把自身置于这些争论之中。

常人方法论和科学社会学吸收了现象学和维特根斯坦晚期著述的思想,但是,尽管它们的哲学信奉依旧保持着意义,但在任何成熟的意义上,它们的研究是不属于哲学性质的。尽管不存在区分常人方法论与科学社会学所强调的意义和哲学家们基于二者的研究(各种各样的关于语言和知识的讨论说明)所提升出来的经验观点之间的截然分明的基础,我仍然要强调:在处理认识论论题的问题上,常人方法论和科学社会学所具有的既不是通常的哲学意义,也不是通常的社会学意义。

本书的安排

对于我计划随后出版的经验性研究著作,本书给出了理论性的原则。它是常人方法论研究和科学社会学研究的一个述评,目的在于在两个领域之间建立一种批判性的对话。本书的前三章关注社会学领域研究的进展。第一章讨论常人方法论的"发明",并对与其相关的一些主题和研究进展进行一种评述。第二章追踪一种"新的"知识社会学的发展,这种"新的"社会学试图对曼海姆的"非评价性的总体意识形态"的应用进行一个扩展,并最终取代研究科学常态和机制的默顿的功能主义科学社会学纲领。第三章

[1] 例如,参见 Heidegger 的文章,"The questions concerning technology", pp. 3 - 35, in Martin Heidegger, *The Questions Concerning Technology and Other Essays*, trans, William Lovitt (New York: Harper & Row, 1977). 海德格尔提供了一些启发性的概念主题,但是他的声明从如此抽象的高度出发,以至需要一种对科学和技术的历史的更精细的审视。利奥塔(Lyotard)关于后现代状况的大量的赞美性"报告"是另外明显的例证。尽管利奥塔吸收了科学的社会研究的文献,但他的观点确实格外笼统和不那么可靠。参见 Jean - Francois Lyatard, *The Post-Modern Condition: A Report on Knowledge*, *trans*, G. Benning and B. Massumi (Minneapolis, Unpublished of Minnesota, 1984).

对新科学知识社会学的著名纲领,即科学知识社会学的"强纲领"、"经验相对主义"纲领以及文化人类学的"实验室研究"等,进行批判性的讨论。

通过审视与前述章节讨论过的对语言、实际活动、科学以及技术的经验研究密切相关的一些问题,随后的三章扩展了讨论的范围。尽管许多常人方法论研究者和科学社会学家声称他们的研究是经验性研究,不再需要 【xx】
对所研究的问题进行"哲学性"的关注,但我依旧认为我们不能够简单地把与怀疑论、科学主义以及语言表征等相关的时代性问题搁置一旁。这些问题通常被一种实用主义的观点断然性地"解决",这个观点就是:经验发现的积累自然导致"元理论性"的争论的终结。尽管我并不认为对这类问题的特定的解决可以通过对哲学文献的审慎的研究而实现,但我真的认为:对于语言、科学和实际活动,许多常人方法论研究者和科学知识社会学家持有含糊的、自相矛盾的先验概念。作为一个社会学家,我没有资格发展一种科学哲学以克服这类"缺陷",但是我认为通过对当代科学实践进行审视,我们有希望建立一种讨论这些认识论论题的有意义的并且是富有成效的方法。我的建议并不是要采纳一组"新的或改进的"关于语言、实际活动、科学以及知识的假设,而是要说这些或其他的认识论问题如何能够转换为可进行经验研究的论题。当然,这个建议本身就会因为它建立了一个并非能够捍卫的假设,或者因为它设定了一个无穷的递退而遭受批判,但是我要强调,认识论问题完全可以避开一种无穷无尽的怀疑性的"反身性"而得到重新认识。

第四章讨论常人方法论(在一定意义上,还有科学知识社会学)从现象学和存在哲学那里的受益。在对于数学化本质的胡塞尔的现象学说明进行简单的讨论之后,对于专业活动的"地方性生产",本章给出了一个常人方法论的概念。这一章的后半部分对一种已经被吸收进"原型常人方法论"研究的"现象学研究"(特别是 Alfred Schutz 的研究)进行了批判,这种研究在"科学的"分析和"日常"知识之间进行了区分。

第五章审视了在常人方法论领域和科学知识社会学领域对维特根斯坦晚期的语言和数学研究进行研究的意义。这一章讨论对维特根斯坦关于算术规则的怀疑性解释的观点何以已经成为科学知识社会学的一个信条。随后我考察了一些后维特根斯坦哲学中对规则怀疑的批判，我强调正像维特根斯坦的著述瓦解了基础主义哲学一样，与此同时它也使知识社会学的解释目的成为问题。最后，我以提出常人方法论何以能够提供走出相对主义悖论或怀疑的知识社会学的方法而结束了本章的讨论。

第六章我要描述并批判在谈话分析(CA)领域已经建立起来的“分子社会学”的一种纲领。【xxi】谈话分析曾经与常人方法论的关系极为密切，它通常被视为常人方法论的最成功的检验纲领。然而我认为，谈话分析的描述纲领走的是一条与常人方法论以实际活动展开对科学进行研究的导向极为不同的形式主义和本质主义的路径。通过批判性地剖析这些不同，参照谈话分析研究的分析语言和沟通研究战略，本章介绍了将在第七章展开的“后分析的常人方法论”的主张。

在第七章我要阐释我所认为的常人方法论和科学知识社会学所面临的共同问题，即如何避开人们在其间展示偏见、进行纷争的那些术语的纠缠来分析社会实践的特定情境。我认为这个问题根本无法回避，但是这个问题却产生于误解。先入为主地认为存在一个普遍性问题的看法隐含着逃避问题的可能性，而一旦我们认识到逃避的可能性是一种幻觉，问题本身就消失了。我认为：对科学的常人方法论研究提供了一种避免陷入科学主义与主观主义的二元对峙来审视认识论活动的一种途径。

我将在本书勾画出的纲领之上，着手我的后续工作，并且展示一些充分体现后分析常人方法论何以能够说明科学哲学和科学史的特定论题的一些研究和案例。这些论题包括观察、表征、测量、发现和解释。通过这种澄清，我希望能够把这些熟悉的认识论主题视为在变化的实际现象中广泛发生作用的术语。[1]进行这种澄清的目的就是为描述地方性组织起来的认识论语言游戏提供具体、生动的案例，从而丰富对我们称之为科学的复杂的活动领域的深刻理解。

---

〔1〕 针对这个目标的我的初始动机来自于广为人知的迦芬克尔的“蓝皮书”中发表的资源：Harold Garfinkel，Eric Livingston，Michael Lynch，Douglas Macbeth and Albert B. Robillard)，“Respecifying the natural science as discovering sciences of practical action，I & II：doing so ethnographically by administering a schedule of contingencies in discussions with laboratory scientists and by hanging around their laboratories”. Unpublished manuscript，Department of Sociology ，University of California at Los Angles，1989；鉴于包含着许多“蓝皮书”中的观点已经发表，参见 Garfinkel，“Respecification：evidence for locally produced，naturally accountable phenomena”，以及 Harold Garfinkel and D. Lawrence Weider，“Evidence for locally produced，naturally accountable phenomena of order，logic，reason，meaning，method，etc.，in and as of the essentially unavoidable and irremediable haecceity of immortal ordinary society：IV tow incommensurable，asymmetrically alternate technologies of social analysis”，pp. 175－206，in G. Watson and R. Seileress，*Text in Context：Contributions to Ethnomethodology*(London：Sage，1992).

第一章 常人方法论

常人方法论可以简约地描述为一种研究社会实践之间的关系并且说
【1】明这些实践的方法。尽管常人方法论在交往研究、在科学的文化研究、在人类学研究以及在社会科学的哲学研究中都有体现，但它通常被认为是社会学研究的一个亚学科。它与 20 世纪传统的社会理论和社会学方法论的联系既深刻又模糊。它的深刻性在于：对于既往的社会结构和社会行动理论的相关主题所具有的无可置疑的荣耀地位，常人方法论提供了一套独有的陈述方法。它们包括行动、秩序、理性、意义、结构以及其他。在涉及常识推理和科学分析的关系问题的方法论争论中，这些主题也同样突出。它的含糊性在于：对于这些基础性主题的常人方法论方向，使得常人方法论与大多数社会科学领域的成熟的理论和方法论大为不同。〔1〕

常人方法论与社会学的关系很难描述和理解。许多常人方法论研究者工作在社会学系，在这个意义上他们是社会学家，但是，常人方法论最让人“愤怒”的研究策略之一，是它把产生关于社会结构知识的“专业的”社会学方法与作为社会学家对社会研究的一部分的“非专业”知识并置在一起。作为一种研究策略(如果不是个人行为的话)，常人方法论以严格的无差异

〔1〕 关于这些问题的长篇论述，参见 Graham Button 等编著：*Ethnomethodology and the Human Sciences* (Cambridge University Press, 1991).

性对待职业社会学研究的“不同领域”[1]。由于把专业的社会学方法和非专业的方法基本上视为同样的研究领域，常人方法论者使自己远离了社会学学科的生活形式，正是在这种学科生活形式中，常人方法论的社会学同僚们处理着他们的专业事务。不难理解，为什么他们的同僚们会对他们产生“愤怒”的反应，也不难理解一些家庭对那些扮演成陌生的家庭成员进行 【2】
常人方法论所谓的“毁损试验”的学生们表现出的极端的愤怒:“你们是不是必须要在我们和谐的家庭中制造摩擦?”“我们再也不要出自于你们的任何东西！如果你不能敬重地对待你妈妈，你最好搬走！”“你知道，我们不是老鼠！”[2]

究竟是什么促生了对专业如此这般不协调、不敬重的“态度”[3]？从不同的事例中可以得出不同的答案。但是，对于我们其中的大多数人来说，它与这样一种组合相关，那就是:社会学家讨论的相关主题的深刻意义与对这些主题进行专业社会学分析时发生的对这些主题意义认识的深刻差异的结合。这种差异不仅仅源于众所周知的社会学分析程序的“松散”或者是基于这些分析程序产生的推论的非确定性，就我自己的判断，它更多地与社会学观点和方法被设计为对一系列主题，如家庭、宗教、暴乱、性别关系、种姓和民族、阶层体系等进行统一的处理相关。当然，对于这些主题存在着大量的经验研究的空间，但是，20 世纪晚期社会学的主导倾向是把整个社会现象归置于一种整体性概念框架之下，这种概念框架定义了一

---

〔1〕 常人方法论的无差异性策略，在 Harold Garfinkel and Harvey Sacks，“On formal structure of practical actions”，pp. 337 - 366，J. C. Mckinney and E. A . Tiryakian eds.，*Theoretical Soceity：Perspectives and Developments*（New York：AppletonCentury-Crofts，1970），H. Garfinkel eds.，*Ethnomethodogical Studies of Work*（London：Routledge & Kegan Paul，1986）pp. 160 - 193 中均有讨论。我对常人方法论的无差异性策略的论述则在本书的第四章。

〔2〕 Harlod Garfinkel，*Studies in Ethnomethodology*（Englewood Cliffs，NJ：Prentice-Hall，1967）pp. 48 - 49.

〔3〕 出于修辞学的考虑，我以似乎是所有的常人方法论者都向他们的同事们表现出的同样的极端态度的方式，展现我要讲述的故事。事实上，自己把自己确认为常人方法论者的人以各种不同的方式适应着各自的学科环境。可以把这些适应比做被收容到机构或者环境中避难的各种观点和立场：公开地反抗、携手并进或者尽最大可能与环境友好。可参见 Erving Goffman *Asyums*（Garden City，NY：Doubleday，1961）。

套适用于把社会作为一个整体对待的分析体系。[1]结果是，当被视作可以参照一套确定的社会学变量、并用基于确定变量变化情况的统计程序进行分析的一系列案例时，家庭生活的相似层面、宗教体验、经济活动、日常生活等就变得平淡无奇了。社会学也包括所谓量化的和微观的研究，但是这种研究的一般倾向把这些具体的过程视为基础的或者是低等级的要素进行处理。在这种研究中，描述的导向通常取决于：这些被研究的对象表现
【3】 出的可观察的细节是否或者如何"反映"出隐藏在背后的抽象的社会"力量"的作用。对于社会学的主导理论和方法论的导向而言，这一点是明确的，那就是：社会学具体体现了逻辑实证主义科学哲学所描述的统一的科学的形象，它传递出体现着自然科学研究实质的具有进步性、权威性的科学图景。

关于社会学是否应该具有自然科学特性的争论至少已经进行了一个世纪，争论中反对社会学的科学主义的一方在很久以前就已经落败，尽管作为少数人的观点，它们的立场一直持续到今天。然而，通过仔细地研究社会学实践和日常语言的关系，以及通过这种研究提供的一种新的对社会学科学主义的经验反驳，常人方法论在这个经典的争论领域开辟了新的前沿，以致不再适合把这种争论仅仅看做是"单纯的"哲学争论。当科学的社会建构主义者和一些常人方法论者把注意力转向自然科学的"真实的"实践，并且发现(至少他们声称发现)科学研究的逻辑实证主义观点是关于科学实践的一种理想化并且基本上是错误的观点时，在20世纪70年代，一个新的战场又被开辟出来。这些研究远非确定，并且这些研究的许多思想中依旧保留着对既成的社会学传统的敬重，但他们的确为社会学对科学概念的分析带来新的麻烦。首先，他们使牢固地生长于社会学教义中的有关科学理论和科学方法的许多假定"问题化"；其次，他们挑战了社会学研究中

〔1〕 这种研究方式来自于关于社会活动和社会体系的帕森斯(Talcott Pasons)的社会行为和社会系统理论。帕森斯的"结构功能主义"纲领的主导思想在20世纪60年代晚期走向衰微。今天的许多社会学家把它视为不复存在的东西。然而，在更大的范围内，帕森斯式的科学概念以及关于社会秩序的基本的导向在概念语汇中、在当代社会学教科书关于理论和方法的讨论中，还保存着相当活力。

的这样一种倾向，即认为科学活动的“社会性方面”在分析意义上有别于科学实践活动的“具体的”、“内在的”细节。

现在，我想搁置一下科学知识社会学如何与既成的社会学理论中关于科学理论和科学方法的社会学概念冲突而展开的更广泛的讨论。在这一章的剩余部分，我要展现一下常人方法论的历史，以便引介在本书随后的章节中出现的一些特别的研究策略。就像在导论中所提及的，我要达到的整体目标是要在科学实践和由常人方法论者与科学社会学家的研究发展起来的日常语言的使用之间建立一种批判性联合。反过来，这又将为“重新刻画”认识论和社会理论的一些重要主题提供一套新的说明。

常人方法论的迦芬克尔创造

与社会学其他领域的发展不同，常人方法论可以追溯到一个比较明确的起源。迦芬克尔被普遍认为是常人方法论的“奠基人”，尽管他自己时常开玩笑说他繁衍了“一群乌合之众”。在 20 世纪 50 年代中叶，他打造了常 【4】
人方法论这个术语。但直至 60 年代中叶，在他自己以及他的学生们的数部相关著作出版之后，这个术语才被熟知。在 20 世纪 60 年代末的一个专题研讨会期间，他在芝加哥大学为针对陪审团意愿问题的多学科研究准备系列报告的同时，再次说明了常人方法论这个术语是如何产生的。

> 我对这样的问题产生了兴趣，即陪审员使用某种知识的特定方式，社会运作的各种事务由这种方式组织起来，他们在彼此需求中自如地吸纳这些知识。但是，他们在彼此需求中吸纳这些知识的同时，似乎并不是以相同的方式吸纳这些知识。作为陪审员，他们并不像科学家那样以科学家的方式行事。他们更关心这样的事情：恰当的说明，恰当的描述，恰当的证据。在他们使用“共识性”概念时，他们想要的东西并不是“共识性”的。他们想要合法，他们在言说合法性，与此同时，他们还要公平。如果你极力要求他们说明什么是他们所理解的合法，他们立即会谦恭地说：

“哦，我不是律师，我真的不能确切地知道、也不能确切地说出什么是合法。毕竟，你才是律师。”所以，如果允许的话我可以这样说，你必须以非常有趣的方式接受那些具有明显的方法论意义的事情，如你必须在“事实”与“想象”，“观点”与“我的观点”、“你的观点”，“表面上我们所说的东西”与“证据所表明的东西”，“我们会强调什么”与“他事实上说了什么”以及“你自己认为他说了什么”与“他似乎是说了什么”之间进行比较。于是你就有了“证据”与“重点”这些概念，有了相关性、真的与假的、公共的与私人的、方法程序的以及其他的一些概念。与此同时，通过这些概念在不同的成员中、在陪审团中、在既定的情境中的使用，整个事件得到驾驭，陪审团意愿最终达成。这个工作的过程绝对是严肃的。〔1〕

正如迦芬克尔所阐释的那样，陪审员自己在收集和认定证据、在依照某种方法突出重点或者在对于事实或观点作出判断过程中，会不借助于职业的或者专业领域的知识，基本上是以一个实践理性者的方式行事。无论如何，在达成他们的意愿、在他们以自己的方式行事过程中，他们所凭借的熟悉的陈述“方法”与他们所讨论的证据密切相关。与社会人类学中各种
【5】各样的“日常科学(ethnosicence)”类似，迦芬克尔指出：“常人方法论”将会是研究实践理性中大量的无人教授的方法的路径。早在20世纪40年代晚期在哈佛大学社会关系系攻读博士学位期间，作为一个人类学学者，迦芬克尔已经在发展“日常科学”研究的方向上付出了最初的努力。几年后，在芝加哥研究陪审团课题时，他研读了这个研究领域的各种综述，并且产生了发展一种“常人方法论”的思想。日常科学，包括日常植物学、日常医学、日常物理学等，都旨在揭示植物、动物、医药、色彩以及其他语义的特定的

〔1〕 In Richard J. Hill and Kathleen Stones Crittenden, *Proceedings of the Purdue Symposium on Ethnomethodology* (Purdue, IN: Institute for the Study of Social Change, Department of Sociology, Purdue University, 1968), pp. 6 - 7. 这个摘录重印在 Harold Garfinkel, “On the prigins of the term ethnomethodology”, pp. 15 - 18, in Roy Turner, ed., *Ethnomethodology* (Harmondsworth: Penguin Books, 1974)。还可参见 John Heritage, *Garfinkel and Ethnomethodology* (Oxford: Polity Press, 1984), p. 45.

文化分类起源，勾画它们，并以此对抗与之对应的由科学知识刻画的图景。例如，日常植物学研究植物的“原始”分类[1]，就是为区分不同形态的植物，文化性地设定了不同的命名体系，包括系干和植物类别之间的层级关系。在基于原始信息展现了这些分类之后，日常植物学研究者将这些分类与当代植物学家的植物分类进行比较。原始分类与科学分类之间的差别，可以解释为由原始习俗、庆典活动以及组织亲缘关系的特质引起。与之类似，常人方法论将对人们处理他们的实际事务的日常“方法”进行研究。常人方法论和其他日常科学研究的关系则需谨慎对待，因为在它们之间存在着显著的差异。[2]

(1) 在广义的认识论特性意义上[3]，迦芬克尔刻画了陪审员方法论。在断定证词的真实性以及在正确地解释证据的过程中，陪审员方法不能与法律体系中的专业的法律程序相比照，也不能与实验科学方法或者其他科 【6】学方法保持基本的一致。建立在“事实”、“原因”、“证据”等之上的陪审员意愿是通过职业法官和科学家也在使用的自然语言来表达的。但是，陪审员的方法运用却不能严格地与自然科学和其他人文科学的专业方法符合。这样，严格来说，迦芬克尔的常人方法论并不属于日常科学，因为它没有严

〔1〕 关于原始分类，常人方法论保留了一些 Durkheim 和 Mauss 的旨趣。可参见 Emile Durheim and Marcel Mauss, *Primitive Classification*, trans J. W. Swain (London, 1915). 基于日常科学研究的关于具体性的科学的更一般的讨论可以参见 Claude Levi-Strauss, *The Savage Mind* (Chicago: University of Chandra Press, 1966) Chap. 1，随后这种研究的一部分成为认识论人类学的内在组成。参见，Charles Frake, “The diagnosis of disease among the Subanum of Mindano”, *American Anthropologist* 63(1961): 113 - 132; Harold Conkin, “Hanunoo color categories”, *Southwestern Journal of Anthropology* 11(1955): 339 - 344; Williamc C. Sturtevant, “Studies in ethnometholodgy”, *American Anthropologist* 66(1966): 99 - 131; tephen Taylor ed. *Cognitive Anthnopology* (New York: Holt, Rinhart and Winston, 1969).

〔2〕 参见 Harvey Sack 关于常人方法论和日常科学的区分的评论，见 *The Purdue Symposium on Ethnomethodology*, Hill and Crittenden eds., pp. 12 - 13。

〔3〕 Garfinkel 发展出的这个方向可描述为“认识论的社会学”。可参见 Jeff Coulter, *Mind in Action* (Oxford: Polity Press, 1989) p. 9. “认识论的社会学”的思想承担着使陪审员工作过分智力化(overintellectualizing)的风险，但它却的确能够使我们看到：Garfinkel 通过把陪审员的工作确认为日常发生的散乱的和实际的活动，重新刻画了认识论中的重要主题。这些主题我们可以从 Garfinkel 和他的学生们在关于科学的研究中挑拣出来。(参见本书第七章)

格地基于科学方法论的模式。[1]与之对应,迦芬克尔把陪审员的常识方法视为有其自身合理性的一种现象。这里,他显然受到舒茨(Alfred Schuts)对社会世界的现象学阐释的影响。[2]

(2) 迦芬克尔并不是想发展一种对日常方法的分类学,也不是要尝试去限定特定的科学领域和原始的文化领域的语义范围。常人方法论所针对的现象不是陪审员处理方法论问题时的命名体系。常人方法论要做的是:陪审员如何在达成他们的意愿的过程中完成其方法论的抉择。对迦芬克尔来说,这些"方法"包括社会秩序产生过程中所有外行的和专业的实践范围。把这些方法作为一种题材,迦芬克尔提出一种不仅仅涉及原始分类的专门领域(如关于植物、动物、色彩、亲缘关系等),而且包含整个社会活动领域的研究理论。

(3) 具有"原始"色彩的陪审员并不是异域文化中的成员,他们是接受各种各样教育并和迦芬克尔生活在同一个世界的说英语的人们。对于迦芬克尔来说,研究陪审员在达成意愿过程中行事的方式和程序,并不需要学习一种特化的语言,也不需要任何像日常植物学和日常医药学研究所必须知晓的特殊的园艺知识和特定的医药技艺那类东西。事实上,这样和那样的陪审员的实践理性,在直觉上就是透明的,以至于它非常容易被芝加哥陪审员研究项目的其他研究人员所漠视。这些研究人员最想要的是挖掘出隐藏在这些意愿背后的真正推动陪审员们的东西。迦芬克尔准确地举例介绍了陪审员项目研究中与之相关的一段轶事:

> 1954年,斯多特贝克(Fred Strodtbeck)受雇于芝加哥大学法学院,他的工作是对取自于配备有窃听装置的陪审员工作室的有关陪审员意愿达成过程的录音磁带进行分析。希尔斯(Edward Shils)是雇佣他的那个委员会的一名成员。当斯多特贝克向法学

---

〔1〕 在某种意义上,常人方法论的许多方面还是能够比照的,因为现代音乐的任何单一的样式都无法提供衡量原始音乐实践的尺度。

〔2〕 参见 Alfred Schutzs, *Collected Papers*, vols. 1 and 2 (The Hague: Nijhoff, 1962, 1964)。我在本书的第四章对 Garfinke 思想与现象学之间的关系,作了更详细的说明。

院的一位员工建议他们应该使用 Bales 相互作用过程分析时，希尔斯则抱怨说："借助于 Bales 相互作用过程分析，我们将会知道他们的意愿何以使他们成为一个小的团体，但是我们想要知道的是他们的意愿如何使他们成为陪审团……"斯多特贝克与希尔斯的应答可以确定：希尔斯正在问一个错误的问题！[1] 【7】

斯多特贝克的回答，即"希尔斯正在问一个错误的问题"，提醒我们注意持续争论到今天的关于实际活动的社会学研究的困境。Bales 相互作用过程分析是曾经广泛使用于社会心理学研究的一种"内容分析"方法[2]。在运用这个分析程序时，分析者观察一个相互作用事件（现场的或者是录制在磁带上的），在观察的同时，他或者她在一个分类目录中选择一个进入路径对观察到的内容进行"编码"，并且决定某一个特定的发言者的谈话"支持"谈话中的另一派。斯多特贝克推荐使用 Robert Bales 程序，把数小时的意愿达成录音缩减至可管理的、可进行统计分析的数据库。希尔斯的抱怨表明：Bales 的编码图式能够促成研究者建构一种数据，传统的社会学方法可以"驾驭"这种数据，但使用这种数据分析时，不能很好地表明陪审员对"特定的方法"使用时的情境特性。如果斯多特贝克和希尔斯的抱怨是认真的，除了他们已经拥有的常识以及对录制的"原始材料"特定的理解之外，他们将没有任何方法论基础可以依凭。无论如何，迦芬克尔非常认真地对待希尔斯的抱怨，这样他把斯多特贝克的回答中回避了的困难接手过来。

(4) 对界定和认定什么是陪审员方法，还没有任何自然科学和社会科学能够提供可比照的基础。日常植物学家通常设定一种基于地域研究的相对完整的科学的植物分类体系，或者简短地说，通过对实验室研究中作

---

〔1〕 参见 Harold Garfinkel, Micheal Lynch and Eric Livingston, "The work of a discovering science construed with materials from the optically-discovered pulsar, *Philosophy of the Social Science*, 11(1981):131－58，引文出自 p. 133.

〔2〕 参见 Robert Bales, *Interactional Process Analysis: A Method for the Study of Small Group* (Reading, MA: Addison-Wesley, 1951).

为原始信息的物种分析结果的处理，开启自己的研究起点。凭借手边的科学的分类系统，植物学家可以咨询植物类别的原始分类系统，搞清楚这个系统是否包括每一个基于有效的科学分类的物种的名称。这样做，植物学家就会发现：同一物种中对于雌性和雄性在形态学上的差异是否在原始意义上就被指派为彼此不同，以及这种原始的分类是否包含有科学的分类系统所没有的特质或者完整系干。在一块根茎出于医药目的被使用的情境中，或者在某种植物被禁止食用的情境中，实验室分析可以用来断定这种
【8】 植物"真实的"生化组成和生理学效应。与之形成对比，基于迦芬克尔随后命名为"常人方法论无差异性"的研究策略，他和他的学生们不做这样的假定，即存在特定的一组方法论处置方法能够担当界定"支撑并隐藏"在原始方法之下的理性的标准。这种研究策略，是对那个时代占统治地位的韦伯和帕森斯社会学理论中行为理论的一种决裂。尽管马克思·韦伯的行为理论相当复杂，并且对不同形态的理性和非理性行为设定了社会性的合法地位〔1〕，而且还基于一个全能科学观察者的理想化的"观点"对其提出了一套描述性方法：

> 当我们采纳一种包含有各种形态(types)建构的科学程序，通过把它们表征为对理性的目的性行为的纯粹形态的某种"偏离"，我们就能够对影响行为的各种非理性的、感情用事的行为的意义进行研究并进行充分的说明。例如，对股票交易中恐慌情绪的解释，首先，也是最便捷的，就是要决定如果相关个体不受非理性的情绪化冲动的影响，他或者她将如何行事；然后，这些非理性因素可以被解释为某种"骚动"。类似地，当涉及政治或者军事领域，那么首先就是要决定，如果与行动相关的所有的环境信息和所有的意图都被掌握，如果所选择的、基于有效的经验证据所采纳的手段非常理性而有目的地得到实施，那么行动将如何进行。只有

〔1〕 参见 Stephen Kalberg，"Max Weber's types of rationality：cornerstones for the analysis of rationalization process in history"，*American Journal of Sociolog*，85(1980)：1145－1179.

这样，才可能对非理性因素导致的行为的偏离进行因果说明。〔1〕

这段文字中第一人称代词的复数形式表明：叙述者的语气显示的是假设的一个科学观察者的观点。为了使行为在复杂的历史领域得到"充分的可理解性"，"我们的"描述必须有一个非同寻常的视角和特性。与这种视角与特性相一致，我们需要建构一种作为科学之科学的社会学，这种科学能够对无限环境中的单独事件提供完全的判断。我们可以想象一下，在滑铁卢战役中，"如果与行动相关的所有的环境信息和所有的意图都被掌 【9】握"〔2〕，什么样的行动会被实施？公平地讲，韦伯的占据着一个语法位置的"我们"是由处在一个相当明晰的理论背景中的某种全能的圣明控制着的。〔3〕

尽管帕森斯（Talcott Parsons）使他的自愿行为理论区分于理性问题的实证主义和功利主义版本，他的社会行为理论依旧保留着与它们相似的理想化的科学观察者的判断立场。像韦伯一样，帕森斯承认行为应该被社会性接受的、合法的标准所统辖，而不是被由经验科学证实的东西所钳制。就像他所界定的那样，"直觉上的理性的"行为依附于科学地证实了的标准，并且这种行为方式只能处在被规范地导引的更广泛的社会行为的附属层面。帕森斯从未放弃过基于对选择过的科学观察者的情境知识和对真实情境进行理想化处理而产生的理论杠杆的作用。帕森斯用持续不断地获得的特定情境中可变的经验知识里存在的想象的可能性作为标准，并借

〔1〕 Max Weber, "The nature of social action", pp. 7 - 32, W. G. Runciman, ed., *Weber: Selections in Translation* (Cambridge University Press, 1978)，引文出自第9页。还可以参见 Weber, *Economy and Soceity*, G. Roth and C. Wittich, eds. and trans(Berkeley and Los Angles: University of California Press, 1978) p. 6，以及 Jurgen Habermas, *The Theory of Communicative Action*, vol. 1, Thomas McCarthy trans(Boston: Beacon Press, 1981), pp. 102 - 103.

〔2〕 可以通过读解 John Keegan, *The Face of Battle: A Study of Agincourt, Waterloo and the Somme*(New Tork: Viking, 1976)来理解这些复杂性。

〔3〕 James Edwards, *The Authority of Language: Heidegger, Wittgenstein, and the Threat of Philosophical Nihilism* (Tampa: University of South Florida Press, 1990).

此区分和界定涵盖在行为的概念体系中的主观性因素和规范性标准。[1]

在帕森斯的指导下迦芬克尔完成了他的博士论文[2]，他的早期研究也深受帕森斯行为理论的影响，但是他对陪审员理性的说明则完全再造了他同社会行为理论的科学观察者分析立场的关系。与社会学、经济学、心理学长久存在的传统研究形成对比，迦芬克尔倡导的既不是理性行为的科学家的模式[3]，也不是基于实践中所认为的理性的"科学的"观点。他的研究纲领的特殊之处，不在于他要研究实践理性中的寻常方法，而是他否弃了学院式或者体制式的科学的特权。他所反对的社会研究传统也研究寻常知识和实践理性，特别是使用规范模型和集成分析手段进行这种研究。迦芬克尔不是在预先设定某种知识的科学定位的前提下，来研究社会结构的寻常
【10】 知识。

就像我在本书第四、第六和第七章所论述的那样，常人方法论对行为、理性、社会结构的经典研究的否弃，非常令人迷惑。迦芬克尔的主张似乎是剥离常人方法论与所有有名称的关于实践知识的研究关联，如果要问常人方法论的教学或者常人方法论研究的成果究竟像什么，那一定又是一场纷争。常人方法论研究中，方法论的概念与所建立的某种立场的基本观点和结论之间的整体联系，似乎消解在常人方法论研究所描述的日常方法的混乱与复杂关系中。究竟什么能够确定一种描述的真理性、相关性以及恰切性？这些问题总是被提起并用来反对常人方法论，随后我将用更长的篇幅讨论它。眼下，我权且把它们称为对迦芬克尔发明的慢性疑惑和抱怨。

〔1〕 参见 Talcott Parsons，*The Structure of Social Action*，vol. 1（New York：McGraw-Hill，1937），对 Parsons 的行为理论的有意义的讨论和对这一理论的现象学批判在 Heritage 的 *Garfinkel and Ethnomothodogy* pp. 7 – 36 中得到展现。

〔2〕 Harold Garfinkel，"The perception of the other：a study in social order"（Ph. D. diss. Harvard University，1952）.

〔3〕 行为和理性的"科学家人"模型的例证在 Denis J. Hiltone，eds. *Contemporary Science and Natural Explanation*：*Commonsense Conceptions of Causality*（New York：New York University Press）中的几个心理学和认知科学研究中得到展现。

发 端

尽管在 20 世纪 50 年代迦芬克尔的名字和常人方法论术语一起出现，而且随后与常人方法论相关的一些研究和思想也已经在他的博士论文中出现[1]，但直到 20 世纪 60 年代中叶，常人方法论才作为社会学的一个部分被人熟知。20 世纪 50 年代末期和 60 年代早期[2]，迦芬克尔常人方法论研究的一些成果发表或在学术会议上发布[3]。其中最具影响的也许是 1963 年发表的名为《关于"相信"的概念和实验：基于稳定一致的行为状态》论 【11】
文[4]。一年以后，他的学生和同事塞科莱尔（Aaron Cicourel）发表了颇具影响力的研究——《社会学中的方法和测量》[5]。迦芬克尔和塞科莱尔两人的研究，尽管不乏对峙，但彼此内在相关。在《社会学中的方法和测量》一书的序言中，塞科莱尔承认他得益于迦芬克尔对舒茨的工作的阐释，但他补充说他的著述"在相同或者相似的问题上与迦芬克尔的思想有明显的不同。我并没有从他的批评中受益，但我从他出版或者没有出版的著述的注脚

---

〔1〕 Garfinkel, "The perception of the other: A study in social order". Talcott Parsons 是 Garfinkel 博士论文的指导老师，这篇博士论文试图通过在 Parsons 的行为理论中注入主要是来自 Schutz 的著述中的现象学观点来发展 Parsons 的行为理论。在哈佛大学时，Garfinkel 听了 Aron Gurwitsch 的现象学课程讲授，他还读解了一些 Husserl 的原著。在那段时间，他并没有断然地与 Parsons 纲领决裂，必须强调，直到 Garfinkel 的 *Studies in Ethnomethodology* 正式出版，也没有彻底完成。然而，Garfinkel 对 Parsons 体系的"深刻的忧虑"的迹象，在他的博士论文和各种各样未正式出版的手稿中相当明显。在 20 世纪 50 年代晚期和 60 年代早期，Garfinkel 反复地比较 Parsons 和 Schultz 的理论立场。

〔2〕 对 20 世纪 50 年代和 60 年代的早期研讨班上的说明，以一种非常奇怪的对常人方法论历史的说明方式呈现，参见 Pierce Flynn, *The Ethnomethodological Movement* (Berlin: Mouton de Gruyter)。

〔3〕 一些 Garfinkel 早期的论文包括"Aspects of Common-sense knowledge of social structure", *Transactions of the Fourth World Congress of Sociology* 4(1959):51-65; "The rational properties of scientific and commonsense activities", *Behavioral Science*, 5 (1960), 72-83; 以及 "Studies of the routine ground of everyday activities", *Social Problems*, 11(1964):225-250. 后来的两篇论文在 *Studies in Ethnomethodology* 中重印。第一手参考资料表明，在 20 世纪 50 年代晚期，Garfinkel 在学术会议上提交了他的一些论文的草稿。在他早期发表的一篇论文中，"常人方法论"还未被提及，但现在看来，那个时候这个思想已经形成。参见"Conditions of successful degradation ceremonies", *American Journal of Sociology*, 61 (1956):240-244.

〔4〕 O. J. Harvey eds., *Motivation and Social Interaction* (New York: Ronald Press, 1963), pp. 187-238.

〔5〕 Aaron Cicourel, *Method and Measurement in Sociology* (New York: Free Press, 1964).

中、在没有获权直接援引其文字的前提下，获得了他的思想”[1]。尽管他的著述至今还被广泛地视为常人方法论的样板，但塞科莱尔和常人方法论之间的含混关系从始至今都持续存在。就像我在本书第四章解释的那样，最好把塞科莱尔的思想看做是社会学方法论问题的“原型常人方法论”处理。塞科莱尔没有宣称他在做常人方法论研究，他在社会语言学、心理学和哲学范围内吸收资源[2]。作为后发之见，也可以说迦芬克尔的关于“相信”的论文是对各种各样规则和秩序的“原型方法论”处理，这些规则和秩序可以通过各种游戏和常规社会活动的系统性破坏而辨析出来。

迦芬克尔关于“相信”的论文和塞科莱尔的著述把常人方法论建立为：(1)一种方法。通过参与者构成寻常社会场景和常规的相互作用过程，辨析视之为理所当然的假定、默会知识、行为模式和标准期望。(2)一种观点。这种观点来自于对“传统的”社会科学在实践活动方面研究的无情的、毫无保留的质询。这种常人方法论的质询可以解读为一种批判。就像塞科莱尔和其他人阐释的那样，这些批判必然基于对常识理性和寻常的相互作用的调查分析、社会心理学实验、人类学研究、访谈和其他专门研究技术的成果。这些成果应用于收集、编码和解释数据的方法论程序的整个过程。尽管这种研究技术要求研究者和参与者理解并且能够解释平俗话语，
【12】但社会科学的研究者并不要特别地检验关于日常理性和社会相互作用的前科学程序。[3]

例如，调查分析依赖于这样的事实，即在问卷设计中标准化的项目对于应答者来说应是明白易懂的，并且调查的设计需要保证不同的应答者以

---

[1] Aaron Cicourel, *Method and Measurement in Sociology* (New York: Free Press, 1964) pp. iv-v.

[2] 在随后的研究中，Cicourel 日益倾向于认知科学，并且他倾向于承认他的研究应该在“认知社会学”的名下。参见 Aaron Cicourel, *Cognitive Sociology* (Harmondsworth: Penguin Books, 1973).

[3] 可以得到这样一个观点，即社会心理学家的确检验这样的心理学程序，例如，Solomon Asch, *Social Psychology* (Englewood Cliff, NJ: Prentice Hall, 1952)，尽管这类实验研究通常是有见地的，它们使用实验者的科学知识和被试的感觉与认知之间的对比来阐释二者之间的非对称性，然而，在这个方面，它们不同于常人方法论在常识知识上的无差异旨趣，特别是不同于它们对这类知识的程序性的强调。

可以比照的方式应对每一个问题。类似地，访谈议程设计的一系列问题将导引出稳定的、有意义的特性和态度。塞科莱尔认为这种方法是有问题的，除非把它们置于对社会相互作用的逻辑的更精致的理解之中；否则，意义的情境决定、记忆的作用机理以及其他的相关事务等，都会处在被质疑之中。追随迦芬克尔，塞科莱尔认为，标准的社会学方法预设了关于特定社会现象研究的无须质疑的成就，这种预设本身值得更进一步的社会学研究。就像所预见的那样，这种批判在专业社会学共同体中引发了令人困惑的、恼怒的和憎恨的反应。

核心文本及其策略

迦芬克尔在 1967 年出版的著作《常人方法论研究》，引入了常人方法论的基本策略和研究对象，其中包含了著述出版之前数年中撰写的数篇论文。因为书中的部分章节撰写于著述正式出版很久之前，这些章节没有像随后撰写的那些章节那样简明地彰显本书的研究纲领和研究策略。一些研究，特别是“科学活动和常识活动的理性特征”[1]这一章，深深地得益于舒茨(Alfred Schutz)和考夫曼(Felix Kaufmann)的方法论研究著述[2]。正如我在第四章中讨论的那样，迦芬克尔的早期研究清楚地使用了舒茨关于科学问题的理论中心观点，同时吸收了舒茨区分科学理性和常识理性的思想。《常人方法论研究》中不同的章节，也具体体现了迦芬克尔对“传统 【13】
的”社会学方法实际和有组织的成果研究的不同方面。[3]除了书中章节的不完全一致外，还有许多读者抱怨其中有太多晦涩的行话和含混的辩护，

〔1〕 *Studies in Ethnomethodology*，pp. 262－283，这篇文章最初出现在 Behavioral Science 5 (1960)：72－83.

〔2〕 参见 Alfred Schutz，“The problems of rationality in the social world”，*Economica* 10 (1943)：130－139，在 *Collected Papers*，vol. 2，pp. 64－90 中重印；还有 Felix Kaufman，*Methodology of the Social Sciences* (New York：Oxford University Press，1941).

〔3〕 例如，可以比较 Studies in Ethnomethodology 中第 6 章和第 7 章的观点：“对‘坏的’诊所记录的好的组织起来的理由”(pp. 186－207)，对干预研究的默会组织性应答的一种简明的说明，以及“精神病门诊病人诊所选择标准和选择活动的量化研究的方法论恰切性”(pp. 208－261)，对诊所活动研究中产生的问题和程序的一个评述。

尽管如此，这本著述依旧成为并且应当成为常人方法论的核心文本。它引进了许多理论性主题、重要的实践以及有价值的批判线索，所有这些直到今天也被视为常人方法论对社会学研究和社会科学研究的独特贡献。

迦芬克尔著述中郑重的序言，与其说是理论教条的陈述，不如说是一种实践的文本〔1〕。它明确的目的是宣告一种研究纲领，并且展现已经完成的研究成果。迦芬克尔有意避开方法论的原则，只是勾画出常人方法论研究的一些"轮廓"和策略。对于这些策略，他不是命名一般性的概念，而是抛出一系列的术语，他也不用这些术语界定有组织的原理性的抽象体系和分析性的要素并以此来解释社会的构成。然而，尽管有这样的术语性和修辞性的预防，迦芬克尔的文本依旧被认为是一种理论性的，甚至是形而上学的论述。更有甚者，常人方法论者还要承受对其研究策略的教条主义的批判和解读〔2〕。没有理由对这种误读悲哀，因为导致这种误读的思想，恰恰是以充满歧义著称的迦芬克尔和常人方法论在社会学中所热衷的观点。作为一个文本、一门课程、一场论战、一种理论关联以及作为一种学术研究策略，常人方法论一直在对其核心文本的集体性误读中存在着：由体现深度误解的一组共同的口号构成的表面上一致〔3〕。在一定意义上，根据常人方法论的实践者自己所认为的关于社会世界的构成而论，常人方法
【14】论的这种命运是不应该令人感到惊奇的。

在下面的段落中，我将对在常人方法论中最频繁被提及的几个主题进行简要说明。尽管还会有许多其他的主题选择，但我仅仅评述其中的三个：可说明性，反身性，索引性(accountablity, reflexicality, and indexicality)。这些主题彼此蕴含，它们中间的每一个都索引着相关问题的整体脉

〔1〕 在20世纪70年代和80年代早期，Garfinkel牵头组织了他和他的学生各种未公开出版的论文和手稿，以 *A Manual for the study of Naturally Organized Ordinary Activities* 成集。

〔2〕 最近一个例证，可参见David Bloor，"Left-and right-Wittgensteinian"，in Andrew Pickering ed.，*Science as Practice and Culture*（Chicago：University of Chicago Press，1991），pp. 266－282，Bloor把Garfinkel的文本转换为两个基本的"教条"，然后断言它们是彼此矛盾的。

〔3〕 对"知识共同体"的这种图景的一个有意思的阐释可参见Peter Galison，"The trading zone：coronation between experiment and theory in the modern laboratory"，论文在 the Place of Knowledge 国际专题讨论会上提交，Tel Aviv and Jerusalem，May，15－18，1989. 这是关于学术交往如何能够历经系统性产生的相互误解而维持下来的问题的一个一般性讨论。

络。迦芬克尔不倾向于在这些术语加后缀 ity 来陈述这些术语的思想，但是已经出现的常人方法论思想中无一例外地使用了添加后缀的术语，主要是考虑要把这些术语变成“核心概念”。

可说明性

在《常人方法论研究》的前言部分，迦芬克尔介绍了这个自己的学术圈中独有的概念，并且以分割式词句方式界定了这个概念：“常人方法论的研究把分析日常的活动作为研究成员的研究方法，以便使这些同样的活动对于——所有的——实际的——目的——都是——可见的——理性的——和——可报告的。‘可说明的’是寻常发生的日常活动的组织原则。”术语“可说明的”已经变成了常人方法论的非同寻常的词语中既定的组成部分，这个术语经常被转换为更经济的语汇：“可观察的和可报告的(observable-and-reportable)”，或者更加简单：“可观察、报告(observable-reportable)”。当把加后缀的术语写出来，并且把它理解为(或误解为)一个理论概念时，可说明性(accountability)使得常人方法论研究策略和研究现象变得复杂。也许通过把这个概念分解为一组说明，可以使这个概念得以明晰和确认[1]：

(1) 社会活动是有序的(orderly)。在寻常明显的诸方面，它们是有序、循环、重复、匿名、有意义和一致性的。

(2) 这种有序是可观察的(observable)。社会活动的有序是公开的：活动的产物可以得到见证，比独特的个人事务更具可理解性。

(3) 这种可观察的秩序是寻常的(ordinary)。就是说，社会实践的有序特性是平凡的，有能力参与这些实践的每一个人，都会很容易、很自然地见证这些特性。

〔1〕 这个清单是从 Garfinkel 在 Studies in Ethnomethodology 中的常人方法论策略以及更新近的演讲和公开的报告中提炼出来的、简化的、押韵的编排。

(4) 寻常的可观察的有序性是有指向的(oriented)。[1]社会有序活动的参与者具有导向其他社会活动的意识,在这样做的同时,他们暂时性地促进这些活动的发展。一个步行者的目光一瞥显示出他“过马路”的意图,
【15】 这种显示传递给正在驱车过来的司机,随后社会性地组织起来的公共交通图景便潜在地构成。[2]

(5) 这种有指向的寻常的可观察的秩序是理性的(rational)。有秩序的社会活动使得那些知道如何产生这些活动和如何确认这些活动的人们具有明确的意识。这些活动是可分析的和可推断的。通常可以像推断日出那样推断这些活动。事实上,可以用这些活动推断日出,也可以用日出推断这些活动。[3]

(6) 这种理性的有指向的寻常可观察的秩序是可描述的(describable)。精通相关自然语言的大师们能够谈论他们活动的秩序,他们也以并且按照他们的活动秩序谈论和行事。因此,社会学的描述是职业社会学家的研究得以展开的活动领域中内生的特性。[4]

“可说明的”社会活动在与活动参与者的描述所使用的自然语言的各种可能性的关联中产生。社会成员可以以各种变换的方式说明他们正在进行的事情。他们可以被要求录音,他们可以表明他们遵循了某种指导,他们依照一组规则或者指导来评价他们的活动,他们告知其他人要做些什么、要到哪里去等。这样的可说明性隐含在社会活动的可引导的再生产性当中:实际的努力引导或者告知社会活动的参与者在不同的时刻辨认和重复一个“同样的”活动的方法。

---

〔1〕 “指向性的”或者“指向”准确意义上究竟意味着什么非常容易被误解,并且受制于不同的专业限制。在第六章中,我将进一步讨论这个问题,但是与此同时,说“指向”并不意味着一种心理学的描述或者意图,而是一种姿态,或者是用语法上的第二人称或者第三人称描述的一种言语展示,应该是充分的。

〔2〕 参见 David Sudnow,“Temporal parameters of interpersonal observation”, D. Sudnow, ed. *Studies in Social Interaction*, pp. 259 - 279.

〔3〕 我并不是说有序的社会活动能够“让太阳升起”(这种表述得益于那种托勒密传统),而是认为,例如,一个工作日程、或者一个庆祝仪式能够依照活动的秩序等,语境性地刻画出的预期意义、分段结构和顺序方位。

〔4〕 参见 Harvey Sacks 的早期论文,“Sociological description”, *Berkeley Journal of Sociology*, 8(1963):1 - 16.

还有,社会秩序的可说明性显示并非产生于一种认知图式、一组信念或者一种社会整体意识。社会秩序的可说明性显示与交通驾驶、游戏中可辨识的重复移动、排成队列参与获取某项服务等可见的具体活动秩序一致。[1]

反身性

迦芬克尔的文本中另外一个更让人困惑的主题涉及"说明和所说明的实践活动的'反身性'或者'拟人化的'特性"。关于反身性,从迦芬克尔以 【16】
及其他社会学家的论述中能够得出惊人的不同内涵。时至今日,我将对此给出一个初步的刻画。反身性是隐含在现象的可说明性之中的。就像在早些时候提及的,如果社会学描述是专业社会学家的研究得以展开的活动领域中内生的特性,那么这样的描述就反身性地设定在产生这种描述的过程中。即便是这种描述不很恰切地表征"社会"或者"社会"的一些部分,这样的说明依旧有助于对促生特定社会景象的活动和话题的描述。例如,就像我们提及过的,迦芬克尔观察到,陪审员们以他们自己的风格审查各种各样的证据文件和证词。陪审员关注证据,对于他们手中的案子,陪审员们对证据导出的信息反复考量。他们在深思:在争议之下,法庭外的社会群体将如何处置同一个事件。他们最终作出什么样的决定能够反身性地说明他们做决定的方式,并且,他们的描述、他们的公开争论反身性地嵌入他们的意愿之中。还有,陪审员自身也把法庭辩论中展示出的报告和证词等视为反映了法庭辩论的意图、目的、动机、权利、义务和社会地位的极具变通性的描述。

以这种通常意义上的社会学论理方式来言说反身性特质并不等于说陪审员及其他社会成员事实上都是我们称为社会学研究领域的大师,也没有丝毫的意思抱怨说社会学不过是在伪科学的行话装扮下的普通的常识。从专业社会学的观点来看,普通的社会学描述是没有意义或者是有缺陷

〔1〕 这些例证以及它们解释可说明性问题的方式在Garfinkel出版*Studies in Ethnomethology*之后的演讲和未出版的著述中得到完善。

的,或者仅仅是满足科学证实的需要。一方面,常识知识失于琐屑,因为在接受高等教育(甚至较低等级的教育)之前,“每一个人都知道”如何描述寻常的行为和社会事件。另一方面,社会学家经常强调:常识性信念由于文化的意识形态和视野的局限性的影响常常具有偏见。各种各样的社会学研究纲领都努力用对历史和文化变化资源的更广泛和综合的理解,或者用严格的统计学推理来取代常识信念。[1]迦芬克尔并不否认社会学知识和常识信念对比产生的有修辞效果的、实用的和富有蕴含的价值,但是他强
【17】调:仅仅专注于超越或者修正“单纯的”常识知识一定会模糊常人方法论关于社会秩序的地方性和可说明性特质的说明。

迦芬克尔关于反身性特性的计划与常人方法论对寻常社会活动的极大兴趣和常人方法论经常性地对社会学学科的批判立场紧密相关。然而,这并不完全意味着对反身性的兴趣必然隐含着方法论的怀疑主义。常人方法论者既认可又否认人们对他们与“传统的”社会学关系的批评。一方面,常人方法论强调在他们的研究中被其他社会学研究纲领所忽视的社会的反身性方面,这样的话,他们就扩展了传统社会学的研究领域。如果能够说明最平凡的对话都具有丰富的社会蕴含,这对社会学发展则大有裨益。另一方面,常人方法论者在社会研究者系统性地基于常识性方法(这些方法在一般意义上不能被认作是科学方法)处理访谈、操作以人类作为被试的实验以及解释被试的自我报告方面也引发了诸多的争论观点。

如果旨在处理关于真实世界社会结构一般模型或者关于真实世界社会结构的其他一般表征的社会学家接受了这种批评,那么他们将处于窘境。他们将通过说明基于市井语言和常识判断的常人方法论发现在说明偏见和扭曲方面的作用,来改进自己方法的有效性和可靠性。但是,这种

---

〔1〕 要理解常识观点何以是无处不在和显著显现的,可参见 Ian Robertson 通俗的导论性教材,*Sociology*,第2版(New York:Worth,1983)。在这本书的导言部分,Robertson 试图通过展示一系列真问题或者假问题使学生相信社会学的价值。写就的问题引发对接受福利的人、基于性别分类的谋杀者的统计分布以及其他常识观点的政治判断等问题的常识偏见。每一个常识观点都与从社会学研究中派生出来的“科学的”知识(或者,许多情形中,同政府的统计报告)形成对比。修订版的 Robertson 教材的出版广告凸显了这样的一个事实:在通行的名目列表中的事项的数目,从15岁到20岁逐步增加。

做法是一个没有尽头和无望完成的任务，因为常人方法论在探查和消除偏见方面没有任何用处。或者，社会学家要修改他们关于科学研究究竟是什么的观点。如果他们真的这样做，他们就会发现科学社会学是一个多么有价值的资源，因为在科学的社会学研究领域所进行的研究经常强调：科学方法的形式化说明不能够描述科学家实际上如何在做科学。结论是，社会学的许多方法论批判可适用于其他领域，这些领域的科学性地位被认为是不容置疑的。然而，一旦形式化的科学方法的有效性和普世性假定被认作是合法的社会学的主要基础，这种假定就不容忽视了。就像我声称的那样，这种可能性不仅出没在“传统的”社会学领域，它也出没在常人方法论研究和科学社会学研究的许多纲领之中。

索引性

在迦芬克尔的文本中，索引性明显是一个用过就扔的术语。它不是一
个明晰确定的概念，因为它不过是言说常人方法论社会秩序图景的正式说 【18】
明的另外一种方式，这种正式说明可表述为：社会秩序的“反身性”、“可说明性”和“地方性产生”。尽管索引性变成了“常人方法论观点”的一种标志，迦芬克尔最终还是丢弃了这个术语，这意味着对他来说它仅仅是分析性词语中一个权宜性的术语。还有，迦芬克尔明显是把索引性作为一个用过就扔掉的术语引进讨论过程的。这一点可以在阅读迦芬克尔的《常人方法论研究》第一章以及在迦芬克尔和萨克斯的论文《实际活动的形式结构》[1]中得到证实。在上述二者中，“索引性表述”最初似乎包含有特定内

〔1〕 Harold Garfinkel 和 Harvey Sacks，“On formal structures of practical action”论文中所体现的合作者的关系表明：Garfinkel 关于索引性表述的说明是在与受到磁带录音谈话研究触发的 Sacks 的常人方法论研究的合作中发展起来的。在许多抄录的报告中，Sacks 对索引性表述进行了详细具体的阐释。可以特别参见 Harvey Sacks，“Omnirelevant devices; Settinged activities; indicator terms”抄录的报告（1967 年 2 月 16 日），在 G. Jefferson, ed. *Lectures on Conversation*, vol. 1（Oxford: Blacwell，1992），pp. 515－22. 我在第六章中讨论了 Sacks 的谈话分析纲领。对 Garfinkel 和 Sacks 论文的一个观点的一个有意义分析，可参见 Paul Filmer，“Garfinkel's gloss: A diachronically dialectical, essential reflexivity of accounts” *Writing Sociology* 1（1976）：69－84.

涵或者是一种惯用表述，但最终就变成了常人方法论者言说自己研究的一种语言方式。索引性是允许进入常人方法论研究剧院的一张门票，但一旦跨进剧院的门槛，门票就被撕掉。

迦芬克尔从巴-希勒尔(Y Bar-Hillel)[1]那里借用了索引性表述。在20世纪50年代，巴-希勒尔参与了最早的一个机器翻译项目的研究，像试图发展一种将一种语言翻译成其他语言的计算机化方法的许多其他研究者一样，他发现其中存在着持久并且无法预期的复杂性。他发现仅仅编码一种术语词典、建立一套翻译句法规则是远远不够的，因为无论是输入还是输出都需要在一种特定语言的娴熟掌握者的帮助下才能运作。输入文
【19】本需要为计算机操作事先准备好，在一个合格的翻译产生出来之前，输出文本中的许多错误和怪异语法需要得到纠正。巴-希勒尔确认的一个持久的麻烦是他称为索引性表述的一大类术语。其中包括大量的英语语言中最常用的词语，如代词 he，she 和 it，以及引导性表述(there，this，overthere 等)、助动词(have，be，can)、易感性(anaphoric)用法(那些在不同语句中的不同位置上具有不同含义的术语)，还有一些没有很明确地界定的用语以及惯用表述。索引性表述在巴-希勒尔的领域中暴露出一个问题，因为在其字典中词语与术语的对等不能够预先确定，并且这些词语在不同的使用时刻会发生变动。还有，当术语包含在特定句子结构中时，特定的词语会发生替换，在言论中时间和空间发生变化，在关于某一场景的典型的和单独的特征假设前提虽然宽泛，但场景中的言语实际上或者被认为是已经得到说明时，这些术语中蕴含的“语境”本身又成为它们自身的变量。即便不是不可能，但也依旧很难写出一套规则在“语境”中确定这些术语的明

[1] Y Bar-Hillel，“Indexical expression”，Mind 63(1954)：359－379. Garfinkel 对“索引性”的兴趣一个不太明显的证据是在 Calvin Mooer 的“札特字码(zatocoding)”暴露的东西，“札特字码”是一个为波士顿—剑桥区域的小的工程公司的图书馆进行文献分类的一个系统。参见 Calvin N. Mooer “Zatocoding applied to mechanical organization of knowledge”，*Aslib Proceeding* 8(1956)：2－32. Garfinkel 的兴趣在于 Moorer 式的分类系统如何能够通过刻画索引中的关键项目、通过使用一种机械设计，使得资源库与一个手边的工程项目相关获取一个卡片类别，从而对“语境中的大主题和实际的活动”给出一种实际的解决。这种资源的无尽的组合于是能够围绕着“索引性”项目的变化而被组织起来。还可以参见 Garfinkel 等“Respecifying the natural sciences of practical action”，p. 138，n. 23.

确意思。因为索引性表述中蕴含的特定的“语境”秩序本身就是不稳定的。

迦芬克尔清楚巴-希勒尔遭遇到的关于索引性表述的问题不是绝无仅有的，它们是存在于更一般的现象中的明显例证。实际上，索引性“问题”和哲学的历史一样古老。〔1〕在逻辑学家和哲学家尝试为特定的形式陈述固定某种真值，或者尝试给一些术语一种稳定的定义时，一旦一个陈述包含有索引性表述，他们不可避免地要为事实究竟是什么而争斗；一旦这些术语或者陈述被不同的言说者、在不同的时刻、在不同的文本中使用，它的关联性、参照意义以及恰切性与正确性就会发生变化。〔2〕为了纠正这个问题，哲学家们尝试用各种方式诸如时空参照、恰切的命名、专业术语、批注以及“客观性表述”等取代索引性〔3〕。例如，为了断言一句话如“现在水已经足够热了”的真值，一个分析者将会尝试把它翻译为一个“客观的”或者与语境无涉的陈述，如：“东部标准时间 14 点 53 分，H_2O 的温度的读数是 【20】

〔1〕 Garfinkel and Sacks, “On formal structures of practical actions”, pp. 347－348，提及 Dissoi logoi（来自希腊语，意思是形成对比的不同的词），一个来自大约公元前 300 年的片段，是古代研究的一个例证，其注意到：“我是一个创始人”这个表述的真理性会随言说者以及发表言论的时间发生变化。Garfinkel and Sacks 等许多哲学家和逻辑学家提出过索引性表述论题（或者与之密切相关的如“指征术语”、“指示语”和“当下表述”等）。这些哲学家包括 Husserl, Russel, Goodman，以及 Wittgenstein。进一步的讨论，可参见 J. Coulter, “Logic: Ethnomethodology and the logic of language”, in Button ed. *Ethnomethodology and Human Science*, pp. 20—49，以及 Heritage, ed. *Garfinkel and Ethnomethodology*, p. 142.

〔2〕 阻挠建构自然语言的努力的平俗语言的这些特性，经常被视为是与人类不完美相关的“缺陷”。发明一种能够超越这些限制的符号系统的这种逻辑学家的任务意味着向理性的更完美状态的提升，超越平庸的人类生存的平面。

〔3〕 恰切的名称自身不能“校正”索引性；的确，在许多时刻它们也是被索引性使用的。例如，在一通电话中一个恰切的名称被使用的例证：ML 正在与 MS 谈论随后要在 MS 家里举行的新年庆祝会，MS 已经结婚并且与一个叫“Jeff”的人居住在一起。ML：“Jeff 在吗？”MS：“嗯，什么？”发了一会儿困惑，因为 MS 没有立即明白这里所指的“Jeff”是一个共同的朋友，而不是她的丈夫。这样的一个误解的发生并不必然证明 MS 需要知道 ML 的“意图”以便分清她指的究竟是谁，也不必然意味着指涉导致的问题源于语言语法本身。反倒是，这个指涉使用了一套没有提及的关于 ML 和 MS 的共同朋友、关于彼此的熟悉程度、关于起居安排以及节日时刻的具体的理解和假设。ML 认定（并且认定 MS 也明白）Jeff 即那个配偶已经“在那里”，并且不会“来”聚会，这样“Jeff”这个名字已经是足够精确的一个指涉，无须提及姓氏或者社会安全号。

摄氏 100 度。”[1]迦芬克尔指出，这样的一个对索引性进行的“程序性的”客观表述的替换，最多也仅仅是暂时性的，满足的是一时的“实际的社会管理”的需要。[2]他这样说显然是受到维特根斯坦对古典语言哲学批判的影响[3]，只是他扩展了这种批判并且把它转变为对自然科学和社会科学实践的一种基本描述。

对常人方法论而言，索引性表述与索引性实践构成了对象研究的整个领域。只要考察一个简单的引导性关联词 here 作为一个指代术语在一个提问中的使用就可以明白何以可以这样认为，这个提问是："What are you doing here? (你在这里做什么?)"[4]我们完全可以设想术语 here 的任何
【21】一个指代性用法都可以转换成一个说话的人想要说的代表一个地方的一个具体的名字，但是这样的做法会遭遇一个问题，那就是如何决定究竟是哪一个名字对应着这个术语的特定的使用。在任何特定的场合，here 都指涉一个地理位置、一个地址、一个会议或者庆祝举行的社会性时刻，或者指涉所有上述的一切吗？就像萨克斯指出的那样，问题远比从上述列举中选择出一个合适的指涉要复杂得多。使用来自群体治疗课程的录音带的例证，他强调指代的术语并不能全权代表所对应的名称，因为“每一个‘here’的形式化都可以是上下因果关联的。如果‘here’是说‘群体治疗课程’，那么就有充分的理由这样说‘here’。例如：我们说‘你在这里做什么’，而不说

〔1〕 如果仅仅停留在字面上，客观性表述与索引性表述之间的对比是一种误导。尽管其具有论点性的意义，但它并不意味着在“自我指涉”与“客观性”陈述之间的一种不同。要明白何以如此，可参考 Gerard Genette, *Narrative Discourse: An Essay in Method*（Ithaca, NY: Cornell University Press, 1980）, p. 212, Gnette 使用“水沸腾……”的例证，并且把它与另外一种形式的陈述，具体说是“很长时间了我习惯于早睡”进行比较。后来的这个表述“只能从一个发表这个言论的人的方面以及发表这个言论的情境的方面得到解释。只有当指涉的就是那个人的时候，我才是可确认的，‘行为’的过去完成时态只有在与发表言论的那个时候关联时才是完备的”。就像 Genette 继续说的那样：“我不能肯定‘水在 100 度沸腾’中的现在时态像表现出来的那样是非时限性的。”因为它可以由特定的一个人在合适的时候切合实际地发布。他强调这种对比无论如何不具有“操作性价值”。

〔2〕 Garfinkel, *Studies in Ethnomethodology*, p. 6.

〔3〕 Ludwig Wittgenstein, *Philosophical Investigation*, G. E. M trans., Anscombe（Oxford: Blackwell Publisher, 1958）.

〔4〕 “指示术语”的例证在 Sacks 的“Omnirelevant devices; settinged activities; indicator terms”中有过讨论。还可以参见 Wittgenstein, Philosophical Investigation, sec 8 ff... 讨论表述“this”和 “there”当被处理为指征和指涉术语时，何以会成为有问题的。

‘你在群体治疗课程做什么’”[1]。这样，这个术语(here)就不代表一个客观的表述，而是代表其自身的一种独特的用法。萨克斯还试图表明，指代术语也不总是含糊的和成问题的，在谈话中，指代术语常常具有“稳定的”用法。不需要明确地确立指代术语具体代表什么，言说者通常都会有效地、明晰地使用指代术语。换言之，不单单以逻辑研究的方式展现自身，索引性表述拥有其自身的“理性”品质。正如迦芬克尔所表明的那样，“索引性表述和索引性行为的显著的理性品质，是日常生活活动的组织性的持续性展现”[2]。

与巴-希勒尔不同，迦芬克尔和萨克斯超越了对特定的词群的分析，极大地扩展了“可索引性”的关联关系。不涉及两类表述中蕴含的语法区别，他们把客观的表述和索引性表述之间的对比，作为他们讨论的立足点。如果用“客观性”表述替代“索引性”表述在程序上是不恰当的，那就意味着其涉及一个“实际的社会管理问题”，于是就不存在一个语境无涉的方式来区分两类表述。

举出前面给出的例子，“东部标准时间 14 点 53 分，H_2O 的温度的读数是摄氏 100 度”基于特定的考虑可以被视作是客观的(或者基本上是客观的)表述，但也可以认为这个表述是有缺陷的，因为它没有精确地说明时间和地点，或者说它没有言明大气压强。这个表述还可以被指责为一种生硬的、没用的方式，因为它不能回答“水已经足够热了吗?”这样的问题。这样，这个“客观的”表述就会招致许多的抱怨，以致又落到我们最常提及的索引性表述中去。据此我们可以得出一个结论：索引性表述在终极意义上是不可修复的(irreparable)。这样讲可能会引发一些哲学争论，但是把常 【22】
人方法论对于索引性的兴趣作为质疑常人方法论的基层，显然是一种误导。一旦我们同意所有的表达和行为都是索引性的，那么，认为一个语境无涉的、标准化的意义可以适用于使用自然语言的任何场合就不再具有任

〔1〕 Sacks，“Omnirelevant devices”，p. 518 - 519.
〔2〕 Garfinkel，*Studies in Ethnomethodology*，p. 34.

何意义了。[1]然而，不是那么明显的是，把这种语境无涉(context-free)体系的不可实现的可能性视作分析情境性活动的一般性背景，也不再具有意义。

说每一个可能的言说、陈述或者表征是索引性的，不是要明晰任何什么东西。例如，当迦芬克尔和萨克斯提及杜克海姆(Emile Durkheim)的方法论基础规则，即"社会事实的客观的现实是社会学的基础原则"，对于美国社会学联合会的成员来说是"索引性表述"的一个例证时，这似乎仅仅是对社会学的神圣母牛(sacred cow)的一种挑战。迦芬克尔和萨克斯补充说杜克海姆的表述，作为对专业社会学家的定义可以在不同场合使用，可以"作为他们的口号，他们的任务，他们的目标，他们的成就，他们的吹嘘，他们的卖点，他们的判断，他们的发现，他们的社会现象或者研究约束"[2]。因为，对于一个物理学家联合体来说，可以以类似的方式言说一个物理学规律的陈述，但指出杜克海姆的陈述是可索引性的极致，很难有损于社会学的科学抱负。即便是迦芬克尔涉及索引性表述体现了"实际的社会性管理"，同样也无法降低"客观性表述"的地方性关联和地方性恰切，而地方性关联和地方性恰切正是要取代"客观性"表述的东西。这是因为，当研究的主题转向"索引性表述的主导性的理性特征"时，客观性表述和索引性表述之间原则性的区分就不再具有价值了。基于这一点，现在突出的问题不再是所有的表述都是索引性的，而是变成所有的成员都试图使用手边的语言或者其他手段产生恰切的意义和恰切的关联。对于常人方法论来说，问题就是：他们是如何实现这一点的。

常人方法论中的两个研究纲领

关于索引性表述的观点为常人方法论提供了有价值的研究手段，因为它们导引了一种语言使用研究的方向，这种方向完全不同于社会学、分析

〔1〕 对于 Garfinkel 和 Sacks 如何批判性地改变了实施形成一种理想语言的莱布尼茨目标的罗素式任务的讨论，可参见 JeffCoulter，"Logic：ethnomethodology and the logic of language"．

〔2〕 Garfinkel and Sacks，"On formal structures of practical actions"，p. 339.

哲学和语言学研究中的主导观点。现在可以说,迦芬克尔和萨克斯的研究 【23】
纲领至少在两个相关且显著方面促进了常人方法论研究的发展。

对工作的常人方法论研究

显现在《常人方法论研究》中的首要之点就是它在许多方面都区别于常人学研究。这些研究描述了实践参与者们如何在各种不同的场景中基于他们"所处情境"的特质而行为,并能够客观地说明所有的实践目标。这些研究包括迦芬克尔描述的诊所工作人员如何管理和操作病历以及如何管理和操作关于他们活动的其他记录,还包括验尸官们如何以实际的就事论事(case-by-case)风格对他们的调查形成充分的、辩护性的说明,还包括一个超性别者(transsexual)或者双性别者(intersexed)如何争得在"雌性"范畴内(她的)无可置疑的客观的和事实性的身份,还包括各种寻常的交往活动的参与者如何得到他人对他们的活动明晰的确认。这些研究把"客观性表述与索引性表述之间的不令人满意的程序性的区分以及索引性表述对客观性表述的替代"视为一个重大的问题,而不限于仅仅是对分析哲学和社会科学的一种批判。

在其核心文本出版之后的十年间,迦芬克尔和他的几个学生与同事把他们的注意力转向了自然科学和数学。对于常人方法论研究而言,这并非是一个全新的发展,因为早先时候许多对社会科学方法论的讨论和批判都在与自然科学的比较中展开。但是在 20 世纪 70 年代中期,这种研究变得完整:在常人方法论起初仅仅关注与自然科学方法论没有丝毫关联的一般方法论的地方,迦芬克尔和他的同事们把注意力转向寻常的自然科学研究的方法。在一定意义上说,这一套新的研究是对实际管理中存在的不令人满意的索引性表述和客观性表述之间的程序性区分研究的一个整体性扩展。就像迦芬克尔在他的著作中陈述的那样:"不管它是哪种科学,一种科学的实际活动的'研究参与者'的研究工作,为他们提供了无限的时刻去处理索引性表述。”[1]结果是，没有任何理由可以把最“严格”的数学领域和自然科学领域，从对客观性表述对索引性表述不令人满意的程序性替代研究中分离出来。的确，鉴于对数学家和科学家来说，索引性表述的固有麻烦并不少于索引性表述在机器翻译程序员、社会科学数据分析师以及逻辑学家那里产生的麻烦，这样的研究势必要重新审视“严格”究竟意味着什
【24】 么。[2]对科学的常人方法论研究远非仅仅是扩展了其先前的研究。就像在随后的详细讨论中那样，对常人方法论的一些现行的纲领，对科学的常人方法论研究提出了一些批判性的见解。

谈话分析

谈话式分析(conversational analysis)或者新近所说的谈话分析(conversation anlysis)是常人方法论的第二个发展，已经渐渐演变成了一个自治的研究纲领。现如今这个领域的研究与常人方法论研究好像没有太多的关联。[3]但是有一点是明确的，那就是在两个研究纲领之间曾经有过紧密的联系。在20世纪60年代早期，正在加州大学伯克利分校攻读博士学位的萨克斯开始研究录音资料，试图研究“自然发生”或者“即兴产生”的社会活动。电话、群体治疗课程、就餐谈话以及其他日常交流的录音，为萨克斯和他的同事们详尽地展开常人方法论研究提供了“数据”。萨克斯深受迦芬克尔早期常人方法论研究、戈夫曼面对面交互作用研究[4]的影响，特

---

〔1〕 Garfinkel, *Studies in Ethnomethodology*, p. 6.

〔2〕 对数学的“严格”的一个例证式处理，可参见 Eric Livingston, *The Ethnomethodological Foundations of Mathematics* (London: Routledge & Kegan Paul, 1986).

〔3〕 在第六章，我将深入地讨论谈话分析与常人方法论的区别。

〔4〕 参见 Emanuele Schegloff, “An introduction/memoir for Sacks — Lecture 1964 — 1965”, in Gail Jefferson, ed. *Harvey Sacks — Lecture* 1964—1965, *Human Studies* 特别版 vol. 12(1989): 185 - 209. Schegloff 淡化 Goffman 对 Sacks 的影响，尽管 Sacks 和 Schegloff 与 Goffman 在贝克莱一起进行研究，另外一篇“Goffman and the analysis of conversation”, pp. 89 - 135, in P. Drew and A. Wootton, eds. *Erving Goffman: Perspectives on the Interaction Order* (Oxford: Polity Press, 1988), Schegloff 强调 Goffman 使用 Sacks 和他的同事们的研究，却没有恰切地理解他们的思想或者没有对他们思想的发展有所贡献。

别是受益于与Emanuel Schegloff, Gail Jeffson 和 David Sudnow 广泛的讨论及合作项目的研究〔1〕。就像我提及的那样，迦芬克尔与萨克斯合作撰写了一篇讨论索引性表述的论文。〔2〕另外，在 20 世纪 60 年代和 70 年代早期，萨克斯在加州大学 Irine 分校抄录的许多讲座笔记阐明了迦芬克尔刻画的索引性表述的“显著的理性特征”。在诸如我们先前提及的萨克斯对引导性表述 here 的分析等许多例证中，萨克斯表明：把语言视作由内在的意义块或者陈述构成的分析哲学家、语言学家和其他研究者，丢失了某种限制，通过把明显含糊的引导性事实放置于活动的地方性坐标序列的方式，言说者通过限制达成明确无误的交流。【25】

就像我将在第六章中展示的那样，萨克斯希望能够发展一种关于实际社会行为的科学。他和他的同事发展了一种针对“在相互作用中交谈”的形式研究。他们的研究的当下形式在许多方面不同于迦芬克尔的研究纲领。借助于对谈话中反复发生的序列行为的描述以及对产生谈话行为的组织性特性形式规则的界定，谈话分析研究了索引性表述的显著的理性特征。他们的目的是发展一种谈话的语法用以描述不同的言说者如何参照他们的行为产生双边或者多边谈话的内在完整的序列。尽管这种尝试与谈话分析不具有必然的不和谐，但它与迦芬克尔和他的学生所探求的对科学的研究纲领的区别是非常明显的。这些研究的原初目的不是构造关于实际活动的形式科学，而是尝试验证在实际活动的地方性进程中，形式化是如何发展、如何被使用的。就像我在第七章所强调的那样，对科学的常人方法论研究，对自身的科学地位应保持必要的缄默。尽管常人方法论者并不有志于在“元科学”领域大有作为，并且在研究导向上也不属于“反科学”，但他们对科学纲领提供的虚假保证和基本判断保持疏离和冷淡。

〔1〕 Sacks, Schegloff and Sudnow 是 20 世纪 60 年代早期到中期在贝克莱毕业的大学生，Gail Jefferson 是 Sacks 在 Irvine 的 UCLA 和 UC 的第一个学生，在一些他的最重要的项目上，她和他进行合作研究。

〔2〕 Garfinkel and Sacks, “On formal structures of practical actions”.

对常人方法论的批判

常人方法论严肃地挑战社会学的标志是这样的事实：它招致了许多北美和大不列颠知名社会学家的强烈的公开谴责。其中最尖刻的谴责来自于近十年来发表在《常人方法论研究》上的文章。近年来，常人方法论和社会学之间的仇视平息下来，这或许是因为社会学本身逐渐变得零散以至于更难以统一管辖。更重要的是，许多常人方法论者主动地尝试将自己的研究与社会学的既成主题、理论观点和方法论策略等联系起来。特别是，作为对 20 世纪 70 年代和 80 年代萎缩的就业市场的回应，许多最有前途的学生纷纷离开这个领域，相比较以往，越来越少的常人方法论研究者能够感到自在。

很值得回顾一下这些批判，部分是因为我认为许多读者会认同其中的
【26】一些批评，还因为它们能够帮助我们厘清常人方法论所展现出来的对经典的社会学和科学的社会学研究的挑战。我从最具仇视的批判开始并以最具同情和理解的批判结束。

风格与专业行为的问题

或许对常人方法论最广为人知的批评来自科泽(Lewis Coser)在美国社会学学会上的就职演说。[1]科泽的批评，重拳出手，决不姑息，完全无视常人方法论的哲学背景以及研究始因。尽管他重复的是许多社会学家在非正式场合的诸多抱怨，但在这种仪式性的场合，他的发言显得意义非常。科泽奇怪地使得常人方法论和定量分析同床共枕，他强调，上述两种研究

〔1〕 Lewis Coser, "ASA presidential address: Two methods in search of a substance", *American Sociological Review*, 40(1975): 691－700.

都沉醉于无视整体的历史性和整体的社会构成的方法。〔1〕他把常人方法论的核心作为琐屑的东西摒弃，斥责迦芬克尔和他的同事们所进行的详尽的研究、所进行的对任何人都知道的事物冗长细致的描写，如穿越马路的"方法"以及开始一个谈话的"方法"等，是浪费他们自己和读者的时间。更有甚者，他指责常人方法论通过形成自己的"小团体"触犯了主流的学术标准，并且他为这样一个事实悲哀，那就是：这个"小团体"的成员彼此传播没有正式出版的文稿，而不是把这些文稿首先呈交同行审阅。按照他的观点，常人方法论由一种集体性的幻觉所支撑，这个幻觉就是：迦芬克尔的令人费解的著述一定有其深刻的内涵。科泽还指责说，常人方法论研究所取得的进展就是要研究明眼人都清楚的那些没有意义的琐屑的事物。

类似的攻击由盖尔纳(Earnest Gellner)，一个老道的人类学家和社会科学哲学家发起，他告知他的读者各种"常人(ethnos)"研究深受加利福利亚式的非理性的影响，并且在众多的事物中，常人方法论者就像在仰慕"ethno-时髦"的观众面前表演的摇滚明星。〔2〕和科泽一样，对于常人方法 【27】
论者，他斥责他们非专业的平俗风格以及相应的生活方式。依旧和科泽一样，他主张一种特设性解释用来说明这伙"教唆团队"的非理性面目。对盖尔纳来说，常人方法论对主体性的极端强调推动了20世纪60年代青年运动的流行主题。在他的著述中可以读到："无论如何，从常人方法论研究中非常清楚地出现两个事实：首先，对于活动者以及活动者的行为赋予内在意义；其次，他们把对这种内在意义的研究置于社会学传统之中，好像他们

〔1〕 Coser的评论借用了C. Wright Mill攻击"抽象的经验主义"的高调，如果不是借用了其力量的话。参见Mill的*The Sociological Imagination*（New York：Oxford University，1979）chat. 3，pp. 50－75.

〔2〕 Earnest Geller，"Ethnomethodology：The re-enchantment industry or the California way of subjectivity"*Philosophy of the Social Science*，5(1975)：431—450. Geller说基于他参加常人方法论学术会议的经历，"这一点是显而易见并且极有意味的，那就是ethno-时髦的数量和质量远远超过我所注意到的任何其他运动，甚至远远超过学术左派的时髦，更不用说寻常的人类学-时髦(anthro-po-chicks)、社会性-时髦(socio-chicks)或者哲学时髦"。这个鲜明而刻薄的观点像下面的抱怨一样在同一页上陈述："让我们面对它，他们写得并不好，他们的风格上的弱点来自于这样的特性：粗糙的新词、阐述的准确性和严格性上草率的无差异、想说得更多和反复地说，表达对于已经说过的东西细化的强烈的意愿，等等。"p. 435.

的这种研究是社会学传统的继续。"[1]暂且不论他对他所指责的常人方法论研究的文化起源的厌恶，理论上，盖尔纳似乎没有道理地放弃了这样的观点："正是文化或者语言，提供了现成的资源用来说明某个行为，或者就个体性的场合而言，人们正是依赖于有关这种特化的可获得的财富……个体并不使用任何的方法使得事物成为可说明的——他们只是回到可得到的说明，不做无谓的忙碌。"[2]

盖尔纳正确地认识到迦芬克尔攻击的观点是其认可的观点，即使用社会科学的"人的模式"把实践的活动转变为一种"文化傀儡"[3]，是不具反身性的、受制于规则的行为，但是，当他把"说明"以及"方法"等同于"内在意义"和"主体性"决定时，他完全错误地安排了迦芬克尔的位置。这个指责如此离谱以至于不值得严肃认真地对待，但需要严肃认真对待的是：盖尔纳和科泽的攻击是充满蔑视地把常人方法论定义为非理性的东西来"解释说明"。尽管他们对常人方法论的解释并不通晓，但他们是一种典型：他
【28】们对"部落"生活的各种各样的表现形态规定了社会或者文化的功能，与此同时论定了一种认识论的优越地位，这种优越地位把可能产生于部落生活的任何对抗清除干净[4]。相应的，常人方法论的"行话"阻止了圈外人对这个集团信奉的批判；它的"仪式性"表演，帮助参与者产生一种共同使命感，它的"反常价值"强化着其亚文化的稳固。在这种意义上，信奉常人方法论的人们就能够直接体验类似于那种"文化傀儡"的东西，并且这种体验激发了他们对科泽和盖尔纳的解释事业更进一步的厌恶[5]。尽管我设想

〔1〕 Earnest Geller, "Ethnomethodology: The re-enchantment industry or the California way of subjectivity", *Philosophy of the Social Science*, 5(1975), p. 432.

〔2〕 同上, p. 433.

〔3〕 Garfinkel, Studies in Ethnomethodology, 第 68 页中把"文化傀儡"界定为"在社会学家的社会中的人，通过在行为上与现存文化提供的先前建立起来的和合法性的行为选择相一致的方式，这样的人产生出社会的稳定的特性"。

〔4〕 参见 W. W. Sharrock and R. J. Anderson, "Magic, witchcraft and the materialist mentality", *Human Studies* 8(1985): 357 - 375.

〔5〕 公开发表的对 Coser 的应答太过于礼貌了：Don Zimmerman, "A reply to Professor Coser", *American Sociologist* 11(1976): 413，还有 H. Mehan and H. Wood, "De-secting ethnomethodology: A reply to Lewis A. Coser's presidential address to the American Sociological Association", *American Sociologist* 11(1976): 13 - 21.

科泽和盖尔纳会把这一切视作部落中被洗脑的成员的一种反应，但科泽和盖尔纳等否认常人方法论的极不准确却令人印象深刻的“观点”，足以让我对他们对其他的部落、宗教团体、职业团体、帮派以及其他生活在学术领域的黯淡之处的各种集体的分析说明心存疑惑。

研究的尺度与语境问题

对常人方法论批评的一个有点道理的模式是质疑常人方法论的研究范围。这种模式最通常的做法起始于这样一种对常人方法论研究的反对：“所有的对销售柜台、家庭聚餐谈话、办公室一起工作的同事的闲聊、陪审团意愿，以及其他日常性的、精细的社会相互作用秩序的密切研究都没有问题，但是，如果你不去同时说明这些具体事件发生的更加广泛的社会、经济和历史背景，你又如何能够理解这些事件?”在科学社会学中，相关的问题总是由对工作在实验室的技术专家和科学家的观察性研究而引发：“如果你不超越实验室的高墙去说明支撑科学的公共价值、各种基金以及其他的供给资源，不在整体科学领域水平上研究竞争机制，你又如何理解科学活动?”这些问题都是合理的，并且通常都以非常友善的方式提出，但是，它们掩盖了常人方法论与社会学之间深刻的差异。

语境这个概念在社会学话语中承担着很重的任务。在最简单的意义上，它意味着影响特定的有意义的事件或者行为的一组“环境”因素。在社会学争论中，参与者们经常突出他们对语境观点的赞同：“你还没有说明它的历史语境!”“关于阶级又如何呢?”“相关的性别与种族如何呢?”“这些事件发生在法庭，当时的法律语境如何?”“你忘记了权力维度。”“你没有充分地关注当时的环境。”对任何一个事件，要做一个完整的，或者至少是恰切的社会学描述，于是就似乎包含着无穷无尽的任务。[1]的确，这就是所谓的“类似的其他问题”。在一篇早期的论文中，萨克斯对这个问题进行了如 【29】

〔1〕 有时可以从社会学的论点中得到那种印象，即在以一种可理解的方式描述一个对象与说明那个被描述的对象除了是描述所说的那样之外“什么都不是”之间，没有区别。

下的概述[1]:

> 考虑一下对提出的描述比较所产生的问题。任何描述的特性都不仅仅是不完全的,并且(a)它会是不确定扩展的,(b)这种扩展不能够被某种超越性的形式化所驾驭。这就意味着,任何一种描述都可以被读解为不完全的或者接近完全的,就像其他的事物一样。单单对一种具有可变的长度、风格等的两种不同的描述进行读解,其中一个就会得出结论说一个描述更加详细而另一个描述更加简洁,与此同时另外一个则就会得出结论说一个更宽泛而另一个更精细,等等。
>
> 那么,单单读解一下不同的描述,一个人如何确定究竟哪一个更符合真实,哪一个"更具社会学意味"呢?显然,作者本人的公开认可并不能够提供合理的解决。附加的方法论说明同样不能解决这个问题,因为它同样在"类似的其他问题"的背景中给出。就是说:如果"相同的方法"的应用不能够产生"相同的描述",这既不反映(a)实际被使用的方法,也不反映(b)对方法的报告。启用"作者的意图"或者读者在读解论文时的意图来决定描述的恰切性显然不是解决问题的路径。这样做仅仅把使用符合标准来确立恰切性的问题从(a)在描述与描述指向对象之间的是否符合转向(b)意图、描述与描述指向对象是否符合。我们依旧面对着实现和解的问题。

像我早些时候对索引性讨论所提及的,常人方法论者也产生过"语境主义者"的争论,但是这种争论有很大的不同:不是把语境视为环绕在任何既定事件周围并决定这一事件的意义和作用的在变动中构成的"要素"的序列,他们把语境与事件视为一体。当我们的研究始于语境中某一单独事件的观察(如:一个实验室的技术人员在操作一个实验过程的特定一环,或

[1] Sacks,"Sociological description",pp. 12—13.

者一个在朋友谈话中说到的一个特定的笑话)，我们用确切的术语来确定正在发生的事情，这就是我们刻画事件、参与者和行动的方法，所有这一切都蕴含在语境的相关性之中。在这一点上，常人方法论明确的是，注意到“参与者”通常都没有看不到(或者通过短暂的一瞥看不到)在自身和其他 【30】 人参与其中的情境中究竟发生了什么事情的麻烦。但他们依旧无法阻止怀疑者基于“类似的其他问题”的质疑。注意到这一点，常人方法论者尝试描述参与者如何建立并且辨识语境性相关的社会活动的结构。尽管这种研究并没有直接回答诸如“没有获得信任从事实验室发现这样的事实如何影响一个技术人员”这类问题，但常人方法论研究的确把我们的注意力转向反身性方法，这种方法使得对个人、行为、事物以及“语境”的确认变成实际细节的展开了的“文本”(或者，更恰切一些说，叫做“语境”)相关且可辨识的部分。这样的一种研究再也不要尝试通过把具体的细节与对应的一组“语境性”因素“联系起来”的方式来解释这些细节；它试图描述言语行为与具体行为的原初特性具有的敏感性。

关于常人方法论研究尺度问题的批评通常传递出一种景象，即把“社会”视为包含着我们在日常生活中见证的行为和事件的大事件。因为通常认为大事件比发生在其中的任何小事件更庞大和更稳定，应该得到优先的解释。于是，社会学家的任务就是构造一种社会地图来定位与确认地方性事件。这里由“类似的其他问题”引发的复杂性是：不存在一种全景鸟瞰或者通过轨道卫星能让我们清楚地看到的“作为整体的社会”，也不存在那种通过把它们的客观性状转换成方便的一组坐标而得到我们理解的那种日常的生活世界。〔1〕社会空间的相关轴线、坐标系以及维向似乎没有确定的界限，相比较通常用来绘制地图学家、地质学家和宇航员的地图的惯例，社会空间的相关轴线、坐标系以及维向的变化要自由得多、激烈得多。在社会学中通常的解决办法就是：通过接受这个或者那个概念框架并且使之与

〔1〕 David Bogen 注意到：把那种社会的“世界”与某种像一个行星的东西联系起来时对语法的一个奇妙的使用。参见 David Bogen，“Beyond the limits of Mandane Reason”，*Human Studies*，13 (1990)：405 - 416，这是一个对 M. Poller 的 *Mundane Reason*：*Reality in Everyday and Sociological Discourse* (Cambridge University Press，1987)的一个评论。

经验性工作结合来终止这类“元理论”争论。这种策略通常被称为虚构的一致(fictive consensus)。这里的问题是:我们应该选择谁的框架?更糟糕的是,为什么我们一开始就认为某一个“框架”应该是恰切的?

权力和解放的问题

对常人方法论异于常规研究的另一组批判来自于历史唯物主义的传统。在一定意义上,这些批判挺有意义,新近产生的一些思想坚持功能主义。或许是因为它们努力将历史唯物主义渗透于存在主义的一些方面,这些批判理论具有更多的折中特性。马克思主义解释学,以及像哈贝马斯、
【31】吉登斯、布尔迪厄(Jurgen Habermas, Anthony Giddens and Pierre Bourdieu)这些左派结构主义的思想能够很好地解释常人方法论的语言和意义。[1] 因为常人方法论已经被解释为一种对社会实践的研究,它似乎自然与一个长久存在的问题相关,那就是:在晚近资本主义社会如何连接马克思理论与日常经历之间的鸿沟。不可避免的是,常人方法论难负此望,但绝非没有意义。

隐含的问题是:常人方法论并不明确地与一种“解放”政治联盟,或者说并不与任何明确的政治纲领联盟。一方面,常人方法论常常被认为是一种“保守的”研究,因为常人方法论者很少讨论权力或者压迫问题,就表面性的理解看,常人方法论研究似乎主张积极行为的活动者自由地创造他们在其中活动的世界;另一方面,常人方法论倡导一种显然“激进”的纲领,尽管存在一种“认识论”上的变化,常人方法论研究与政治上激进的社会学家都攻击一些更“保守”的研究。哈贝马斯、吉登斯、布尔迪厄以及其他人在常人方法论中发现的最严重的问题是:常人方法论否认结构决定论。尽管人们寄希望于常人方法论的研究会记录下交往的系统性“扭曲”,并对历史

〔1〕 例如,参见 Anthony Giddens, *New Rules of Sociological Method: A Positive Critique of Interpretive Sociologies*(London: Hutchson, 1978)pp. 33 - 34; Jurgen Habermas, *The Theory of Communicative Action*, vol. 1, pp. 102 - 141; Pierre Burdieu, *Outline of Theory of Practice*, Richard Nice, trans. (Cambridge University Press, 1977)pp. 1 - 29.

性结构化的理性的非对称性进行常规化“生产”，最著名的常人方法论者最为艰难的工作却是对环境的相对性强调以及对当下随机性的描述，这种强调和描述扰乱了某种权力和地位的特定内涵内在运用的预先构成。〔1〕

哈贝马斯、吉登斯和布尔迪厄都认真地对待常人方法论研究，但每个人又都通过保留理性主义、客观主义和基础主义来试图超越常人方法论的局限。同样地，每个人都把常人方法论解释为一种“理论立场”，这种立场把自己放在力量与结构、或然性与因果决定论、建构主义与客观主义截然对立的方阵的一边。例如，布尔迪厄把常人方法论似乎看做是一种现象学的人类学，认为其试图揭示内生于一种文化的“原始的经历和经历的原始理论”。布尔迪厄把这种立场对应于列维-斯特劳斯(Claude Levi-Strauss) 【32】
的礼品交换的“目的性分析”，在其中，“观察者总体性忧虑”界定了一种对物质性的经济的本能否认和“不认同”。不倾向于任何一方，经由使礼品交换的实践样式化来消解礼品与礼品回赠的分析性、可辨识的经济等价，布尔迪厄提出了一种辩证的折衷。在“合适的”时刻到来时才确定区分礼品与推迟礼品送出的原始策略，系统性地埋葬了礼品交换的经济相关(不“隐藏”在礼仪性屏幕背后的交换的经济本性，简单地退还同一礼品或者回赠一种等价的礼品，将会是一种侮辱或者冒犯)。对于布尔迪厄而言，交换的目的性“机制”始终盘旋在礼仪性过程上空，但是对于任何单独的礼品交换，这种显著的目的性被赠送过程中显现的即兴和礼仪性的环境所掩盖。尽管有着一些细微的差别，这种解决方案并非明显地不同于早些时候对结构决定论的猛烈攻击。观察者得到最终的结论，并且他把自我欺骗渗透到原始作为者身上，而这些原始作为者并不承认或者认可这种分析性的解释。〔2〕

尽管吉登斯对常人方法论的研究策略持一种赞赏的观点，但他也依旧把常人方法论主要视为一种理论立场，而不认为它满足了一种需求，即为

〔1〕关于这一点的一个精彩的例证是 E. A. Schegloff,“Between micro and Macro: contexts and other connections”在 J. Alexander, B. Giesen, R. Munch and N. Smelser eds. *The Micro-Macro Link* (Berkeley and Los Angeles: University of California Press, 1987), pp. 204 - 234.

〔2〕Bourdieu, *Outline of a Theory of Practice*, p. 46.

对抗一组强大的结构提供了强有力的基础。他的结构化理论(布尔迪厄也使用这个术语)把常人方法论对“力量”的说明归结为与稳定的、体制性结构化的、历史性地支撑起来的控制系统之间的一种辩证关系。这种理论勾画了体制化的社会相互作用如何似乎在“根基上”“重新产生”不平等以及权力的结构性模式化分层。吉登斯的研究主题被吸收进了教育决策形成、教室行为、医学检验以及法律审讯等相互作用的研究,正因为如此,吉登斯的思想相比较更强硬的对常人方法论研究理论意义的质疑具有较少的批判。但这一情形的主要问题是:借助于恰切的背景设置的研究,这一理论太轻易地被文献化了,而且当“结构化”主题被牢牢地固定在文献化的例证中时,“剩余细节”的残留就只能显现为无关的存在了。就像我在第六章阐述的那样,在这一思想路径上,常人方法论研究通常的做法是:对谈话分析研究进行一种基础主义的解读,就是说,借助于谈话活动的规则支撑研究获取批判性的杠杆来检验“结构化的谈话”。[1]

哈贝马斯也把常人方法论阐释为一种理论,这种理论反对试图超越隐
【33】含在交往活动产生过程中的内在性理解的任何努力。不同于布尔迪厄,哈贝马斯不反对这种立场辩证地指向一种客观性分析;他坚持认为,交往活动必然地包含着内在的合法性观点。对于哈贝马斯而言,“活动的理性结构基础指向达成理解”[2]不是经由经验研究被发现的一种结构,它内在蕴涵于解释和描述社会活动的具体尝试中。真理的标准、真实性的标准以及可理解性标准优先存在于实质性说明以及对这类实质性说明的专业描述中,因为其中拥有抽象性和内在相关性的结合,而这些实质性说明及对应的专业描述可以用来批判对这些标准的经验性背离。在哈贝马斯看来,常人方法论的麻烦是它不能使特定的分析结果与合法性论断符合。

> 常人方法论把合法性论断视作单纯的一种现象,在它那里每一个交往性的主体间性的识别所达成的一致都是附属品——无

〔1〕 参见 Schegloff,“Between micro and Macro: Contexts and other connections”,对这种对谈话分析研究的使用给出了一个内在的批判。

〔2〕 Habermas, *The Theory of Communicative Action*, p. 16,重点是原文加的。

论是暂时的、脆弱的，还是碎片化的一致性的形成都是如此。迦芬克尔没有在参与者认为必须提供理由的合法性一致和没有合法性的一致之间做出区分。这种不具合法性的认同，事实上(de facto)是在制裁、修辞性攻击、算计、剥夺或者顺从的威胁的基础上建立起来的。[1]

正如哈贝马斯阐释的那样，常人方法论的确不承认那种在解释正在研究的思想观点时观察者必须凭借的“合法性标准”：“如果他不能使自己确认某种极端平淡的立场，它就无法宣称自己的陈述的理论地位。”[2]对于这种“两难”的解决方案只能是：

站在至少是一个虚拟的参与者的立场，社会性—科学性的解释必须在原则上导引解释者趋向于同样的合法性论断以至于使得那些随时介入的解释也导向同样的方向；出于这种原因，也正是在这种程度上，他才可以总是自觉地起始于共享的、内在的言说理性，才可以严肃地对待参与者对其公开的思想所宣称的理性，与此同时才可以批判性地检验这种理性，使得参与者简单地提出的观点得以主题化，使得对解释的结果提出一种反省性的态度，参与者不能把自己置身于所做研究的交往背景之外；参与者必须以在原则上向所有参与者开放的方式深化和强化他的解释。[3]

尽管这是一种非常令人兴奋的观点，它使得交往实践显现为操练一种理论意图的温良的方阵。这种理论意图被一套概念性的界定和逻辑的框架武装起来，使得我们可以确信，不管是以“碎片化的”、“暂时性的”或者是“脆弱的”方式，我们总是可以发现一种方法使得实际的讨论“适合”某种模 【34】

[1] Habermas, *The Theory of Communicative Action*, p. 128 - 129，重点是原文加的。
[2] Habermas, *The Theory of Communicative Action*, p. 130。
[3] Habermas, *The Theory of Communicative Action*, p. 130，重点是原文加的。

式。哈贝马斯的分析策略要求我们把公开的观点转换为基于对优先的合法性论断持有肯定或者否定立场的“陈述”。[1]而迦芬克尔关于“一种单纯的现象”的关注就被搁置一边,以便可以强化“理性”话语的一种理想化的幻影。

常人方法论者并非不在意政治。像其他思想学派一样,在当今众多有争议的问题上,常人方法论能够参与讨论并且秉持自己强硬的立场。然而,在大多数场合,它们不倾向于把自己的研究作为工具用以推进这个或者那个事业、推进某个待修正的纲领或者规范性的政策。它们也不致力于使用自己的研究把“科学的”权威借给它们自己的政治信奉。[2]这种对待问题的态度与个人对政治的淡漠没有任何关联。对权力的具有权威性的批判愿望可以是强大的和可理解的,但是所有这一切经常也激励一种原则性的(有时也是无原则性的)努力,去追求超验性分析的不现实的梦境。对于这种游戏似乎没有任何一个可接受的替代性解决方案。结论是,这种强大的力量需要基于对那种强有力的压迫力量的反对,超越出一种更具可理解性、更具有客观性基础、更具有规范性的背景立场,对这种强有力的力量的反对可通过将研究领域转换为某种理论意愿的一种温和的方案来实现。

意义和反身性的问题

近来的一些批判来自那些对常人方法论的“激进的”认识论策略深表同情但又对常人方法论的发展状况感到失望的人。最近一轮的高涨的研究兴趣来自于受到解构主义文学理论激发的社会学中的“后现代”研究,这

〔1〕 对 Habermas 的理论的一个更广泛的批判由 David Bogen 在“A Reapraisal of Habermas *Communicative Action in* the light of detailed investigation of social praxis”提供。*Journal for the Theory of Social Behaviour*, 19(1989):47-77.

〔2〕 关于这一点有或许是可以期待的不同的看法。例如,参见 Alec McHoul 的“Language and the sociology of mind: A critical introduction to the work of Jeff Coulter”, *Journal of Pragmatics* 12(1988):229-286;M. Lynch and D. Bogen,“Social critique and the logic of description: A response to McHoul”, *Journal of Pragmatics* 14(1990):523-532;Lena Jayyusi,“Valuesand moral judgment:Communicative praxis as a moral order”,Button,ed. *Ethnomethodology and the Human Science*,pp. 227-251.

种研究推动了使常人方法论“超激进化”的努力。其中部分的不满认为:关于索引性的早期研究方向和谈话的序列分析的新近进展使得常人方法论在相关的“意义”研究中没有明确的理论立场。正如阿特金森(Paul Atkinson)在一篇评述文章中指出的那样,常人方法论研究倾向于把意义问题压缩为对序列秩序的一种相当干枯的详细说明[1]。阿特金森以及其他人还 【35】
指责常人方法论所持有的一种客观性的路径似乎忘记了对“解释性实践”更多的“反身性”指向,而这种“反身性”指向曾经在常人方法论中相当显著。

尽管这类不满可能有些道理,但是,它们提出的解决方案倾向于构想一套我们熟悉的与认识的符合论和意义的精神性解释联系在一起的幽灵似的实体,诸如意义、动机、目标、意识等。当动机、思维、意义、认识等术语再次被赋予解释实践活动的基础性角色时,在我们言说这些术语过程中,我们所尝试的与我们正在说或者正在做的东西达成一致的意旨似乎就丢失掉了。这并不是说,在研究交往活动中常人方法论者要排除所有的有关“意识”和“解释”的指涉,而是说常人方法论者努力地避免在语词与世界、指征与指涉、能指与被指、思想与对象等之间的笛卡尔式(Cartesian)对峙,这些都是经典的意义理论发挥作用的地方,以致经常鼓动起对精神实体和力量的“神化性”说明。[2]

尽管受到所宣称的文本分析的反基础主义激励,许多批评仍然受惠于自省意识(self-reflexive consciousness)的启蒙概念。在波利内尔(Melvin Pollner)诉求复活一种“激进反省性”的常人方法论中,这一点尤其明显。[3]波利内尔正确地注意到,对于常人方法论者来说,术语反身性描述了问题

〔1〕 Paul Atkinson, “Ethnomethodology, a critical review”, *Annual Review of Sociology*, 14 (1988): 441 - 465.

〔2〕 “神话”并不意味着我们不言说思想、意识、动机等,而是说,对这些事物我们的学术说明倾向于假设一种不适宜的图景。“当然,一个神话不是一个神仙故事。它是属于彼此适合的语言类别的事实的特定表征。要挖掘一个神话相应地就不能否认这些事实,而是要重新定位它们。”(Gilbert Ryle, *The Concept of Mind* (Chicago: University of Chicago Press, Chicago, 1949) p. 8.

〔3〕 Melvin Pollner, “‘Left’ of ethnomethodology”, *American Sociological Review*, 56(1991): 370 - 380.

意识、隐含姿态或者谈话中的沉默如何作为场景本身的一部分在发生中达成。依照这种方式设想，意识的“人格化”或者“反身性”效果是常人方法论研究的社会活动领域一种内生性的特性。波利内尔还认为，关于反身性的这样一个版本能够促进（但实际上常常不能）对这个概念的更具反身性的理解：

> 指涉的反身性（referential reflexivity）把所有的分析（包括常人方法论）都视作构成性过程的例证……不仅仅是的确参与可说明的场景的内在性构成的成员，就是场景的分析者也不例外。这样，常人方法论在特定程度上就是一种指涉的反身性，它承认它自身的分析是内在性结果的构成部分。对构成的指涉的反身性
> 【36】认可在认可者本身被包含在反身性范围中时就被激进化了。这个时候就是：反身性的形式化过程（以及分析的其他特性）被认可为一种内在性结果的时候。[1]

简单地说，这种激进化把囊括了语境中的行为的解释学循环扩展为包括对行为的描述的那种关系。激进的反身性于是就成为一种在社会研究领域对研究者特定的“反身性”操作的一种“反身性”检验。相比较基于对体现第三人称强势的文本书写、谈话或者会面的描述的反身性，这样一种主张显现出可以推进对反身性的更完全的理解。另一方面，也会有这样的争论：第一人称的反身性说明（或者其他风格的“涉及”强调或者提及一个观察者、解释者或叙述者对特定描述场景的关系的说明）并不比第三人称的说明更具优势，更有甚者它引发了对之前的“反省”进一步“反省”的倒退。[2]

---

〔1〕 Melvin Pollner, "'Left' of ethnomethodology", *American Sociological Review*, 56(1991): p. 372.

〔2〕 Pollner 推荐（in "'Left' of ethnomethodology", p. 374, n. 3）的那种“反身性”指向，是 Steve Woolgar, Michael Mulkay, Malcolm Ashmore 和其他人实验性地通过设计一种“新文学形式”所探索的，这种“新文学形式”扰乱并且使人关注叙事性报道的局限。参见 Steve Woolgar, ed., *Knowledge and Reflexivity: New Frontiers in the Sociology of Knowledge* (London: Sage, 1988).

这里的问题是：波利内尔把反身性的常人方法论版本和传统的自我反省概念联系起来，而这一点是会、而且我认为应该是彼此区分开来的。[1]迦芬克尔引进的"人格性"反身性的说明方式是不可避免的，没有与之对应的反义词；它直接与语境设置和背景理解关联。[2]例如，如果一个谈话中的"沉默"被某一分析者或者假定某一参与者"听到"，作为应对某种邀请的一个尴尬的停顿，对这个沉默的"意义"分析将经由这个邀请之后的序列发生过程、伴随任何的体现犹豫的具体表述以及与这种沉默相伴的疑虑，反身性地进入事件的构成。与之形成对比，波利内尔主张的参照性反身性(referential reflexivity)则是可以避免的；在他的意义上，在实际的活动进程中，行为者和分析者可以"隐退、避免或者见证激进的反身性"[3]。这样，根据他的说明，通过提及或者不提及某个人对特定的描述领域"独有 【37】
的"构成性关系，描述可能多一些或者少一些"反身性"。这种反身性实质上是对某人正在做的事情(或者正在做的反省，正在使用的元语言)进行形式化，并且它与一种怀疑性的关注相关，即陈述与他们所做的描述是否存在参照性对应(referential correspondence)的一致性。它还令人回想起抽象的个人的和认识论的"资源"。与在公共领域见证、用普通语言描述的行为的反身性并置形成对比，参照性反身性实质上是明晰地解释、反思并且大声地说出。无论是构成客观性社会结构意识的行为，还是对"认可"其构成性作用的尝试的反思，都是基于一种分析的意识。

我不想无视"自我反省"的性质以及间或对这个概念的挪用，那就是：停下来考虑刚才说了什么，仔细地思考，承认自我怀疑，疑惑是否其他人也以和自己同样的方式行事，坦白偏见，等等。然而，这种传统的"自我反省"

〔1〕 参见 Marek Czyzewski, "Reflexivity of actors and reflexivity of account", in *Theory; Culture and Society*.

〔2〕 当"反身性"被当做方法论纲领的一部分，通过把自己的分析安置在可说明的事物或者场景，去重现文化上的特殊的实践或者导向，我们或多或少地会把握它。这样的反身性不是解释者自我反省的深度和明晰性的问题，它是一种修正关于观察、数据和发现的原初概念的研究的一种方法，以便能够吸收外来的方法的系统性特征。参见 Bentta Jules-Rosette, "The veil of objectivity: Prophecy, divination and social inquiry", *American Anthropologist* 80 (1978): 549 - 570.

〔3〕 Pollner, "'Left' of ethnomethodology", p. 374.

的行为，并不能系统地推论出构造性行为。它们以自己的方式行为，是自己的行为：坦白的行为，发言的行为，犹豫的行为，致谢的行为，疑惑的行为，认证的行为，等等。他们的意识在特定的序列境况中“达成”，而且这个过程经常伴随着角色扮演、表述和反应等。像其他的表述性行为一样，他们的意识、相关性以及挪用，反身性地与他们在其中言说或者书写的实用性和关联性环境联系在一起。

反身性的波利内尔版本深深地并且清晰地显示出激进的建构论者对客观主义的奋力抗击。在抱怨常人方法论的大量研究展现出经验的和科学的倾向这一点上，他是对的。在一些时候似乎看到常人方法论研究被一点点信心重新赋予了生命，那就是一些“分析性”的发现具有了显著的意义。正如波利内尔所指出的那样，在常人方法论和“传统的”社会学之间近年来逐渐衰弱下来的仇视正在安慰着一些人，同时也正在搅扰着我们中间的另一些人，这些被搅扰的人认为：不去挑战至今还流行在专业社会学领域中的基础主义观点和方法，就与“常人方法论”没有什么关联。但是，倡导反基础主义的研究是一回事情，真正地贯彻反基础主义则是另外一件事情。反基础主义不是反客观主义的同义词，像其他反对客观主义的人一样，波利内尔最大限度地用一个抽象的基础取代了另一个基础。代替一个独立的“中庸的世界(mundane world)”，他安插了他的“构造世界的工作(work of worlding)”：从产生一个世界的主体中释放出行为，然后通过假定这个世界的独立性促使主体“忘记”这
【38】 个世界。[1]

在“解释性工作”、“人类学方法”、“表征”、“说服”、“修辞”等用来说明一种稳定的、一致的、客观的“实在”的显现时，无数的建构主义者以及声称的常人方法论处理方式给出了相似的见解。[2]取代旧有的反客观主义传

〔1〕 对 Pollner 的研究的一个扩展性的批判说明，参见 Bogen，“Beyond the limits of Mundane Reason”。

〔2〕 对这个说明的一个批评，参见 Graham Button and Wes Sharrock，“A disagreement over agreement and concensus in constructionist sociology”，*Journal for the Theory of Social Behavior*，23：1-25；还可参见 David Bogen and Michael Lynch，“Do we need a general theory for social problems?” pp. 213-237，in G. Miller and J. Holstein. eds，*Reconsidering Social Construction*（Hawthorne，NY：Aldine de Gruyter，1993）.

统中的思想或者观点，这些研究把社会的、文本的、相互作用的修辞实践和设计安置其中。他们之间的共同之处是预置了一种语言的参照或者表征的图景，他们把“实在”从语言中分离出来，然后在达成关于实在的一种显现的过程中塞进语言行为的基础性地位。[1]对这些研究进行批判，并不意味着我要捍卫实在论或者客观主义，我要做的是质疑勾画了经典观点的那种语言的表征的图景。

结 论

迦芬克尔曾经说过：如果社会学家们希望保有一种关于社会的综合性理论，那么社会学家们会“一点都不”常人方法论。这并不是说常人方法论没有学术位置或者学术自信，而是说它的反理论性，或者说它的研究模式是一种最好放置于企业或者中心智能机构中的研究。说常人方法论能够保持自身脱离专业学术领域是值得怀疑的，因为常人方法论的纲领与传统的对于实践活动以及自然语言使用的研究批判性地紧密联系在一起。就像我所指出的那样，尽管常人方法论不应该被解释为一种“分析”学科，但是，外行和专业的分析实践为常人方法论提供了研究的主题。在一定意义上，常人方法论是社会学宿主学科的一个寄生物，但是不同于只向它的宿主产生一种无生命的空壳的寄生物，常人方法论尝试重新赋予那些无生命的演奏以活力，这些无生命的演奏产生自一种对产生其自身“生命”的形式化的分析。

---

[1] Button and Sharrock, “A disagreement over agreement and concensus in constructionist sociology”, p. 12.

第二章 “旧的”科学社会学的逊位

【39】 在20世纪70年代早期,巴里·巴恩斯(Barry Barnes)、大卫·布鲁尔(David Bloor)、迈克尔·穆尔凯(Michael Mulkay)、大卫·埃奇(David Edge)、哈里·科林斯(Harry Collins)以及其他不列颠社会学家冲撞了由罗伯特·默顿(Robert Merton)和他的追随者发展起来的结构功能主义的科学社会学,并且组成了一个建构主义、相对主义和话语分析纲领的松散的“联邦”序列。从那个时候起,“新的”科学社会学的相关变种就在欧洲大陆、澳大利亚以及北美衍生出来。借助于有选择性地吸收来自不列颠和欧洲大陆的一些新锐思想,默顿学说晚近时期的信徒们抵抗住了来自新社会学的挑战,使得默顿的纲领在美国社会学界的地位依旧非常显著。

尽管新科学社会学的鼓吹者吸收了各种各样的资源,但是,它们都受到在社会科学研究中常人方法论的批判性的“建构性分析”的影响。像常人方法论者一样,他们把注意力集中于非正式的日常活动,但是他们的建构主义的阐释主要运用于自然科学家和社会科学研究者的活动。在许多事例中,来自科学知识社会学家的观点和解释则又基于常人方法论前述批判过的科学版本的社会学方法。这样一种对自然科学理论、方法和发现的怀疑论观点与一种社会学分析的积极观点之间的明显不协调,无论是新科学社会学的鼓吹者还是批判者都没有忽视,并且新近已经成为许多惊恐和争论的焦点。通过本章和下一章对科学社会学发展的评述和批判,我试图厘清导致这些争论的问题。我这样做是为了确认在常人方法论与科学知识社会学之间的同源问题和竞争观点的一种认识论的“交换带”[1],我希望借此能够说明在科学社会学、科学史和科学哲学中存在的一些永久性问题和阶段性争论。

对“旧的”科学社会学的批判

科学知识社会学何以在20世纪70年代出现在许多场合已得到详解。[2] 的确,对于科学知识社会学的这种出现,重复、循环地详述其产生过程对了解它非常有帮助。过去20多年中,在英国和其他地方发展起来的科学社会学纲领的新异之处在于:它的目的是研究、在一定时候是解释“科学知识的真正的本质和内容”[3]。托马斯·库恩(Thomas Kuhn)的里程碑式的研究——《科学革命的结构》[4],对科学史和科学哲学的“社会学”转 【40】

〔1〕“交换带”的隐喻来自Peter Galison在International Workshop on the Place of Knowledge, Tel Aviv and Jersalem, May 15—18,1989提交的论文,“The trading zone: Coordination between experiment and theory in the modern laboratory”.“边缘”以及“地带”这样的地域性隐喻会误导性地提示松散地连接的领域,就像两个岛屿的共同体通过一个单独的交通隧道连接起来。在这个事例中,更准确的图景应该是一个城市中彼此接近的邻居,在那里它们之间的地界无奈地被划定。尽管如此,所谓的地界依旧与两个邻居中的各种派系、团伙爆发的冲突高度相关。

〔2〕例如,可参见Barry Barns, *Scientific Knowledge and the Growth of Knowledge* (London: Routledge & Kegan Paul,1976); David Bloor, *Knowledge and Social Imagery*, London: Routledge & Kegan Paul. 1976) 2nd ed (Chicago: University of Chicago Press,1991); Michael Mulkay, *Science and the Sociology of Knowledge* (London: Allen & Unwin,1979); H. M. Collins,“The seven sexes: A study in the sociology of a phenomenon or the republication of experiments in physics”, *Sociology*, 9 (1975):205-224; Steven Shaping,“History of science and its sociological reconstructions”, *History of Science* 20(1982):157—211; in Karin Knorr-Cetina and Michael Mulkay eds. *Science Observed: Perspectives on the Social Studies of Science* (London, Sage,1983); Karin Knorr-Cetina and Michael Mulkay,“Instructions: Emerging principles in social studies of science”, Bruno Latour, *Science in Action* (Cambridge, MA: Harvard University Press,1987); 以及 Steve Woolgar, *Science: The Very Idea* (Chichester: Ellis Horwood; and London: Tavistock,1988).

〔3〕Bloor, *Knowledge and Social Image*, p. 1.

〔4〕(Chicago: University of Chicago Press,1962),参见第2版的“Postscript”(Chicago: University of Chicago Press ,1970).

向而言,普遍被认为是最重要的资源[1]。但是,正如科学知识社会学鼓吹者所承认的那样,在科学社会学如何支持和运用他的工作方面,科学知识社会学远远超越了库恩本人的明确见解。[2]通过援引路德维希·维特根
【41】斯坦(Ludwig Wittgenstein)后期的著述,科学知识社会学思想也吸纳了对既成的社会科学哲学[3]和知识社会学[4]的修正。另外,对迦芬克尔的常人方法论研究和塞科莱尔的社会科学方法论批判,他们发展出一种建构主义的解释,他们把这种解释应用于对自然科学中常规性的"建构性"活动的研究。[5]

科学知识社会学也在反对由默顿(Robert Merton)建立起来的知识社会学和科学社会学的完备"范式"中发展自身。[6]默顿在修正的结构功能主义框架中吸收了卡尔·曼海姆(Karl Mannheim)的知识社会学,并通过他和他的同事把这个框架运用于科学体制和科学演变的研究。[7]新知识

〔1〕 Ludwik Fleck, *Genesis and Development of a Scientific Fact* (Chicago: University of Chicago Press,1979),对于瓦塞曼检验(Wasserman test)的发展给出了一个"内在者"的说明。原始的文本在1935年出版,对于库恩的 *The Structure of Scientific Revolutions* 以及科学知识社会学的最新进展来说,有时人们把它视为一个先驱。直到这本书在1979年正式出版,Fleck的工作才在科学社会学共同体中流传。库恩的其他一些先驱者的思想也被引述,不仅仅是维特根斯坦的思想。

〔2〕 在1970年版的 *The Structure of Scientific Revolution* 的"后记"中,库恩援引了大量的来自 Nicholas Mullins, Dinna Crane, Warren Hagstrom, *Derek de Solla Price* 以及 Donald de B. Beaver 的关于"无形学院(invisible college)"的定量研究。这些研究通过使用在很大程度上把所研究的领域的参考"内容"省略掉的引文网络和相关的文献统计索引,展现了一个"描摹"科学共同体的研究方向。从科学知识社会学的角度看待库恩德工作所揭示的内容,可参见 Barry Barnes 的 *T. S. Kuhn and Social Science* (London: Macmilan,1982).

〔3〕 参见 Peter Winch, *The Idea of a Social Science* (London: Routledge & Kegan,1958).

〔4〕 Peter Berger 和 Thomas Luckman, *The Social Construction of Reality* (New York: Doubleday,1966).

〔5〕 两个关键的文本是 Harold Garfinkel, *Studies in Ethnomethodology* (Englewood Cliffs, NJ: Prentice-Hall,1967)以及 Aaron Cicourel 的 *Method and Measurement in Sociology* (New York: Free Press,1964).

〔6〕 参见 Robert K. Merton, "Science and technology in democratic order", *Journal of Legal and Political Science*, 1(1942:115—126); in Merton, *The Sociology of Science: Theoretical and Empirical Investigation* (Chicago: University of Chicago Press,1973), Norman W. Storer, "A paradigm for the sociology of knowledge". Merton 并不是在 Kuhn 的意义上使用术语 paradigm(范式)。对于 Merton 来说,这个术语意味着让社会学家遵循的一个一般性的纲要或者模型。

〔7〕 参见 Robert K. Merton: *Social Theory and Social Structure*, 扩大版(New York: Free Press,1968,1949年初次发表)第2章和第3章,讨论了他对旧有的功能主义纲领的修正,他的"中观"理论纲领,他在"显在的"功能与"潜在的"功能之间的区分。

社会学的鼓噪者对默顿式纲领的批判有时是过了头，但是，它们宣告了一个以不列颠而不是美国为中心的竞争性纲领的发展。[1]

知识社会学的曼海姆式的研究也受到了直接的批判，不过是以比较有限的方式。[2]对曼海姆的批判是与对默顿的批判联系在一起的，因为在美国社会学界，对曼海姆的默顿式解读非常有影响。[3]但是，因为在一些重要的方面，对二者的批判不同，我将分别对其进行讨论。

布鲁尔、巴恩斯以及其他人对曼海姆的批判，更多的不是攻击，而是对曼海姆知识社会学纲领的修正和扩展。曼海姆不是知识社会学的奠基人，但他一般被认为是最重要的一位先驱。[4]在 20 世纪 30 年代早期从德国移民之前，曼海姆撰写了一系列文章发展出一个独特的社会学方向，并把它运用于知识生产的研究。他提出知识社会学产生于一个叫做意识形态的特殊概念的较早形态的历史性转换。按照他的观点，意识形态的概念产生于一个政治论争的持久的传统，在这种论争中意识形态概念被视为与狭隘的个人利益和党派利益相关 ，并被当做“揭露”政敌观点的叙事武器。 【42】

曼海姆把这种叙事形式追溯到拿破仑视哲学为不实际的“意识形态主

〔1〕 对 Merton 纲领的一些早些时候的批判是 M. J. Mulkay 作出的，“Some aspects of culture growth in the nature science” *Social Research*，36(1969)：22 - 52，以及“Norms and ideology in science”，*Social Science Information*，15(1976)：637 - 656；B. Barnes and R. G. A Dolby，“The scientific ethos：A deviant viewpoint”，*European Journal of Sociology* 11(1970)：3 - 25；最新近的资源来自于一个美国的作者，对于不列颠-美利坚的分化而言，他的工作是一个早期的例外。在 Kuhn 的论文集 The Essential Tension：Selected Studies in Scientific Tradition and Change (Chicago：University of Chicago Press，1977)，pp. XXi－XXii 页的前言部分，Kuhn 针对不列颠的批评捍卫了 Merton。

〔2〕 Karl Mannheim，*Ideology and Utopia*，*Louis Wirth and Edward Shils*，trans. (New York：Harvest Books，1936)；*Essays on the Sociology of Knowledge*，Paul Kecskemeti trans. And eds. (New York：Oxford University Press，1952)。对 Manheim 的研究的一个批判性的修正在 David Bloor 的“Wittgenstein and Manheim on the sociology of mathematics”，*Studies in the History and Philosophy of Science*，4(1973)：173 - 191 中呈现。

〔3〕 参见 Robert K. Merton，*Social Theory and Social Structure Chap*. 15，“Karl Manheim and the Sociology of Knowledge”以及 Merton，“A paradigm for the sociology of knowledge”.

〔4〕 当代的 Mannheim，Max Scheler，通过发展一种对世界观(Wissensoziologie)的研究，推进了 Manheim 的思想。Scheler 把马克思主义的意识形态转换为一种更抽象、更少政治色彩的观点，用来解释社会条件如何导致“关于这个世界的相对自然的观点”。参见 Max Scheler，*Problems in the Sociology of Knowledge* (London：Routedge & Kegan Paul，1980)；对于关注知识社会学的一般读者，可参见 J. E. Curtis and J. W. Petras eds. *The Sociology of Knowledge* (New York：Praeger，1970).

义者”的谴责。[1]这种谴责把“意识形态(ideology)”作为“思想的理论”的旧有观念与更现代一点的对单纯思想实际有效性的否认联系起来。类似地,马克思反对青年黑格尔学派所从事的用“思想”斗争“思想”的争论,维持了实际活动的价值,但是,当马克思和恩格斯参照阶级地位来解释“意识形态”时,他们的观点就远远超越了这类形式。曼海姆对意识形态的处理扩展了马克思的解释形式,并且颠覆了拿破仑式的对“自由”知识分子的谴责。在拿破仑抱怨学院哲学远离经济和政治活动的地方,曼海姆则认为这种疏离是价值自由的一种实际状态。尽管他把将意识形态的批判改造为基于“虚假意识”的阶级状况关联的社会学分析归功于马克思,曼海姆还是明显地扩展和改造了马克思的观点,这种扩展和转换很容易被视为一种反马克思主义的研究。[2]

尽管马克思把左派黑格尔对宗教的批判扩展到对国家以及国家统治意识形态的批判,但是他从未放弃这样一个推断,即历史唯物主义提供了
【43】揭露统治精英们和他们的知识阶层所宣扬的意识形态扭曲的科学正确的基础。尽管马克思也追溯了其历史唯物主义观点具有特定的阶级根源——资产阶级知识分子的一部分从事无产阶级的事业,他提出在一个无阶级社会,无产阶级将为一种不被狭隘的阶级利益所扭曲的普遍的“意识形态”创造一种社会条件。当然,马克思的主要兴趣在于酝酿一种对19世纪中叶英国和西欧快速工业化的资本主义社会的革命性改造,无论是他对资本主义的批判还是他进行这种批判的基础,都设定在这个特定的社会背景之中。与之形成对比,曼海姆则试图发展出一种关于社会状况和意识形态关系的一般性理论。曼海姆基本上赞成马克思把“思想”放置于社会历史基础之上的努力,但他质疑历史唯物主义的科学地位,对相关的存在状

〔1〕 Mannheim, *Ideology and Utopia*, p. 71.

〔2〕 Mannheim, *Ideology and Utopia*, p. 75. 对于马克思关于意识形态的概念,参见 Karl Marx and Friederich Engles, *The German Ideology*, Parts Ⅰ and Part Ⅱ (New York: International Publisher, 1947).

况，曼海姆寻求一种一般化的、去政治化的分析。〔1〕

不同于马克思，曼海姆得益于后见之明。像他的时代的许多人一样，曼海姆有机会在战后的德国社会怀疑马克思主义或者任何一个关于社会状况的普遍性的“正确”分析的观点。更进一步，曼海姆拥有一种不确定性的优势，那就是：生活在包括以人文科学的自然科学研究方式对抗人文科学的解释学研究方式在内的各种学术派别论战的笼罩之中。〔2〕这种关于方法论的讨论（methodenstreit）吸收了曼海姆同时代人和先辈们的许多思想，包括狄尔泰（Wilhelm Dilthey）、凯尔特（Heinrich Rickert）、舍勒（Max Scheler）、韦伯（Max Weber）以及齐美尔（George Simmel）等的思想，在论战中所有这些人都持彼此不同的立场。对于当时德国的这种由政治争斗与学术争斗引起的问题，曼海姆的处理方式是：把党派争斗的结构和存在视为发展一种无党派偏见的意识形态概念的一种历史性条件。他认为，这些无休无止的争斗的参与者们将会明白他们自己的观点一点也不比他们的论战对手更少一些意识形态特征，结果是他们将会看到思想的存在决定压倒一切。自然，这一方式将会支持一种政治、或者认识论的相对主义或者虚无主义观点，但这并不是曼海姆所举荐的观点。曼海姆想要做的是从那种人身攻击的争吵（ad hominem argument）形式中把意识形态分析分离出来，这种人身攻击的争吵一般通过把特定的知识观点与某种特异的偏见和特定的社会派别联系起来，来攻击这种知识，或者为这种知识辩护。

当“所有的知识对于知者所处情境而言都是相对的”的见解与“所有 【44】的知识论断都是必须怀疑的”的结论混淆的时候，相对主义对于知识的评价就保存了一个绝对的标准，曼海姆基于此把知识社会学从一种“相对主义”立场中区分出来。主张怀疑所有的知识，一点都不比主张所有真正的知识必然存在一个立足的基础更缺少绝对性。这样，取代倡导相对主义，

〔1〕 Mannheim 对“存在条件”的概念扩展，可能是受到他读解 Lukacs 的 *History of Class Consciousness*（London：Merlin Press，1971）以及 Heidegger 的 *Being and Time*，*John Macquarrie and Edward Robinson* trans.（New York：Harper & Row，1962）的影响。

〔2〕 关于这些讨论对围绕着 Manheim 的知识社会学的争论的影响，可参见 Susan J. Hekman，*Hermeneutics and the Sociology of Knowledge*（Notre Dame，IN：University of Notre Dame Press，1986）.

曼海姆强调关于知识的一种"相对主义的"概念。不倾向于选择关于知识的激进的个体性概念,曼海姆主张特定的思想是置身于历史和社会环境中的。这样的思想可能与目的理性的西方标准不一致,但是在相关的范畴判断以及有效性论断的认识论共同体"视域"意义上,其恰切性不能低估。相应地,"理性的"知识——在理解的共同体生存中滋养起来的知识,应该是动态的但并非必然以不确定方式存在。与韦伯一样,曼海姆试图建构一个综合的整体理论,使得思想置身于社会秩序的具体构成中。[1]他既没有把思想归根于经济利益,也没有使思想游离于历史性的特殊的存在状态。更进一步,和韦伯一样,他试图保留一种理想化的"科学的"优势,用来解释知识的存在决定:

> 意识形态的非评价性的广泛的总体概念,主要可以在那样一些历史性研究中发现,在这些历史研究中,出于暂时性的以及为了简化问题的考虑,人们不对所涉及思想的正确性发表判断……这样一种试图使自身脱离价值判断的研究意识形态的任务,是要理解单独的个体性观点的狭隘性以及在整体社会过程中这些个体性态度之间的交互关系。

在试图建立这样的立场的同时,曼海姆在一种两难中挣扎,对这种两难的解答他从未能使他的批判者满意[2]。鉴于他所倡导的一般性的知识社会学,断言存在一种刻画所有的其他思想体系和思想体系所代表的存在状态之间的非评价性总体概念关系的超越性理论,对他来说是矛盾的。这种理论的地位只有通过把知识社会学从其自身的实质性解释纲领中豁免出来才能得到保证。无论如何,曼海姆需要确保:知识社会学以某种方式
【45】能够解释其他知识体系的社会状况,而在涉及自身的具体环境中不需要解

〔1〕 Mannheim这样来表述这一点:"实际上,认识论紧密地编织在社会过程中,就像我们的思维的总体。"(*Ideology and Utopia*, p. 79)

〔2〕 参见 A. Von Schelting 在 *American Sociological Review*, 1(1936):664-674 对 *Ideology and Utopia* 的评论。

释自身。

再一次,他把知识社会学的特殊的存在条件转换为一种决定性的方法论优势。他提出意识形态的支离破碎与德国学术共同体的相对自治鼓励一种对意识形态领域独立的、与众不同的理解。[1]对于曼海姆来说,知识分子的“不稳定的、相对无阶级归属的状态”[2]是一种类型的先锋,但它并不代表无产阶级的利益,这种先锋能够从党派政治中抽离出来,上升到一种无利益倾向的地位。[3]结果是,知识社会学将在意识形态概念的历史发展中代表一个更进一步的阶段,在这个阶段,一种意识形态的非评价性概念将为对知识的绝对概念的批判提供一个基础。曼海姆并不是宣称:对知识社会学的“客观性”的实际支持可以保证知识社会学分析的真理性,他要强调的是:用数学标准和“精确的”科学来衡量具有历史情境性的知识的终极真理性是非常荒谬的。还因为知识社会学的实际有效性本身是置于其历史情境本身的,因此,知识社会学也不应该接受一种精确的科学标准的衡量。

这个简约的提纲隐含存在于科学知识、社会的科学知识和寻常的知识体系中的三重区别:

(1) 至少有一部分产生于数学和精确的自然科学的知识似乎是与历史无关的。尽管,产生自这些领域的知识能够追溯出特定的历史起源,但这 【46】

[1] Mannheim, *Ideology and Utopia*, p.85。对这个观点的评论可参见 Hekman, *Hermeneutics and the Sociology of Knowledge*, p.52. 关于现代性的实际状况如何赋予分析性的优势来理解和综合零散的认识论文化的 Mannheim 立场,唤起 Durkheim 在 *The Division of Labor in Society*(Glencoe, IL: Free Press, 1964)中,对社会分化的认识论优势的讨论。

[2] Mannheim, *Ideology and Utopia*, p.155.

[3] 这个立场接近韦伯在 H. Gerth and C. Wright Mills eds. and trans. *From Max Weber* (New York: Oxford University Press, 1946)的文章“Science as a vocation”的评论,其涉及学术生活能够并且应该为一种相对的价值中立的分析态度提供一个存在基础的方法。就像韦伯清楚地指出的那样,这个立场的“优势”是非常罕见的,但不是因为其认识论基础罕见,而是,它是立足于特定的社会性优势和学术生活的闲暇的真实的探究。韦伯承认:这种学术对于经济的驱使和地位的争斗远不具有免疫力,但是,C. Wright Mills 在(*The Sociological Imagination* [New York: Oxford University Press, 1959])中,在盘点 20 世纪 50 年代美国社会学的时候,提出了关于学术的一种更具偏见的观点,他发现他的同事热衷于故作学术姿态和科学的诈骗。然而,Mills 并不是完全不理会韦伯-曼海姆的立场。而是,他主张一种更具个体性的姿态,即利用学术的合法的无责任性的优势,倡导一种对庸俗的学术生活的疏离,赞成广泛的平民主义的事业。

些知识的内容(至少一部分内容)不再带有历史的印记。

(2) 学术知识分子产生具有历史性相关的知识,但是他们的体制性和历史境遇在一定程度上能够促生他们的价值自由。知识社会学的“观点”能够发展出这样的一种条件。这种条件不能超越其历史性和社会性的起源,但作为一种政策和实际的条件,相比较它所试图解释的知识体系,实际上它更具广泛性和无党派性。

(3) 宗教的、道德的、政治的意识形态实际上总是建立在一种信念和实践的共有基础之上。在这样的一个体系中,知识的内容以及评价这种知识体系有效性的标准必然是情境性的。

在这里记住这一点是重要的,那就是曼海姆做出这种区分更多的是与方法论需求相关,而不是与认识论或者本体论信奉相关。[1]对于曼海姆来说,这是一种经验性地强调历史和社会条件如何影响思想的有效性和思想内容的问题:

> 在社会过程中存在的因素仅仅具有外表的重要性吗?它们仅仅是限定思想的起源和实际发展过程的条件吗(比如,它们仅仅具有发生学上的相关)?或者它们渗透到具体的、特定论断的“视域中”?……一个思想的历史和社会的起源,只是在暂时的以及它出现的社会条件对它的形式和内容没有发生影响时,才会与其最终的有效性无关。如果情况是这样的话,在人类知识历史上任何两个阶段彼此的区分将基于这样一个事实,那就是:在前一时期某些事情尚未被了解、某些错误还依然存在,只是这些错误可通过后来的知识得到完全纠正。这种早先不完全的、而后完全的知识阶段之间的简单关系,可以在相当程度上适用于精确的科学(尽管相比较经典物理学的逻辑,今天精确科学的范畴结构的

〔1〕 关于 Mannheim 尝试把知识社会学的社会学基础从认识论标准中区分出来的努力的讨论,可参见 Nico Stehr,“The magic triangle :In defense of a general sociology of knowledge”,*Philosophy of the Social Science* 11(1981):225 - 229.

稳定性概念已经在相当程度上动摇了)。[1]

在这一段关于相对性理论的最后一行,曼海姆暗示:他不把数学和精确科学的成果和发展视为必然地或者永恒地会超越知识社会学的视野。【47】他强调像“2 乘以 2 等于 4”这种陈述的历史稳定性及其公认的用法,使得让陈述的内容反映陈述使用者的特定社会地位成为不可能。[2]不同于艺术作品,这个陈述的形式“对于什么时候、在哪里以及谁使之形式化没有提供任何线索”,艺术作品的制作则提供给艺术史学家诸多的线索,包括把它归为一个特定的艺术家或者艺术类别、把它与历史性相关的风格传统关联起来以及解析相关的艺术共同体关于艺术主题的本质的预想。类似地,一个社会科学文本或者论点也是提供诸多的线索使其能够追溯到某个“学派”或者“视域”,如激进的行为主义、荣格(Jungian)心理学派、法国结构主义或者古典经济学派。

曼海姆从知识社会学的框架中举出的数学和精确科学的例证说明,后来变成了科学知识社会学中“强纲领”议程的主要攻击之点。[3]一些著述者直接把这个例证标记为曼海姆纲领中的一个“错误”[4],但这个标记实际上高估了这个例证的重要性。通过这个比较,曼海姆真正想建立的并不是在实际的和历史的情境中树立自然科学合法性的一个典范。因为他宣称知识社会学本身就渴望追求一种理性知识的强有力的形式,他试图使自己的研究模式具有合法性。[5]

---

〔1〕 Mannheim, *Ideology and Utopia*, p. 271.

〔2〕 Mannheim, *Ideology and Utopia*, p. 272,还可参见 p. 79. Stephen Turner 注意到,与在许多的批判中的认定相反,Manheim 关于数学真理可以从社会学解释中豁免不是“基于‘理性’标准的基础上”做出的。参见 Turner, “Interpretive charity, Durkheim, and the ‘strong programme’ in the sociology of science”, *Philosophy of the Social Science* 11(1981): 231, n. 3.

〔3〕 David Bloor, “Wittgenstein and Manheim on the sociology of mathematics”, *Studies in History and Philosophy of Science*, 4(1973): 173 - 191; Barnes, *Scientific Knowledge and Sociological Theory*, pp. 147 - 48.

〔4〕 Steven Woolgar, *Science: The Very Idea* p. 23.

〔5〕 参见 Hekman, *Hermeneutics and the Sociology of Knowledge*, p. 58. Hekman 强调:关于科学的知识和理性的知识之间的关系,Manheim 给出了矛盾的陈述,他没有像许多研究者所说的那样持有明确的基础主义的立场。

曼海姆对相关例证的寻求是为了知识社会学，因为他诉求于数学和精确的科学，试图以最严格的认识论标准，来例证其观点的有效性。他并不想争论知识社会学在数学和自然科学的某些领域的适用性，他的主要兴趣在于为知识社会学本身明显的弱点作辩护。正像他清楚表明的那样，主要的问题是一种示范性证明：

> 思想的存在决定在这样一些思想领域已经成为证明了的事实，在这些领域我们可以展示：(a)知晓的过程的实际的历史性发展，实际上并不与固有的法则相一致，它也不单纯地遵循“自然的
> 【48】本性”或者“纯粹的逻辑可能性”，它也不受一种“内在的辩证法驱使”。相反，真正的思想出现和升华的许多关键之点受到种类繁杂的理论之外的诸多因素的影响。为了与纯粹的理论因素形成区别，我们称之为存在的因素。(b)如果这些存在因素对知识的具体内容的作用远远超过表面的重要性，如果这些因素与思想不仅仅是起源上相关，而且是渗透到思想的形式和内容中，更进一步，如果这些因素决定性地决定思想的范围、决定我们体验与观察的激情，就是说决定我们前面涉及的思想主体的“视角”，那么，思想的存在决定论也可以被视为是一个事实。〔1〕

在关于曼海姆数学社会学颇具影响的讨论中，布鲁尔引述了上述章节，并借此挑战曼海姆的“社会致因”与“理论之外的因素”联系的思想。布鲁尔提出一个疑问，“它在哪里留下了与理论的内在逻辑相一致的沟通行为?”布鲁尔继续展现他的意图：知识社会学的强纲领议程可以解答这个问题，并且提出一套创新的方案使得曼海姆的纲领能够涵盖数学和科学知识。但是与此同时，在涉及其解释曼海姆的方法、认为曼海姆提升了一种数学的“实在论”的本体论或者“柏拉图主义”的本体论方面，布鲁尔对曼海姆的解读也制

---

〔1〕 Mannheim, *Ideology and Utopia*, p. 267，援引自 Bloor，“Wittgenstein and Mannheim on the sociology of mathematics”, p. 179.

造了一些混淆。[1]

就我自己对上述引述的解读，曼海姆并不赞同数学对象的内在本质的一种绝对地位，就像他并不赞同关于思想的“内在辩证法”的黑格尔式概念。他要讨论的是：需要证明“思想的存在决定”，反对各种各样绝对主义和超验哲学的观点。引文表明，他使用“事物的本性”、“纯粹的逻辑可能性”以及“内在辩证法”是要表明他像对待熟悉的语汇一样对待这些词语。这些词语来自于知识社会学试图证明知识的社会决定时所遭遇的一些论断。例如，曼海姆没有去认同哲学实在论、逻辑决定论或者辩证理性，而是一直在承认：知识社会学面对的最顽固的论点产生于、或者代表着其要解释的知识体系本身。这些论点不会轻易地被替代，为了在特定的情形中完成这样一种替代，曼海姆推出一种方法论的程序。这个程序包含两个基本 【49】
的步骤：

(1) 使用历史比较法来表明：一种“永恒的理论”在其自身所处的境遇中不能够完全地解释知识体系的内容和历史发展。这个程序是要证明：这样一个理论不可能毫无歧义地、完全彻底地展现体现“事物的本性”的、“纯粹可能性的”或者一种“内在辩证法的”知识的现存状态。

(2) 社会条件的一种特化（局域性的历史环境，阶级利益和集团“心态”，以及叙事策略等）影响给定状态的知识内容和知识的发展。

因为曼海姆强烈地反对超验的和绝对的哲学，似乎可以看到他不会考虑知识的历史性发展会与永恒法则保持一致的可能性。无论如何，他无法发现一种方法去证明像“2×2=4”这种表述可以用理论之外的“存在”因素来解释。曼海姆并没有规定所有的科学都无一例外地排除在他的解释纲领之外，因为他的纲领显然可以适用于达尔文的进化理论。表明以下几点是可能的：(1) 理论正确地解释的“化石记录”是原初意义上的、并且在一些

[1] Bloor, “Wittgenstein and Mannheim”.

重要的方面还是有争议的[1];(2) 在特定的时间和地点出现的理论承载着特殊的社会利益,这一点无论是在科学领域还是在公众领域一直处于广泛的争议中,并且依旧是意识形态争论的一个主题。

尽管对特定理论的追随可能成功地抵抗各种各样质疑其地位的努力,但是理论始终处在争议之中的事实,以及对理论的意义和应用的理解即便
【50】在专业化的科学领域也在变化的事实,为曼海姆的解释的关联主义纲领提供了推动作用。[2]在有关进化的问题上,党派争斗相当激烈,这样似乎就至少存在一种可能,那就是"自由知识界"的成员可以保持足够的独立性去论述与各种各样的争论立场关联在一起的宗教的、政治的和阶级的观点。[3] 但是,对于任何一个理解"2×2=4"这个公式的人谁会对其进行争议呢?

借助维特根斯坦关于数学的各种各样的著述,布鲁尔讨论了这个问

〔1〕 指出必要的文献基础的缺失并不是不理会"解释的文献方法",通过这种方法,理论获得了解释学的"基础"。参见 K. Mannheim"On the interpretation of Weltabschauung" in *Essays on the Sociology of Knowledge*, pp. 33 - 38。通过设计一个模拟的心理咨询会,在其中那些"顾问"以一种随机的风格回答一系列是与不是的问题,Garfinkel 研究了"解释的文献方法"(*Studies in Ethnomethodology*, pp. 76—103)在所提问题限定的文本范围内,不知情的被试费力地理解系列的答案。通过一步步转换被试的意识,即他们(被试)正在问一些与是与不是回答相一致的问题,被试们能够做到这一点。尽管这个练习没有使用 Mannheim 的证明的历史方法,但它的确依赖于被试的解释的"内在的"基础与他们所获得(或者发展起来)的关于那个"基础"的临时性的意识之间的可证实的差异。在 Darwin 的进化理论这个事例中,关于化石记录的权威性以及如何读解这种记录的争论,没有使得理论的内在一致性和它的文献基础打折扣,但是它们的确提供了关系分析的杠杆。

〔2〕 Bloor 和其他的强纲领的倡导者把 Mannheim 对数学和精确科学的研究刻画为一种"关于错误的社会学"。这就意味着:Mannheim 的解释纲领,只有在一个特定的"思想"偏离了说明这个思想的相关学科的固有的能力得到证明之后,才会发挥作用。其实,只有在关于"错误"的那种特定的意思作为一种致因理论中未得到解释的残留存在时,这样的刻画才是准确的。Mannheim 似乎并不是在说:那种知识社会学只能解释"虚假的"信念,他是在解释那种"固有的"理论所不能充分说明的东西。

〔3〕 这样的疏离并不是这么轻易就可以达到的,特别是在他们对科学的信奉以及世俗的教育倾向于把知识分子中的成员同某种争论的一个派别而不是其他派别联系起来的时候更是如此。例如,在对教授进化论的合法性问题的最近的争论的社会学研究中,Dorothy Nelkin 相当坚决地支持进化论,并且在 Mclean v. Arkansas Board of Education(一个 1982 年在美国的 Arkansas 的地方法庭上听到的案件),她为原告提供了作为专家的证词。Nelkin 并不是必须坚定地为这场争论提供一个超乎党派的检验,但是承担这样一个义务至少是可以想象的。参见 D. Nelkin, The Creation Controversy: Science or Scripture in the Schools(New York: Norton, 1982) p. 146, n. 5.

题。[1] 布鲁尔并没有寻找关于数学命题的真理性争论的相关证据，取而代之，布鲁尔把曼海姆对命题有效性的社会历史条件的关注，转换为关于支持一个陈述的可理解性和确切含义的具体条件这种更基本的问题。布鲁尔认为维特根斯坦提供了能够解释数学表述和数学运演的“正确”或者“不正确”的“知识的社会理论”的开端。[2]尽管维特根斯坦没有提供一种解释理论，对经验社会科学也仅仅极为有限地使用，但布鲁尔还是运用他的著述去支持一个扩展了的知识社会学的概念。曼海姆和维特根斯坦都没有明显地借用彼此的工作，但是在布鲁尔论点的精神中会很容易建立起曼海姆和维特根斯坦之间的想象的对话：

曼海姆：即便是上帝也不能清楚地阐述像“2×2=4”这样的历史性的论断，其在历史上的可理解性只能通过对产生自其自身流动的历史经历中的问题和概念建造的确切说明而得到。[3] 【51】

维特根斯坦：“2×2=4”是一个算术上的真实论断——不是“在特定的时刻”，也不是“总是”，但是在汉语中说出来或者写出来的句子“2×2=4”可能会有不同的含义，或者是一句彻头彻尾的废话，从这一点来看，只有在这个陈述自身的意义上这个陈述才有用。[4]

维特根斯坦的意见可以解读为他认为“2×2=4”是一种类似于索引性表述的东西，其中陈述的意义依赖于使用陈述的环境。使用一个假设的关于异域文化的例证，维特根斯坦的意思是：即便一个说中国话的人明白

〔1〕 特别参见 Ludwig Wittgenstein, *Remarks on the Foundations of Mathematics*，修订版，G. E. M. Anscombe ,ed. and trans. (Cambridge, MA: MIT Press, 1983).

〔2〕 参见本书的第三章和第五章。还可参见 Andrew Pickering ed., *Science as Practice and Culture* (Chicago: University of Chicago Press, 1992)中，我与 Bloor 交换思想的 3 篇系列论文：M. Lynch, “Extending Wittgenstein: The pivotal move from epistemology to the sociology of science”, pp. 215 – 265; D. Bloor, “Left- and right-Wittgenstein”, pp. 266 – 282; and M. Lynch, “From the ‘will to theory’ to the discursive collage: A reply to Bloor's ‘Left- and right-Wittgenstein’”, pp. 283 – 300.

〔3〕 Mannheim, *Ideology and Utopia*, p. 79.

〔4〕 Wittgenstein, *On Certainty*, G. E. M. Anscombe and G. H. von Wright ed. (Oxford: Blackwell Publisher, 1959), sec. 10.

“2×2=4”这个表述，他们可能完全不同地应用于他们自己的数字体系。维特根斯坦不是在制造一个历史性的论断，但沿袭他的例证的思路，我们很容易得出一个历史性的论断。援引一个不使用数字 2 或者不使用我们所使用的乘法概念的历史性社会的例证，完全能够认为“2×2=4”不是普遍有效的或者不是一个通俗明了的表述。〔1〕

当布鲁尔注意到巴比伦人的数学不包括零这个概念时，他援引了一个相关的例证。他指出这个例证提供了“数学概念是文化的产物的证据”〔2〕。按照布鲁尔的说法，维特根斯坦强化了一种凡人们处理历史性主题的方式，而这种方式在曼海姆那里，“即便是上帝”也做不到的。尽管维特根斯坦没有质疑“2×2=4”作为一个论断在我们称之为算术体系中的有效性，但他表明了这个论断的可理解性是无法从使用它的语言文化中分离出来的。通过用实际的历史的和人类学的例证代替维特根斯坦的“想象的人种学”，布鲁尔在知识社会学中提出一种强化曼海姆纲领的方式，这种方式甚至可以涵盖最基础的数学论断。〔3〕

维特根斯坦与曼海姆纲领的关联也可以扩展到实验科学。当维特根
【52】斯坦提到隐含在拉瓦锡的化学实验中的“世界图景”时，他触及了一种非常接近于曼海姆关注的东西：

> 拉瓦锡用他自己实验室中的物质进行实验，并且现在他得出结论：在燃烧发生的时候会发生这样和那样的事情。他并没有说在另外的时间可能发生另外的事情。他抓住了一个确定的世界图景——一个不是他发明的世界图景，他像一个孩子一样向这个世界学习。我在说世界图景而不是说假设，因为对他来说这是无

---

〔1〕 来自 Wittgenstein 的这个引语也可以解读为：如果一个团体不像我们一样地使用数字 2 和符号 x，我们就足以怀疑他们做的事情是否与算术具有可比性。在本书的第五章，我继续这条讨论路线。

〔2〕 Bloor，“Wittgenstein and Mannheim on the sociology of knowledge”，他援引自 O. Neugebaure，*The Exact Science in Antiquity*（Princeton，NY：Princeton University Press，1952）.

〔3〕 参见 Bloor，*Wittgenstein：A Social Theory of Knowledge*（New York：Columbia University Press，1983），对于这个问题进行了更详尽的处理。

须提及的他所进行的研究的理所当然的基础。[1]

再一次,维特根斯坦显现出其提供了一种通过扩展曼海姆概念框架来涵盖精确科学的程式的方式。如果拉瓦锡的实验设定在他像一个孩子一样向它学习的世界图景之内,那么,说拉瓦锡的“社会化”构成了他视之为理所当然的“默会知识”的存在条件就有道理了。[2]

这个例证大致上接近于库恩对拉瓦锡在18世纪晚期“发现”氧气的讨论。[3]库恩提到:普利斯特列(Joseph Priestley)和拉瓦锡都具有宣称发现氧气的“合法性”,因为他们两人都通过加热氧化汞成功地分离出后来被叫做“氧气”的东西。[4]库恩强调说,普利斯特列的样本不“纯”,而且更为重要的是,普利斯特列分离出一种独具特性的气体,这样的话他不能合理地被认为发现了氧气:“如果手中拥有不纯粹的氧气就是发现了氧气,那么,任何一个把大气中的空气装入瓶子中的人都可以说发现了氧气。”[5]1775年,在普利斯特列做他的实验的时候,他把他分离出来的极具可燃性的气体视为“比通常所认为的燃素含量少一些的普通空气”[6]。

几年之后,在进行了一系列类似的实验之后,拉瓦锡得出结论:他分离出 【53】
了大气中的两种主要构成的一种。他的解释中蕴含着一种完全不同于普利斯特列的理论图景,因为他把实验中的可燃性产物不是看做移除了燃素的

[1] Wittgenstein, *On Certainty*,参见 p.167。

[2] 参见 Michael Polanyi, *The Tacit Dimension* (New York: Doubleday,1966).

[3] Kuhn, *The Structure of Scientific Revolution*, p.53,还有其他的地方。Kuhn 承认 Wittgenstein 的 *Philosophical Investigation*, p.45.因为没有将它与对 Lavoisier 和 Priestley 的实验的讨论联系在一起,所以,对于 Kuhn 是否读过前述章节中来自 *On Certainty* 的内容,我不得而知。

[4] Kuhn The Structure of Scientific Revolution, p.53)也提及对于这个“发现”的第三个申请者,C.W. Scheele,但是没有理会这个观点,因为这个观点公开得太晚以致无法指望有历史的记录。Augustine Brannigan (*The Social Basis of Scientific Discoveries*[Cambridge University Press,1981].p.20)质疑 Kuhn 把这个发现指派给 Lavoisier 的方法,这样的话 Kuhn 就参照结果调整了关于发现的争论。攻击 Kuhn 的例证的一个完全不同的路径来自 Phillip Kitcher(“Theories, theorists and theoretical change”, *Philosophical Review*, 87,[1978]:519—547),Kitcher 不认同 Kuhn 例证的相对主义蕴含,认为:对“氧气”概念如何最终取代“重量减轻的空气”的任何历史性理解必须考虑各个术语的指涉内容的恰切性,“氧气”指涉的这个世界中的某种东西,不是“燃素”所指涉的那个东西。

[5] Kuhn, *The Structure of Scientific Revolution*, p.54.

[6] Kuhn, *The Structure of Scientific Revolution*, p.53.

"空气",而是看做空气的一种"纯化的"构成。更进一步,就像库恩指出的,对燃素说的取代,为凸显燃烧的致因和研究物质的化学构成提供了一种复杂的界定和解释性概念。依照库恩的术语,一个范式(一个现在看来更与现代化学相一致的范式)取代了一个旧的世界图景。库恩的讨论激发我们能够以更精细的方式解释维特根斯坦的评论,因为现在我们可以这样说:追随拉瓦锡对氧气的发现,化学家们被社会化为共享一个概念框架、一套正统的定义以及一组既成的实验设计和实验活动的"常规科学"共同体的成员。对于后继一代的化学家,空气的组成以及对燃烧的解释不再是假说,因为(改述一下前述来自维特根斯坦的思想)"对他们来说这是无须提及的他们所进行的研究的理所当然的基础"。在这种稳定的学科共同体中培育出来的知识不会比曼海姆试图通过知识社会学解释的宗教或者政治信仰更少一些"关联性"。

库恩的历史编纂学方法激励强纲领的支持者们强调:在精确科学的发展中并没有显示出曼海姆所提出的"知识的早期不完善与后期的完善之间的简单关系"。在一个范式取代另一个范式的时候,例如在哥白尼革命发生的时候或者量子力学兴起的时候,变化不仅仅包括既成知识的稳定体系内部的理论修正,而且包括事实验证以及关联实验或者重点实验的界定程序的改变。

在拉瓦锡发现氧气的案例中,只有借助于回溯式的判断,历史学家们才能够清楚地说明接受这个或者那个世界图景的客观背景。普利斯特列用燃素理论说明的实验事实,拉瓦锡和他的追随者们把它安置在一个由不同的概念和实践构成的格式塔组织框架中。[1]尽管在今天所认可的物理化学中的"永恒法则"意义上,争论的结果可以得到回溯式的解释,但是这些法则在争论发生的时候并不会确定性地得到清楚的说明。现代物理化学中的规律不会从对取代燃素理论的那种理论体系的信奉中分离出来,相应地,它也不会
【54】提供无偏向地解释争论结果的基础。结论是:在一定意义上科学的历史能够支持曼海姆的主张,即"知晓的过程的实际发展并不历史性地与永恒的法则

〔1〕 参见 Paul Feyerabend, *Against Method*(London:New Left Books,1975)进行了进一步的讨论和例证。

相一致”，因为这些法则只能通过“辉格式”历史编纂学的回溯式幻影来解释这些事件。[1]

对默顿的自我样板化的科学社会学的批判

在20世纪30年代，罗伯特·默顿在哈佛大学研究帕森斯，后来默顿在社会学理论中发展出结构功能主义研究的理论变种。[2]默顿的理论研究是折衷的，也是霸权的，他扩展了帕森斯的框架，使其归入社会学研究的最广泛的可能空间。默顿的“中等范围”理论，致力于填补帕森斯高度抽象的理论和社会机构与社会态度的经验研究具体模式之间的沟壑。[3]默顿也精心打造了一个解释性方案，用来说明体制的“功能萎缩”方面和“功能健全”方面，说明“潜在的”功能和“显在的”功能。[4]默顿和他的助手们捕捉到美国社会学的体制性核心，并为整个领域覆盖上轻薄且流动的理论性光亮。结果是，如果不招致下面两种谴责：(1) 设定了“默顿主义”的人为限制；(2) 损毁了维护美国专业社会学良好形象的一些环境，对默顿的研究进 【55】

〔1〕 对这种科学编史学一个早期的批判，参见 Joseph Agassi, *Towards an Historiography of Science* (The Hegue: Mouton, 1963)。

〔2〕 就像在本书第一章提及的那样，在1940年代，Garfinkel 一直研究 Parsons。除了他们与 Parsons 的共同的关联，除了二者都被认为是对社会学理论和科学社会学当代研究的重要的贡献者这样的事实外，Merton 和 Garfinkel 彼此几乎没有什么关系。就我所知，在他的卷轶浩繁的社会学理论和科学社会学的著述中，Merton 从未提及过 Garfinkel 或者常人方法论。尽管部分是因为对 Parsons 式的结构功能主义的一种回应，Garfinkel 发展出了常人方法论，他无视 Merton 的阐释以及 Merton 对 Parsons 的研究的转换。在这场游戏中，他们之间的路线分歧很早就发生：Merton 变成了美国社会学“核心”的代言人，Garfinkel 则在这个学科的边缘指挥着一场激进的战役。在 Merton 努力在显存的社会学中建造最广泛的可能基础的地方，Garfinkel 则抨击了在经典的传统中的“奇异的荒谬”，并转向现象学和 Wittgenstein 寻求启发。

〔3〕 对于这种方法的说明，Merton 和他的同事们帮着在那个世纪中叶的美国社会学中安置了理论-经验纲领。参见 Stephen Turner and Jonathan Turner, *The Impossible Science: An Institutional Analysis of American Sociology* (London: Sage. 1990).

〔4〕 功能主义经常被批评为一种固有的保守的观点，其通过关注社会机构的“功能性”方面，来潜在地评价社会机构。通过发展“功能障碍”(使得一种社会秩序丧失稳定性的体制或者实践)这个概念，并且坚持：通过表明服务于社会或者危害社会的团体特征，功能主义对任何既有的功能或者功能障碍都能具体揭示相关之点，Merton 使这种论点缓和。在证明拥有一种能力可以把马克思的语录转变为功能主义的语言这一点上，Merton 表现出明显的欣喜。(参见“Paradigm for sociology of knowledge”, p. 35 以及 *Social Structure*, 扩大版, 99-100)

行批判是不可能的。鉴于与两种谴责相关的灾难,比较成功地对默顿的批判来自于大洋彼岸的不列颠就很容易理解了。〔1〕

默顿对科学知识社会学的贡献始于他的博士论文《十七世纪英国的科学、技术与社会》。〔2〕在随后的半个世纪,这位持久、多产的学者影响了社会学的众多领域。特别是 1950 年代到哥伦比亚大学工作之后,默顿和他的学生形成了一个虚拟的联盟,控制了科学社会学以及相关的亚学科直到 1970 年代。〔3〕默顿式的社会学家进行了一系列的研究,包括科学发展的历史研究、科学气质的广义的概念类别研究以及更"微观"的科学组织和科学交往网络研究。尽管默顿式的纲领在其导向上是功能主义的,但在 1950 年代以及 1960 年代早期,这并不意味着它是主流社会学的一部分。只是在回顾中似乎这个纲领把它的概念限制在社会性因素如何与科学相关的
【56】 方面。

不列颠对默顿的攻击主要集中在他的研究相关的两个方面:(1) 他关于科学进步的明确的"内在解释"与"外在解释"的区分;(2) 他对科学的内在整体性和自治性的说明。

---

〔1〕 Merton 回应一些对他的批评的修辞力量可以通过阅读这篇文章得到体会,"The ambivalence of science:a postscript", in Merton, *Sociological Ambivalence and Other Essays* (New York: Free Press,1976),pp. 56—64. 也许,功能主义统治美国社会学界的高潮线是 Kingsley Davis 对美国社会学学会成员们的就职演说,在演说中他强调功能主义的分析师的一个"神话"。Davis 这样呈现是捍卫功能主义,反对对它的批评,指出功能主义不是一个独特的理论框架,而是任何一个社会学家必须使用的观点模式。结论是,无论是作为一个观点,一个学派,一种论说风格,还是作为学术性帮派,功能主义都很难阻止,出于同样的原因,他证明具有面对任何批评的适应力。参见 Kingsley Davis,"The myth of functional analysis as a social method in sociology and anthropology", *American Sociological Review*, 24(1959):757 - 772.

〔2〕 关于这些批评为什么发生在不列颠的一个较仁慈、较温和的版本见 Arnold Thackray 的文章"Measurement in the historiography of science",在 Y. Elkana, J. Lederberg, R. K. Merton, A. Thackray,以及 H. Zuckerman eds. , *Toward a Metric of Science: The Advent of Science Indicators* (New York: Wiley,1978),pp. 11 - 31. 在把 Merton 式科学社会学的成功和快速发展编入编年史之后,Thackray(p. 21)注意到:"不仅仅是惊奇,对科学的'内在的社会学'的持续的关注,还在没有停顿地继续。这种批评一直居于欧洲,最通常是在不列颠,因此远离一个享有共同的范式的实践者所具有的局限和优势。"

〔3〕 在他的博士论文完成不久,他的博士论文在 *Osiris: Studies on the History and Philosophy of Science* (Bruges: St. Catherine's Press,1938,新版;New York: Harper & Row,1970)出版。关于讨论 Merton 博士论文的系列讨论,可参见 Isis(特别版)79(1988):571 - 623。

内在解释与外在解释。默顿在《17 世纪英国的科学、技术与社会》中的论点紧跟韦伯《新教伦理和资本主义精神》的观点。[1]与韦伯讨论加尔文主义信条和企业家行为的关系并行,默顿强调:广泛的禁欲价值观与北欧新教伦理的结合激发了皇家学会的许多奠基者和资助者。尽管新教神职人员常常仇视科学,但默顿强调:清教徒的价值观激励一种对世俗成就的尊重,特别是对那种看起来无关乎个人追求利益和享乐动机的成就的尊重。结论是:科学的创新是具有高度价值的,因为它被证明是无利益倾向地贡献给人类的,整个人类验证着上帝计划的复杂精细。[2][3]尽管一些历史学家把默顿解读为给出一种用宗教因素解释牛顿或者波义尔发现的外在论观点[4],但默顿的观点完全符合韦伯著名的“扳道夫”类比的思想路径。

韦伯使用铁道道岔“扳道夫”的形象,说明新教伦理如何为资本主义工业发展提供一种尽管不是决定性要素的催化剂。这个“扳道夫”尽管不能决定轨道的设计或者火车的动量,就像加尔文主义者所强调的“广泛地禁欲”对于资本主义的兴起或者后来成为支撑资本主义工业理性化进步的竞争动力不能决定其历史性的前提一样。相应地,清教徒主义为推动企业活动和刺激经济沿着历史的轨道发展提供了催化剂,没有这种催化剂或许这一切不会发生。关于清教信条对实际致力的相关领域和科学创新的影响,默顿给出了相似的论断。像韦伯一样,默顿赞扬“在引导行为

---

〔1〕 Merton 的一些比较著名的学生和同事是 Bernard Barber, Jonathan and Stephen Cole, NormanStorer, Nicholas Mullins, Diana Crane, Lowwell Hargens 以及 Harriet Zuckman。他们的研究与 Derek de Solla Price 和 Joseph Ben-David 关于科学体制和科学的出版模式的研究联合在一起。更新近的学生, ThomasGieryn 和 Susan Cozzens,则融合了 Merton 式的研究方向和科学知识社会学中最新近的研究。

〔2〕 Max Weber, *The Protestant Ethic and the Spirit of Capitalism*, Talcott Parsons (London: Allen & Unwin, 1930), *The Structure of Social Action* 1(New York: McGraw Hill, 1937): 511. 援引了 Merton 的研究,把它视为“使韦伯坚定其新教伦理促进了创新事业的立场”的资源。

〔3〕 Merton 充分地使自己的观点有资格保护自身、对抗 关于 Italian 科学的相反例证。对于 Merton,因为科学的历史发展不是由“宗教”引发,仅仅是受到宗教性因素的促进或者阻止,因此他的例证可以说明意大利科学的发展,尽管这种发展时常受到教会的干预。

〔4〕 参见 A. R. Hall, “Merton revisited,” *History of Science*, 2(1963): 1-16.

进入特定的轨道上思想的作用”[1]。

在新近的一篇论文中，夏平(Steven Shapin)[2]通过援引默顿关于“科
【57】 学的内部史”中宗教性影响缺席的限制性条件来捍卫默顿的论述，反对各种各样的历史学家的批判。夏平指出，尽管默顿意在指出新教主义价值观对皇家学会的活动具有推动性的和修辞性的意义，但他谨慎地说宗教的价值并不导致或者制裁特定的科学发现和方法论创新。尽管夏平这样说是为了捍卫默顿的思想，但他这样做具有讽刺的意味。鉴于夏平对强纲领的评论这样的一个事实，即默顿表示没有意图“提出用社会因素来解释科学知识或者科学方法的形式和内容”，应该被理解为是对默顿科学社会学纲领不足的一种说明。[3]

就像我们早些时候提及的那样，布鲁尔(Bloor)和巴恩斯(Barns)设计了一种方法用来强调科学的“内在”发展如何能够通过“社会因素”得到解释。在这样做的时候，他们首先对“因果解释”意味着什么进行了再定义。他们扩展了概念“原因”去适合默顿在他的著述中提出的那种特殊种类的论断。在因果决定性的讨论中，巴恩斯给出了一个关于铁路道岔事故的解释例证，如：说冰斑是导致事故的原因。他指出这“既不意味着‘一旦有冰斑就有路面事故发生’，也不意味着‘如果没有冰斑永远不会有事故发生’”[4]。利益的因果要素是被特化为反对正常状况的背景的，而这种因果解释意味着：如果没有这个引起要素或者不是这样一个引起要素，这个事故就不会发生(或者会以不同的方式发生)。

---

〔1〕 Merton，“The puritan spur to science”， in *The Sociology of Science*， p.237. 这是“Motives forces of the new science”的重印，在 Merton， Science， *Technology and Society in Seventeenth-Century England* (New York：Howard Fertig，1970).

〔2〕 Steven Shapin，“Understanding the Merton Thesis”，Isis， 299(1988)：594.

〔3〕 Shapin 在随后的文章中明确了这一点，“Discipline and bounding： the history and sociology of science as seen through the externalism-internalism debate”，在 Preceedings of Conference on Critical Problem and Research in the History of Science and History of Technology，Madison，WI. October30 - November 3，1991，pp. 203 - 237.

〔4〕 Barns， *Scientific Knowledge and Social Theory*， p. 71. 他吸收了来自 A. MacIntyre 的例证，“The antecedents of action”， in B. Williams and A. Montefiore eds.， *British Analytical Philosophy* (London， Routledge& Kegan Paul，1963).

把巴恩斯对因果性概念化的方式应用于韦伯式的“扳道夫”解释，基本上等同于更熟悉些的机械解释。[1]例如，如果一个扳道夫错误地把火车转向一个错误的轨道，他的这种“人类错误”会被视为导致碰撞的原因。对于这个事件的解释可能会集中到扳道夫的酒醉状态、他的不合格的培训或者他对他所接收到的关于特定情形的某些含糊信息的错误理解上。对巴恩斯和布鲁尔来说，因果解释不仅可以应用于基于发生的灾祸所认定的扳道 【58】
夫的“错误”，而且可应用于其常规性的、不成问题的品行。相应地，经过道岔的正常的火车通道会被认为由所认定的扳道夫的正确的行为“改变”或者“决定”，因为扳道夫还可以有其他的活动形式。在这个例证中，一种社会性的解释可能会用扳道夫的通过培训拥有的能力来理解特定情形和相应行为的恰切性。

对默顿因果性论述的这种版本的应用乍看起来似乎仅仅是扩展了因果解释说明的界定。与巴恩斯对因果性的说明相一致，默顿的论述解释了科学知识的社会决定，但是这样一种“外在性”的说明丝毫不会减损它所解释的科学知识的地位。在巴恩斯提出常规性的、不成问题的科学实践活动可以被社会性解释的时候，他并不是意味着，如宗教性因素将解释比默顿所认为的更多的东西。只是说，巴恩斯引入其他的内在于一种科学领域的“亚文化”因素来解释常规创新的一种永恒的进步。[2]巴恩斯通过所提及的诸如亚文化社会化、科学家对类比以及从其他更广泛的话语领域派生出来的句法分类的使用和扩展等，来描述成熟的或者常规的科学领域的显在的自主发展。默顿和他的追随者没有对上述这些因素给予太多的关注，但即便这样做了也不必然会在整体上与他的研究不相容。

对于强纲领来说，科学领域的内在方面与外在方面的区分对于决定何种种类的对科学发展的解释是恰切的非常重要，但绝对不是因为在科学与

〔1〕 Barns(*Scientific Knowledge and Social Theory*, pp. 73 - 74)超越了 MacIntyre 的(The antecedents of action)在这个指向上的观点。

〔2〕 Barns, *Scientific Knowledge and Social Theory*, p. 86.

非科学之间存在任何永恒性的认识论的划分。[1]强纲领的支持者们也不是完全抛弃内部与外部的两分,但是他们的确相信所认为的科学与非科学之间的界限是一种历史性的偶然性的叙事成就。[2]

这种变化的结果是双重的。首先,默顿对科学起源的说明现在被界定为是一种因果解释,因为科学不再被视为一种在各种力量存在的条件下、
【59】被不列颠和荷兰的宗教发展安置在恰切的轨道上的一种自主的力量。"扳道夫"解释现在可以完全用来解释常规科学领域中的内在发展。就像早些时候提及的那样,科学知识社会学家经常把迪昂-奎因的"非完全决定性命题"应用于强调观察性的证据自身,不能够把某一领域的相关的理论解释限定为唯一的可能性。因此,某种证据本性或者纯粹逻辑可能性之外的东西便负责把认同性的解释"转换到"特定的理论轨道上。对于巴恩斯来说,一旦特定的历史性证据显示出特定的社会利益,或者显现出先入为主的因素、偏见以及对这个或那个可能的理论解释的不认可,一个因果性解释就会被建构起来。

其次,在科学与非科学之间一个界限的区分和稳定性本身就是一种持续的社会建构,可以用诸如社会认同、科学家独特的社会化过程、科学家说服关键精英人物的能力以及公众接受把科学权威当做无须质疑的信念基础等来解释这种建构。结果是,科学知识社会学的任务不再是考察穿梭于"社会"和"科学"之间的界限的社会影响,而是考察为何这种界限本身就是科学活动的社会组织的产物。

就像不列颠挑战曼海姆的实例一样,强纲领对默顿社会学的处理并没

〔1〕 在他对 Merton 的反讽式捍卫中,Shapin("Understanding the Merton thesis" p. 594)提出,在建立这种区分中,Merton 起的作用不小,"这是似乎合理的假设,即我们今天关于'内在性'要素与'外在性'要素的语言,以及一种关于科学思想的无法阻抗的'内在主义'编史学的确立,实际上在 1930 年代起源于 Merton 以及和他一起工作和学习的学者学术圈子"。Shapin 后来("Discipline and bounding")把建立这种区分的功劳又记在 Bernard Barber 的账上。

〔2〕 这个观点在 Thomas Gieryn 的一篇文章中得到发展,他是 Merton 的一个早期的学生,他的工作搭起了科学社会学的旧纲领和新纲领之间的一个桥梁。参见 T. Gieryn,"Boundary-work and the demarcation of science from non-science", *American Sociological Review*, 48 (1983):781-795.

有激进地改变其纲领，却扩展了知识社会学的主题和解释方法。[1]然而，这种重新调整的并行的效果却是激进的，以至它推动了对科学自治的叙事支持的挑战。这种挑战蕴含着科学社会学自身所承认的体制性背景。

科学的自治。像曼海姆一样，默顿非常谨慎地将引起科学创新的社会和历史条件与特定的专业领域中的创新过程区别开来。但是，与其时常强 【60】调的东西相反，默顿和他的追随者们没有忽视科学活动的“难解的内容”，他们也没有把自然科学定义为不具社会性的领域。[2]反倒是，他们把现代科学刻画为一个独特的机构，它的规范性“精神”以及奖励体系对相对不受羁绊地追求新异的知识是积极促进的。这里的问题不是“什么样的社会条件引发证实了的真实的信念?”而是“什么样的体制性条件对于产生和验证那些常常与宗教和政治权威相冲突的知识论点而言是必须的?”默顿承认科学常常被政治、经济或者宗教利益所驱使，但他声称在这种条件下产生的冲突和伦理两难，验证着一种规范性期盼，那就是科学应该为其自身的意旨不受羁绊地追求知识。对于使科学区分于其他的建制，默顿没有公然地提出本体论或者认识论的论断，反倒是对于“关于科学的标准化的社会情感”如何历史性地引发并且支撑科学的独特精神气质，默顿给出了一种

〔1〕 R. J. Anderson，J. A. Hughes 和 W. W. Sharrock 强调，强纲领的解释模型与“旧有的功能主义”没有什么不同，对于许多同样的批评，它也在承受。Anderson 和他的同事们指出：因果性的证明，是通过展示在特定的科学的理论和其他存在于特定理论得以产生的社会环境之中的信念之间的同源性得到的。在功能主义解释中，抽象的同源性(例如，在新教信念的基本的方向和科学的精神气质之间)被用来证明：环境支持或者推动理论的普及和接受。强纲领不过是把功能主义中的一致性的观点重写为较强的因果性语言，但是，在关于“信念”的特定的抽象形式与“知识”之间关系的证明和捍卫工作，却面临着许多相同的难以驾驭的问题。参见 R. J. A. nderson，J. A. Hughes，以及 W. W. Sharrock，“Some initial difficulties with the sociology of knowledge: a preliminary examination of ‘the strong programme’”，*Manchester Polytechnic Occasional Papers*，n 1，1987.

〔2〕 参见 Merton，“Paradigm for the sociology of knowledge”，第 37 页。在那里，他简要地提及了对“文化的和社会的语境进入关于科学问题的概念语句的路径”研究。他进一步补充道(第 39 页)：“把科学与技术的发展视作自足的并且其发展在整体上与社会结构无关的任何倾向的残余，都被历史事件的实际进程所驱散。”举一个 Merton 式的例证，即按照他的风格处理科学的“内容”，参见 Bernard Barber 和 Renee Fox，“The case of the floppy-eared rabbits: An instance of serendipity gained and serendipity lost”，*American Journal of Sociology* 64(1958)：128－136.

功能性的论断。[1]无论如何，默顿对滋养“纯粹”的科学发展的理想化体制性条件的说明，蕴含着一种布鲁尔和巴恩斯所攻击的科学理性的观点。

默顿关于科学的精神气质的文章撰写于20世纪30年代晚期和40年代早期。[2]在一定意义上，这些文章是他关于伦理价值积极促进了17世纪英国科学发展观点的一种扩展。就像早些时候提及的那样，默顿沿着韦伯的路线发展了自己的论断，在现代，在清教徒伦理引发科学的地方，科学的活动变成一种相对自治的历史性发展、一种自身的“完善”。但是与韦伯工业社会的“铁笼”图景形成对比，默顿的科学自治要少许多不祥的暗示：

> 三个世纪以前，当科学机构对社会支撑难言任何独立的正当理由的时候，自然哲学在一定意义上引导着把科学评价为一种使
> 【61】得经济的功利和上帝的荣耀最终能在文化上合法化的工具。对科学的追求于是便没有了自明的价值。然而，伴随着无尽的成就之流，工具性的东西转换成终结性的东西，手段变成了目的。这样，功归于成，科学家开始视自己独立于社会，开始自己认为自己是一个自我合法性的、不同于所处社会的领域。[3]

默顿也关注纳粹德国当时的境况。[4]对大批的犹太科学家从德国逃

〔1〕 Robert k. Merton, “The normative structure of science”, in Merton, *The Sociology of Science*, vol. 13 援引出自 p. 268。最初以“Science and technology in a democratic order ”标题发表，*Journal of Legal and Political Science*, 1(1942): 115 - 126.

〔2〕 Robert k. Merton, “The normative structure of science”, in Merton *The Sociology of Science*, vol. 13 援引出自 p. 268。最初以“Science and technology in a democratic order ”标题发表，*Journal of Legal and Political Science*, 1(1942): 115 - 126，还可参见 R. K. Merton,“Science and technology in a democratic order ”, *Philosophy of Science*, 5(1938): 321 - 337.

〔3〕 Merton,“The normative structure of science”, p. 268.

〔4〕 Bernard Barber 提及另外的相关的环境，那是对由 Boris Hessen 和受到 Hessen 激励的一个“科学的人文主义”小组在1930年发起的对“纯粹科学”的意识形态的“猛烈批判”的一个回应。Hessen 是1931年在 London 举行的 the Second International Congress on the History of Science 的俄罗斯代表团的一个成员。他在会议上宣读的论文：“The social roots of Newton's ‘Principia’”强调，即便是“纯粹的”科学也具有社会性起源，是社会性的结果，科学研究的议程应该更紧密地与社会进步的一个广泛的概念相联系。Parsons-Merton 式对社会体制的差异性的强调，对相对自治的科学体制的强调，仅仅是尝试说明科学的“社会性方面”，而没有“更进一步走向”社会主义纲领的方向。参见 Barber, *Social Studies of Science* (New Brunswick, NJ: Transaction Publishers, 1990), p. 3.

亡以及纳粹对科学和学术活动的控制，默顿通过奋力主张一个民主的社会结构要鼓励追求“纯粹的”科学（如基础科学）进行了回应。默顿的说明提供了曼海姆纲领的一个更抽象的版本，即认为社会性条件能够积极促进价值自由的知识分子的话语（大学中一种无归属的、相对无阶级的阶层）。通过把帕森斯的概念框架功利化来界定现代科学所独具的四个杰出的“体制性的要素”，默顿避开了一些与曼海姆纲领联系在一起的具体困难。至于在许多一般性的印刷品中，范畴得到相互重叠并彼此强化，且在整体上勾画出科学的内在一致性图景：

普遍性（universalism）。普遍性是“真理性的断言，无论其来源如何，都必须服从于先定的非个人的标准，即要与观察和先前证实的知识相一致”[1]。这个规范并不保证客观性，但它鼓励一种对共享和评价研究结果的精英管理的体制性程序先于客观性的信奉。

公有性（communism）。默顿后来把它命名为公有性（comunalism），大概是为了避免那个明显的政治名称。两个术语都意味着“科学上的重大发现都是社会协作的产物，因此，它们属于共同体所有。它们构成可共享的遗产，发现者个人对这类遗产的拥有权是相当有限的”[2]。这个规范意味着关于“署名权”的一种体制性惯例，即科学家的著作权仅限于从所发现的 【62】
现象、理论、证明、测量以及以科学家名义命名中所获得的荣誉和尊重（如：Baade 星、海森堡定律、哥德尔证明、伏特、居里、伦琴、唐氏综合症等）。这些带名字的产品是公开传播和无偿使用的，科学的奖励系统更鼓励成果的尽快发表，而不是保密和储藏。

无私利性（disinterestedness）。默顿强调通过凸显“刻画科学家的品质特征的大范围的对动机的独特的体制性控制模式”[3]使得这个规范得到强化。默顿把科学家受到体制性处罚的行为同任何科学家的个人内在品行区分开来。科学家严格执行行为标准不是因为他们是卓越的个体，而是因为避免伪造、迷信、非正式的派系以及琐屑和虚假的观点，恰恰符合科学

〔1〕 Merton, *The Sociology of Science*, p. 270.
〔2〕 Merton, *The Sociology of Science*, p. 271.
〔3〕 Merton, *The Sociology of Science*, p. 276.

家自身的利益。在这个事例中的强化机制是“科学的公开的和可检验的品格……可以说,这种机制有助于科学家的正直”[1]。

有组织的怀疑(organized skepticism)。这“既是方法论的也是体制性的授权……按照经验和逻辑的标准把判断进行暂时的悬置和对信念进行公正的审视”,这有时会在科学的信念和其他的体制性信念之间导致冲突。“科学研究者既不会把事物划分为神圣的与世俗的,也不会把它们划分为需要不加批判地尊崇的和可以客观地分析的。”[2]

在一定程度上,这样一组规范是以对韦伯对官僚体制的理想化-典型化说明的帕森斯式的解读为模版的,在韦伯那里强调的是:普遍性,专业能力,非人格性,办公室资源共有性,竞争评价的精英管理标准的体制化等。[3] 二者的主要不同在于:默顿的重点是检验实验发现的体制和实践,非货币性的成就奖励以及专业研究者的交流和验证。与韦伯的说明一样,
【63】默顿很容易遭到这样的批判,即这是一个忽视了“实际”组织中的人性和派系诡计的理想化版本。与其说默顿描述了科学界的实际行为,不如说默顿小心地把这些规范认定为理想的标准,但是,在这一点上,他仍然遭到巴恩斯和多尔比(R. J. Dolly)在一篇重要文章中的批判:

> 这些规范一代一代地被科学家们所声称。社会学家们必须把这些所声称的规范从那些实际受到制裁的行为的模式中区别出来;这些所声称的规范自身没有能力为行动提供真正的指导。默顿给出了科学家们所言说的规范的典范,但是他没有给出任何证据说明受到这些规范塑造的行为。[4]

---

[1] Merton, *The Sociology of Science*, p. 276.

[2] Merton, *The Sociology of Science*, p. 277.

[3] Max Weber, Economy and Society 2 (Berkeley: University of California Press, 1978); Talcott Parsons, *The Structure of Social Action*, 2 (New York: Free Press, 1937) p. 506. Merton 发展了韦伯式官僚体制模型的理想形态:“Bureaucratic structure and personality”, *Social Theory and Social Structure* 扩大版, Chap. 8, pp. 246 - 261. 参见 James March 和 Herbert Simon, *Organization* (New York: Wiley, 1958), Chap. 3, 对 Merton-Weber 模型展开了讨论和批判。

[4] Barns and Dolby, “The scientific ethos”, pp. 12 - 13.

与这个批判类似的批判至少在三个相关的方面针对默顿的功能主义研究：

(1) 这些规范表述得如此抽象以至于不清楚这些规范如何与科学家特定的行为例证相关联。默顿从传记中、从科学家的回忆录中提取出这些规范，而这类协作看起来修辞性地夸大了科学家对理性或者其他可敬行为的信奉。

(2) 默顿对这些规范的界定吸收了基于20世纪早期由科学哲学勾画出的科学方法论内在统一的科学图景。他假定：在合适的体制性环境条件下，产生和证实发现的过程将导致理论和技术应用的进步性积累。尽管也受到默顿们的支持[1]，库恩关于革命性断裂的科学图景，使得受独立的证实标准和理性的超验规范所指导的单一科学方法论的科学图景复杂化。结果是：科学共同体如何在不可通约的理论中进行区分，以及常规科学面对替代性范式信奉的可能性如何保持稳定性的问题被提到科学社会学的议事日程。社会性因素不再仅仅局限于促进、干扰或者阻碍科学创新的内在理性等资源。

(3) 默顿和他的同事喜欢宣称科学社会学是“自我样板化”[2]的。按 【64】
照他们的观点，专业性刊物、同行审阅过程、学术自由政策以及基于功绩的晋升是现代科学的制度性特征。这样的制度安排一般看来能够功能性地保证科学活动有效循环以及能最大限度不受非科学性利益干扰地对科学的成果进行检验。因为专业社会学，特别是科学社会学也包括专业期刊、同行审阅、专业协会等，默顿们认为有理由推测社会学中对科学进步的体制性要求是到位的。巴伯(Barber)列举了一个前瞻性的历史：

缓慢地，非常缓慢地，科学社会学获得了某种它长久以来渴望

〔1〕 Barber, *Social Studies of Science*, p.246，通过提及下面的这段轶事，高调展示他以及Merton对Kuhn的关系，“在20世纪60年代早期，托马斯·库恩，我们的一个老朋友，在努力让University of Chicago Press出版他的Structure of Scientific Revolutions，他请我们写信支持”。

〔2〕 例如，在他的针对The Studies of Science的“作者的前言”中，Merton提及“科学社会学展现出一种强烈的自我样板的特性：其自身作为一个学科的行为，对流行的思想和对所发现的其所具有的科学专业性是一个示范”。

> 的科学地位。科尔和朱可曼近来使用数据显示，从早期的 1950—1954 年到 1970—1973 年，科学领域中的认知上的认同极大地增加了。除了适当数量的认知上的认同增加之外，科学社会学获得了体制化的科学学科的所有必要的特征：常规化的大学课程设置，专业的期刊，专业的基金机构，专业的学术学会以及专业的学术会议。〔1〕

根据后库恩思想所强调的实践和概念的认同，以这种方式阐释科学社会学的体制性背景是有问题的。在库恩的说明中，认同必然与学科复杂性、实验程序和仪器测量联系在一起；这样的认同不会自发地从一般方法论规则指导下的理性运作中产生出来。尽管有学术性的诱惑和对方法论规则的显在尊崇，按照库恩的术语，专业社会学还是一个“前范式”的学科。在基本的理论、事实和恰切的实践问题上，眼下还不能期望有一种研究者
【65】们的内在性的认同。尽管巴伯宣称了在科学社会学中“认知上的认同”，但在功能主义范式丢掉了其在美国社会学执牛耳地位之后，宣称科学社会学的后继发展是个稳定的科学领域的样板，就变得越来越困难了。就像特纳(Stephen Turner)注意到的：

> 宣告默顿科学社会学自我样板化的兴起，正是在其研究方案走向崩溃的时候。在此之后，非常明显的是，这个方案承载的更多的不是这个理论自身所假定的“价值”、所具有的力量、所建立的联系、所受到的拥戴以及针对科学内容的疑难问题的积极应

〔1〕 Barber, *Social Studies of Science*, p. 247. Barber 援引 Jonathan Cole and Harriet Zuckman,“The emergency of a scientific specialty: the self-exemplifying case of the society of science”, pp. 139—174, in Lewis a. macIntyre Coser ed., *The Idea of Social Structure: Papers in Honor of Robert K. Merton* (New York: Harcourt Brace Jovanovish). 这种“反身性”论断的乐观的风格也在 Thackray 那里得到表述，他指出：科学社会学“历经的里程”可以通过下面的测量得到显示：“认可和操作执行的通行的标准、对科学的量化研究，可以在最近的论及物理学共同体的分层与竞争的两本书中看到。一个在 174 页的文本中提供了 44 个图表，另一个在 261 页的文本中有 42 个图表。例证会被翻倍。”(A. Thackray,“Measurement in the historiography of science ”, p. 21)

对。[1]

反对默顿框架的论点并没有彻底粉碎其目标。这并不是因为巴恩斯、布鲁尔或者穆尔凯推理中的缺陷,而是因为默顿和他的捍卫者们设计出了迦芬克尔叫做“特别模糊的”理论说明的东西,这种说明能够规避或者吸收相当范围的深刻批判。当集中于默顿早期的关于“规范”的文章时,进攻是最有效力的,但是默顿后来争辩说,他从来没有宣称对于所有的科学行为规范毫不含糊地担当着指导的标准。与之不同,他争辩道:少数族裔和科学家中间的相关竞争为恰切的规范性行为的展现制造了困境。[2]例如,公有主义的规范并没有“告诉”科学家什么是随后很快发布的实验结果,科学家甚至可以合法性地保留“不完全的”或者可能是伪造的结果,直到他们准备好接受科学共同体的批判性评价。

“反规范”在四个规范的对立方向出现的可能性,并没有阻遏默顿的思想。他的修正过的框架很方便地允许彼此冲突的规范性信奉在一个功能系统中并存。尽管默顿的说明,特别是无私利性说明,有力地提升了科学和科学家的地位,并且隐含着一种对“纯粹”知识的绅士般追求的古老观点,但认为默顿详述了一种意识形态或者一种叙事,而不是一种对科学的描述,并不能完全取代他的功能主义的论点。[3]通过把代表科学自治的那些论点“加括号”的方法,我们很容易修改默顿的说明,这样的话,这些论点就变成支持科学自治的一种永恒的“说明”,而不是对社会中科学地盘的一种超验的描述。一旦这样做,这些规范就变成承载着创造和维持科学与社会其他部分之间动态界限的一个叙事主题。说这样的一个叙事反映了科 【66】
学共同体内部的特定利益,自然会被吸收进默顿的功能主义概念,因为在他的框架中允许把“功能”放在一个较大的社会单元内基于特定的阶级或

〔1〕 Stephen Turner,“Social construction and social theory”, *Sociological Theory*, 9(1991): 22-33,援引自 pp. 27-28.

〔2〕 Merton,“The ambivalence of science”, pp. 383-412,以及“Behavior patterns of scientists” in *The Sociology of Science*, pp. 27-28.

〔3〕 参见 Micheal Mulkay,“Norms and ideology in science”, *Social Science Information*, 5(1976): 637-656.

团体来界定。[1]

尽管把被动型态的“功能”转换为一个“叙事策略”这样一个更积极的声音，对默顿式的概念系统来说远不是一个细微的调整，但也绝不是完全地扰乱它。通过以更清晰地强调话语和作用的方式保留默顿论断的基本面，一些默顿早先的学生发展了一种结构-功能主义的杂合体。[2]这种左派默顿主义的优点是，保留了没有对证明的实证主义信奉，没有判决性检验，以及其他东西的默顿论点的功能主义形式。评价的标准，被改写成叙述策略的主题，现在服务于一个更具暂时性的、更具可错性的自治，服务于科学和科学家特殊团体的崇高地位。更进一步，巴恩斯和多尔比的批评达到的效果，即规范是可竞争的，而不是对实际行为的描述，现在被纳入一个更灵活和更具差异性的功能性框架。

这样认为也许会引起相当的争议，那就是默顿实际上预见到出现在20世纪70年代的不列颠和其他地方对自己纲领的所有批评和经验性替代。(自然，这样说实际上是证实了“默顿”与他的追随者和解释者的一致性，这些人的不懈努力维持了默顿式科学社会学在学术领域的中心地位。)就像我们早先陈述的那样，知识社会学的默顿范式包含有科学的社会性内容如何影响科学知识的“概念性叙述”的研究，在另外的文章中，他寻求对科学实践的人种学研究。[3]对于认为默顿和他的追随者忽视科学的“内容”的

【67】批评，斯托勒(Norman Storer)声明，不那么重视科学研究中那些奇特的内容，是研究纲领中的一个暂时性滞后，而不是默顿科学概念中的一个本质性漏洞。[4]根据库恩式的“革命”说，通过说默顿式的规范适用于常规科学发展的稳定时期而不是范式的革命性急剧变动时期，斯托勒也更新了默顿

〔1〕 Merton,“Manifest and latent functions”.

〔2〕 参见 Thomas Gieryn,“Boundary-work and the demarcation of science from nonscience”,还有他的“Distancing science from religion in seventeenth-century England, Isis, 9(1988):582—593,以及 Susan Cozzens and Thomas Gieryn ed., *Theories of Science in Society*(Bloomington: Indian University Press,1990).

〔3〕 Merton,“Paradigm for the sociology of knowledge”, pp. 37 ff;Merton,“Forward” in Bernard Barber, *Science and the Social Order* (Glencoe,IL: Free Press,1952).

〔4〕 Norman W. Storer,“Introduction”, pp. xi - xxxi, in Merton *The Sociology of Science*.

的规范性框架。

引述这些对默顿纲领的辩护和修正并不意味着强纲领对默顿的批判是不恰当的或者是没有效力的。即便是默顿的无所不包的理论规划可以被叙事性地解读为预示着新的发展,但默顿们在强纲领的支持者们的研究路线上真的没有做许多发展工作。就像默顿关于科学社会学的自我样板化特征的各种各样声明中所表明的那样,他和他的追随者一直基于一种他们处在正确轨道上的明显的信心在工作。在这样的背景下,反对默顿纲领的一些更加有效的论点,就忽视了默顿式研究的完整的资料,或者只是概要性地说明默顿式研究仅仅集中于科学家和科学体制,而不是关注科学的内容,把这些研究打发掉。但就实际情况来说,这些论断轻视默顿的成就并无大碍,而且在科学的“内容”究竟是什么的问题上,这些论点的持有者也表现出了大量的混乱,因为问题的根源在于产生了一套独立的首创和全新的研究,它们至少使得社会学的一个领域获得生气。

科学知识社会学强纲领的巩固

布鲁尔、巴恩斯和其他不列颠科学知识社会学家吸收了各种各样的资源来补充和扩展科学知识社会学的早期纲领。他们的科学知识社会学的强纲领保留了曼海姆证明的基本的两步论式,与此同时把它修正到覆盖科学与数学。借助于对曼海姆术语的适当修改,强纲领的追随者们寻求表明这样的观点〔1〕:

(1) 尽管科学家和数学家可能会依照理论的永恒逻辑行事,但他们的行为并不是明确地由“事物的本质”或者“纯粹的逻辑可能性”〔2〕决定的。正相反,科学范式的出现和具体化在许多关键点上,受到内在于理论和外在于理论的异彩纷呈的“社会因素”的影响。

〔1〕 参见 Mannheim, *Ideology and Utopia* 中的段落,p. 267。

〔2〕 这种 Mannheim 的话语,不能够用来说明“纯粹的逻辑可能性”和“事物的本质”这些表述,不再能与“社会性”解释形成对比。反倒是,它们应该作为在自然科学和社会科学的说明中所使用的解释修辞的一部分。

(2) 社会性因素对科学知识和数学知识具体内容的影响绝非是边缘
【68】 性、次要性的。社会利益既与“科学之外”的刺激和联系有关,又与“科学之内”的某个科学领域这个或那个派系之间的关系有关。这些不同的利益引发的说服技巧、机会策略以及文化性传播的安排,影响着科学知识的内容和发展。

坚持强纲领的科学知识社会学家,通常借助于科学哲学中事实对理论的不完全决定论和观察的理论负载的观点以及使用关于指征和意义之间关系的更一般性的怀疑论观点,来完成曼海姆的第一步。[1]追随库恩,他们倾向于把历史性的争论视为特殊的启发性现象。[2]他们对争论的描述强调:认同在本质上是脆弱的,争论的终结不会由单纯的事实明确地达成。稳定的科学领域通常包括许多心存不满的成员,他们“仅仅”是为了研究领域内的一致性才认同。关于这类事情的历史和人种学文献记录,为争论“事物的本性”或者“纯粹逻辑可能性”的明确的决定性,为强调特殊领域中的认同的偶然性本性,提供了必要的杠杆。

曼海姆的第二步通过使用来自社会学、人类学以及语言哲学的多种资源得到详细的阐述。例如,布鲁尔经常使用杜克海姆把宗教仪式的符号性内容和部落内部结构性分割的神秘信仰联系起来的基本方法。[3]布鲁尔和巴恩斯通过使用道格拉斯(Mary Douglas)的认知人类学、特别是她把团体的特性与团体成员信念的认知风格和观点联系起来的“格-群”方案

〔1〕 理论负载的概念是 N. R. Hanson 在 in *Patterns of Discovery* (Cambridge University Press,1958)中展开讨论的。“不完全决定论”的论文则归功于 Pierre Duhem, *The Aim and Structure of Physical Theory* (Princeton,NJ:Princeton University Press,1954),W. V. O. Quine.“经验论的两个信条”则在他的 *From a Logical Point of View*,第 2 版(Cambridge,MA:Harvard University Press,1964);对科学证明的修辞功用的强调呈现在 Feyerabend, Against Method。关于预言的确定性问题的一个经常被引用的怀疑论的观点是 Nelson Goodman 在 Fact, Friction and Forecast (Indianapolis: Bobbs-Merrill,1973)中给出的。在科学知识社会学中对不完全决定论、观察的理论负载的一个精细的说明,可参见 Karin Knorr-Cetina and Micheal Mulkay eds., *Science Observed*:*Perspectives on the Social Studies of Science* (London: Sage,1983).

〔2〕 为这个目的进行得最持久、最清楚的对这个争论的使用是与 Harry Collins 和他的很多在 University of Bath 的同事(现在是或者曾经是)联系在一起的“经验相对主义纲领”。

〔3〕 David Bloor,“Durkheim and Mauss revisited: classification and the sociology of knowledge”, *Studies in the History and Philosophy of Science* 13(1982):267 - 297.

(grid-group),来更新杜克海姆的第二手的人类学。布鲁尔、巴恩斯和科林 【69】
斯也使用赫兹(Marry Hesse)针对基于特定的文化类别的图谋建立起来的特定组织和堡垒的“网络”研究。[1]这类研究有助于证明在不同的知识共同体中类似的语义构成领域里的非随意性变化(如:相关性)。

布鲁尔和巴恩斯直截了当地宣称他们的纲领能够发展出一种对特定的科学“信念”内容的一种“致因解释”。就像我在第五章论述的一样,这种宣称招致一种把意义分析和致因解释相混淆的批判。[2]然而,非常清楚的是,在扩展曼海姆的证明方法时,强纲领的支持者们重新界定了曼海姆和默顿看做致因解释的东西。通过把科学知识社会学运用于最精确的推理的实践形式来强化知识社会学的努力,取得了瓦解曼海姆在科学知识、非科学知识和寻常知识体系之间的三重区分的效果。

对于这些知识社会学领域中接受强纲领的人来说,仅存的差别是科学中理性优位的信念以及各种各样其他通俗的和奇异的信念体系究竟是实用性的还是“社会性”的。在用来描述意识形态冲突的术语被运用于科学领域的冲突时,即便是这样的区别也变得脆弱了。只要科学的认识论优位被界定为完全是一种社会性的东西,就为科学遗产的狭小的社会性构成以及科学共同体成员在这份遗产中附着的特殊利益进行批判性的分析打开了大门。无论如何,布鲁尔、巴恩斯以及科林斯以不同的方式,非常清楚地把科学知识社会学堂堂正正地置于经验科学领域之中。就像我将在下一章描述的那样,他们的观点从科学知识社会学那里吸收了火力,但在涉及对科学内容进行社会性解释的认识论、批判性、反身性的蕴含中却留存着相当的混乱。

---

〔1〕 参见 Mary Hesse, *The Structure of Scientific Inference* (London,Macmillan,1974),对于这一点的揭示,可参见 Barry Barns,“On the conventional character of knowledge and cognition ”, zai Knorr-Cetina and Mulkay eds. , *Science Observed*, pp. 19 – 51.

〔2〕 早于 Bloor 和 Barns 数十年写就, Felix Kaufmann (Methodology of the Social Science[New York: HumanitiesPress,1944]第 16 页)把“遗传的错误”界定为“把意义的分析与对事实的因果解释相结合”的问题。这就和 Gilbert Ryle 称之为“分类错误”的东西联系在一起。参见 Ryle, The Concept of Mind(Chicago: University of Chicago Press,1949), p. 16。这一点是存有疑问的,即强纲领的支持者会对这个“错误”赋予权威,并对这个“错误”的落脚处给予奖赏。

第三章　新科学知识社会学的兴起

如果有什么东西能够把出现在20世纪70年代早期的“新”科学知识社会学中的各种纲领集结起来，那就是对关于科学知识的“激进”观点的信奉。然而，就像在这个领域中许多流行的争论显示的那样，关于“激进”究竟意味着什么，几乎没有共同的看法：激进主义主要是在认识论视域中，抑或它也应该不加掩饰地是政治的、并且与意识形态批判的旧有传统结盟？激进批判的靶盘不仅包括传统科学社会学的理论和方法，也包括自然科学吗？尽管科学知识社会学家公开宣称的激进主义，即强纲领，清楚表述了与科学知识社会学较早传统的一种决裂，但这些一点都不清楚。在本章，我要申明：纵使他们有被认为的激进主义信奉，但新的科学社会学使用一些熟悉的社会科学术语和解释策略，使他们也陷入一些与哲学和社会学研究的寻常语言相关的习惯性错误。在随后的章节，我援引维特根斯坦后期语言哲学和迦芬克尔的常人方法论，主张一种与在知识社会学中持续发展的社会科学实践和语言哲学传统观点的更彻底的决裂。

【71】

正如安德森(R. J. Anderson)、休斯(J. A. Hughes)和沙洛克(W. W. Sharrock)在对强纲领的常人方法论批判中所表明的那样，对旧知识社会学的一些熟悉的疑惑和不满，几乎不费力气地适用于“新”的纲领。〔1〕鉴于强纲领的雄心勃勃，关于这一点的争论也来得特别刺耳，并且很容易忽视掉这类争论和从一开始就围绕着知识社会学中那些持续争论的问题。像通常一样，争论遵循着熟悉的哲学路线，对知识社会学的各种批判倡导理性 【72】主义和实在论的观点，知识社会学的捍卫者则持有文化相对主义和社会建构主义的立场。〔2〕

许多哲学家喜欢把强纲领看做一种“稻草人”，似乎所有的相关研究反映出一种明确的相对主义认识论。知识社会学家无非是与之没有什么区别的“哲学家”的画像。这种叙事的简化通常来自于知识社会学解释性论点中高度极化的概念，这样的话，“新的”知识社会学家似乎正在宣称科学理论的特定“内容”是充满歧义的和没有事实基础的，它们仅仅“反映”了党

---

〔1〕 R. Anderson, J. A. Hughes and W. W. Sharrock, “Some initial problems with the strong programme in the sociology of knowledge”, *Manchester Polytechnic Occasional Papers*, no 1, 1987. 在其他旧有的批判中，他们讨论的是：一个孩子的“罪责问题的解决”，Ethics, 55(1944): 96 - 109。关于这个问题，我们可以把 Alexander von Schelting 对 Mannheim 的 Ideology and Utopia 第 2 版的评论加上，*in American Sociological Review* 1(1936): 664 - 674.

〔2〕 各种各样的对知识社会学的哲学批判有：Larry Laudan, Progress and Its Problems: *Towards a Theory of Scientific Growth*, Chap. 7 (Berkeley and Los Angles: University of California Press, 1977); Alan Franklin, *The Neglect of Experiment* (Cambridge University Press, 1986) 以及 Franklin, *Experiment Right or Wrong* (Cambridge University Press, 1990); Mario Bungee, “A critical examination of the new sociology of science, 第 2 部分 *Philosophy of the Social Science*, 22(1992): 46 - 76; 以及 Robert Nola, “The strong programme for the sociology of science, reflexivity and relativism” *Inquiry*, 33(1990): 273 - 296. 对强纲领的精细辩护则来自 Barry Barns and David Bloor, “Relativism, rationalism and the sociology of knowledge”, in M. Hollis and S. Lukes eds., *Rationality and Relativism* (Oxford: Blackwell Publisher, 1982) pp. 21 - 47. 还可参见 Bloor “Afterwards: attacks on the strong programme”, pp. 163 - 185, 2nd ed., of his Knowledge and Social Imagery (Chicago: University of Chicago Press, 1991). 并不是所有的哲学家都列队反对强纲领以及强纲领在科学社会学中所占的份额。Joseph Rouse, Steve Fuller, Edward Maniere, Thomas Nickels 以及 Ian Hacking，在其他的哲学家中，他们欣然地倾向于这种新的科学社会学。

派的意识形态利益。[1]纵使布鲁尔(Bloor)和巴恩斯(Barns)的决定性的概念是非还原论的，对于其所解释的知识体系的内在完整性也没有显现出明确的威胁。在争论的核心地带，对于争论双方的主角，似乎知识社会学攻击的是科学知识的合法性。

当强纲领批判默顿的思想过于热衷地宣告"科学人(men of science)"的
【73】 完整性被认为是支持当下时髦的对"既成"科学，并显示出对技术理性、对客观性话语以及类似的东西的怀疑时，其激进主义的更加明显的政治意味就显现出来。尽管这类怀疑可能有很好的理由，但是强纲领引发的对这种怀疑的支持，并不明显地比曼海姆的关联主义或者默顿的功能主义对它的支持更强。远远不及其所倡导的反科学倾向，实际上巴恩斯和布鲁尔表现出对社会学实在论和社会学科学主义的强烈信奉。例如，布鲁尔给出下述的概括性陈述：

> 所有我视之为理所当然、并且认可的观点，就是最当代科学的观点。科学主要是因果性的，价值中立性的，通常是还原论的，在一定程度上是经验性的，像常识一样最终是物质性的。这就意味着它是反对目的论的，反对拟人化主义的，反超验性的。所有这些策略与社会科学联系的紧密程度和它与其他经验科学方法

〔1〕 Paul Roth 和 Robert Barrett，在"Deconstructing quarks" Social Studies of Science，20 (1990)：579－632 中，陈述了"独断性"问题，但是他采取了与这个主题相关的各种混淆进行调和的方式。在他们的对 Andrew Pickering 的 *Constructing Quarks* (Chicago：University of Chicago Press，1985)的批判性讨论中，Roth 和 Barrett 试图在独断的"社会"惯例和物理学家共享的那种惯例性理解之间进行区分，按照他们的观点，这种物理学家共享的惯例性的理解"就像他们很好地寻求到的那种'真理的'副本那样合理(p.597)。关于这种"独断性"惯例的一个例证，他们给出了一个驱使人从街道这边走向那边的交通信号规则的例证。尽管这一点可能是明显的，即当一个人穿越从 Calais 到 Dover 的一个短距离，这个规则会发生变化，在一定意义上，这并不是武断的。对一个在当地交通系统中行为的司机而言，从一边到另外一边的规则是具体的，这个规则绝对不是武断的。对规则的违反立即就会产生物质性的后果，其灾难性绝不亚于一个学习化学的学生无视化学的"法则"来构造一个实验。没有获得能够这样做的专业的保证，Roth 和 Barrett 就似乎像一个物理学家一样在言说，重复地使用代词"我们"来讨论那种物理学家才知道、才会接受的东西。这样做的时候，他们在特定的交通系统中武断的规则(在比较意义上)和物理学家们非武断的信奉(在非比较意义上)之间修辞性地建立起鲜明的区分。如果从"我们的"信奉的表述意义上看(这里，"我们"是一致性的共同体的成员)，一个规则绝对不是武断的。

联系的紧密程度是一样的。用一种非常正统的方式我要说：只有像其他的科学处理方式那样处理，那么一切都会很好。[1]

让强纲领趋势更扫兴的是：它单方面地对科学哲学的批判被视为对其热情的一种反复的坚持，即他们的观点不是基于论点而是基于经验研究的收集。[2]

尽管建构主义社会学家努力使他们的知识社会学研究区别于哲学相对主义和哲学实在论，但他们依旧始终被拖曳在实在论与建构论的争论之中。争论中熟悉的主题持续地在知识社会学家和哲学家中间转换，并且持续地在知识社会学内部的不同派别之间争论。[3]这些争论更多的是吸引了学界观众的注意力，而不是所引述的相关论点的特定研究对它的关注。【74】

强纲领的方针

出现在1970年代早期的科学社会学各种各样的"学派"和"纲领"，从来没有完全统一过，并且变得越来越分化。无论如何，作为一个解释性设计，援引大卫・布鲁尔提出的知识社会学的"强纲领"作为指导原则依旧还是有用的。不过当下，我将把事实上这些原则是否真的导引了与这个纲领

〔1〕 参见 Bloor, *Knowledge and Social Imagery*, p. 156.

〔2〕 关于这个问题的最著名的观点是 Steven Shapin 的"History of science and its sociological reconstructions", *History of Science* 20(1982): 157。Shapin 强调，科学知识社会学的经验研究的累积性分量，应该会进一步阻断关于这种研究的成功的可能性争论。还可以参见 H. M. Collins, "An empirical relativist programme in the sociology of scientific knowledge", in K. Knoor-Cetina and M. Mulkay eds., *Science Observed: Perspectives on the Social Study of Science* (London: Sage, 1983), 特别要注意第 86 页，在那里，Collins 断言：这些研究纲领"至少在一些关键之点上，是从实践和例证最好地产生出来的、最好地得到显示和系统化的"。Collins 提及 Bloor 的提案无论如何不是非常充分的，尽管它们可以走到这个领域的经验研究的前面。

〔3〕 这类转换的例证可以在 Hollis and Lukes eds., *Rationality and Relativism* 中发现。至于在科学社会学内部的争论，可以参见 A. Pickering ed., *Science as Practice and Culture* (Chicago: University of Chicago Press, 1992).

相关的各种各样的历史研究和常人学研究的问题搁置一旁。[1]

(1) 造成知识信念和知识状态的条件是因果相关的。很自然，还有其他有别于社会性因素的因果类型，它们也参与信念的产生。

(2) 应该公正地对待真理与谬误，理性与非理性，成功与失败。这种两分的双方都需要得到解释。

(3) 解释的方式应该是对称的。同一类型的原因将用来解释真实的信念，也用来解释虚假的信念。

(4) 它将是反身性的。原则上，解释的模式将适用于社会学本身。像对称性要求一样，这是对寻求一般性解释需要的一种应答。这显然是一个原则性的要求，因为，否则社会学将承受其自身理论的驳斥。[2]

这些原则已经被吸收到社会学和科学的社会历史学的诸多研究中，它们也为大量的批判提供了靶子。[3]布鲁尔的因果论提案并没有在科学知识社会学中完全被接受。[4]。但是，他对公正性和对称性的举荐在建构主
【75】义和话语分析研究的所有主要研究路线上持续地受到拥护。尽管布鲁尔的反身性要求对超验主义提出了一种警告，但这个要求在科学社会学研究中的实际运用，即便不是自相矛盾的，也是引起迷乱的。下面对四个原则的评述会提及与其可理解性和应用相关的一些困难。在后面的章节中，我会详细讨论与这四个原则以及“新的”科学知识社会学相关的诸多困难。

〔1〕 Laudan 认为：关于原则与研究之间的关系问题的一些观点是非常有疑问的。参见 Larry Laudan, “The pseudo-science of science?”, *Philosophy of the Social Science* 11(1981):173 - 198. 在一定程度上 Bloor 同意，那些原则并不是意在为这个“纲领”的力量提供基础。参见 David Bloor, “The strength of the strong programme in the sociology of knowledge”, *Philosophy of the Social Science*, 11(1981):206.

〔2〕 Bloor, *Knowledge and Social Imagery*, pp. 4 - 5.

〔3〕 这些批评包括 Laudan, “The pseudo-science of science?”; Stephen Turner, “Interpretive charity, Durkheim, and the ‘strong programme’ in the sociology of science”, *Philosophy of the Social Science*, 11(1981): 365 - 394; Anderson, Hughes, and Sharrock, “Some initial problems with the strong programme in the sociology of knowledge”, 以及 Jeff Coulter, *Mind in Action* (Oxford: Polity Press, 1989) chap. 2.

〔4〕 关于这些问题的纲领性陈述和争论在 Knorr-Cetina and Mulkay 主编的论文集 Science Observed 中得以呈现。

因果性

就像我在第二章陈述的那样，布鲁尔和巴恩斯关于因果性的概念并没有与知识社会学更传统的解释路径根本性地决裂。反倒是，在扩展了的因果性概念中，它纳入了各种不同的经典的社会学解释模式。这些经典的解释模式包括杜克海姆(Durkheim)关于"神圣"王国的类别区分反映出的生活在部落中的"人"的划分[1]，韦伯的"扳道夫"解释以及曼海姆证明知识的社会决定的两步论式等。

在把这些模式应用于解释现代科学理论、数学理论和科学实践这一点上，强纲领是一种首创，并且强纲领的一些研究还为这些模式补充了语义学、符号学和日常科学分析的更新近的方法。像麦肯齐(Donald MacKenzie)挑起的皮尔森和尤尔之间关于统计联盟方法的热战，引发的对社会性信奉的解释这样的特殊研究[2]，更强化了他们这样的关注，即是特殊的社会利益与个体的科学家和认识论信奉联系在一起，而不是旧有的功能主义对知识与社会结构之间关系的凸显。但是，就像我早些时候所争辩的那样，这一点与默顿式的形式主义的一种突出行为中心(action-centered)的修正是内在一致的。一些新科学社会学的支持者吸收了现象学、常人方法论以及维特根斯坦的概念主题，然而，就像我在第五章将讨论的那样，他们试图将维特根斯坦和迦芬克尔同化到他们的社会学解释模型中，但是这种解释模型，一点也没有显示出对这些著述中更激进的反因果论、反认识论的 【76】
认定。

因为巴恩斯和布鲁尔的因果社会学解释纲领的宽泛性，它并不能完全清楚地显示其所谓的社会性情形"决定"科学知识。更有甚者，它依旧没有显示清楚一个社会学家如何能够给予一个团体的集体性理解一种无偏见

〔1〕 参见 David Bloor, "Durkheim and Mauss revisited: Classification and the sociology of knowledge", *Studies in the History and Philosophy of Science*, 13(1982):267－297.

〔2〕 Donald Mackenzie, *Statistics in Britain*, 1865—1930(Edinburgh: Edinburgh University Press,1981).

的说明以及这样的理解又如何有助于历史的进程。一开始，术语知识就常常被如此宽泛地使用，以至于很难确定知识社会学究竟解释的是什么东西。知识可以包括所有种类的行为表现、证据、一个集团活动的文本产物等，并且很难选择某一个确定的集群能够代表一个团体的认识论信奉。即便是当代表性的表述或者文献被确认下来的时候，更进一步的问题也会困扰对相关的经历、各种关联以及经历与关联内容的后果进行区分的所有努力。类似的方法论问题实际上出现在经验社会学研究的所有领域，但是在强纲领这个示例中，由于寻常的知识概念被赋予特殊的内涵，上述所有的问题更加严重。宣称“知道”什么东西就是断言这种东西是无须商量的，或者不比诸如“信念”、“观点”等更需要商量。一个通过把自身视为与“公共观点”或者“共享信念”没有什么区别、并以此来界定一个特定集团的“集体性知识”的研究纲领，必然不对称地低估或者降低集团成员所坚持的观点的正确性。[1]结论是，知识的因果解释有可能受到研究主体的抵制(如果他们能够谈论此事的话)，因为这些主体会得出结论说他们自己的正确观点没有得到认真对待。相应地，与知识社会学解释相联系的专业性困难，由于其与所研究的认识论共同体之间难以对付的冲突而变得倍加困难。就像我贯穿本章和随后章节所强调的那样，科学知识社会学现今流行的各种纲领中，没有一个能够逃脱知识社会学解释中旧有的变量所引发的熟知的冲突和混乱。

对称性和公正性

我把对称性和公正性放在一起讨论，因为这两个原则都提出：所有的理论、证明或者事实都应该作为受到社会性解释的“信念”来对待。这两个
【77】方法论策略都与曼海姆的非评价性意识形态的总体概念有关，在那里“不能宣称对特定的思想给出了正确性的判断”。这个原则的核心之点在于：通过取代“理性的”或者“真理性的”信念永恒发展的先验假设来建立一种

〔1〕 参见 Coulter, *Mind in Action*, p. 36.

社会学或者约定主义的解释(回想一下在上一章结束时概括的修正后的曼海姆两步论式解释:(1) 一个证明:即一个科学领域实际上不是按照固有的法则或者“事物的本性”发展的;(2) 详细论述社会利益既与“科学之外的”刺激和亲缘关系关联,又与一个科学领域这个或者那个派别之间的“科学之内的”成员关系关联)。

就我所理解的对称性假定,它并不要求社会学家对历史性结局做一种完全一致性的解释,例如,伦琴的X射线“发现”和布郎洛的N射线“假象”。反倒是,它阻止一种目的论的解释,即把偶然性的历史结果视作解释一个发现如何得以实现、或者一个假象如何得到揭露的基础。最好把证明X射线是“发现的”,而N射线是一种“病态科学”的伪造的产物看做由一个更广泛综合的谈判和争论领域引发的一个历史性判断。〔1〕说这样的判断能够解释它们所针对的历史性事件,就类似于用对一个犯罪事件的裁定来解释裁定所触及的犯罪过程。(被告被判决有罪,因为他就是有罪!)

尽管对称性和公正性假定可能会有效地回避布鲁尔和巴恩斯所谓的目的论解释,但这种假定应用到具体的事例中则会引起一些棘手的问题。这些问题与这样的一个质疑有关,即不使用科学家们用来发展或者揭露他们自己专业领域中特定观点的内生性的词汇、理由以及辩护,一个社会学家如何能够描述一个有争议的情节。当然,这是一个从一开始就萦绕着知识社会学的熟悉的问题。哈贝马斯对于这个问题给出过如下的说明:

同意或者不同意,只要是基于相互呼应的合法性判断,而不

〔1〕 一个对废弃的科学的非常有意义的反对称说明,可参见 Ivar Langmuir,“*Pathological Science*”,*General Electric R&D Center Report* ,no 68-*C*-035,*Schenecrady*,*NY*. 在对N射线事件的一个简短的说明中,Bloor (Knowledge and Social Imagery, pp. 29-30)讨论了这种射线的“伪造的”特性,和 Langmuir 一样,他援引了存在于 Blondlot 的实验程序中的问题。这样,在相当大的程度上,Bloor 的说明吸收了 Blondlot 描述 Blondlot 实验时的用语 u,这个描述中,Blondlot 和他的学生错误地“相信”他们发现了另一种自然的射线。作为设计科学发现问题的商谈的一个研究,它似乎与强纲领的训诫非常匹配。参见 Augustine, *The Social Basis of Scientific Discoveries* (Cambridge University Press,1981).还可参见 MalcomAshmore, “The theatre of the blind: starring a Promethean prankster, a phoney phenomenon, a prism, a pocket and a piece of wood”, *Social Studies of Science*,23 (1993):63-106.

> 是单纯由外在的因素引起，就都是基于这样的前提，即参与者们
> 【78】被认为或者实际上就是拥有他们的计划。这些前提(最常见是隐含的)形成了理解实现过程所围绕的轴线。为了理解一个表述，如果解释者必须思考那个言说者在必要的、合适的条件下要捍卫其合法性的前提，那么，这个解释者自身就卷入了评估这个观点的合法性的过程。[1]

简洁地概括一下，这个问题涉及在知识社会学所使用的方法论策略和知识社会学研究领域中产生的批判的固有模式之间保持独立性的困难。这个困难与几个方面和几个结论有关：

(1) 当把迪昂-奎因(Duhem-Quine)命题和相关的认识论命题用于特定的事例中时，下面这类混乱就会发生：一个特定的理论没有实验性证据的“明确的”支持而被接受下来这种显然的历史事实，可能会与对实验者接受了不成熟的实验、但没有对相关的其他性选择做出说明，或者与没有严格地通过验证就不公正地否认竞争者观点这样的结果的批评混淆起来。当用在一种特定的解释性说明中时，不可避免的有限的实验证据对理论不完全决定的一般性哲学命题可以意味着：某种不合适的东西正在发生，其或许表明一场特殊的争论正在趋于结束，但不是基于严格的检验，而是基于来自评判共同体的各种各样的“社会”压力和“既得利益”。[2]

(2) 在说明各种各样抢眼的理论和实验性活动之前用对称性和公正性来夷平争论的场域，似乎在鼓动一种以损毁胜利的或者既成的纲领为代价

〔1〕 Jurgen Habermas, *The Theory of Communicative Action*, vol 1: *Reason and Rationalization of Society*, Thomas Macarthy trans. (Boston: Beacon Press, 1984), p. 115.

〔2〕 Wes Sharrock and Bob Anderson(“Epistemology: professional skepticism ”p. 51－76, in G Botton, *Ethnomethodology and the Human Science* [Cambridge University Press, 1991])确认了一个社会学观点的共同趋势，那就是：把正在分析的共同的判断与那种怀疑论的哲学家要求他们的对话者所具有的严格的认识论标准相比较。当情境中的判断显示出缺少这种标准时，就似乎要求给出解释。但是对于 Sharrock 和 Anderson 而言，在相关的环境不要求什么的时候，也就不需要这种解释。

的驯服理论或者边缘理论。[1]例如，科林斯(Harry Collins)和平齐(Trever Pinch)试图对称性地对待围绕着证明精神致动学(念力)的"超自然"现象的各种争论。他们的研究描述了怀疑论的科学家如何通过获得专业魔术师的帮助来拆穿类似于 Uri Geller 的"汤匙弯折"花招，继而对其发起有力的攻击。科林斯和平齐强调：这些怀疑远不是无利益倾向的，因为在他们建立其实验"检验"和解释实验结果时，他们就假定了精神致动学的欺骗性。根据不完全决定性命题，即有限数量的检验不能提供对一个理论的绝对证明，科林斯和平齐观点的特殊力量来自于他们所记录的争论中通常可见的党派性和伦理上可质疑的行为。[2]科林斯和平齐并不是要澄清关于超自然现象的论点。然而，因为精神致动学已经遭受高度的质疑，对于相关争 【79】论的对称性处理就产生了这样的叙事效果，即在没有进一步损毁精神致动学家已经遭受怀疑的观点的情况下，降低了"正规"科学家观点的相对地位。[3]

(3) 在一定程度上，科学共同体的成员没有对那些与他们自己的程序和理论信奉基本不和的实际或可能观点给予"充分的"考虑，他们似乎在以任意的方式行事。但是，就像维特根斯坦指出的那样，没有达到这样的超验标准并不必然意味着任意性：

> 对一个假说的所有的检测、所有的证实和驳斥都是在一个既成的体系中发生的。这样的一个体系对于我们所有的论断来说

〔1〕 例如，参见 Evelleen Richard, "The politics of therapeutic evaluation ：the vitamin C and cancer controversy", *Social Studies of Science*, 18(1988)：654. Richard 采纳了对称性原则，但她对她称之为"既成"的生物医学研究机构与癌症的维他命 C 治疗法之间的争论的处理，潜在地支持后者，表面上没有理会前者的观点。Richard 和两个同事后来主张反对对所研究的争论采取一种中庸的态度的可能性，倾向于一种价值承诺的立场对抗"主流意识形态"。参见 Pam Scott, Evelleen, Richards, 以及 BrianMartin, "Captives of controversy：The myth of the neutral social researcher in contemporary scientific controversies"Science, *Technology and Human Value*, 15(1990)：474－494.

〔2〕 H. M. Collins and T. J. Pinch, *Frames of Meaning：The Social Construction of Extraordinary Science* (London：Routledge & Kegan Paul, 1982).

〔3〕 Collins (personal communication)提及：精神致力学愿意把他和 Pinch 的书(同上)作为对它们的事业的支持，尽管这肯定不是这本书中讨论的各种各样对精神致力学批评所涉及的情形。

> 决然没有任意性和背离的可疑之点，它属于我们称之为论断的那种东西的本质。这种体系没有如此的背离之点，作为体系的一个要素，论断有其自身的生命。[1]

对这样一个体系的一种“公正的”检验会产生这样的印象，即共同体的成员建立起一个任意的界限来限制思维和行为的其他可选择的进入方式。“论断有其自身的生命”作为一种中介于是便具有了一种政治的品性，似乎它是经由明晰的决定和精心的策划而树立起来的一样。

(4) 描述科学、科学的产品以及与科学联系在一起的错误和误用(如发现、发明、证据、解释、人造物、骗局这类术语)的一般性词语，在自然科学和社会科学中具有我们熟悉的派系性和非对称性的使用。尽管科学社会学家在描述或者解释特定的事例时，间或会尝试使用非评价性语词，但是一
【80】点也不清楚他们是否真能做到[2]。

(5) 对特定的实验、模拟和理论模型的描述必然会使用相关成员对程序、结果和判断标准的说明。这些说明理解起来会特别困难，而要使它们融入历史学家和社会科学家的叙事则更加困难。这样，有待清楚的就是：不依赖对被检验对象的地方性的具体评价和派系性的描述术语，实验活动如何能够在科学的社会研究中显现？过程中哪些被忽视掉了、哪些被恰当地解决掉了？在宣称给出了专业性的恰切描述、同时又保持了与充斥于所描述对象的派系性信奉疏离时，社会学家承担了一个巨大的负荷。

反身性

同在第一章中讨论的反身性的常人方法论版本不同，布鲁尔版本中的

〔1〕 Ludiwig Wittgenstein, *On Certainty* , G. E. M. Anscombe and G. H. von Wright eds. (Oxford: Blackwell, Publisher, 1969).

〔2〕 即便是 Callon 和 Latour，对于他们的符号学的诡辩，似乎被建立一种“对称性语汇”的期待所蛊惑。参见 M. Callon 和 B. Latour, “Don't throw the baby out with bath school! A reply to Collins and Yearley”, in A. Pickering ed., *Science as Practice and Culture* (Chicago: University of Chicago Press, 1992), pp. 343 - 368.

反身性更多一些为建立其自身纲领的“科学的”地位而具有的一种标准的意味。他的反身性要求在一定意义上类似于曼海姆和默顿把知识社会学运用于他们自身纲领的努力。正如在前述章节所解释的那样，曼海姆通过强调其纲领的独特的历史性和体制性地位有助于对各种各样的知识模型形成一种相对价值无涉的判断，试图保证其对于知识社会学的实际性权威。默顿则给出一个更加大胆的论断：科学社会学的专业化分支学科为成熟的科学专业的特性“提供了样板”。

但是不同于布鲁尔，无论是曼海姆还是默顿都赞同这样的观点，即在适当的体制性条件建立起来时，交往的理性模型就会出现。结果是，他们对自身纲领的“反身性”分析实际上支持了关于这些纲领内在发展的一种科学的观点。尽管这类反身性的论点是自我服务和回归性的，但它们是内在一致的。〔1〕布鲁尔在反身性中提供的东西则引起了更困难的问题，因为他不再通过宣称恰当的条件对科学理性的内在发展是合适的来假装支持 【81】
知识社会学。更有甚者，很难想象在保守着关于他们自身的观点是真理还是谬误、是理性还是非理性、是成功还是失败的非对称性的同时，强纲领的支持者如何能够反身性地检验他们的理论贡献。并且，假如他们真的达到这种反身性的超越，那么这样一个英雄式的贡献会为通常实践中的科学

〔1〕 我在非常轻微的意义上理解这一点。就像 Alexander von Schelting 强调的那样，Mannheim 从一个“超特殊的”视点对特殊的意识形态的评价性的比较的提案，设定了一个 Mannheim 本身不会满意的超级有效性标准。他所能做到的仅仅是吁求一种社会性自由流动的知识分子立场，就像 von Schelting 指出的那样，这就假定了“这样的一个事实，即来自社会性自由的知识分子头脑中的一个概念本身就是其有效性的保证”。参见 von Schelting，“Review of Ideology and Utopia ”，*American Sociological Review*，1(1936)：664－674，援引自 p. 673。但是，如果 Mannheim 的说明是在“弱的”意义上的，那他就没有提供有效性的保证，他仅仅对讨论提供了一个实用的交流基础，在这个讨论中，彼此差异的思想基于先存的观念性信奉不会脱离秩序，并且，如果 Mannheim 能够证明这些条件支持科学社会学，那么他的反身性提案就至少是一致性的。类似地，Merton 为科学社会学自我样板化所做的准备可能是表面的，它们肯定不是有效性的保证，但是就分析其他科学共同体的方法而言，它是内在一致的。

“做样板”就值得怀疑了。[1]

通过淡化相关的原则问题，布鲁尔躲避一种反身性困局。在反驳劳丹(Larry Laudan)批评强纲领的原则无法界定一个能够得到认可的科学实践的模型时，布鲁尔转向心理学并且对于知识社会学如何竭力效仿科学给出了如下的解释：

> (劳丹)没有看到我是一个归纳主义者，他坚持透过一个演绎主义者假设的暮霭来理解我的立场……这就似乎是说：如果一个行为体现出已经得到说明的原则，那么这个行为对我的批评就是可理解的。我没有这类的偏见。一个弹钢琴的学生可能说不出他的老师独特的演奏特性，但是他肯定会竭力地效仿这些演奏。同样的道理，我们需要一种通过揭露流行的科学实践的样板、并把它们转换到其他领域的思维习惯。的确，一些像库恩和赫斯这样的思想家相信科学自身就是这样成长起来的。思想归纳性地从一个事例到另一个事例。我的观点仅仅是：我们把我们从实验室中获得的直觉转移到对知识本身的研究。[2]

这也许让布鲁尔在紧要关头逃脱了与劳丹的争论，但又产生了进一步的问题。“我们”如何获得实验室中的直觉呢？尽管布鲁尔肯定懂得数学，

---

〔1〕 例如，Gilbert 和 Mulkay 生动地记录了当对于一个意向理论进行评估时，一个生物化学争论参与者如何并不缺少偏见。参见 G. Nigel Gilbert 和 Michael Mulkay，*Opening Pandaro's Box*：*A Sociological Analysis of Scientists' Discourse*（Cambridge University Press，1984）. 就像 von Schelting 指出的那样（“Review”p. 674），“在一个问题中的 高度的‘利益倾向’，并且，在一些情形中，即便是一个确定的问题的解决也会提供相对高概率的认知成功倾向，‘社会性附着’以及‘关键利益’就像嫉妒一样，会遮蔽明眼人和盲人”。

〔2〕 Bloor，“The strength of the strong programme in the sociology of knowledge”，p. 206. 这是对 Laudan 在“The pseudoscience of science?”，pp. 180－181 观点的一个回应。参见 Bloor 的 *Knowledge and Social Imagery*，Chap. 2，其中对“感觉经验、唯物主义和真理”的社会心理学进行了一个阐述。

但他的数学社会学不是“数学的”〔1〕,并且处理实验室铭写的科学社会学家并不试图像一部电影试图捕捉实验室的专业技能那样竭力效仿他们所 【82】
观察的科学实践。科学社会学家和科学历史学家在避免陷入针对其所观察的实验室成员的“非反身性”习惯上,通常会遇到相当大的麻烦。〔2〕基于档案和其他的文本工作,他们写出杂乱的观点,因此不清楚的是:他们如何能够归纳性地把实验室的“直觉”转换到他们的文本实践。

布鲁尔似乎认为,这些直觉是可以从实验室的仪器设备整体、具体的技术以及内部行话中抽取出来的个体性思想的习惯。也许,依照盛行的拉拖尔(Bruno Latour)和伍尔伽(Steve Woolgar)关于实验室科学的“文学铭写”的发现,相关的直觉蕴含在“科学地”写作的实践中。〔3〕但是,说科学社会学家习惯性地竭力仿效他们所分析的实践活动,我们便很难赞同这是一种对科学家铭写实践的批判性和分析性研究。出于这些以及其他一些原因,“反身性”在近些年中变成各种各样的不列颠科学社会学家的某种战场。就像我随后要解释的那样,对强纲领的这种要求,在知识社会学中已

〔1〕 在第五章,我讨论了强意义上的关于“数学的”一个社会学研究的例证:Eric Livingston, *Ethnomethodological Foundation of Mathematics* (London: Routedge & Kegan Paul,1986)。在他对Bloor抱怨说Livingston对解释的社会形式没有给予足够的关注的评论中,他表明了这一点。参见D. Bloor,“The living foundations of mathematics”,*Social Studies of Science*,17(1987):337—358.

〔2〕 关于这一点最清楚的例证就是Latour和Woolgar的原则,即在Salk Institute的实验室人类学研究中的“陌生人”的态度:*Laboratory Life*:*The Construction of Scientific* Fact (London,Sage,1979;第2版,Princeton,NJ:Princeton University Press,1986)。在他们对波义尔(Boyle)和霍布斯(Hobbes)就自然哲学中的实验问题之间争论的历史性研究中,夏平和沙佛尔(Simon Schaffer)把拉拖尔和伍尔伽的“陌生人”策略采纳为一种预防措施来对抗他们所描述的事件中的具有自明特性的“成员”的观点。参见他们的 *Leviathan and Air Pump*: *Hobbes*, *Boyle*, *and the Experimental Life* (Princeton,NJ:Princeton University Press,1985),p. 6. Harry Collins (*Changing Order*: *Rep lication and Induction in Scientific Practice* [London: Sage1985] p. 3)对于他自己和他的同事建造一个激光器的努力给出了充分的说明,他和Trevor Pinch的著作(Frames of Meaning: *The Social Construction of Extraordinary Science* [London: Routledge& Kegan Paul,1982])描述了作者本人参与的超心理实验。尽管如此,说Collins的相对主义社会学吸收了那种实验室的习惯,而不是吸收了关于这个问题的批判性检验的资源,并不是很明确。

〔3〕 Latour和Woolgar(Laboratory Life)认为,在“铭写”中的一种意义并不能确认他们的实践与他们所研究的科学家为一体,但是在为这本书的第2版写的后记中,他们开始偏离他们早期关于科学的反身性的版本。Karin Knorr-Cetina and KlausAmann(“Image dissection in natural scientific inquiry Science”, *Technology &Human Values*,15[1990]p. 260)质疑实验室文学铭写的核心地位,认为那种视觉图像要更重要。

经演变为一个独特的研究纲领。

强纲领的后裔、兄弟以及近亲

与强纲领联系在一起的研究家族是一个松散、广泛的群体，并且它的族谱远不是那么“纯粹”。伴随着一些成熟中的亚纲领开始到达青春期，并且与此同时来自默顿部落的先前的仇视通过一些主题和开创性研究彼此
【83】联姻而膨胀(我认为，从相互承认的角度看，两个部落的距离在一开始就不是很远)，兄弟间的争斗开始紧张。强纲领自身也开始与明显政治化的对科学的苛刻对待结合在一起。尽管对于他们的建议，巴恩斯、布鲁尔和穆尔凯(Michael Mulkay)没有给出明显的政治企图，但是近些年来他们的一些主张已经被纳入了对既成的科学和医学机构的政治化批判之中。[1]

尽管对科学的社会研究依旧是一个相对较小的领域，但我不能假装能够涵盖其全部的著述。像在其他学术研究领域一样，要解读这些著述任何一个重要部分，其工作量远远超过一个人的能力。幸运的是，至少是在纲领性的层面上存在着大量的重复，这一点可以帮助一个读者不需要解读其所有的著述而得到对这些著述以及这些著述分支的一个相对可靠的把握。这样做的不幸效果是：特定的一些研究趋向于担当起路标和“引证吸引子”的功能，引发一种异质多样的研究。

一直延续的强纲领

强纲领的旅行早已跨越了爱丁堡，这个纲领的原初思想已经影响到各种不同领域的研究。与这个纲领联系最密切的研究是关于特定的历史发展的案例研究。这些研究中最著名的是安德鲁·皮克林(Andrew Picker-

〔1〕 参见 Donna Haraway, *Primate Visions: Gender, Race, and Nature in the World of Modern Science* (New York: Routledge & Kegan Paul, 1989); Haraway, *Simions, Cyborgs, and Women* (New York: Routledge & Kegan Paul, 1991); Evelyn Fox Keller, *Reflections on Gender in Science* (New Haven: CT: Yale University Press, 1985).

ing)体现在《构造夸克:粒子物理学的一种社会学史》[1]中的新近研究。就像其书名所示,这个研究评述了20世纪60年代以来文献记录在案的皮克林称之为"夸克/规范理论世界观"的一系列理论和实验的发展。这种世界观被包括夸克在内、被说成是中子和质子基础构成的新的理论实体所滋养。规范理论使用"桀子"这个概念来解释新的实体和力量的密切联系,这样做为粒子物理学获取其所需要的能够更深地"穿透"物质内部结构的持续增强的巨大而有力的仪器的研究基金提供了一种刺激。

与强纲领证明的两步论式相一致,皮克林争论的是他称之为"科学家版本的"支持关于物质构成新理论实验的一个序列内在发展的问题。他援 【84】
引了熟知的关于实验事实的理论不完全决定性的哲学观点,他还陈述了"事实"本身就是"问题严重的"。[2]他说,这是因为实验数据的实际地位依赖于一种对相关的实验设备是否正常工作、有效的控制是否得以实施以及相关的指证是否正确地从混乱的背景中鉴别出来等的可错性判断。更进一步,对实验数据的"实际的"感知以及实验数据的意义是通过使用与既成的理论概念的数据相一致的模型、类比以及模仿获取的。皮克林声称:理论与实验数据之间的关系与其说是借助于事实的独立的理论证实,不如说是某种调整或者"共生"。他的历史性说明突出的是实验程序和数据理论解释问题上的"合法性的异议的潜力"。他描述了在不同的研究群体之间的争论,并且把彼此差异的说明用作其强调相关实验事件和这些事件的理论蕴含的可能解释的多样性基础。为了解释科学家们如何努力做出实验解释和理论选择,他引进了"情境机会主义"的概念,作为一种方法描述科学家们如何探求那些能够促使其施展专业技能并且追随最有"意义"的理论发展的特定的实验—解释路径。

皮克林研究的独特之处在于其密切关注实验室活动和仪器化过程。他讨论了针对气泡室设置的设计、解释亚原子粒子踪迹的方法以及在"弱中子流"试验中所使用的计算机模拟程序。对于这类程序,皮克林所拥有

[1] Pickering: *Constructing Quarks*.
[2] Pickering: *Constructing Quarks*, p. 6.

的物理学家的训练是不可或缺的,因为这种训练能够使他针对他所评论的实验所做出的"合法的"反事实论断凸显出来。这种资格允许他避免卷入那种空谈的相对主义,其中关于可能的理论替代的论点被用来考量在特定时刻所作出的判断的合理性。因此,尽管他表述了一套不同于他所考察的研究群体成员所使用的理论和方法论的信奉,在一定意义上,皮克林的说明也是一种"科学家的版本"。皮克林的观点不仅仅是这类版本,而且无论
【85】是他的物理学史观点,还是他的"物理学的物理学"观点,都受到了盖里森(Peter Galison)和富兰克林(Alan Franklin)的挑战。[1]

皮克林的实用性的关注与科学的社会研究指向对实验设备、技术以及分析的描述趋势内在一致。[2]早先的社会学研究所熟悉的更抽象的、基于理论的概念性知识正在逐渐转变为关于物质性场所、人工物以及"知识生产"的一种更特殊的概念。[3]关注变得更集中和更"内在"(在非理性的意义上),当研究者通过"凌乱"数据的呈现来搜寻并且决定他们的仪器是否在正常工作时,工作的目标就是确认在工作场所产生的实用的策略和非正式的判断。在这个方面,强纲领与包括"经验相对主义纲领"、实验室研究以及科学工作的常人方法论研究在内的其他纲领汇聚在一起。

经验相对主义纲领

经验相对主义纲领,一种建构主义纲领,与强纲领具有极为密切的关联。一段时间内以巴斯学派(Bath school)为人所熟知,原因是在巴斯大学的科林斯(H. M Collins)和他当时的学生以及先前的学生是这个学派的主

---

〔1〕 Peter Galison, *How Experiment End* (Chicago: University of Chicago Press, 1987); Alan Franklin, "Do mutants have to be slain, or do they die of natural causes? The case of atomic parity-violation experiments", 在他的 *Experiment Right or Wrong*, Chap. 8.

〔2〕 例证参见, Shapin and Schaffer, *Leviathan and the Air Pump*; David Gooding, "How do scientists reach agreement about novel observations?" *Studies in History and Philosophy of Science*, 17(1986): 205-230.

〔3〕 参见 Andrew Pickering 对他主编的论文集 *Science as Practice and Culture* (Chicago: University of Chicago, 1992)的评论。还可以参见关于人工物和实验问题的专版, *Isis* 79(1988): 369-476.

要贡献者。[1]他们的研究倾向于关注当代的科学争论，并且他们试图对不可通约的立场、理论负载的实验活动以及为了断争论不休的问题而采用的非理性的（或者超理性）方法等，进行对称性的描述。巴斯学派的许多研究使用经验案例作为批判实验科学中关于重复实验（或者判决性实验）的作用的传统哲学概念的一个基础。按照他们的观点，重复性实验的概念是有问题的，因为重复实验是有意图的，少有像通常想象的那样发生；并且当科 【86】学家尝试重复其他的结果时，他们通常修改原初使用的仪器和程序以适合他们自己的实用的兴趣。更有甚者，除非一个实验者已经熟悉所描述的技术和仪器，否则写就的观察程序的报告很少能够被用作重复这个观察的自足的操作指南。方法说明写出来是为了遵崇科学报道的总体规则，而不是用来描述科学家实际上做了些什么；并且，在一个实验中获得重复性"好的"科学家通常不能解释他是如何获得它们的。研究者通常不是基于写就的操作指南尝试重复性实验，而是倾向于吸收特定的技术已经建立起来的其他实验室人员的经验，并且，当其他科学家不能重复某个发现时，原初的实验者总是会抱怨他们自己的程序没有得到正确的执行。[2]根据科林斯的观点，结论是：一个科学家是否复制了一个实验的断定，不能从对实验结果具有或然性的判断中提取出来。关于实验者的能力、实验者的可信性、实验设计的恰当性以及实验证据的强度和意义无法检验的假设，都结合在一起，强化着对特定实验重要性的接受或者拒绝。

尽管"经验相对主义"没有像巴恩斯和布鲁尔那样强调因果性，但他们使用了类似的争论策略。[3]他们把对相关实验的描述组合起来，并且以对

〔1〕 Bath 学派观点的代表是 Collins 的 *Changing Order*；Trevor Pinch，*Confronting Nature*：*The Sociology of Solar Neutrino*（Dordrecht：Reidel，1986）；D. L. Travis，"Replicating replication Aspect of the social construction of learning in planarian worms"，in H. M. Collins ed.，*Knowledge and Controversy*：*Studies of Modern Natural Science*，*Social Studies of Science* 特别版卷 11（1981）：11－32.

〔2〕 这个清单把 Collins 称为"实验者的回归"的各个方面与来自 Bath 学派观点的特征以及其他针对实验室实践的地方性组织的相关研究，联系在一起。

〔3〕 Pickering 在 Constructing Quarks 中使用的争论策略，可以非常自然地归在经验相对主义纲领之下，而不是强纲领之下。重要的不同在于，Pickering 更多地依赖于对新近的和当代物理学的独特的历史性研究，而不是更多地依赖于对工作场所的观察和对活动参与者的访谈研究。

等的方式把争论双方的参与者记录下来，为了强调：(1) 实验数据自身不能够决定什么时候实验将说明一个既定的理论或者反对这个既定的理论；(2) 在研究一个具有争议的现象的研究者“核心群”中间的谈判，决定了什么时候一个争论可以被算作“结束”。相对于某种研究，“核心群”是人数相对较少的群体(或者研究实验室)，其在产生或者解决科学争端中发挥积极的作用。应该说，经验相对主义研究在这样的意义上是“经验的”，即它使用核心群成员发表和没有发表的文献来记录理论信奉和实验活动的关联性构成。

例如，在说明围绕着引力辐射的韦伯实验引发的争论中，科林斯能够
【87】 突出韦伯关于实验的判断与其批评者对实验的判断的鲜明差异。[1]

韦伯设计了由一个巨大的铝棒悬挂在一个真空仓构成的相对简单但精致的引力探测仪。他把这根“天线”连接到一个设计好的电子设备上，以便能够放大和测量通过铝块的共振波。韦伯尝试着尽可能使铝块与所有已知的震动源隔离，这些震动源包括电、磁、热、声甚至震源。他不能消除热“噪音”，但是他推断借助于恰当到位的控制，这些噪音会显示为相对混乱的背景波动。基于对这类噪音所显现的特性的说明，韦伯宣称在探测器的图标记录仪上探测到大量特别高的峰值，他认为，这就给出了引力波存在的证据。这样的一种宣称受到“核心群”其他成员的质疑，部分是因为(根据 Collins, p. 83)对产生这样尺度的波而言是必须的引力能量，偏离了“理论计算所对应的那种能够在宇宙中产生的能量的数量”。在对这种批评的回应中，通过将两个探测器分开1 000 英里，韦伯修改了他的仪器，这样的话，他可以基于同时产生的峰值来检验来自两个探测器的数据。在那之后，通过宣称在连续峰值中发现周期性，韦伯完善了他的观察。他宣称：所获得的数据表明了一种连续的银河系之外的放射源。这样的宣告，引发

[1] 这个争论在 Collins 的 *Changing Order* 的第四章可以回顾，我下面的援引也出自于此。“The seven sexes: A study in the sociology of a phenomenon, or the replication of experiments in phisics”, published in *Sociology* 9(1975):205－224；以及“Son of the seven sexes: the social destruction of a physical phenomenon”, published in *Social Studies of Science* 11(1981):32－62, Collins 对此给出了详细的阐述。

了其他科学家大量“复制”其实验结果的努力。然而,复制的结果并不支持韦伯,在随后的几年中他的结果“几乎得到普遍的不信任”[1]。

科林斯访问了包括参与韦伯实验争论的许多科学家,以至他能够抽取出关于实验的几个根本性的分歧点。这些分歧包括韦伯的实验是否真的得到复制这个重要问题。科林斯(p. 85)援引一位科学家所说:“其他的每一个人都仅仅做了”韦伯仪器的“碳复制品”。对此,韦伯抱怨说(p. 86):“没有一个人做到以[原初的]灵敏度重复这个实验,这是一个国际性的耻辱。”轮到科林斯重建这个问题时,什么才算是一个重复性实验的问题突然变成了对所探测的现象的一种复杂的判定。仪器构成组分、测量设备的灵敏度以及控制背景的程序等都合并成了关于这个想象的先入之见以及这 【88】 个实验与用来进行探测的材料之间的关系。这些先入之见进入了在本质上不改变仪器测量之物的前提下哪种物质可以取代另一种物质、为了获得相关的证据探测器必须得到何种灵敏度、需要何种程度的预防措施以至于能够说明一个或者另一个无关的资源等的决策过程中。根据科林斯的说法(p. 87),在所有这些问题上,韦伯和他的批评者之间的关键性分歧不单单在决策过程中“科学的”推理的基础问题上无法化解,因为在相关的争论中还涉及个人的正直、专业能力、所属体制组织、表述风格以及国籍等。无论如何,争论不会持续很长的时间。尝试进行了韦伯实验的几个实验室的研究者最终得出结论:韦伯是错的。尽管韦伯竭力去证明其早期实验的有效性,但他没有再得到研究基金,并且出于各种实际的考虑,他所宣称的引力波实验变成了一个死问题。

科林斯(p. 90)承认“几乎是理所当然地认为其他实验室的几乎一致性的否定性结果是问题的关键之点”,但是科林斯也强调没有任何一个人声称对韦伯实验的检验,确凿无疑地证伪了韦伯的实验。科林斯注意到(p. 91),不仅韦伯发现了他的批评者的证据中的错误,而且他的批评者也发现另外的批评者的程序和发现中的错误。然而,“鉴于便利于对所有否定性的证据的处理,就像发生的那样,并没有决然地把所有一切汇总在一

〔1〕 Collins, *Changing Order*, p. 81.

起”。更有甚者，科林斯争辩道：当韦伯采纳了一种他的批评者推荐的方法来校准仪器时，他削弱了自己的地位。通过这样做，韦伯实际上向他的批评者关于引力波是什么的假设作了让步。这一点削弱了他的发现，削减了文献记载中他的发现的原创意味。“让韦伯用静电波校准他的仪器是一种方法，因为他的批评者确信引力辐射留存着一种力，这种力可以在我们已知的物理学抱负中得到理解。他们确信物理学的连续性——在过去和未来之间维持着一个链条”。〔1〕

在1970年代早期与引力波争论并列的还有许多引人瞩目的争论，多数以1989—1990年的“冷聚变”事件而闻名于世。〔2〕像韦伯一样，庞斯
【89】(Stanley Pons)和弗莱彻曼(Martin Fleischmann)报道的结果偏离既成的理论轨道。尽管如此，大量的理论研究者立即着手探究如何让现存的理论能够说明他们的发现。庞斯和弗莱彻曼也使用了相对简单、但足够复杂到能够支撑其引发的争论的仪器，其争论是：所尝试的特定的重复性实验是否再现了那种“肯定性”效果能够被观察到的原初的条件。这个争论本身也是有争议的，涉及个人的、机构性的以及专业上的整个范围的各种判断，被参与争论的所有各方所宣扬(在这个例证中，惊人数量的公众力量对争论火上浇油)。尽管就像将要讨论的那样，否定性的结果很快地收集到一起(几个复制实验报告出来之后)，但没有独立的或者决定性的反驳出现。〔3〕所有宣告的检测，或者只能是这样，遭受到的都是方法论背景意义

〔1〕 Collins, *Changing Order*, pp. 105—106.

〔2〕 Bart Simon, “Voices of cold (con)fusion: pluralism, belief and the rthetoric of replication in the cold fusion controversy” (M. A thesis, University of Edinburgh, 1991).

〔3〕 作为特定的“判决性实验”的意图性的一个指征就是受到一个代表 Pons 和 Fleischmann 的律师威胁的法律诉讼。根据 *Wall Street Journal*, June 6, 1990 的一篇署名为 David Stipple 的文章，“Cold-fusion scientists' layer tells skeptic to retract report or face suit”，受到威胁的诉讼，涉及一篇论文，这篇论文发表在3月版的 Nature 上，作者物理学家 Micheal J. Salamon 报告了“一个发现，即许多科学家所认为的对冷聚变存在的最终的毁灭性击破”。Salamon 描述了他自己尝试去复制 Pons-Fleischmaan 实验，并且他宣称：他对中子逸散的测量没有给出冷聚变的证据，在一封给 Salamon 的信中，Pons 和 Fleischmann 的律师“断言：Salamon 先生发表了一个关于冷聚变的‘事实上不准确的’的报告，并且导致了关于这一现象的‘过分的荒诞性和否定性”。这封信不仅为关于冷聚变的争论加油，而且自身就变成了这一争论的主题。一些报纸援引许多物理学家的言论，这些物理学家把诉诸法律解决谴责为对“学术探索精神”的最无耻的背叛。

上的批评，并且在许多事例中，如电化学相比较核物理学的地位，以及（没有那么公开地）犹他大学（University of Utah）的地位等，实验者们在断言其冷聚变实验的理论可能性中带有显著的派别特征[1]。

科林斯非常确信地宣称引力波争论的“终结”不是基于单纯的“判决性实验”，他强调：波普尔式的证伪主义仅仅是对“核心群”的科学家通过其扩展了的和相对不严格的争论解决问题的一个理性化说明。然而，不完全清楚的是：是否科林斯的说明强调了在这个案例中，物理学的内容是社会性决定的。回想一下曼海姆关于知识社会学证明的标准：

> 一个思想的历史性和社会性的起源，只是在其出现时暂存的和社会的条件对其内容和形式没有产生作用时，才与这个思想的终极有效性无关。如果情况是这样的话，在人类知识史上的任何两个时期便只能基于这样的事实彼此区分，即在前一时期，某些事情尚未被了解，某些错误依旧存在，而所有这一切都经过后来阶段的知识全部得到纠正。[2]

在引力波争论的结果中，韦伯的实验不具有延续物理学的连续性作 【90】
用；的确，按照科林斯的申辩，韦伯的异端观点受到历史的严酷对待。韦伯的批评者把“物理学的连续性”作为一种策略来颠覆它的观点。尽管具体的情节会以不同的方式显示，所有的对相关物理学的说明都在韦伯的实验结果导致的潜在变换中生存下来。进而，这个案例可以这样认为，即纵使任何单独的实验或者论断都不能决定性地判定其错误，韦伯的观点也是错误的。尽管科林斯能够想象物理学也会发生变化，但他最想申明的是：现存的物理学理论不会因为韦伯的实验而发生变化。

然而，在另外的意义上，科林斯的研究也使得与现存物理学的“终极有效性”相关或者不相关的任何论断成为问题。他的研究是要表明，韦伯实

[1] 我关于“冷聚变”事件的许多说明都是基于与 College of Engineering, Boston University 的 Guido Sandri 的讨论。

[2] Mannheim, *Ideology and Utopia*, p. 71.

验结果的有效性永远不会受到一个终极检验的检验，鉴于检验条件的偶然性，也永远不会给出这样的检验。“终极有效性思想”这样的一个问题，根本就摆不到桌面上，这样的话，曼海姆关于思想的社会证明的标准，也就不再有意义。结果是，按照曼海姆的意思，如果他们必须表明支持物理学的连续性的“暂存的和社会的条件”“没有对其内容和形式产生作用”的话，知识社会学的反对者们就承载了一个难以卸下的包袱。这种可能性无须借助于科学社会学积累的证据可被先验地剔除。

实验室研究

在20世纪70年代晚期，几个社会学家和人类学家承担起对实验室实践的人类学研究。[1]与既往的实验室实践研究形成对比，这些人类学研究

〔1〕 对第一批对科学实验室的人类学研究的评述，可参见 Karin knorr-Cetina，“The ethnographic study of scientific work: Towards a constructivist interpretation of science”，在 Knorr-Cetina and Mulkay eds. *Science Observed*，pp. 115－140. Knorr-Cetina 讨论了来自六个最早的实验室人类学研究的发表的和未发表的手稿，其中包括她自己的研究，*Manufacturer of Knowledge: An Essay on the Constructivist and Contextual Nature of Science* (Oxford: Pergamon Press，1981)；Latour and Woolgar，*Laboratory Life*；Micheal Lynch，“Art and artifact in laboratory science: A study of shop work and shop work in a research laboratory (PhD，diss，University of California at Irvine，1979)”，以及随后在同样的题目下的出版物(London，Routledge & Kegan Paul，1985)；Sharon Traweek，“Culture and the organization of the particle physics communities in Japan and the United States”，在科学研究的学术交流会议上提交的论文，Simon Fraster University，1981 (Traweek 的研究发表在 *Beam Times and Life Times: The World of particle physics* [Cambridge，Ma: Harvard University Press，1988])；John Law and RobWilliams，“Putting facts together: a study of scientific persuasion”，*Social Studies of Science* 12(1982)：535—58；Micheal Zenzen and Sal “The mysterious of immiscible liquids：a study of scientific practice”，*Social Studies Information*21(1982)：447－473；Doug McKegney，“The research process in animal ecology”，1979 年，在 McGill University，Montrel，The Social Process of Scientific Investigation 学术会议上提交的论文。Collins and Pinch 的 *Frames of Meaning* 应该添加到这本论文集中，因为它包含有参与者观察的研究。因为是这个论文集中第一部发表的著作，所以许多评论者把 Latour 和 Woolgar 的人类学研究视为第一次的“实验室研究”。Knorr-Cetina 的评述避开了探求最早的研究什么时候开始，她所强调的是许多研究都是彼此独立地开始的。遗憾的是，在他们的著作的第2版(Princeton，NJ：Princeton University Press，1986)的后记中，Latour 和 Woolgar 回溯式地接受了广泛流传的他们的工作是起源性研究的错误印象(p. 275)：“当 Laboratory Life 第1版 1979 年出现，令人非常惊讶的是这是对科学家的日常活动和他们的自然习惯的具体研究的第一次尝试。在实验室中的科学家或许比其他的人更惊讶于这是仅有的这类研究。”这样的论点的确是一个令人惊讶的源泉。就像 Latour 在其他地方承认的那样(Will the last person to leave the social studies of science please turn on the tape-recorder? Social Studies of Science，16[1986]：541—548)，他和 Woolgar 的工作无论如何不是20世纪70年代具体研究实验室活动的仅有的尝试。

基于在特定的实验设置中进行的对日常常规性活动的持续观察来进 【91】
行〔1〕。研究的范围包括每一天的间歇谈话、在特定实验室的有条理的活动以及写就的和其他形式的在各种不同研究小组和外部机构之间发生的各种交流。早期研究的大部分是由来自至少五个不同国家的这个或那个社会学家和人类学家独立进行的可观察的生物学、生物化学、神经生物学、野生生物生态学、化学以及高能物理学的研究。就像可能预想的那样,这些研究并没有告诉我们相同的故事,但是这些研究最显著之点是支持科学活动的社会建构主张。这些研究宣称“对科学活动的实际场所(通常是科学实验室)的直接观察”,明确地凸显出即便是科学的最专业“内容”的社会性决定特性。〔2〕关于对“实际的”活动“直接的”观察的声称在新近的讨论中沉寂下来,但是宣布他们发现的那些最早的研究中所具有的那种单纯的热情依旧是重要的,因为正是这种方法吸引了对他们的关注。

与他们精深的案例研究内在一致,实验室人类学研究并没有发展因果 【92】
性解释;反倒是,对于“事实的建构”,他们精心于更具行动中心的描述主义研究。他们的描述强调在“混乱”真实的相互作用的环境中发生的情境化和即兴展示的实际活动与在教科书和研究报告中理性重建过的实验推理之间的对比。实验室人类学无论如何不是涉及这种差异的最先的研究,但

〔1〕 Ludwik Fleck 对他自己介入瓦塞曼实验(Wasserman test)的发展过程的自传式说明,或许是对这个问题的最早的说明。参见他的 *The Genesis and Development of a Scientific Fact*(Chicago: University of Chicago,1979;第 1 版在 1935 年出版). 还可以参见 James Senior,“The vernacular of the laboratory”,*Philosophy of Science* 25(1958):163 - 168;Bernard Barber and Renee Fox,“The case of the floppy-eared rabbits: An instance of serendipity gained and serendipity lost”, *American Journal of Sociology* 64(1958):128 - 136;W. D. Garvey and Belver C. Gitffith, “Scientific communication: its role in the conduct of research and creation of knowledge”, *American Psychologist* 26(1971):349 - 362;以及 Jerry Gaston, *Originality and Competition in Science* (Chicago: University of Chicago Press,1973).

〔2〕 Knorr-Cetina,“The ethnographic study of scientific work ”, p. 117. 就像我在本书的第五章中强调的那样,尽管由 Latour, Woolgar 和 Knorr-Cetina 发展起来的建构主义变种吸收了由 Garfinkel 和 Livingston 发展起来的常人方法论的某些方面,但我自己并没有追随建构主义的路线。

是对于曾经有过的讨论，他们描述性的说明为其增添了鲜活的细节。[1]

在一定程度上，人类学发展了来自知识社会学的主题，像通常一样，这个议题的首要一条就是曼海姆式的训诫，即强调“认识的过程并不实际上按照内在的逻辑历史性地发展，它不会遵循‘事物的本质’，也不会遵循‘纯粹的逻辑可能性’”。只是现在，所强调的东西包含一种更深入地关注实验室活动的历史以及交流性的互换。这种研究中的独特语汇是把科学工作描写为“建构”或者“建造”，把科学实在描写为“人工物”，主张“事物的内在本性”与物质性资源和实验室工作的产物之间的区分。赛廷娜（Karin Knorr-Cetina）像下述这样表达了这种观点：

> 建构主义的解释反对把科学研究视为描述性的思想，这样的思想把真实性问题置于科学的产物和外在的自然的关系之间。与之形成对比，科学的建构主义解释认为：科学的产物首先而且最重要的是一种建造过程的结果。相应地，对科学知识的研究主要被看做是科学的对象如何在实验室产生的研究，而不是事实如何被保持在关于自然的科学陈述中的研究。[2]

许多样本材料都是人工的（如特别饲养和基因工程产生的实验动物和微生物，从商品供应商那里购买的各种合成物），在科学家的说明和“自然”对象以及这些说明所描述的事实之间各种层次的解释性的、相互作用的及仪器的中介也是人工的。

【93】例如，拉拖尔和伍尔伽申明：他们在萨尔克研究所（Salk Institute）进行人类学研究期间所观察到的实验室研究者并不是自己研究事物，反倒是，科学家们检查和记录与仪表一起工作的技术工人所产生的“文学铭写”：

---

〔1〕 在科学家实际做的事情与他们如何报告他们的实验之间的对比在 Barber and Fox, “The case of the floppy-eared rabbits: An instance of serendipity gained and serendipity lost” 中有所讨论。Gerald Holton, *The Scientific Imagination: Case Studies* (Cambridge University Press, 1978); 以及 Peter Medwar, “Is the scientific paper fraudulent? Yes: it misrepresents scientific thoughts”, *Saturday Review*, August 1, 1964, pp. 42 - 43.

〔2〕 Knoor-Cetina, “The ethnographic study of scientific work”, pp. 118 - 119.

"在科学家和混沌之间除了由文档、表格、草拟文稿、数字和论文组成的墙之外,什么也没有。"他们把自己的观点概括为:

> 这样,为凸显物质在那里建构的那个过程,我们必须努力避免生物监测的描述,在那里标记和被标记的事物之间的关系被看做是不成问题的。尽管事实上我们的科学家坚信那种铭写就是表征或者就是在"那里"独立存在的某种实体的指示物,我们还是要表明:这类实体仅仅是通过对那些铭写的使用而构成的。[1]

拉拖尔和伍尔伽还提出了一个相当惊人的观点,那就是,"一旦一个最终产物、一个铭写获得,导致这个产物的所有可能性就都被遗忘。图表或者数据单变成了在参与者之间的讨论的焦点,产生这些图表和数据的物质性过程要么被遗忘,要么被作为纯粹的专业事物视之为理所当然"[2]。他们补充道:这些步骤和中介并不是不可逆地被遗忘,因为在研究者和研究小组之间的纷争会选择性地激发一种努力去"解构"铭写轨迹和文献记录,继而把它们联系到它们的实际起源。

这一观点有两个显著的特征:(1)科学的工作基本上是一种铭写和解释性的活动;(2)科学事实是以写就的陈述的形式被建构、被流传、被估价的。拉拖尔和伍尔伽走得如此之远,以至于这样陈述(原著上是黑体):**"事实除了是一个没有情态和……没有作者痕迹的陈述之外什么也不是。"**(我所援引的黑体陈述中包含的"情态[modality]"指仅作为一个指涉对象,所指作者痕迹那个陈述出现在《实验室生活》第 82 页,我想这是关于任何意义上的"事实"的最好例证。)

就像拉拖尔和伍尔伽所界定的那样,情态是限定性的词语或者说是其他临时性或地方性指涉的标记(例如:"这些数据可能(may)表明……";"我相信(believe)这个实验表明……"),它们是"索引性"表述的清晰样板。当

---

[1] Latour 和 Woolgar: *Laboratory Life*, p. 245, p. 128.

[2] Latour 和 Woolgar: *Laboratory Life*, p. 63. 掩饰在这个断言中的复杂性可以通过读本书第四章、第七章中的 Lynch: Art and Artifact in Laboratory Science 得到理解。

一个研究者共同体开始使用和接受一个陈述而无须限定这个“人工物”是一个包含有情态的陈述时，一个“事实”就被建构起来。拉拖尔和伍尔伽展

【94】现了描述陈述转换为事实的理想－典型的图式，在他们重建的实例中，他们观察到在更广泛的社会技术领域各种诡计背景下的实验室活动，是去情态化陈述的产物："TRF is Pyro-Glu-His-Pro-NH."[1]

在 20 世纪 70 年代晚期当拉拖尔访问萨尔克研究所时，这个陈述已经变成理所当然的事实，并且为整个研究纲领提供作为脚手架的材料。他和伍尔伽重建了一系列出版物、索引网络、竞争实验室之间的争论以及研究梯队合作成员之间的谈判等。他们使用各种各样的图式说明：在不同情态被剥离出经过筛选、努力而为的关于荷尔蒙因子(TRF)陈述的前提下，这些异质性的交流所体现的凝重的存在条件。相应地，拉拖尔和伍尔伽把曼海姆的知识的存在条件和自然事实的“终极有效性”之间的区分，置于“一个陈述如何转换成一个事实，继而又从产生他的环境中摆脱出来”[2]的说明之中。按照他们的观点，这样的一个陈述同时担当着事实的角色，从促生它的社会性起源中摆脱出来，并且一旦这个事实被当做“黑箱”使用，这个事实的社会性建构就被“遗忘”。相应地，他们把稳定性和一个事实明显的独立性本身解释为一种“建构性”成就。[3]

---

〔1〕 Latour and Woolgar, Laboratory Life, p. 147。TRF 是一个代表“Thyrotropin Releasing Factor”的化学式。Latour 和 Woolgar 以 1962—1969 年描述这个过程的方式重建了这个序列变化过程。

〔2〕 Garfinkel, Lynch and Livingston(“The work of a discovering science”)陈述了在他们称之为“夜间工作”和“独立的伽利略脉冲”之间的相似的关系，尽管他们清楚地表明，二者都不能够被描述为一种说明。

〔3〕 时常，Latour 和 Woolgar 的论点展现出一种功能主义的说明的最糟糕的性质，在其中，一个分析者在决定了什么是一种文化的组织形态中的最基本的东西之后，去努力低估任何的相反证据或者去阐明对其意义和相关性的否定。例如，当遭遇科学家反对人类学“观察者”认为科学参与者的“信念”源于文本性说服的观点时，Latour 和 Woolgar 就断言：“文学铭写的功能就是对读者的成功的说服，但是在所有的说服资源都消失之后读者们才真正地被充分说服。换言之，支持一个观点的各种各样的书写和解读的运作被基本上与‘事实’无关的参与者们看到，这些事实借助于这些同样运作、独一无二地出现。”在一篇赞赏性评述文章中(“The participant irrealist at large in the laboratory”, *British Journal for the Philosophy of Science* 39[1988]:277－294)，当他强调 TRH 在 1969 年作为一个事实被“创建”出来时，Ian Hacking 对 Latour 和 Woolgar 观点的蕴含给出了一个积极的理解。Hacking 帮助读者去理解这个过程正是对与 TRH 相关的那种实在论的支持。

对于所进行的社会科学研究，拉拖尔和伍尔伽引申出一些非常令人愉快的蕴含。通过把"陈述"和"文学铭写"放置在叙述的显著位置，他们标记出了能够对神秘的实验室活动做很好的文学领悟的一片熟悉的疆域。尽管他们提到大量的仪器和"隐性技术坚固了这些文学铭写"[1]，但他们的文本性分析依旧"反身性地"把自然科学研究等同于那些社会科学家所习惯从事的各种文学性和解释性的活动。更进一步，他们断言，自然科学被认为的那种优越地位，并不是从他们发现的不容置疑的意义中派生出来 【95】的，而是从把自然主义的陈述转换为实际的无懈可击的文本中派生出来的。

对于认为相比较实验室活动参与者对其自身工作的理解而言，他们对实验室活动的说明是柔弱的和不可信的嘲笑观点，拉拖尔和伍尔伽(pp. 256－257)给出了有趣的反驳：

> 为了补偿这种关于可信性的不平衡，仅对一个这样的场景我们就需要100个观察者，每一个观察者都有权力像你——实验室科学家控制动物那样控制被试。换言之，在每一个办公室我们需要电视监视器；我们能够窃听电话和办公场所；我们将有完全的自由拍摄脑电图；当内部检查成为必须时，我们有权利砍掉参与者的脑袋。有了这样的自由，我们就能够产生出硬数据。[2]

通过强调生物化学的"事实"如何除了是在一个共同体研究者那里写就、读解、流转的陈述外"什么都不是"，拉拖尔和伍尔伽为在人文学科和社会科学领域内拓展文本应用和解释学研究作出了当代的贡献。有什么能比证明"硬科学"自身就是解释性的文学性的领域，在其中特定的"作者"、

[1] Latour and Woolgar, *Laboratory Life*, p. 245.
[2] Latour and Woolgar, *Laboratory Life*, pp. 256—257.

“理论”、“自然”以及“公众”都是文本的结果更好呢？[1]

然而，拉拖尔和伍尔伽以一种奇怪的方式展现了体现着科学哲学的逻辑实证主义的行为和语言图景的一种左翼变种。我并不是指责他们是隐蔽的实证主义者。反倒是，我一直认为他们明确的反实证主义研究，为在语言和实际行为上体现逻辑实证主义“图景”的许许多多元素提供了一种镜像。像逻辑实证主义者一样，拉拖尔和伍尔伽(1) 当他们重建科学事实的发生时，尝试不使用关于“外在实体”的先见之想；(2) 把科学活动视为一种操作陈述的活动；(3) 把科学事实界定为通过操作其他陈述而产生的陈述；(4) 把陈述形式等同于认识论关系。[2]

【96】

主要的区别(也的确是主要的区别)是：拉拖尔和伍尔伽坚持他们所描述的操作不能为任何形式的逻辑体系所涵盖。他们也用一个事实的产生和接受如何依赖于一种扩展了的和偶发性的谈判网络与机制的经验证明，来支持他们的观点。但是像逻辑实证主义一样，拉拖尔和伍尔伽陷入了维特根斯坦在他晚年著述中所确认的一些语法“圈套(grammatical snarns)”。被这种圈套套住的许多牺牲品的白骨，在试图建构全面净化掉先见之见的分析语言的破败的轨道边上随处可见。当试图不借助于全单照收科学家们关于他们自己研究对象的先见之见，对描述科学家的行为进行描述时，拉拖尔和伍尔伽担当了上述行为的一个谨慎的变种。

我们试图避免使用那些将会改变讨论中的问题本性的术语。这样的话，在强调事物被建构的过程时，我们努力避免描述那种基于表征和被表征的事物之间无容置疑的关系的生物测定。尽

[1] Latour and Woolgar, *Laboratory Life*, p. 150, n. 8. “文学铭写”的思想特别具有吸引力，因为它使用一个日常科学的练习使得那种类型的文学性工作让人文学者和社会科学家熟悉。例如，Donna Haraway 在通过灵长动物学研究建立起女性主义文学诠释时，经常援引 Latour 和 Woolgar 的观点。参见 Donna Haraway, Cyborgs, *Simiants and Woman* (London: Routledge & Kegan Paul, 1991).

[2] 关于这种与实证主义相关的“直觉”的说明以及与维也纳学派及其追随者(Vienna Circle)相关的逻辑实证主义的独特的变种的说明，可参见 Ian Hacking, *Representing and Intervening* (Cambridge University Press, 1983), p. 41。

> 管事实是我们的科学家们坚信那些铭写一定是“在那里”独立存在的一些实体的表征或者指示器，我们还是认为这类实体是通过对这些铭写的使用而构成的……有意思的是，避免使用那些蕴含着先前就有、而后才被科学家揭示出来的客体的术语，导致我们陷入某种体裁上的困难。我们认为，这绝对是因为对科学过程的描述中某些话语形式的泛滥所致。我们继而发现，要形成一种能够认为科学不是关于发现活动（而是创造和建构的活动）的对科学的描述是极端困难的。这里不仅仅是强调的重点要发生变换的问题，更是要在科学活动的本性能够得到最好的理解之前，驱除刻画科学活动的历史性描述的各种程式中的邪魔。（p. 128）

要完成这样的驱邪事业，拉拖尔和伍尔伽从一个虚构的“观察者”的视角展现其人种学研究，即这个观察者不被科学家们对看不见的分子生物学秩序的坚信所捕获，持续对实验室的活动进行观察。这个观察者描述了所发现的在实验室中明白易懂的东西：那些踪迹、文本、谈话交流、仪式性活动以及各种奇怪的仪器。在伍尔伽提供一个附带着一个“人种学者”对一个简单事物再描述的“‘原始的’描写”的时候，他基于下述讨论给出了对这 【97】
类观察描述的具体说明：

> 一个吸液管是一个借助于可以流转的一定体积的液体的玻璃管。在液体的低端，一个人沿玻璃管把液体吸上来直到液体达到一个特定的水平高度。然后，用手指或者拇指封死玻璃管的顶端以保持真空，这个管子就被提升起来，其中包含着所需测量体积的液体。释放真空让液体在另一个烧杯中沉淀。
>
> 在实验室的这里以及那里，我们发现各种玻璃容器，两端开口，凭借这些容器，科学家们相信他们可以获得一定数量的他们称之为“液体”的物质。液体据说拥有容纳它们的容器的形状，并被认为具有轻微的可压缩性。称之为“吸液管”的那些玻璃东西被认为能够保留所获得的“（液体）体积”，以便使它从实验室的一

个部分移动到另外一个部分成为可能。[1]

伍尔伽继续说，尽管其努力避免赞同实验室成员们关于液体、玻璃以及其他东西的性质的“信念”，他的说明中依旧包含着本身就受到再描述支配的未经权衡的术语(如“玻璃”、“容器”等)。他把是否一个人种学者能够完全成功地囊括所有的先见之见搁置为一个开放性问题，特别是当这类“原始的先见之见”包括着专业权威人士和社会学家们公认的关于科学方法的规范假设的时候。尽管存在这些“反身性的”考量，伍尔伽并不质疑从所研究的场景中“后退”的冲动，并且，无论是他还是拉拖尔都在继续寻求“不借助于这个(科学)部落本身的术语来解释科学”[2]。

这里的问题是：这个部落的大多数术语也是我们自己的术语，因为：(1) 它们是我们的推理语法的有机组成部分，正是通过这些语法本身科学家的活动才成为可处理和可理解的；(2) 为了能够对各种种类的部落活动有贴切的描述和解释，这些语法已经嵌入社会科学的语汇之中。[3]拉拖尔和伍尔伽对不偏不倚的日常科学“元语言”的探求，使我们回想起维也纳学派寻求中立的观察语言来描述那些“未经加工的”感性数据，从这些数据的推论中，看不见的实体、暂时性的关系以及概念性的一致性可以衍生出来。
【98】就像维特根斯坦指出的那样，尽管以这种语言表达的描述可能会绝对正确，但它们也展现出一些古怪的特性：

存在着一种看待电子设备和装置(发电机、无线电台等)的方法，这些方法把这些物件看做一种铜、铁、橡胶等在空间中的安排，对其没有任何预备性的理解。这种看待这些物件的方法可能

〔1〕 Steve Woolgar, *Science: The Very Ideal* (Chichester: Horwood; and London: Tavistock, 1988). p.85.

〔2〕 Latour, *The Psterurization of France*, pp. 8 - 9。参见 Latour, *Science in Action* (Cambridge, MA: Harvard University Press), p.13，在这里，方法的第一规则包括限制性条款“对于构成知识的东西我们不带有先入之见”。

〔3〕 参见 W. W. Shrrock 和 R. J. Anderson, “Magic, witchcraft and the materialist mentality”, *Human Studies*, 8(1985): 357 - 375.

导致一些有趣的结果。它非常类似于把数学命题看做是一种装饰。这当然是一个绝对严格和正确的概念，关于这一点的特殊的和困难的事情是：没有任何先有之见地看待事物（好像是来自火星人的视角看事物）；或者更正确的是：它扰乱了正常的先有之见（逆潮而动）。[1]

拉拖尔和伍尔伽火星人视角的“观察者”没有表述出逆其所研究的科学家的先有之见而动的不安。然而，像科学社会学研究和常人方法论研究中许多“激进的”计划一样，《实验室生活》没有公开地承认借用了20世纪早期科学哲学的思想。这样说可能会被视为一个非常不公正的刻画而伤及许多读者，因为拉拖尔和伍尔伽提出了如此之多的观点与哲学上、历史学上以及科学社会学上各种各样的实在论者和理性主义者进行抗争[2]。然而，这里我要申明的不是他们对科学质疑的不够充分，也不是他们的日常科学研究表达出对社会实在论的没有正当理由的信奉，而是他们刻画的对科学实在论的倒置的形象保留了这个倒置体系的语法框架。远非透彻全面地攻击了他们所反对的科学、语言和表征的整体图景，他们展现的是他们所反对的东西的负片或者镜像，其中保留着被摄体的基本轮廓。关于这种倒置的一种清晰识别可以通过审查拉拖尔和伍尔伽一系列的概括性陈述得到：

主体和客体之间的区别或者事实和人工事实之间的区别，不应该是对科学活动研究的起点；贯穿整个实际的运行是一个陈述 【99】

〔1〕 Ludwig Wittgenstein, Zettel G. E. M. Andcormbe, trans. (Berkeley and Los Angles: University of California Press, 1970).

〔2〕 的确，在“第2版(1986)的后记中”p. 279，Latour 和 Woolgar 通过不理会我这里产生的对他们火星人观察者的批评，保留了他们的反实在论的警觉。参见 M. Lynch，“Technical work and critical inquiry: investigations in a scientific laboratory”, *Social Studies of Science*, 12(1982): 499—534. 他们认为“我表达了一种”对专业实践和所研究的真实的世界客体的一种（实际的）客观特性的信奉。尽管我不否认把实验室实践看成是“真的”，就是说是可见证的、可描述的、非想象的，在寻常语汇的意义上就是说是真的，但我不买他们的账，即把我放在“实在论”和“建构论”的两极争论之间的“实在论”一边。

可以被转换成客体，或者一个事实可以被转换成一个人工事实……通过观察一个人工事实的建构，我们表明：实在是一个争论终结的结果，而不是争论终结的原因。

……如果实在是这种建构的结果而不是原因，这就意味着：科学家的活动不是指向"实在"，而是指向建构实在的对陈述的操作。〔1〕

尽管拉拖尔和伍尔伽一定不赞同关于在可知或者可觉过程中"思想"的首要决定地位的形而上学观点，但是他们的说明蕴含一种"文本主义"，在符号与符号所指的关系的二元说明中，突出强调"陈述"或者"踪迹(traces)"的中心地位。就像他们所描述的那样，合作项目、文本的和物质性的资源、在科学领域努力争得符号性的"信用"等所有一切，都指向把"陈述"转换为理所当然的事实。好像是实验室工作主要就是持续地对"陈述"进行加工、再加工，任何一个陈述在做什么是对陈述的形式运作的二手产品。〔2〕

这种语言的反实在论图景蕴含着一种在陈述的形式和陈述的实用性

---

〔1〕 Latour and Woolgar, *Laboratory Life* pp. 236 - 237. 对"倒置"的一个惹争议的和教学式的使用也渗透在 Latour 的广泛流行的文本 *Science in Action*（Cambridge, MA: Harvard University Press, 1987）中。在对这个文本的一个观点的阐释中，Jon Guice 未发表的论文（"A tiny breathing space: methodological localism, social studies of science and Bruno Latour", Department of Sociology, University of California at San Diego）确认，"倒置"是 Latour 的一个重要的文本设计。Latour 用两面神的形象具体说明了他的观点，两面神的成熟的脸阐明"既成科学"的声音，两面神年轻的脸则为"行动中的科学"代言。那个带胡子的形象诵读了这样的原则性的断言："科学是集体性行为的一个原因"，"自然是争论终结的原因"，"科学是项目产生的一个原因"。那个刮掉胡子的对应部分则围绕着上述表述说：科学和自然是集体行为、争论终结和项目产生的结果。这个代表性的设计显著地对称，两个声音扮演对等的角色，但仅有"既成科学"的声音阐明了 Latour 打算报道的东西。"既成科学"的声音代表了已经建立起来的哲学的和社会学的立场，这种立场被 Latour 视为他自己的对科学的社会研究与之冲突并且使之问题化的那种学术通识。尽管 Latour 的著作证明是一部惊人成功的教学设计，但它保留着 Latour 声称要抛弃的笛卡尔的框架。

〔2〕 Latour 和 Woolgar（*Laboratory Life*, p. 80）承认，他们关注于一个陈述的形式组成或许是将问题过于简单化了："当然，许多人认为，在语境和对一个陈述的一种特定解释之间的决定性关系是不存在的。然而，出于我们的目的，关注陈述类型的变化提供了陈述的实际地位变化的可能性是有充分理由的。"不很清楚的是：这个较弱的论点回避了与把陈述视为事实相关的问题，回避了把复杂的活动界定为它们仅仅受到"陈述"本身的稳定性和产生引导的问题。

用途之间的极端的分离。好像仅仅出于观点的考虑，拉拖尔和伍尔伽通过在二者之间，即在科学家们对之毫无直接经验的“就在那儿的实体”与科学【100】家们得以建造“事实的”、可直接观察的交流、写作、铭写、仪器及社会领域中的各种周旋等之间建立一种对比的方式，来陈述他们的观点。他们似乎是以一种线性因果性的方式言说陈述和实在之间的关系，即要么实在是对陈述的建构性操作的原因，要么实在是这种建构的结果。也许，这种因果性和单向性的语言不值得认真对待。在随后的一个关于“倒置”的讨论中，伍尔伽尝试着以下述的原则陈述来澄清这个问题：

> 对于阐释一个表征对的两个要素之间的单向性连接，我们的第一个原则是关键性的。我们需要既在表征对的要素是明晰独特的观念意义上，也要在对象是先于(或者先在的)表征的概念意义上处理这个问题。倒置要求我们把表征理解为先于被表征的对象。〔1〕

正如我在第五章中指出的那样，这种对“表征对的两个要素”之间关系的批评没有走得足够远。说表征先于被表征的对象保留着迦芬克尔和维特根斯坦攻击的语词与意义的二元论图景。尽管拉拖尔和伍尔伽的观点不再是直截了当的因果性的，但它依旧认可被特定的实际存在的决定性调解的“表征”与“被表征”的一种原初的分离。这一点也维护了受到拉拖尔和伍尔伽拥戴的关于“索引性”的见解。在主张扩展迦芬克尔的概念去涵盖自然科学话语的同时，他们又断言索引性是一个普遍存在的表征“问题”：

> 其含义就是：科学的表达比任何其他在“非科学的”或者常识语境中使用的表达能够更好地产生意义的确定性。迦芬克尔(1967)的讨论也可以解读为支持这样的一个结论。以与此相关

〔1〕 Woolgar, *Science: The Very Idea*, p.36.

> 的姿态，大量欧洲大陆的符号学家近来开始把文字分析的方法扩展到更广大领域的修辞学的研究……对解释学家来说，科学是一种像任何其他形式一样的编造形式或者编造话语，其中一个作用就是“真理作用”，这个作用（像所有其他的文字作用一样）来自诸如动词的时态、声明的结构、各种情态等的文本特性。尽管在Anglo-Saxon认为的索引性是修补性的研究方法与大陆的解释学之间有着巨大的差别，但在科学话语不具有优先地位这一点上二者持有共同的立场。科学既不是由脱离了索引性的一种能力来刻画的，也不会在修辞或者说服技巧的缺位下得到描述。[1]

【101】 在第一章，对索引性我给出过一个非常不同的说明，这个说明强调：说“所有的表述都是索引性的”并不承载着语言交流的含义的确定性或者不确定性。索引性并不必然意味着意义或者特定的宣告的可理解性是“成问题的”。反倒是，它意味着语词或者孤立的陈述并不“包含”明晰的意义，对语词的理解和确定性的指涉是通过对索引性表述的情境性使用达到的。说“科学是一种编造形式”可能有效地反驳了哲学上关于科学的命题在一定程度上包含有逻辑语法的一种“特定的形式”作用的观点。但是，一旦我们同意对命题形式的一个检验并不能够有助于我们把科学的形式从编造的陈述中区分出来，那么，说科学是一种编造形式，对于科学或者对于编造就不会再告诉我们任何东西了。更进一步，在上一段文字接近结束时关于“真理的作用”的讨论中，拉拖尔和伍尔伽谈论“文本的特性”，似乎它们是确定性“作用”的一个源泉。就我对这一点的理解，迦芬克尔和萨克斯对索引性表述的讨论揭示的是完全不同的观点，直觉的稳定性、指涉和意义不是从命题的各种形式中产生的，而是从使用这些命题的环境中产生的。[2]

---

[1] Latour and Woolgar, *Laboratory Life*, p. 184. n. 2.

[2] Garfinkel and Sacks, “On formal structures of practical actions”. 把迦芬克尔和萨克斯的索引性的版本链接到一种“盎格鲁-撒克逊”传统是相当怪异的。因为，他们批判分析哲学，并且他们发展了从现象学、存在主义以及维特根斯坦后期著述汲取的哲学的原动力。

对于建构主义研究进行评价的部分困难在于：其术语中经常包含一种他们的观点所无力支撑的更鲜明的形而上学锋芒。例如，尽管在前述许多段落中引述的语言表明：陈述在某种程度上产生真理效果，或者建构性活动“产生了”实在，但他们的研究中具体的例证和观点描述了某些更接近现象学“成分”的东西。通过用熟悉的解释习语展开对实际活动的描述，建构主义者利用了对这样的一种作用的误读，即科学的“内容”由社会活动产生，或者那种符号学意义上的“行动者”等同于更传统类别的社会学意义上的“行动者”。当这些研究呈献给社会科学家这样的观众时，这样的误读实际上得到了保证，这种误读无疑助长了那些由更广泛的读解研究引发的狂躁和论战。对于那些对相关的哲学和文学的理论资源知晓有限的读者来说，这样的著述是“明晰的”，这种准因果性语言似乎是令人震惊和异于直觉的。结果是，渐被知晓的建构主义研究招致了大量的兴趣和论战，而科学事实是各种建构这个中心议题却依旧含糊不清。

就像我表明的那样，尽管建构主义研究保留了知识社会学解释的基本【102】形式，但对于曼海姆的问题，即创新的社会过程是“仅仅被视作制约思想的起源或者思想的实际发展的条件（例如，他们仅仅是发生学上相关），还是这个过程渗透到具体的特定论断的“视角”之中？”他们并没有给出明确的回答。建构性活动（或者表征）先于一个客观事实建立的论断与这类活动“仅仅是发生学上相关”并不必然地不一致。把事实定义为一种陈述，剥离了社会学视角的所有痕迹，但并不是明显地与曼海姆所说的东西相冲突。这里仅有的区别是：建构主义把事实的稳定性自身、把实际陈述中特定的情态的空缺本身界定为是自身建构的结果。但是，除非我们能够保留与“未建构的实在”对比的可能性，否则，对于知识社会学的传统纲领而言，认为特定的科学事实的发生应归功于建构性活动的观点就没有什么意义。只要一个特定的事实在一个领域中作为更进一步干涉和行动的一个稳定和不容置疑的基础被保留下来，对建构的社会历史性的说明就与把一个客观性实在作为一个事实来使用和接受没有直接的关联。在这样的情形之下，说一个稳定的和可接受的事实是一个“稳定化了的建构”与说“一个关于实在的正确的陈述”，二者就没有显著的差别。就像科林斯、拉拖尔和伍尔伽每个人都承认的那样，在他们的研究中强调的相对主义和建构主义实质上是方法论的原则。他们的研究并没有经验性地强调“科学的事实是建构出来的”，只是开始的时候是这样。这样说也许更准确一些，即他们强调一个建构主义者的语言可以被用来对科学活动进行细节描述。然而，描述的语言通常暗示着经验性示范的强有力的形式，读者通常会这样看待这些研究，即它们似乎表明：自然科学不是我们曾经认为的是一种纯粹形式的活动，我们普遍接受的科学理论和经验法则的有效性现如今都是有问题的。

相对主义和建构主义研究的危机

尽管，也许真的是因为，对科学的人种学和经验相对主义研究获得了成功，这些研究方向的许多发起者已经转向其他研究模式。“实验室研究”
【103】很快超越了实验室，并在科学和技术研究领域引发了大量的衍生纲领。[1]拉拖尔、伍尔伽、穆尔凯、科林斯、平齐以及其他许多人类学研究和经验相对主义研究的支持者们发现了许多新的兴趣点，并且把它们的先期研究整合为更抽象的观点。穆尔凯和伍尔伽越来越倾心于“话语”和“反身性”的研究，拉拖尔则设想出了主要基于科学和技术创新的历史性研究的一个一般性研究方向：“行动中的科学。”[2]大量的科学知识社会学家借用了从科学社会学到“殖民化”社会学以及技术的社会历史研究、健康经济学、社会

〔1〕 实验室研究成果继续发表。新近发表的成果有：Sharon Traweek, *Beamtimes and Life Times：The World of High Energy Physics* (Cambridge, MA：Harvard University Press, 1988)；Klaus Amann and Karin Knorr-Cetina, “The fixation of (visual) evidence” in M. Lynch and S. Woolgar eds. *Representation in Scientific Practice* (Cambridge, MA：MIT Press, 1990), pp. 85 – 121；Kathleen Jordan and Micheal Lynch, “The sociology of a genetic engineering technique：Ritual and rationality in the performance of the plasmid prep” in A. Clarke and J. Fujimura eds. *The Right Tools for the Job：At Work in 20th Century Life Sciences* (Princeton, NJ：Princeton University Press, 1992), pp. 77 – 114；Joan Fujimura, “Constructing ‘do-able’ problems in cancer research：Articulating alignment”, *Social Studies of Science* 17(1987)：257 – 293；以及 Alberto Cambrosio and Peter Keating, “Going monoclonal：Art, science and magic in the day-to-day use of hybridoma technology”, *Social Problems*, 35(1988)：244 – 260.

〔2〕 Bruno Latour, *Science in Action* (Cambridge, MA：Harvard University Press, 1987).

问题研究中的主题。[1]尽管还有少数社会学家继续发展原初的常人方法论研究,但更多的情况下,来自建构主义研究的研究策略和主题被用来解释档案材料和构造证明的历史模型。[2]

按照我所认为的实验室研究对科学"内容"给出了不可靠的充满歧义的解释,这样的发展似乎是奇怪的。然而,如果我们对许多社会科学家对此进行的成功的和没有定论的研究的合成体进行说明,这种发展就具有了意义:

(1) 早期的建构主义研究很快地宣告了对难以驾驭的科学"内容"的胜利,即便是他们留下了一些关于这样的"内容"准确地说究竟意味着什么的疑问。社会科学家们现在已经可以自由地从这种人类学研究中获取资源强化自己的课程并向科学所致力的更大的网络或者领域发起更全面的进攻。[3]

(2) 与此同时,始终存在的实际的和解释性的困难阻碍了单单对实验室研究倾注过量的关注。至少两个经常被引述的观点给了社会学家很好的理由不去引导这种研究: 【104】

① 早期的实验室研究使用那些经不起"反身性"推敲的观点。这些观点所声称的其立足于对实际活动直接观察而拥有的修辞力量,不能很好地得到这些研究本身所倡导的那种怀疑性审查的支持。

② 实验室研究忽视了社会学家研究兴趣指向的"更宽阔"的现象域。这是经常被社会学家们使用并将其诉诸"宏观"层次分析的观点,而对这类

---

〔1〕 John Law ed., Power, *Action and Belief*: *A New Sociology of Knowledge*? (London: Routledge and Kegan Paul, 1986); WiebeBijker, Thomas Hughes, and Trevor Pinch , eds. *The Social Construction of Technological Systems* (Cambridge MA: MIT Press, 1987); Steve Woolgar and Dorothy Pawluch, "Ontological geerymandering: The anatomy of social problems explanations", *Social Problems* 32 (1985): 214 - 227; Malcolm Ashmore, Micheal Michael, and Trevor Pinch, *Health and Efficiency*: *A Sociology of Health Economics* (Milton Keynes: Open University Press, 1989).

〔2〕 例如,可参见 Shapin and Schaffer, *Levithan and the Air Pump*; 以及 Susan Leigh Star, *Regions of the Mind*: *Btritish Brain Research*, 1870 — 1906 (Stanford, CA: Stanford University Press, 1989)。

〔3〕 Latour 和 Knorr-Cetina 引领了这场离心运动: Latour, "Give me a laboratory and I will raise the world", in Knoor-Cetina and Mulkay eds. *Science Observed*, pp. 141 - 170; Knorr-Cetina, "The ethnographic study of scientific work", 特别是在 pp. 132 - 133, 论及"跨认识论的连接的研究"。

批评敏感的科学社会学家总是尝试用各种各样的方法去"说明"实验室之外的各种共同体和机构,这样做就趋于把注意力从单单对实验室内部实际活动的倾注中转移出来。

无论是实验室日常科学研究的支持者还是批评者都在使用这样的观点,因此,这不足以表明这是对作为整体的研究流派的一种厌恶。[1]把这类批评搁置一旁,日常科学研究还要承受与日俱增的困难,因为他们得不到那些支撑熟悉的历史学和社会学学术研究模式运转的专业档案、既成文献以及学科共同体的支持。实验室日常科学研究者将要面对如下几个实际的困难:

(1) 通往前沿研究的路径困难。不仅仅是因为很难得到允许"徜徉"在实验室中,而且是因为研究本身极具专业性,需要得到社会学家们通常尽量避免的多种学科和多种技能的专门辅导训练。这个问题不单单存在于对科学的日常科学研究中,只是在这个领域显得格外突出。

(2) "社会"现象与"黏稠的"专业谈话和行为不可剥离地联系在一起。要说明这些现象要求专门训练专业系统内部的观众,这种专业能力已经嵌入这个人的行为中。即便是这样,读者还是倾向于把"黏稠的"描述视为"透明的"描述或者"乏味的文字报道"。[2]

(3) 在学术性社会科学的专业履历中,对包括本科课程、与所在院系同
【105】事之间的关系、追随社会学文献的任务等的要求,不能提供强有力的刺激让成熟的学者去承担比社会学研究更吃力的学科研究。艰深的日常科学研究更适合做学位论文,直至20世纪80年代早期,在这个领域中也仅有为数不多的几个研究生。

避开承担艰难的、耗费时间且在认识论上颇受质疑的日常科学研究任

〔1〕 参见 M. Lynch,"Technical work and critical inquiry: Investigation in a scientific laboratory", *Social Studies of Science* 12(1982):499 - 534;Latour and Woolgar,"Postscript to second edition (1986)",pp. 277 - 278;Bruno Latour,"Postmodern No Simply amodern! Steps towards and anthropology of science", *Studies in the History and Philosophy of Science*, 21(1990):145 - 171.

〔2〕 关于一些历史学家如何应对对科学活动的浓重的日常科学说明的一个极好的标本由 Christoipher Lawrence 对 M. Lynch, *Art and Artifact in Laboratory Work*, 在 Isis 79(1988):473 的评述提供。

务，许多科学社会学家更愿意在办公室和图书馆寻求庇护。在那里他们可以在观察"行动中的科学"的同时，从事更能赢得尊重的学术追求：从历史档案和二手资料中筛选，把各种文献合成为科学社会学和其他相关领域的学术综述，进行封闭的文本分析[1]。向科学史、技术研究以及"话语"研究的转移已经吸引了大量的读者支持，在人文和社会科学领域的文献转向有助于平抑熟悉的学术偏向和习惯。与文本性研究相一致，流行的声望对从事"纯粹的经验性"和认识论上幼稚的"实际的活动的观察"工作，几乎没有提供任何激励。

对"超越实验室的大墙"的一般克制性行为以为：在实验室内部没有留下什么可做的事情，在许多情形中，它鼓励那种默顿纲领所养育的综合的科学社会学研究。不过现在，最好是把它们叫做左派一默顿，因为其更强有力的观点是关注获取基金的方式、国家任务和其他影响科学实践的局部的更"具广泛社会性的"议题，而一种以行动为中心的研究为嫁接这种跨越认识论影响的工作，提供了切入点。[2]

反身性转向

伴随着在人文科学领域中文学性和解释性研究的逐渐流行，大量的科学社会学家从试图为科学知识社会学证明一种反身性的基础，开始转向检验反身性本身作为一种现象的存在。不去追随关于科学的一个版本或者为有效性设计一个实用的标准，伍尔伽、阿什莫(Malcolm Ashmore)、马尔凯(Mulkay)以及其他人开始研究"我们自身通过表征建构客体的能力。这些表征性活动包括列举证据的能力、进行阐释的能力、决定相关性的能力、【106】归并动机的能力、分类化能力、解释能力、理解能力等"[3]。尽管这些主题

[1] 如果我在这里所讲的是一种批评的话，读者会注意到，这不是取自我自己的工作例证。

[2] 关于这个研究的一个清楚的例证，可参见 Chandra Mukeriji, *A Fragile Power: Scientists and the State* (Princeton ,NJ: Princeton University Press, 1989).

[3] Steve Woolgar, *Science: The Very Idea* (Chichester: Ellis Harwood; London: Tavistock, 1988), p. 93.

与一般的认知活动关联,"反身性"的社会学家并不把它们假定为有效性的基础,他们也不竭力效仿自然科学家如何列举证据、如何进行阐释等。恰恰相反,为了使这些活动成为可分析的,伍尔伽和他的同事们建议社会学家从一种"非反身性"努力中退出来去描述和解释科学的活动。按照他们的观点,研究对象应该是离散的,通过"客观地"说明的解释活动是可以产生的,无论是在科学领域还是在科学社会学领域都是如此。[1]

这也许胜于布鲁尔内心中假设的对公平性的更加符合的应用,因为他主张社会学家应该对他们自己观点的有效性比对他们所研究的科学领域的实践者观点的有效性更多一些公平对待。事实上,对于按照默顿的"非私利性"规范行为,反身性假设已经演变为一种极强的禁令,它不是保证科学的权威,倒是倾向于使得反身性的社会学家更加疏远客观的对科学进行描述和解释的任何纲领。

作为逃离竭力效仿实证科学的倒退性尝试的一种方式,伍尔伽、马尔凯、阿什莫、平奇以及其他的人,间或地向德里达对社会科学写作实践的颠覆诉求(温和地)。他们通过在他们的文本中嵌入批判性对话者,通过合成科学社会学家在其中扮演角色的剧目,通过书写那种权威化的科学"声音"已经崩溃和荒谬化的文本等来实现这一点。[2]尽管一些读者可能会得出
【107】结论,即这类演练提供了一个关于科学知识社会学的反证,但其真正的目的是要揭露那种隐含在社会学家使用其作为解释资源的散乱的活动。对

〔1〕 Howard Horwitz 讨论了在"新历史主义"的支持者中间的类似的"自反性"趋势("'I can't remember': skepticism, syntjetic histories, critical action", *South Atlantic Quarterly*, 87[1988]: 787-820),Horwitz(p. 799)强调"批判性的自反性没有享受比其他的精细研究更大的认知权威……自我认知可以发生这个事实准确地表明这个主体是被分割的:它永远不会知道作为整体的自己,只能通过自身的映像、通过来自于自身的不同的方面认识自身。这样的一个主体于是就是构成性的、被散乱知晓的、成为历史性的"。换言之,"批判性的自我意识"并不表明经验性批判研究的不同种类;它仅仅是转移主体。这一点可以加上,即 Woolgar 和 Ashmore 果然没有检验"他们自己的"观点,倒是,他们批判性地"反思了"他们的同事们的观点以及科学社会学领域的密切的对手的观点。除了间或的口头的周旋,他们以体面的形式进行(有时是有价值的)学术批评。

〔2〕 参见对 Steve Woolgar ed., *Knowledge and Reflexivity: New Frontiers in the Sociology of Knowledge* (London: Sage, 1988)这本书的各种各样的贡献。还可参见 Malcolm Ashmore, *A Question of Reflexivity: Wrighting the Sociology of Scientific Knowledge* (Chicago: University of Chicago Press, 1989); Micheal Mulkay, *The Word: Explorations in the Form of Sociological Analysis* (London: Allen & Unwin, 1985);以及 Mulkay, "Looking backward", *Science, Technology and Human Values* 14 (1989): 441-459.

于这些散乱的活动，马尔凯给出了下述的合理性说明：

> 短语“新文学形式”比说“新分析语言”更好，因为所需要的……不是书写社会生活的一种新词汇，而是一种能够避免那种已经筑入社会科学既成文本形式的对正统认识论的潜在信奉来组织我们语言的新的方式。在尝试阐释SSK核心观点的自我指涉本性、在尝试展示分析家的观点被他们所使用的特定的科学文本所铸造的方式中，我开始调用多元声音的文本，在其中，无论是分析的观点还是文本形式都会变成以一种自然姿态显现的批判性讨论的论题。我发现，这种形式的文本使得用一种解释性的相互交织取代一元的、匿名的、被社会性地移除了作者声音的传统社会学成为可能，在这种相互交织中，作为声音介入其中的一种结果，文本变成社会性地定位的，对语言的建构性使用无论是在文本之内还是在文本之外都变成可评述的。[1]

结果是，历史编纂学和日常科学的演练变成了检验“我们”如何处理我们对于“他们”的质询的时刻。即便是这种版本的“反身性”可能招致失掉了其本身意义的责难，但它没有完全失掉曼海姆的知识的非评价性的一般性的总体概念。反倒是，它试图把曼海姆的“总体概念”推至其终极界限。

后建构主义的趋势

自从拉拖尔广泛被引用的文本《行动中的科学》[2]出版以来，对科学知识社会学的讨论便获得了明显的法国腔调。部分原因是它追随了社会学中“解构主义”和“话语分析”的迟到的影响。另外，许多对大陆哲学和文

---

〔1〕 Micheal Mulkay,“Oreface: the author as a sociological pilgrim” 在 Mulkay , *Sociology of Science: A Sociological Pilgrimage*(Bloomington: Indiana University Press,1991),pp. xiii-xix 引文出自 p. xvii.

〔2〕 Latour, *Science in Action*.

学理论熟悉有限的美国社会学家把拉拖尔及其同事们的“行动者网络”〔1〕理论视为对社会学领域中的符号相互作用主义，以及在较小程度上对功能
【108】主义研究的一种新异的和创新的补充。非常典型的是，美国社会学家采纳了丢失掉对社会学的批判性蕴含的拉拖尔研究的去激进化版本。他们对“拉拖尔”的参考经常忽视那种与来自于符号学、解释学以及存在哲学主题和词汇的强有力的关联，而所有这些关联与北美的经验社会科学的主导传统正好相反。〔2〕

凭借他和伍尔伽的日常科学研究以及对科学和技术创新的历史研究的庞大研究体，拉拖尔建构了一种试图把实验室活动与更广泛的技术—政治谈判领域联系起来的行动理论。也许研究的最清晰的例证就是他对巴斯德的历史性文本研究。〔3〕这个研究至少在两种路径上宣告了与知识社会学先前的传统激进的决裂：首先，拉拖尔明确地拒绝对社会学学科信奉的承诺，并且展示出一种既不是对巴斯德和巴斯德主义的社会—历史描述，也不是针对科学基础的哲学论断。反倒是，拉拖尔说他要在“同一的屋

〔1〕 Latour 非常谨慎地感谢 Micheal Callon，他在 l'Ecole nationale superieure des mines，Paris 的同事，作为他们的学派的奠基者他们具有同等的地位。Callon 用英语发表了几篇有影响的论文，有几篇和 Latour 是合作者，但是，由于说英语的世界对 Latour 的著作更熟悉，他的名字成为两人合作发展起来的研究的象征，实际上对于“新”的科学知识社会学整个领域都是如此。对于这个研究的专业方面的概述，可参见 Micheal Callon，John Law，以及 Arie Rip 编辑的 *Mapping the Dynamics of Science and Technology*（London，Macmillan，1986）.

〔2〕 例证可参见 Kay Oehler，William Snizek，以及 Nicholas Mullins 的“Words and sentences over time：How facts are built and sustained in a specialty area”，*Science*，*Technology*，*and Haman Values*，14(1989)：258－274.

〔3〕 Latour，*The Pasteurization of France*。另外一个经常被引用的例证来自 Micheal Callon 的“Some elements of a sociology of translation：Domestication of the scallops and of the fishermen of St. Brieuc Bay”，文章来自 J. Law ed. *Power*，*Action*，*Belief*：*A New Sociology of Knowledge*?（London：Routledge & Kegan Paul 1986），pp. 196－229. 在技术研究中对这个研究方向的应用可参见 John Law，“On the methods of long-distance control：vessels，navifation，and the Portuguese to India”，in John Law ed. *Power*，*Action*，*Belief*，pp. 234－263. 关于 Latour 和 Callon 的地位的纲领性陈述包含在 M. Callon and B. Latour 的“Unscrewing the big Levithan：How actors macrostructure reality and hoe sociologists help them to do so”，in K. Knorr and A. Cicourel eds. *Advances in Social Theory and Methodology*：*Toward an Integration of Micro and Macro Sociologies*（London：Routledge & Kegan Paul，1981）；B. Latour，“Give me a laboratory and I will raise the world” in K. Knorr-Cetina and M. Mulkay eds. *Science Observed* pp. 141－170.

顶下”处理哲学的研究和经验领域的研究。[1]

更进一步，拉拖尔说他想研究这样的一个领域，其中“社会的语境”和科学的“内容”不再被区别对待。另外，他轻视任何把“认知的内容”或者“社会的语境”作为解释科学创新的明确要素的企图。他进一步阐释，在社会的和专业的要素之间、在语境和内容之间、在科学与非科学之间等的区分都是在实际产生“科学的”或者“技术的”创新的谈判领域产生的。相应地，他把默顿式或者爱丁堡学派类型的解释转移到他所致力的研究领域。就像拉拖尔和卡农(Micheal Callon)承认的那样，他们在这个研究指向上的策略，部分地与常人方法论的信奉以及各种各样的“反身性”和话语分析研究一致。[2]与此同时，他们尝试一种比实验室活动和在实验室研究中所描 【109】
述的散乱现象涵盖领域更广的行动研究。

拒绝承认社会学的理论和方法，拉拖尔转向符号学，特别是那种由格雷马斯(A. j. Greimas)发展起来的对叙事形式的研究。[3]尽管在格雷马斯式的符号学中，拉拖尔研究得远不够专业，但他遵循了一种符号学研究的一般性框架，并使用了从专业词汇中选择的术语形式。通过选择一套19世纪的文本以及涉及“巴斯德”和“巴斯德主义”的各种评论，拉拖尔建立起他的研究。“巴斯德”是一种文本性能指，拉拖尔试图追踪把这个能指嵌入一个演化着的故事的路径，让这个故事把连贯但异质性的实体和力量编织为一种网络。这些实体和力量与诸如农场的日常生活、性爱活动及个人卫生、诊所的建筑和诊疗体制、城市中的卫生状况以及在巴斯德实验室中证明了的因果关系和微生物实体等这样的领域密切联系在一起。经过一种干预与策划的复杂序列，通过实验室的规训体制证明的微生物实体和巴斯德的实验室，变成了一种义务通道点，把对各种微生物力量的各种彼此分立无关的作用具有优先权的说明，转换成对各种与农场动物的疾病、卖淫

〔1〕 Latour, *The Pasteurization of France*, p. 252, n. 8.

〔2〕 Callon(在“Some elements of a sociology of translation”p. 225，注 n. 3)提及常人方法论者已经对“科学事实和社会语境的同步性建构”给出了说明。还可参见 Latour, *The Pasteurization of France*, p. 253, n. 15.

〔3〕 A. J. Greimas and A. Courtes, *Semiotics and Language*: *Analytical Dictionary* (Bloomington: Indian University press, 1983).

及相关疾病、流行病以及城市卫生等相关问题的解决方案。

在间或的有目的运作中，拉拖尔把他的符号学意义上的“行动者”——“巴斯德”文本分析升级为一种关于巴斯德的历史性行为的实际的叙事。尽管拉拖尔对其符号学语言的使用会招致出尔反尔的指责，但是他的文本分析和编史学的合成与当代符号学理论却彼此一致。尽管他们对其对立面有纲领性的警告，但拉拖尔和卡龙的说明更容易在权力、社会影响以及马基雅弗利策略(Machiavellian)〔1〕这类更传统的社会—历史概念意义上得到理解。在一定程度上，这类误读对他们有好处，因为这些误读有助于拉拖尔和卡龙展示对各种事件与活动的发展在空间和历史上的扩展与分布的历史叙事(这样就超越了众所周知的“微观的”实验室活动研究的局限)，与此同时拒绝承认社会学实在论，赞同形式上的符号学。

【110】在与先前传统的第二个决裂中，拉拖尔和卡龙都拒绝承认在科学的人类力量和非人类力量以及技术的发展之间具有先在的区别。这种处理方式招致了大量的关注和批评，争论的很大部分可以归并于他们要把一种符号学的理论发展成为一种成熟的本体论的野心。〔2〕

拉拖尔和卡龙把非人类实体、人类实体以及各种力量都叫做“行动者”。就像拉拖尔陈述的那样，“我使用‘行动者(actor)’、‘力量(agent)’或者‘行为体(actant)’，对于他们可能是什么、他们具有什么样的属性等我没有任何的假定……他们可以是任何事情：一个个体(‘皮特’)或者集体(‘一群’)，具象的(拟人的或者动物形象的)或者非具象的(‘命运’)”〔3〕。在对一组科学家在 St . Brieuc Bay 设计繁殖扇贝的方法研究中卡龙把扇贝、鸥鸟、风和洋流、渔民以及参与到各种各样力量中的科学家都包括在内。〔4〕

〔1〕 Latour 反复地拒绝对他的概念语汇的这样的社会学解读，但是他的历史性叙事很难不被解读为一个人如何命名巴斯德去建造一个联盟并且使一个特定的研究纲领改宗。

〔2〕 Simon and Schaffer 把 Latour 的本体论与 19 世纪的“万物有生论”的概念链接在一起。参见 S. Schaffer, The eighteenth Brumaire of Bruno Latour, *Studies in History and Philosophy of Science*, 22(1991): 174 - 192.

〔3〕 Latour, *The Pasteurization of France*, p. 252.

〔4〕 Callon, “Some elements of a sociology of translation”. 还可参见 Law, “On the methods of long-distance control”，在其中船只的设计、风向、洋流以及船员都被描述为这个故事中的相关的“行动者”。

拉拖尔则在他的说明中，把巴斯德、农场主、临床医生、牛、微生物等异质性“行动者”的集合体包括其中。他对“行动者”的无差别的使用也运用到社会学行动理论中的“行动者”，并将之指派为行动者的一组属性：“如果我使用语词‘力量’、‘权力’、‘策略’或者‘利益’，这种使用可以等价地分配到巴斯德以及给与巴斯德力量的人类的或者非人类的行动者之间。”〔1〕拉拖尔就这样保留了社会学描述和分析的熟悉的术语，同时不去考虑这些术语的明确的“社会学”内涵。与形式上的符号学形成对比，“行动者(actant)”这个语法上的概念不容易与熟悉的社会学概念——“角色(actor)”混淆。拉拖尔的符号学的历史，有意地利用那些在专业的符号学语汇被转换成社会历史描述过程中产生的各种歧义和明显的荒谬。他的这种叙事最终引发了严重的社会学误读以及对纲领性地拒绝承认它的社会学资源的占用。

拉拖尔的说明是一种对巴斯德故事的原创性的和精巧的重写。但是就像他和伍尔伽在实验室研究过程中集中关注“陈述”转换一样，拉拖尔的说明要感谢对语言学文献的高度形式主义的卡龙的理解。尽管微生物、扇贝、洋流和科学家在符号学系统中完成了行动者的语法性作用，但我们还是痴迷于这样的语法，即认为这种说明赋予每一个行动者完全的本体论地位。尽管拉拖尔和卡龙显然没有意图认为所有的行动者都是等价的，但是 【111】
他们假定他们可以以一种无预设的操作的方式穿越语言学的领域。就像拉拖尔(p. 12)评述的那样：“我就像科学家使用鼠脑那样使用历史，穿透它以便能够遵循那种能让我们一下子就能够理解一种科学的内容和它的语境的机理。”他尝试着既不把这种历史压缩为一种社会学的解释，也不采纳巴斯德部落的术语。即便是拉拖尔的符号学提供了一种重新刻画他所分析的历史性文本的一个中性位点，但似乎清楚的是：他的社会学的读者不

〔1〕 Latour, *The Pasteurization of France*, p. 252, n. 10.

能够不相信,他正在讲述一个怪异的社会学的故事。[1]

拉拖尔和卡龙的"行动者网络"研究是当下后建构主义科学知识社会学最激进和最有意义的研究。就像我早些时候指出的那样,大量的建构主义的支持者已经开始承担文本或者话语分析的研究。受常人方法论和其他对语言使用的研究以及实际活动的影响,伍尔伽、马尔凯、耶尔莱(Steven Yearley)、劳(John Law)、塞廷娜和其他许多人,已经开始对文本的产生和使用、视觉表征、谈话以及所有这一切之间的相互联系等进行一种多种多样范围的研究。[2]另外,建构主义研究已经与对科学的明确的政治批判联系在一起,特别是与女性主义社会学和女性主义认识论的政治批判联系在一起。科学知识社会学是否明确地支持对"客观性的科学"的女性主义的批判还有待观察,争议在于:这种批判保留着科学的和技术的意识形态的一种确定性图景,这种图景在建构主义研究那里是遭到质疑的。[3]但是至少在抽象考虑的时候,自然科学展现为"社会本性的",即便在最具体的内容上都是如此的这种假定,为更有针对性的争论和涉及科学事实的"性别"属性的证明打开了大门。

【112】 各种各样的"新"的社会学形成了一个碎片化的领域,对科学的内容给予社会学解释的强纲领议程,已经被对其每一个关键术语的争论所撕裂。

---

〔1〕 在他们对 Latour 和 Woolgar 的批评中,Collins 和 Yearley 把与非人类"行动者"相关的指涉理解为由所研究的科学家赋予的具有本体论歧视的东西,并且这些"行动者"要求他们的法国同事讲述一个更具一致性的社会学的故事。Collins 和 Yearley 表现出对 Latour 和 Callon 的符号学语汇和他们的本体论预期的困惑,鉴于我早些时候描述的那种异议合并,这样的一种困惑就是可理解的。参见 H. M. Collins and S. Yearley 的"Epistemological chicken", in A. Peckering ed. *Science as Practice and Culture* (Chicago: University of Chicago Press, 1992), pp. 301 - 326.

〔2〕 参见 Mulkay, J. Potter and S. Yearley, "Why an analysis of scientific discourse is needed" in Knorr-Cetinaand Mulkay eds., *Science Observed*, pp. 171 - 204;还可参见 Lynch and Woolgar 主编的论文集, *Representation in Scientific Practice* (Cambridge, MA: MIT Press, 1990)以及 Pickering, *Science as Practice and Culture*.

〔3〕 关于意向性问题的一些讨论在"*Social Studies of Science*, 19(1989)"的一个争论性的交锋中引发, Evelleen Richards and John Schuster, "The feminine method as myth and accounting resource: A challenge to gender studies and social studies of science"(pp. 697 - 720); Evelyn Fox keller, "Just what is so difficult about the concept of gender as a social category"(p. 721 - 724);以及 Richards and Schuster, "So what's not a social category? Or you can't have it both ways "(pp. 125 - 130).

这些争论涉及:(1) 从“认知的”或者“专业的”要素中区分出“社会性的”要素的可能性问题;(2) 对社会性的情境如何影响科学的发展进行因果性解释的能力问题;(3) 科学的相关“内容”的确认问题;(4) “非科学”与“科学”的区分问题;(5) 从(1)到(4)是否应该被看做是各种不同领域的成员的成就,而不单单是社会学家的分析任务。新的科学社会学已经开始向内转向[1],并遭受到多元的对抗和争论的围攻,与此同时它的成就继续作为社会认识论的基础而被拥戴。

特别是在北美的社会学界,一种惯常的历史[2]现在经常在另外研究领域的研究者的研究综述中被引用。这类共同体成员历史学要特别感谢新的科学社会学,这种新的社会学使得这种历史穿透实验室的神秘,使得它证明科学知识的每一个细节都是创造的,而不是发现的。与此同时,故事还在继续,这些研究由于把注意力投向实验室大墙内可被观察的现象而受到限制,它们无法说明科学的建构发生的“更大的”语境。我们被告知,需要的是这样一种努力,即通过参照体制性权力、意识形态、研究基金等结构性资源,去解释科学家的地方性活动;随后新的科学社会学将提供一种基础,这种基础有助于我们重建一种更平等的科学的新的全面性和规范性。[3]

这样的叙事已经迷惑了这个领域中的许多人,它能激励起一种近乎宗教的使命去去除科学的底座并把它丢给民众。奇妙的是,它还孕育了一种左派默顿的复兴,在其中默顿曾经批判过[4]的那种普遍的功能主义被一

〔1〕 Steve Fuller (“*Social Epistemology*”[*Bloomington*: *Indiana University Press*,1988])通过重塑新科学社会学的纲领性目标,尝试解决科学的常规哲学问题。

〔2〕 “惯常的历史”我这里意味着对一种惯常历史的一种说明,这种说明由历史上的利益参与者来产生。参见 David Bogen 和 Micheal Lynch,“Taking account of the hostile native: plausible deniability and the production of conventional history in the Iran-contra hearings”, *Social Problems*, 36 (1991):197-224.

〔3〕 这样的一个观点在 William Lynch 和 Ellsworth Fuhrman 的“Recovering and expanding the normative:Max and the new sociology of scientific knowledge”, *Science*, *Technology*, *and human Values*,16(1999):233-248 中得到明晰的呈现。

〔4〕 Merton,“Manifest and latent functions”, *Social Theory and Social Structure* Chap. 3,特别是 p. 84。

种系统性行为的概念所取代,在这种系统性行为中,地方性的行为功能性地与特定的价值、利益集团以及修辞比喻等联系在一起。这促使社会学家
【113】去展示一种能够促进规范性批评实施的更广泛综合的一套信奉(估计是与读者共享的)。

然而,就我对它的读解,这个故事如此成功地受惠于实验室研究,与此同时它要求我们忘记在最初的时候为什么会进行这种研究。新的科学社会学曾经,在一定意义上现在依旧,是在对抗规范的科学哲学和结构功能主义的社会学中启动的。它们促生了一个不遵从科学方法单一模式的非常不同的科学的"真实活动"的概念。其目的不是攻击"科学"本身,因为在原则上,这个研究试图在审视观察、实验以及理论争论等特定事例的同时,搁置对科学究竟是什么的先验理解。不需要惊讶,业已表明这个工作非常难做,现存诸多的实验室研究没有一个产生出一种能够解决实在论和建构论争论的"令人信服的描述",这种研究误解了这个争论的本性,认为经验性研究可以解决这个问题。[1]所以,与其说是为政策研究和政治批判提供了经验性弹药,不如说在具体情境中观察、描述、解释"实际的"科学活动的努力,把我们带回到制图版,在那里我们留下来重新考虑对某种"真实的"东西的观察、描述以及解释究竟意味着什么。就我的理解而言,这正是认识论的议程。

对工作的常人方法论研究

在第一章中我提到对工作的常人方法论研究,在以后的章节中我将更进一步地阐释它们,所以在这里我就简略地讨论这些研究。尽管科学知识

〔1〕 正像 Wes Sharrock 和 Graman Button 指出的那样("The social actor:Social action in real time",in G. Button ed., *Ethnomethodology and the human Sciences* [Cambridge University Press, 1991]),"深描(thick description)"的思想来自 Gilbert Ryle("The thinking of thoughts", in Collected Papers, vol. 2[London:Hutchinson, 1971]),尽管其常常被归于 Clifford Geertz。一个"深描"并不仅仅是比浅描更具体,它不仅仅涉及在一些时候直接见证的东西,而且吸收了参与所描述的活动的"成员"对活动的地方性的认同,例如,像一个游戏中的移动,在对话的展开过程中,姿态重于移动和行为。

社会学从常人方法论那里使用了原创的思想和主题，两个研究领域也共有大量同源的兴趣和问题，但常人方法论对科学工作的研究有其自身独立的发展。

在20世纪70年代早期，迦芬克尔提出对工作的常人方法论研究的一个纲领，这个研究的目的是他称之为针对职业和专业的各种分析研究中“丢失了东西”的研究。简要地说，他强调研究各种艺术和科学实际活动的社会学家们，特别是研究这些活动的“社会性”方面的社会学家们，例如研究音乐的 【114】社会学家，没有阐述音乐家们如何在一起演奏音乐。类似地，当他们研究司法领域的活动时，社会学家们倾向于去描述司法制度成长和发展的各种“社会影响”，同时却把律师书写摘要、展示案例、质问证人以及介入司法推论等视为理所当然。与之形成对比，迦芬克尔认为常人方法论则通过研究音乐家如何在一起演奏音乐或者律师如何处理司法论断等，研究针对特定工作的工作能力，这种工作能力发生在协调性的行为中，并且是这种行为的协作性产物。〔1〕

迦芬克尔的纲领为研究科学的“内容”和数学活动提供了一种诱因，尽管在这个情形中这个诱因不追随那种来自扩展或者强化曼海姆的知识社会学的愿望。从一开始，迦芬克尔和他的同事们就表示没有任何兴趣在涉及产生科学事实的“社会语境”意义上解释科学事实，他们也不尝试为构成任何特定创新语境的繁多的活动领域和机构领域建造综合的模型。反倒是，他们的目的是考察科学的发现和数学的证明是如何产生的以及是如何从实验室项目或者数学课程的学科限定的生活世界中“提取”出来的。

再一次，他们的目标不是把“发现”作为一种“社会建构”来解释，而是尝试对科学工作获得比从阅读科学家传记或者从重建实验和证明中得到的理解更好的理解。在很大程度上出于巧合，对实验室活动的常人方法论

〔1〕 常人方法论对工作的研究的著述集在1986年出版(H. Garfinkel ed., *Ethnomethodological Studies of Work* [London: Routledge & Kegan Paul])，尽管这个论文集中的许多文章在若干年前写就，Garfinkel 的纲领链接起了由维特根斯坦激励的、通过 Wes Sharrock 以及 Garfinkel 在曼彻斯特大学的一些同事和学生中进行的常人方法论的研究(这个研究以及与 Garfinkel 纲领的一致在 Button ed. *Ethnomethodology and the Human Sciences* 中得以体现)。另外的一个发展线索，涉及技术的实际和情境性产生与使用，在 Lucy Suchman, *Plans and Situated Actions* (Cambridge University Press, 1987)中得到呈现。

研究与拉拖尔和伍尔伽、塞廷娜以及其他建构主义者进行的对“实验室生活”的研究联系在一起，并且在过去十年中这种联系已经导致了在一些主题和问题领域的会合。这样的一种会合促进了对一组同源问题和争论之点的一种比较精确的刻画。我已经提及了其中的许多问题，在随后的章节中我将进一步追索它们，但就纲要来说，它们包括下述内容：

(1) 反身性“问题”。这一点包含多种方面，其中社会学家研究、描写和
【115】解释其他活动所借助的语言和活动与“这些社会学家”处理他们自己的事务、产生论断以及“分析”另外的事务处理所使用的语言，相互交织在一起。

(2) 认识论的疑难与方法论问题的整合。这一点涉及曼海姆对意识形态批判和知识社会学解释进行分离的崩溃。一旦社会学描述开始使用那种蕴含着批判、怀疑的日常语言，一旦以日常语言的方式接受社会学描述的“方法”或者“信念”，这种崩溃就会发生。

(3) 对“中性的”或者“非评价性”观察语言的探索。这种探索延续着曼海姆非评价性意识形态总体概念的遗产，并且蕴含在强纲领的对称性和公正性原则之中。在第五章中描述的常人方法论的“无差异”原则，为从知识社会学议题诸多研究领域中“后退”一步，提供了一种替代。

(4) 在社会的和专业的“要素”之间、在科学与非科学之间，或者在事实和建构之间区分的终极的“不可判定的”本性。就像在早些时候指出的那样，科学社会学家新近已经持有了这样的立场，即这些区分是在产生“科学的”创新的行动领域中“协商的”结果。并非总是清楚的是：“谈判”或者“边缘性工作”意味着什么以及尚待解答的科学社会学的解释纲领的蕴含是什么。在这两个方面，常人方法论对实际活动和语言使用的研究都会深化现存的理解。

在我看来，所有这些问题都指向需要引入拥有比语言使用和实际活动更成熟的概念内涵的一种新的科学知识社会学。尽管在几个关键之点上科学知识社会学都受惠于现象学的、维特根斯坦的、常人方法论的原创思想，但科学知识社会学家还是保留着信奉客观性质询的熟悉的混合体。这些信奉包括这样的思想，即科学社会学家必须从他们所研究领域的语言使用和信奉中退出来，描述性的“元语言”应该独立于其所描述的话语，索引

性和反身性在一般意义上抑制了表征和交流而不是促进了表征和交流，以及社会学稳定的概念工具（或者形式上的符号学）足以承担解释其他领域内容的任务。科学社会学家很少明白的是：这些信奉要受到、至少是会受到常人方法论、维特根斯坦后期哲学和现象学观点的批判。

在这里我提出了这样的一种批判，但是因为在关于科学知识社会学的利益问题上没有单独的常人方法论的、维特根斯坦的以及现象学的"立场"，所以我的批判将表明我所认为的这样的立场应该是什么。例如，不是以牺牲知识社会学为代价来推动常人方法论的研究，我的意图是倡导一种 【116】
后分析的常人方法论。在一定意义上，我的批判预期着一种常人方法论和包含着"认识论的社会学"[1]的科学社会学的汇合。这样的一种发展不能囊括两个研究领域全部、甚至主要的部分，因为常人方法论者和科学社会学家都还在忠于那种没有进入我所倡导的这个议程的科学社会学纲领。但是，如果我对这种状况的诊断是正确的话，在建构主义科学社会学中当下存在的许多争论和混乱，就是与科学社会学的既成信奉深刻且含糊抗争的征兆。鉴于与科学联系在一起的各种优点，以及在社会科学中尚没有受到尊重的替代的理论，我们很难简单地把那种内在于"科学的"科学知识社会学的冲突和伪装搁置在一边。无论如何，想象一个能够阐释来自认识论（或者更一般地来自思想史）主题的独特的研究模式已经变得越来越有可能：这样一个研究模式既不是不切实际的哲学，也不是方法论驱使的社会学，而是一种把经验证据作为对想象的一种鞭策、而不是作为对假说的证明来进行审视，它把观察活动、表征活动、测量活动以及判断活动视为可以被研究的社会现象，而不是抽象的方法论保证。当然，我不是第一个想象这种可能性的人，在第一章中我陈述过，这是引导迦芬克尔发展常人方法论的一种洞见，而且在相当大的程度上，它赋予"新的"科学知识社会学以生命。然而，尽管有纲领性的观点以及向对立方做观点"促销"，在社会学领域中这还是一个没有对其学科议程产生较大影响的洞见。社会学的命运继续在其作为科学的航道上航行，并且，鉴于作为一个合法性学术行当

〔1〕 参见 Coulter, *Mind in Action* Chap. 1，对"认识论社会学进行了一个一般性讨论"。

的学科名望所面临的诸多威胁，声明与社会学科学主义断绝关系的企图，可能会显现为一种不忠，甚至是背信弃义。无论如何，除非我们继续对尚待实施的科学的社会学的“进步”投入希望，否则与科学主义的完全决裂或许不会得到保证。

第四章　现象学与原型常人方法论

埃德蒙德·胡塞尔的雄心是去解释数学的自然科学成就，而同时不把这些成就归于一种自然主义的基础，他努力的结果是创造了一种常人方法论与科学社会学已经采用的遗产，并把它转化为经验研究纲领。很少有常人方法论学者与科学社会学家如今会提及胡塞尔，或许是因为他努力去发展一种基于超验基础的“科学”，这种做法长期以来一直被欧洲大陆与英美的哲学所拒斥。然而，忽视胡塞尔无疑是不幸的，首先，胡塞尔与当代常人方法论的研究无关，迦芬克尔的这种掩饰一直引导着他的学生们从其现有的纲领角度去“误读”胡塞尔。[1]虽然阿尔佛雷德·舒茨(Alfred Schutz)通常被认为是与当代社会学研究最为相关的现象学家，但可以判断出他只涉及少量的胡塞尔对科学批评的工作。其次，刺激着胡塞尔为其生活世界的分析寻求一种超验基础的问题继续困扰着经验社会学。的确可以认为，只要社会科学家(包括常人方法论学者)在社会实践上对“常识”与“分析的”理解之间作出任何区分，对超验分析的取向就继续会保持含糊。 【117】

在这一章中，我开始把胡塞尔的自然科学的系谱学视为迈克尔·福柯与迦芬克尔的后现象学研究的前驱。这是对胡塞尔与现象学传统的一种

〔1〕 20世纪80年代早期，在美国加利福尼亚大学洛杉矶分校(UCLA)的演讲中，与更早在波士顿大学的讲稿中，迦芬克尔设计的对胡塞尔、海德格尔与梅洛-庞蒂的“误读”(1989年11月提交给波士顿大学的科学哲学论坛的论文《职业社会学家的好奇的严肃》)中，迦芬克尔反复赞扬胡塞尔作品的深度与力量，他把常人方法论的研究议程与胡塞尔的生活世界的系谱学等同起来。

偏爱与本人特有的风格的解读，它是依据常人方法论与科学社会学的最新发展来回溯性建构的。我随后将考察舒茨如何整合胡塞尔对自然科学的批评与费利克斯·考夫曼(Felix Kaufmann)对科学方法的那种不那么激进的看法。

【118】 舒茨的著作讨论了自然科学与社会科学之中的合理性，他对日常生活的范例性说明对迦芬克尔与阿罗·塞科莱尔(Aaron Cicourel)的"原型常人方法论"对常识知识的研究有着突出的影响。舒茨主要是把科学视为一种认识的或理论的活动，在实验室的围墙之内，与"生活世界"相分离的活动。原型现象学保留了舒茨的认知主义，以及他那分析的优越性的观点，与日常实践活动的"自然态度"相脱离。在我看来，原型现象学不仅仅是常人方法论的先驱，只要常人方法论学者求助"科学"的神话，把它作为"常识知识"的对立面。此外，原型常人方法论作为一个"学科"的专业公认的形式，它抑制了一种后分析常人方法论的发展。

自然科学的现象学系谱学

在《欧洲科学危机与超验现象学》一书中，胡塞尔通过揭露数学化的自然科学的实践基础来解释伽利略对数学的普遍化的"发明"〔1〕。他认为伽利略应对以下事件负责，即"以数学的方式的理念存有世界偷偷摸摸取代了唯一的真实的世界，即通过知觉被实际给予，并能被经验到的世界——我们的日常生活世界"〔2〕。

在胡塞尔重构的这种系谱学中，伽利略继承了这种几何学的遗产，以及隐藏在现象后面的作为理想与永恒本质的几何形式的柏拉图式的观点。胡塞尔把这种理想的形式——完善的直线、无大小的点、三角形、正则曲

〔1〕 Edmund Husserl. *The Crisis of European Science and Transcendental Phelomenology*, trans. David Carr (Evanston, IL: Northwestern University press, 1970).

〔2〕 Edmund Husserl. *The Crisis of European Science and Transcendental Phelomenology*, trans. David Carr (Evanston, IL: Northwestern University press, 1970). 胡塞尔对伽利略"发明"的说明是一种哲学上的比喻，而不是一种历史的描述。无论伽利略是否对胡塞尔归咎于他的这一"成就"负有责任，这几乎完全与他所提出来的科学实践现象无关。

线——追溯到调查与测量的原型几何学(protogeometic)实践。调查者的测量工具体现出相对“纯粹的”线、比例、曲线与角，它们能够充当模板，塑造与磨光，或计算物质的平面或长度。在欧氏几何中表现出来的纯粹化的形态不仅具有描述或绘图的功能；它们同样为外推、预言与计划有待出现的建筑提供了具有生产力的模式。对一种被建构的对象、建筑环境，或行动的纲领，因此采用了一种接近公理化的形态，大约符合纯粹化的形式与公认的几何定理。

对胡塞尔来说，伽利略对自然的数学化的出发点是建构建筑环境，使它符合欧几里德式的形式。如在图 4.1 中出现的一条抛物线轨迹，一个对自然中的数学定律的图形表达。虽然胡塞尔并没有怀疑过经典物理学定律所表达的关系的真实性，但他挑战了经典物理学定律的自然化系谱学。在胡塞尔的分析中，一种平滑的、相对“完美的”曲线，如在图 4.1 中的曲线作为一种最终的产品，它是通过实验行动、仪器、测量与数学分析一起来反复“抛光”而获得的。只有通过一种严格训练过的、反复出现的实践，在实验领域中的现象因素被固定后，数学定律才能变得明显，就像总是出现在 【119】
抛射体或类似的物质现象中的情形一样。

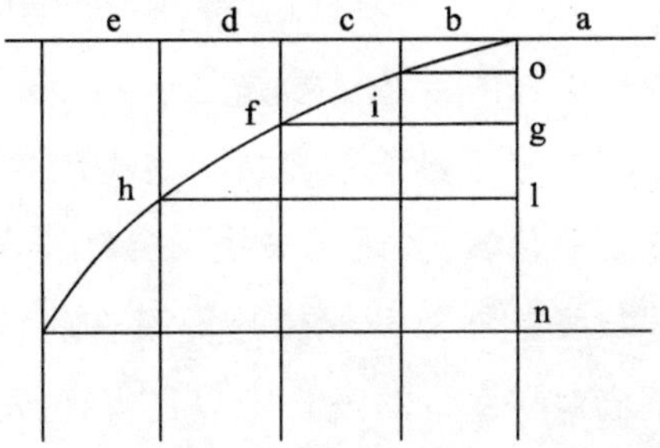

图 4.1 抛物体运动的伽利略图解

《关于两种新科学的对话》(1665) H. Crew and A. de Salvio trans. New York: Dover, 1954

胡塞尔讨论到，物质与数学形式的实践上的结合最终被假设进入一种与人类历史性和目的无关的“科学的”本性。因此，伽利略式的科学的目标是用数学去发现宇宙的内在结构，一种永远符合测量的结构。对胡塞尔来说，在艺术家的技能与通过技能来建构的现象领域中“所发现的”数学关系

之间没有本质的界线。因此，图 4.1 中的几何轨迹是一种在实践的生活世
【120】 界的历史进程中被制造出来的建构。

因此，按照胡塞尔的看法，在数学形式与自然性质之间的表面上的对应，与其说是理性的确定性的一种基础，不如说是伽利略式科学核心中的一种神话。这是因为任何这类对应，被确立为一个科学纲领中的唯一成就，只有当它奠基在无法说明的、由其周围环境在直觉上所赋予的基础时，它才能保证自己的自明性。作为一种复杂的世俗性的干预，物理科学中的测量与计算为行动预设了生活世界的稳定性与意义性，在其中，行动获得了其可靠性。任何科学的计算技巧依赖于对那门科学的独特主题一种直觉上的把握。

> 人们以字母和表示联接与关系的符号（＋、×、＝等），按照在本质上与纸牌或棋类活动方式没有什么区别的游戏规则来进行运算。这里，真正给予这种技术过程以意义，给予这些正确结果以真理（即便它是那种形式的普遍的科学所特有的"形式真理"）的本来思想被排除掉了。〔1〕

胡塞尔并不认为他确保为自然科学奠定一个可靠的基础，除非他说明了产生这种计算"游戏"与一门科学主题之间的同构性的那种"原初思想"。通过阐明生活世界的现象领域，他试图去找回自然科学所"丧失的"实践基础。他的生活世界现象学的自然科学就是奠基在这样一种说明的初步结果之上的。虽然我不会对胡塞尔的概念工具进行详细分析，但为了我们的目的，要充分指出他从来没有完全放弃过把科学真理追溯到一种统一的经

〔1〕 Edmund Husserl. *The Crisis of European Science and Transcendental Phelomenology*, trans. David Carr (Evanston, IL: Northwestern University press, 1970). p. 46.

验基础的想法。胡塞尔使这些"游戏"服从于一种先验意识的行动。〔1〕

通过用对组织知觉得以出现的主体间性领域的表征技巧与对习俗的一种解释来代替胡塞尔的知觉意识的哲学,就能获得一种不同的,虽然在论题上相同的数学物理科学。如塞缪尔·埃杰通(Samuel Edgerton)创造了一个很具说服力的例子,表明通过对15世纪佛罗伦萨的Brunelleschi与Alberti的直线透视理论(linear perspective)的"重新发现",人们能够看到科学革命是如何确立的。〔2〕埃杰通证明"工匠—工程师" Brunelleschi的技能如何与Alberti的光学理论相结合,阐明了一组新颖的表征惯例。佛罗伦萨的工匠—工程师"被要求具备两种必需的才干:数学技巧与画画能力"。大约类似于胡塞尔对"最初的几何学家"的"抛光"技能,即"抛光"人工物以使其表面与几何的有限形式相吻合的解释〔3〕,工匠—工程师在其建造实践中会被要求与"纯粹"几何形式相符合。Brunelleschi对透视绘画发明了一个镜子装置,Alberti后来阐述了原则,通过这些原则,这一装置的设计与操作所展现的视线能够从实际的情境中抽象出来,被用在各式各样的数学运算中。埃杰通观察到艺术史家不再把前文艺复兴时期的艺术视为一种绘画的"朴素的"形式。在部分方面,它们受到非透视的现代主义艺术的影响,并以此理解中世纪艺术家的艺术表达可能更忠实于现象学的经 【121】

〔1〕 胡塞尔的先验的自我与伽利略式的数学相互间是有联系的,尽管他批评伽利略的自然主义系谱学。波义耳的实验纲领,正如斯蒂文·夏平(Steven Shapin)所描述的那样("Bobert Boyle and mathematics: reality, representation and experimental practice", *Science in Context* 2 [1988]: 23-58),可能会互惠于实践行动的一种不同的"现象学"。与其说是关注一种宏大的理论动机,通过它数学理想变成了自然的本质,不如说去关注波义耳通过他的技巧与文字上的途径所产生的"事实"。在这个例子中的"游戏"应是维特根斯坦式的而不是胡塞尔式的,因为它们通过家族相似而关联,而不是发源于先验的意识的一种基础"极"。

〔2〕 塞缪尔·埃杰通(Samuel Y Edgerton, *The Renaissance Rediscovery of Linear Perspective* New York: Harper & Row, 1975)。在这一部分,我对埃杰通研究的说明忽略了他与其他艺术史家把直线透视理论归因为一种"心灵眼睛"的活动。我的解读远非与埃杰通的历史描述相矛盾,这表现在我们对天文学中当代的"想象过程"的合作研究中。见 M. Lynch and Samuel Y Edgerton, "Aesthetics and digital image processing representational craft in contemporary astronomy", pp. 184-220, in g. Fyfe and J. Law, eds., *Pictureing Power: Visual Depiction and Social Relation* (London: Routledge & Kegan paul, 1998).

〔3〕 Edmund Husserl. *The Crisis of European Science and Transcendental Phelomenology*, trans. David Carr (Evanston, IL: Northwestern University press, 1970), p. 376.

验。在对佛罗伦萨的两幅画——一幅出自于中世纪，另一幅出自文艺复兴时期——的比较中，埃杰通写道：

> 早期画的画家并不会从空间均一性去思考它的主题。相反，他相信他可以令人信服地描绘他的眼前所见，像漫步一样，通过对它的感受去描绘它，几乎都是通过实体触觉从多方面，而不是单一的、普遍的优势视角去体验结构。在一幅带有一个链条的画（文艺复兴时期/直线透视理论）中，一种固定的视角被提升，被独立出来，完全脱离了被描绘城市的可塑的或感觉的范围。另一方面，在[中世纪的]壁画中，突出的建筑物的角落、阳台与屋顶显著地伸出并且向画的两边的观察者收紧。〔1〕

中世纪的画其自身就是一种忠实的作品，因为它反映出一个实践的相【122】关性领域，而不是快照（或暗箱）的即刻假定的视角。观察者的移动被暗示在中世纪的"分离的表现"和装置之中，埃杰通描述它为(p. 14)"表现三维对象的倾向，仿佛三维被分开，被压缩为平面，因此，画表现出对象的更多方面或部分，这是无法从单一视角来看待的"。比起中世纪的绘画手法来说，直线透视画法并不比中世纪的艺术手法更为"客观"，相反它组织了"客观的"与"主观的"关系的一个不同的画面，带有一种固定的"观点"与"视线"，充当一个中心，在其中，一种瞬间的场景细节被凸显出来。

亚伯提的光学论文为画家们清晰地阐述了一种平面几何学，在其中，一个画面上的每一个"点"同时也是一个"记号"，一个记号是"存在于表面上，所以是用眼睛可见的任何东西"〔2〕。亚伯提的记号，一个文本式的"图式"或"标记"是"某些可触知的东西，像在一张纸上的点"〔3〕。影像的特征

〔1〕 Samuel Y Edgerton, *The Renaissance Rediscovery of Linear Perspective*, New York: Harper & Row, 1975, p. 9.

〔2〕 Samuel Y Edgerton, *The Renaissance Rediscovery of Linear Perspective*, New York: Harper & Row, 1975, p. 80.

〔3〕 Samuel Y Edgerton, *The Renaissance Rediscovery of Linear Perspective*, New York: Harper & Row, 1975, p. 80.

被呈现在画布上的东西所取代。记号指派的关系取代了在视觉想象与对象之间的点与点的对应。此外,画家对记号平面的建构被视为出现在一个具体的几何领域之中。绘画因此成为一种具身性的数学,利用具体接近几何极限状态的混杂的对象(如点与记号),一位画家创作的一个平面被组织成为一个经验的图形,在其中网格"像织物中的丝线"般排列起来。[1]

直线透视的装置对应着文字空间与涉身性实践。它们同样吸收了历史上特殊领域的光学仪器、表征技巧、光学理论、绘图法,正如埃杰通指出的,是在市场中被采用的测量的实践技巧。[2]固定的点、射线的汇聚、高度写实主义和对象与想象之间的点与点对应制造了一个真正的认识论:对视觉机制的一种说明、对其真理性的一种说明、一组确立其界线与矫正其错误的防范与纠正。[3]伽利略式的科学把这种实用的符号学的纲领推进了一步,把这种书写自然的记号与格子的平面视为自然的创造者。

胡塞尔可能夸大了伽利略的后继者假定的数学普遍化的程度。按照 【123】 斯蒂芬·夏平的看法,罗伯特·波义耳坚持着非数学化的经验多样性与他用来收集、设计和表征压力、体积与特殊的引力的实践装置之间的差别。依据夏平的看法[4],数学对波义耳宣扬的本体论观点并非是本质的;相反,对波义耳来说,实验者操作着的现象世界的无法计算的多样性,测试着上帝与人类环境的距离。数学家的理想化是人类的建构而不是上帝计划存在的证据。

斯维特拉娜·阿尔泼斯(Svetlana Alpers)对 17 世纪荷兰的艺术与科学进行了一个相关的论证,认为荷兰人假定对可见世界的一种描述主义的

〔1〕 Samuel Y Edgerton, *The Renaissance Rediscovery of Linear Perspective*, New York: Harper & Row, 1975, p. 80.

〔2〕 见布鲁诺·拉图尔(Bruno Latour),"Visualisation and Cognition", *Knowledge and Society* 6 (1986):1 - 40,对讨论绘画方法与循环文本的大量文献进行了概括,这有助于对一个客观化关系领域的这种实际建构。

〔3〕 培根的原型实验纲领包括大量这样的矫正,见 Francis Bacon,"The new organon", pp. 39 - 248, in J. Spedding, R. L. Ellis, and D. D. Heath, eds., *The Philosophical Works of Francis Bacon* London, 1858[1623], vol. 4.

〔4〕 Steven Shapin,"Bobert Boyle and mathematics: Reality, representation and experimental practice", *Science in Context* 2 [1988]:23 - 58.

态度，与后文艺复兴时期意大利的“数学”趋向形成鲜明的对比。[1]然而，一门数学被制造成为暗箱，按照阿尔泼斯的看法，荷兰艺术家可能在他们小心翼翼描绘的一面利用了一种场景的突出想象。如果情形如此，那么直线透视的几何学就体现在工具化过程之中，即便它们并没有被视为自然流形的本质的“实在”。

心理学家 J. J. 吉伯森(Gibson)清楚地表明了在几何装置与自然主义研究之间关系的一个类似的观点，主张一种“正统的知觉的理论”至少要追溯到约翰尼斯・开普勒(Johannes Kepler)的光学，假定一组外部世界与一种知觉到的想象的关系，这种关系构造了近代认识论与心理学的研究：

> 他所陈述的理论的胚芽是：所有可见的物放射出光线，更特别的是发射体上的每一点能够在所有方向上放出光线。一个不透明的反射表面……成为辐射点的聚集处。如果一只眼睛在看，一小锥散光光线就从每一个光源进入瞳孔，它是由透镜把其他的点会聚到视网膜上而形成。散射的光线与聚集的光线制造了被称为聚集化的光线瞳孔。在视网膜上的密集的聚焦点构成了视网膜影像。在散光点与聚集点之间有一种投射性的一一对应。[2]

这种视觉理论的关键特征在于其对一种特殊的表征框架、一种数学分析与特殊的技术设计的整合：

---

〔1〕 Svetlana Alpers, *The Art of Describing*: *Dutch Art in the 17th Century* (Chicago: university of Chicago Press, 1983).

〔2〕 James J. Gibson, *The Ecological Approach to Visual Perception* (Hillsdale, NJ: Eribaum, 1986), pp. 58 – 59. 开普勒理论只是埃杰通所追溯的到古希腊的长期光学理论历史中的一个(*The Renaissance Rediscovery of Linear Perspective*, Chap. 5)。散光光线锥的想象可追溯到斯多葛学派。欧几里德提出了光“射线”与几何线之间的连结。虽然在射线的方向上时常存在着争议(如，它们是从眼睛中射出，还是眼睛从对象物体的表面被动地接受它们)，但它们发射出来的东西的本性、视觉内容从眼睛交流到心灵的手段，以及许多“正统理论”中的许多基本因素，在开普勒的思想产生之前就已经是很恰当的了。

> 这种对象与其影像之间的点与点的对应理论把自身出借给了数学分析。它能够被抽象为射影几何的概念，能够很成功地被应用于照相机与放映机的设计，也就是说，用光、摄影……来制造图像……但这种成功诱使人们相信在视网膜上的影像落到一种屏幕上，并且其本身就是某种想要看的东西，即一个图像。[1]

【124】

吉伯森称之为知觉的"大脑中的小人"理论，声称保留了"心理学史中最诱人的谬误之一"(p. 60)。吉伯森推进了自己视为知觉的心理学理论，没有提供一个成熟的视觉现象学，但他的讨论把胡塞尔对自然主义认识论的批评转化为一种对实践涉入的研究与物质性的工具，通过这些工具，一种特殊的自然观点得以确立并得到支持。像胡塞尔一样，吉伯森指出了一组"自然的"关系的实践起源，但他更为强调的是提供了物质样本与实验工具的知觉技巧，通过这些技巧，一种传统的知觉哲学被确立并维系着。无论我们是否追溯到文艺复兴时期意大利工匠式的工程师、印刷机的发明、伽利略的物理学、开普勒的光学，或稳定与矫正一种知觉领域中的可见关系，经典物理学的独特成就就是使用几何的理想化形式与计算资源，并以此来重组感觉关系、展现尺度大小并在可观察的维度中区分"第一属性"与"第二属性"。[2]

在存在主义的现象学传统与现象学的社会科学中，胡塞尔的意识哲学一直被拒绝认为能有助于行动哲学，这些哲学为知觉主体的任何连贯的特征预设了一种不可还原的历史与主体间性的基础。萨特(Jean - Paul Satre)、海德格尔(Martin heidegger)、梅洛-庞蒂(Maurice Merleau - Ponty)、古尔维奇(Aron Gurwitsch)以及舒茨(Schutz)——所有这些人都以各种各样的方式受惠于胡塞尔的创新——推翻了先验的自我，并且保持着一个自

〔1〕 James J. Gibson, *The Ecological Approach to Visual Perception*, pp. 59 - 60.

〔2〕 对第一属性与第二属性之间区别的一个具有启发性的讨论见 P. M. S. Hacker, *Appearance and Reality* (Oxford: Blackwell Publisher, 1987)。这种区别在牛顿式的光学概念中是显然的特征，在其中牛顿定义颜色为第二属性的效果，它是由以不同的速度运行并服从数学定律的带有颜色的"射线"对感官的刺激所引起的。

我知觉行动的任何确定特征必然会预设一个充满着历史与社会的相关性的世界。

这些批评保留了这种思想，即方法规则与计算技巧是通过在一个学科中的具身性与社会组织起来的实践中未被说明的基础，获得其功效与恰切
【125】性的。但与胡塞尔不同，他们不再把这种“基础”视为一种直觉与实践的确定性相统一的资源。相反，胡塞尔的中心化的意识消解为情境化社会实践的话语与具身性的活动，不再存在先验的自我，这种自我依靠外部世界获得意义。自我的角色被情境化在对一个世界话语与具身化的勾连行动的聚集体中，这一世界总是充满着意义。对于常人方法论和其他对胡塞尔的工作存有疑问的继承人来说，胡塞尔式的生活世界不再与一种先验的意识相对应。它并不是在经验行动的一种统一领域中被发现，而是成为社会活动的一种地方性组织起来的秩序。

地方性组织起来的活动

术语“地方性组织（地方性产生）”在常人方法论以及相关的社会科学与哲学领域中很流行。不幸的是，谈论地方性组织或地域制造时常被理解为暗示着一种唯名论，或更坏的是，一种空间的排他主义。在常人方法论中，形容词地方性与主观性、视角、特殊的兴趣或在有限空间中的小规模行动无关。相反，它指的是活动的异质性语法，通过这种语法，熟悉的社会对象地方性形成。不再是在理论上假定一种同质性领域（如泛语言倾向、认知结构、不言自明的信念，或历史的话语）来克服异质性，常人方法论学者试图研究一种“秩序井然”的拼缀物（patchwork），这种研究无须假定任何单一的秩序性安排，反映或例证说明了含有有组织的法则、历史阶段、规范或意义的范式秩序的决定论的集合体。他们并没有否认社会行动与相互作用得以发生的历史与社会“语境”；相反，他们坚持阐明这类语境（contexts）必然联系着相关的一种地方性的境遇（contexture）。

从基于意识哲学的现象学解释转向社会活动的地方性组织这样一种常人方法论的研究，可通过对后胡塞尔式现象学的评论性发展来进行重

构。为了解释的目的，在暗示用福柯的某些创新性思想来补充常人方法论之前，我将描述一条来自阿隆·古尔维奇(Aron Gurwitsch)、经由梅洛-庞蒂的理论发展线索。我将试图表明胡塞尔的“经验的”现象学如何能够进步性地转变为实践行动的异质性领域。这种重构的发展线索并不意味着要追踪一种从存在主义现象学到常人方法论发展的实际的历史链条。【126】
尽管非常清楚的是：当迦芬克尔写作其论题、开始进行其常人方法论研究时，他受到古尔维奇的教学与舒茨的作品的强烈影响，但仅仅是在后期，他吸收了来自海德格尔、梅洛-庞蒂关于科学实践的反基础主义的观点，并以一种不同的方式，同样吸收了维特根斯坦相应的观点。我将在下一章讨论维特根斯坦，在本章的后面，我将讨论舒茨的现象学研究与其对常人方法论发展的重要性。

活动的境遇(contexture)

古尔维奇对生活世界境遇的讨论通过一个极端简单的，然而是优美的方式证明了在常人方法论研究中现象关系的领域。[1]他通过具有同质性背景的两个点集图开始了证明：

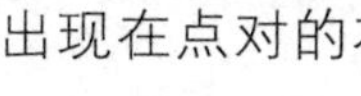

图 4.2

古尔维奇观察到当点相互间很接近时，我们在传统上把它们视为对点或“成对点”。“在这种知觉模式中，人们不会看做是一个点加上离其很近的另一个点，而是看做一个点出现在点对的右边部分，另一个点在点对的

〔1〕 见 Aron Gurwitsch, *The Field of Consciousness* (Pittsburgh: Duquesne University Press, 1964), pp. 106 ff. 迦芬克尔与 Wieder 承认 Gurwitsch 对常人方法论研究的“基础性的与开创性的”贡献。他们进一步认可了 Gurwitsch 证明了在意识流中具有功能性意义的 contextures 是“常人方法论对现象学研究的最早期的利用”。见哈罗德·迦芬克尔与 D. Lawrence Wieder：“秩序、逻辑、理性、意义、方法等自然地可说明的现象的地方性产生的证据，作为永恒的秩序性的社会，在本质上不可避免和不可修复的特质(haecceity)：IV 两种不可通约的、反对称地交替的社会分析技术。”pp. 175－206, in G. Watson and R. Seiler, eds., *Text in Context*: *Contributions to Ethnomethodology* (London: Sage, 1992).

左边部分。"(p. 106,原文强调)

古尔维奇继续说:"两个点之间的间隔表现出一种特殊的现象特征,即脱离这些点域,这个特征就会完全消失。" (p. 106)点之间的间隔被"末端的"点来消除或划定,在这个末端,这个领域"不确定地向外扩展"。一种完全不同的谓词秩序可以被指派为古尔维奇称之为"对点排"的东西。

图 4.3

现在点对之间的间隔变得重要了:"因此,如果在这一例子中的外部间
【127】隔是相关的,那么对由其'自然的'部分的各对所组成的作为一个整体的一排的现象结构来说,它们便拥有了意义。至于这些对组,外部间隔仅仅对那些对组的内在结构具有作用。"(p. 109)

这一简单的图样可以用来证明,诸如"接近"、"一排"、"左/右部分"等空间谓词将启动以符合不同的组合,但在考察空间中一个分立的点时,这些谓词的作用不会被发现。在这一图形中点的排列构成了一种空间谓词的秩序,就像由点对与那一间隔之外的开放空间所围住的间隔一样。此外,如果点被连续地表示出来,它们的现象性质可能会显现出时间的特征,如:有规律的模式、间隙与中断。由这些证明说明的空间谓词相互间协调,并且与图中的因素协调;它们从相互支持的具体的境遇中突现出来。古尔维奇认为这类谓词的统一基础既不是本质的,也不是一种客观的性质,就像谓词并没有反映一种变化的形式,或者没有反映隐藏在表象"之后"或"在"物质点"之中"的身份一样,同样,"通过相互间的暗含、修改与限定,一种被感知的事物的几种表象被给予,依靠彼此的内在推理得到协调"(p. 296)。

古尔维奇的证明具有严重的不足。这种证明所阐述的空间谓词有着某种存在主义的味道,但通过使文本与相关读者的关系保持不变,这种证明很容易使我们假定我们看到了一种非具身性空间中的一组关系。

梅洛-庞蒂对具身化空间的讨论对空间的这样一种知识化(intellectualization)提供了一剂解药[1]。他对大脑受伤与身体残疾病人临床观察的奇怪的清单，他对知觉心理学实验的评论，所有这些为说明知觉现象学中“身体”的地位提供了一种比较的基础。如他对被截肢者所体验的幽灵肢(phantom limb)的说明以及对受实验者对标有可视领域的理解的解读，使他能够详细说明：有生命的身体如何借助其知觉与活动的能力，建设性地进入时空，在“它”是恰切的理解中以确立自身：“我们移动的不是我们的客观的身体，而是我们的现象的身体，这里没有什么神秘之处，因为我们的身体，已经作为世界某区域中的潜能，涌向将被掌握的物体并感知它们。”[2]

对梅洛—庞蒂来说，具身化的空间性不仅仅是描述一种超验空间的一个“主观的”注解，或者是通过对一种特殊知觉“观点”的抽象概括而否定掉的一组索引性描述符。它也不是从一种深刻的知识储备中解放出来的、强加在无形的混沌之上的“理想的”空间。 【128】

> 就像康德所承认的那样，肯定存在着一种“产生空间的运动”，它是我们的意向运动；这种我们的意向运动，有别于“空间中的运动”，后者是物体与我们被动的身体的运动。但还需要说明的是：如果运动是空间所产生的，我们必须排除这样的可能性，即身体运动仅仅是构造意识的“工具”……“产生空间的运动”所表现的不是脱离真实世界的某种形而上学的轨迹，而是从某种这里到某种那里且在本质上是可替代的轨迹。指向运动的计划是一种行动，这意味着通过实际覆盖时空的距离来追踪时空的距离。[3]

运动确立了物体在空间中得以确立其形态的谓词，其中包括导向的标

[1] Maurice Merleau-Ponty, *Phenomenlogy of Perception*, trans. Colin Smith (London: Routledge & Kegan Paul, 1962).

[2] Maurice Merleau-Ponty, *Phenomenlogy of Perception*, trans. Colin Smith (London: Routledge & Kegan Paul, 1962), p. 106.

[3] Ibid., p. 387.

准模式、典型的平面与正面、可辨别的进入点、边界与确认可辨认对象或空间环境的综合性整体。对梅洛一庞蒂来说,“客观的”现象与事物表现自身的许多方式交织在一起以符合我们的实践活动。“如果身体空间与外部空间形成了一个实践系统,并且首先作为我们活动目标的对象在背景中凸显出来,或者作为一种虚无在其面前显现,它就成为一种存在,并且对自身运动的分析就能够帮助我们更好地理解这种运动。”〔1〕

从古尔维奇的证明中,我们理解了空间的关系肯定是处于一个可视领域诸因素的一种情境之中,点对确立了一种地方性空间,以及其“相邻”、“左一右”与“间隔”的横向关系。梅洛一庞蒂让我们理解了空间关系“域”是参照我们的身体能力与实践行动而形成的。他在情境的空间性与位置的空间性之间作了一种区分。前者是一种我们在其中进行实施性活动的有生命的空间,后者是那些被称为物理空间的东西,一个其坐标从情境性知觉中抽象出来的空间。

梅洛-庞蒂的具身化行动的定义被限制在内在于“纯粹知觉”的原初可能性之中。虽然他并没有把身体与通过其自身的导向性形态来获得的背
【129】景式“情境空间性”区别开来,但他把形态视为一组与赤裸裸的主体领域相伴的“工具性”关系。因此,他的哲学仍然停留在超验现象学的传统之中,甚至当他努力要用一种彻底的具身性的历史主体来取代胡塞尔的崇高的自我时也是如此。梅洛-庞蒂的赤裸裸的主体哲学仍然掩盖了知觉世界本身如何就是一种历史的建筑物,为同时代的主体及其前辈的使用而建构。当提出他的知觉现象学时,他列举的那些心理学实验本身就是建筑术的安排,建构这些安排是基于暴露“知觉”主体的目的。一旦主体的能力呈现为一种稳定的组合,这些安排可能就会成为器具中被遗忘的部件。〔2〕正如吉

〔1〕 Ibid., p. 102.

〔2〕 梅洛-庞蒂在一段著名的话中意识到了具身性行动的历史基础,他说:“因为我们在世界中存在,所以我们受制于意义,我们无能为力或无法说出任何事物在历史中获得的一个名称。”(Ibid., p. xix).他更进一步地认识到身体并不是一个不变的心理机器,其主动的与反应的能力是被其历史情境所塑造与定义的。然而,他讨论的相关关系是内在于历史主体有生命的身体的“精神的”与“心理的”潜能相分离的连结,他并没有解释由建筑与技术复杂性所提供的这类身体所情境化在其中的空间。

伯森所指出的，视觉心理学实验的典型设计限制了身体的自主活动：

> 教科书与手册假定了：当眼睛保持静止时，视觉是最简单的，就像一台照相机那样，因此形成图像并被传送到大脑。人们研究视觉，首先要求被试者注视一个点，然后围绕着这一注视点立刻曝光出一种刺激或一种刺激模式。我称这为瞬象视觉。如果曝光的时间被制造得更长，眼睛将扫描它被曝光的模式，连续地注视各部分，除非被试者被禁止这样做。我称这为孔径视觉，因为这有点像通过栅栏中一个节孔来考察环境。研究者假定眼睛的每一次注视类似于在一台照相机中胶卷的一次曝光，因此大脑所获得的东西是像一系列的快照。(p. 1)

实验室的设计抑制了脑与身体的运动，因此，实验对象被阻止利用吉伯森称之为的“周围环境”与“流动”的视角。这些概念包括围绕着一个人的手转动物件，或者在一个区域中漫走以揭示这一区域中的对象的时间与关系的特征。换言之，“知觉”本身就是一种“一个实验对象”被构成的那个规训领域的一个产物。

正如福柯的多角度研究表明的那样，情境的空间性取决于在一种公共话语与技术秩序中的各式各样的历史—物质的变换。为说明以技术性(与文本性)为中介所发生的具身化的空间性变换，我们需要超越纯粹主体的 【130】
知觉“技术”。[1]

当然，“易读技术(readable technologies)”[2]扩展了具身性知觉的思想是一种我们所熟知的看法，至少可以追溯到弗兰西斯·培根。特别是在

〔1〕 见 Dorithy E. Smith, “Textually mediated social oganization”, *International Social Sciences Journal* 34 (1984): 59 - 75.

〔2〕 术语“易读技术”取自于 Patrick Heelan, *Space Perception and the Philosophy of Science* (Berkeley and Los Angeles: University of California Press, 1983)。利用现象学与福柯去说明科学实践的另一种解释，见 Joseph Rouse, Knowledge and Power: Toward a Political Philosophy of Science (Ithaca, NY: Cornell University Press, 1987).

迈克尔·波兰尼对“探路”[1]的原始形态的讨论中得到了很好的发展。在这一讨论中,波兰尼描述了一位盲人的手杖如何提供了一个明显的“寄存处”,从中这位盲人用手杖头接近了他所感觉到的东西。这不仅是说工具扩展了身体的知觉,因为盲人用手杖改变了其行动范围之内的时空关系。他那具有生命的身体获得了一种“人类环境改造学的”模式,与对工具的熟练使用协调一致。被理解的事物的秩序不会回溯到工具中的形而上学幽灵,因为探路在其中已经发挥作用的情境关系与其所探事物的表面相遇。这种工具判断的复杂性——“这里”与所探的表面“就是这个”——刻画了一种环境的特征,一组相关的认同与行动、一种相关知识的术语。

福柯的区域分析,虽然受惠于梅洛-庞蒂的研究,但已经明确地脱离了存在主义——现象学的传统。[2]福柯强调在历史性特殊话语形态中发挥作用的空间之间的不连续性,质疑任何意义上的关于行动或知觉的纯粹的存在主义基础。他强烈地反对任何类似的推理(诸如从古尔维奇的例证提取出来的东西),即一种话语的形态是一种思想的组织、一种网络的概念或一种经验的结构化。

边沁(Jeremy Bentham)的计划概括出“全景敞视主义”,这一计划针对的是其发明的圆形剧场之场所,通过这一场所,看守中心俯瞰监禁中的大量俘虏——不仅仅是一种语词、概念与具身化经验的网络;它是一个建筑,为了使活动系统与一组具体的位置和光线、一种知觉的反对称性的秩序、分类表以及等级关系相协调。

> 慢慢地,在古典时代,我们看到了这些观察人群的“监视站”的形成,而关于这一点科学史很少论及。与望远镜、透镜与射线
> 【131】这些新物理学与宇宙学一部分的主要技术发展相并行,多种多样的、有意义的少数观察技术,那些既能观察而又不被发现的技术

〔1〕 Michael Polanyi, *Personal Knowledge* (London: Routledge & Kegan, 1985), p.59.

〔2〕 Michel Foucault, *The Archeology of Kowledge*, trans. A. M. Sheridan Smith (New york: Pantheon Books, 1972), and *Discipline and Punish*: trans. Alan Sheridan (New York: Random House, 1979).

也在发展，由于使用了征服技术与剥削的方法，一种关于光线和视觉的模糊艺术便悄悄地酝酿了一种新的关于人的知识。[1]

福柯的历史研究以一种受限的与“字面上”的方式与常人方法论研究相关。常人方法论是独立于福柯的研究而发展起来的。在两种后现象学研究线索中几乎没有什么交流。[2]常人方法论学者不把技术的复杂性视为具有历史认知场特性的一种“主导话语”的隐喻。相反，他们研究关于技术与人类行动的各种各样的当代复杂性，并且不把它们与一种一览无余的控制方案相联系。福柯所讨论的在不同的表征模态、建筑物与体制中的大量的相同之处，并没有简单地被常人方法论所进行的实际活动的地方性-历史性研究证明有效。尽管可以说对“日常的”和“专业的”活动的当代秩序的常人方法论研究，都发生在一种“现代”(或者后现代)时期，但是这种研究所描述的活动的秩序、授权以及关联性的对称与反对称，并没有从一种语言游戏转到另外一种。在这一世界中，“游戏”是发生在一个家庭晚餐谈话中，还是发生在一个诊疗遭遇中，抑或是发生在一个法庭审判中，其本身会有很大的不同。

然而，福柯的描述无论如何都是常人方法论研究的一个范例，因为他非常清楚地识别出物质建筑物、机器、身体技巧与规训常规是如何构成了相容的现象领域。不过，在福柯质疑历史话语的历时性和连续性的地方，常人方法论把语言游戏的当代场景组织为实践活动的独特的秩序，这些秩

〔1〕 Michel Foucault, *Discipline and Punish*, p. 171.

〔2〕 少数几位常人方法论学者利用了福柯：Alee McHoul“The getting of Sexuality: Foucault, Ganfinkel and the analysis of sexual discourse”, *Theory*, *Culture and Society* 3 (1986): 65 - 79, and “Why there are no guarantees for interrogators”, *Journal of Pragmatics* 11 (1987): 455 - 471; Michael Lynch, “Discipline and the material form of image: an analysis of science visibility”, *Social Studies of Science* 15 (1985): 37 - 66; David Bogen and Michael Lynch, “Taking account of the hostile naive: Plausible deniability and the production od conventional history at the Iran-contra hearings”, *Social Problems* 36 (1989): 197 - 224; and Lucy Suchman, “Speech act: a counter-revolutionary category”, paper presented at meeting of the American Anthropological Association, Chicago, November 1991.

序既不是彼此密闭的，也不是单独的历史叙事的表达。[1]

【132】 社会技术领域的独特景象可以通过对高速公路交通（见本章的附录）的描述来进行勾勒和具体说明。高速公路交通的“世界”似乎与科学实践的讨论没有任何联系。[2]然而，这些例子能够促使我们理解活动、工程空间、设备、技术以及“道路的规则”的有组织的聚集，能够为意向、权利、义务、谦恭、习俗、违背与认同的产生提供独特的矩阵。科学的实验室、观察、线性加速器、大型计算机与其他仪器的复杂性能够被类似地处理为人类行为的矩阵，这些矩阵提供的不仅仅是人类工作的场所，而是提供了独特的现象领域，在其中，工作的“组织”被确立并被展现。[3]

在科学中的“观察”现象对这些考量特别敏感。虽然观察被视为人类知觉能力的系统应用，但交通的例子暗示着交通中的“观察”，或对交通的观察并不仅仅是以仪器为中介的知觉与认知的形式。部分意义上它是建筑—文本（archi-texual）环境中信号、展现、与协调行动相勾连的一种精细

---

〔1〕 虽然 Jean-Francois Lyotard（The *Postmodern Condition*：*A Report on Knowledge* [Minneapolis：University of Minnesota Press，1984]）以一种非常宽泛的方式谈论“语言游戏”，但他所说的有关当代语言游戏的异质性的内容具有指导意义。然而 Lyotard 所谈论的后现代条件的碎片可能在所研究的任何历史时期被充分详细地发现。如见 Anselm Strauss，“A social worlds perspective”，Studies of Symbolic Interaction，1（1978）：119 - 128；Elihu Gerson，“Scientific work and social worlds”，*Knowledge*，4（1983）：357 - 377；Adele Clarke，“Asocial worlds research adventure”，pp. 15 - 42，in S. Cozzens and T. Gieryn，eds.，*Theories of Science in Society*（Bloomington：Indiana University Press，1990）.

〔2〕 术语世界（或社会世界）一直都被确定为联系着美国社会学中一种带有实用主义的传统的组织、职业与科学工作。当 Alfred Schtz 利用了 William James 的“意义的有限 Province”的概念，并提出他那众所周知的“多元实在的分析”时，实用主义与现象学的共同点被确立。在当代社会研究中，詹姆士-施兹强调在意识之中的“世界”已经被转变为对活动的领域的组织化制造与再制造的强调，这些活动包括独特工具、技能、名称、识别等，如见 Anselm Strauss，“Aa social worlds perspective”，*Studies of Symbolic Interaction*，1（1978）：119 - 128；Elihu Gerson，“Scientific work and social worlds”，*Knowledge* 4（1983）：357 - 377；Adele Clarke，“Asocial worlds research adventure”，pp. 15 - 42，in S. Cozzens and T. Gieryn，eds.，*Theories of Science in Society*（Bloomington：Indiana University Press，1990）.

〔3〕 见 Sharon Traweek，*Beam Times and Life Times*：*The World of High Energy Physics*（Cambridge，MA：Narvard University Press，1988）；Steven Shapin and Simon Schaffer，*Liviathan and Aair Pump*：*Hobbes*，*Boyle and the Experimental Life*（Princeton，NJ：Princeton University Press，1985）.

的系统。〔1〕像司机一样，如果实验室技师被情境化在一种机械性聚集与规训式劳动过程中，那么他们的行动不会参照知觉与认知的遗传结构获得精确的刻画。基于一种“赤裸的”概念工具的个体现象学或认知社会学，对于那种描述性的任务是不恰切的，也不能通过对权力、声望以及性别概念化完成这种描述，虽然这些概念性的东西肯定能够被发现是地方性相关的。基于这一理由，我所推荐的常人方法论的一个变种，要求一种与表达在阿【133】
尔佛雷德·舒茨著述中的对社会世界现象学的显著的认知研究途径的决裂。

考夫曼、舒茨与原型现象学

胡塞尔现象学研究的许多不足之处不应削弱他所提出的科学的实践基础主题的重要意义，正如我在前面已经讨论过的那样，后续的发展已经取代了胡塞尔对第一人称经验的预推测(pre-predicative)模式的强调，重点转向关注不会被个体意识结构所涵盖的交往行动与易读性技术领域。然而，胡塞尔两个首创的思想对科学的常人方法论研究仍然具有意义：(1) 他主张科学客观性的历史与实践谱系应该起始于猜想的“日常的”模式；(2) 他的一种提议，即类似于法律表述的东西如何与客观性的特性相对应的问题，应该通过对可观察现象实际的和语境的产生的研究得到表述。

虽然从事后来看，我们能够理解这些胡塞尔的首创在常人方法论问世前就具有很好的可用价值，但是直到最近，这些思想也没有在常人方法论的研究中被采纳。部分原因是因为常人方法论的开端最初来自于阿尔佛雷德·舒茨的著述。舒茨，一位奥地利的银行家与学者，他在第二次世界大战前移民美国，把胡塞尔的生活世界现象学改造成一种明确的社会学研究，他的研究对于常人方法论的早期研究具有极其重要的意义，对由彼

〔1〕 考虑工程师与其他科学家观察的模式，与来自于交通之中的“观察”的对比。盘旋于交通拥挤高峰现场之上的直升机以其有限的方式体现出一种对在凝结的交通潮流中驾驶员“紧粘在一起”的生活情境的实用主义的“超越”。

德·伯格(Peter Berger)与托马斯·鲁克曼(Thomas Luckmann)[1]所提出来的知识社会学的创新性研究也具有极其重要的意义。

迦芬克尔的博士论文,显然得益于舒茨,在其中,他把舒茨的社会世界现象学作为对帕森斯社会行动理论的一种批判性阐述的基础。迦芬克尔20世纪50年代晚期与60年代早期的著述同样强烈地依赖于舒茨。迦芬克尔那个对"信任"的众所周知的研究,特别受到舒茨的影响。[2]另一篇后来成为《常人方法论研究》中一章的论文——《科学的和常识的活动的理性特征》,同样深受舒茨的影响。[3]

【134】 阿罗·塞科莱尔(Aaron Cicourel)对社会学方法的具有穿透性的批判[4],以及他新近的认知社会学的纲领也同样利用了舒茨式的论题[5]。虽然舒茨的研究对早期的常人方法论有着重要的影响,但在某些方面,舒茨对胡塞尔的科学实践思想进行了去激进化处理,结果是,常人方法论对舒茨的继承,在当下被表述为关于"科学的"活动和"日常的"活动之间关系的特别"弱"的一套议题。科学知识社会学家一直很少受惠于舒茨的问题,他们对舒茨与常人方法论的批评,为重新检验在常人方法论研究中大量流行的关于科学的假定,提供了推动作用。[6]

不像胡塞尔,舒茨没有针对自然科学的广泛的著述。他对自然科学的提及最多也就是为他对人文科学中实践探索的研究提供一个背景。尽管就像我所认为的,舒茨承认科学是一种在特殊社会环境中所运作的实用活

〔1〕 Peter Berger and Thomas Luckmann, *The Social Construction of Reality* (Garden City, NY: Doubleday, 1966).

〔2〕 H. Garfinkel,"A conception of, and experiments with 'trust' as a condition of stable concerted action", pp. 187-238, in O. J. Harvey, ed., *Motivation and Social Interaction* (New York: Ronald Press, 1963).

〔3〕 H. Garfinkel, *Studies in Enthnomethodology* (Englewood Cliffs, NJ: Prentice-hall, 1967), chap. 8, pp. 262-283.

〔4〕 Aaron Cicourel, *Method and Measurement in Sociology* (New York: Free Press, 1964).

〔5〕 Aaron Cicourel, *Cognitive Sociology: Language and Meaning in Social Interaction* (New York: Free Press, 1974).

〔6〕 对施兹的这些批评的更为详细的讨论,见我的"Alfled Schutz and the Sociology of Science", pp. 71-100, in L. Embree, ed., *Worldly Phenomenology: The Continuing Inference of Alfled Schutz on North American Human Sciences* (Washington, DC: Center for Advanced Research in Phenomenology and University press of American, 1988).

动，但他在科学理论与科学活动之间，在科学理性与日常理性之间还是作出了一种严格的区分。类似的区分一直受到后库恩时期的科学哲学家、历史学家与社会学家的攻击，但在承认对这种分界批判的同时，读者不应该忽视其著述的历史语境。像曼海姆一样，舒茨试图为所谓“松散的”或不确定的实践理解模式环境的恰切性定义提供一个基础。他的努力既隐含着社会学家所研究的日常知识的“实践”模式的恰切性，也隐含着人文科学中所利用的解释性模式的恰切性。正如我在第二章中所讨论的那样，曼海姆在“精确”科学与思想的“存在决定”模式之间的区分并非试图去限制科学的价值，而是要去详细说明实践有效性的独特模式，这种模式并不符合科学与数学证明的尊贵标准。像曼海姆一样，舒茨并没有质疑自然科学的内在合理性，因为他主要寻求为其他推理实践与解释模式确立一种独特的基础。但正如曼海姆受到把精确科学和数学从知识社会学的解释纲领中“豁【135】免”出来的批评一样，舒茨受到的谴责是把自然科学从一种实际行为和实际关系的彻头彻尾的常人学研究中“豁免”出来。

舒茨的许多关于自然科学与社会科学的探索受到了他亲密的同事与朋友——费利克斯·考夫曼(Felix Kaufmann)所提出来的社会科学的哲学影响。[1]无论是舒茨还是考夫曼都是胡塞尔现象学纲领的支持者，但他们同样吸收了维也纳学派关于一种统一的科学的哲学观点。考夫曼是维也纳圈子的讨论会中间或的与边缘化的参与者，虽然他保留着对怀特海与罗素追随者所传播的哲学的批判姿态，但他并没有质疑过他们为统一的科学阐明一种逻辑基础的整体目标的合法性。考夫曼关于语言和行为的规则控制的思想，先于维特根斯坦对语言、意义和行为的逻辑实证主义的破坏性批评。[2]虽然考夫曼并没有接受他归于罗素的关于真理的“反映理论”，但他接受了以维也纳学派的统一科学运动为基础的关于语言表征和行为

〔1〕 Felix Kaufmann, *Methodology of the Social Sciences* (New York: Humanities Press, 1944). 施兹同样批判性地利用了韦伯论社会行动与合理性的理论作品，还有美国实用主义的作品。

〔2〕 这里我指的是维特根斯坦的后期作品，并非是他的 *Tractatus Logico-philosophicus*，正如维特根斯坦后来承认的那样，这种理论采用了语言的“图像理论”，这对从罗素、弗雷格、怀特海到像赖欣巴赫、波普尔与卡尔纳普这种维也纳圈子中参与者所推进的古典传统来说是基本的。

的规则控制的整体图景。

对考夫曼来说，科学是通过一组“基本”的程序性规则得到界定的，这种规则类似于象棋游戏中的界定棋子、合理移动与游戏目标的那种东西。他把这些规则与那些“偏好性规则”区别开来，后者在游戏中或多或少地限定了移动和策略的有效性。考夫曼断言“经验程序的基本元素对于前科学与科学思想来说是普遍的，在它们之间并没有明确的分界”(p. 39)。这些规则属于接受或拒绝命题，并把它们按照逻辑的论证联系在一起的方法。命题是由句子表达的“意义”，而句子是易于进行真伪判断的，或者从一种更为实用的观点来看，句子是能够在经验上被证实或证伪的“陈述”。考夫曼概括如下：

> 从一位逻辑学家的观点来看，一种经验科学的程序包含在依据既定规则对命题的接受或者消除中。无论科学家可能做了什么，无
> 【136】论他是通过显微镜或望远镜看，或者给供实验的人或物进行疫苗接种，或者解译象形文字，或者研究市场报告，他的活动都将导致他的科学全集(corpus)的改变，这种改变或者通过对先前不属于这种科学的命题的采纳而获得，或者通过消除先前属于他的命题来实现。这种在科学语汇中发生的改变可以被称为一种科学的决策。

对考夫曼来说，一门科学的“全集”是一个科学领域的成员按照学科程序性规则所接受的命题分层组织起来的系统。这是一个动态系统，因为这些构成性的命题不能够简单地通过演绎推出，而要服从于观察与检验(这种观察和检验本身就是依据基本的方法论规则得到界定的)。这些系统是统一的，并且以类似于一种法律秩序的方式又是动态的(p. 45)，在其中，实体法与程序性规则在一种相对稳定的系统框架中可能会变化。一种全集中的命题可能在一个学科的历史发展中增加、修改或消除。这种“科学决策”并不会随便地出现，因为任何所提出的改变，必须通过这一学科共同体依据现有全集或逻辑规则所接受的理由进行调整。

考夫曼对程序性规则和一种知识全集积累的强调，与他的更一般性的社

会行动理论是一致的。在某些方面，与哈贝马斯更为复杂的交往行动理论有些类似。[1]考夫曼提出依据规则而实现的行为，是行为的组织化系统的基础。

> 一种规范就是一种格言，它控制着那些想寻求遵从它的人的行为。然而，对于依据这一规范来评价人类行为的人来说，它是校正这个行为的一种标准。换言之，对他来说，“这是一个特定类别的正确行为”的定义，或在一定意义上是一个定义。正确的思考依据在逻辑规则上的一致得到定义，就像正确的演讲是依据与语法规则的一致来定义，或者说合法的行为依据与既定的法律规范相一致来定义的一样。(p. 49)

考夫曼对科学程序的说明后来被舒茨与常人方法论所采纳。在考夫曼试图阐明科学的程序性合理性的地方，舒茨与迦芬克尔试图阐明“这种游戏规则”不仅适用于科学，而且适用于社会行动的所有领域。按照考夫曼的看法，因为按照明智的无知(docta ignorantia)的方针：“人们并不‘真正’——就是说，不是完全清楚——知道他所知道的东西。”所以这类阐明会产生出非显著性的知识。理所当然的前提能够被发现，含糊性与混合的 【137】用法能够通过阐明过程而被剔除。

舒茨(后来的迦芬克尔、塞克莱尔与萨克斯)依赖于考夫曼的著述，特别是考夫曼关于一个科学领域的知识“全集”的结构域发展思想。舒茨关于社会世界中合理性问题的著述，保留了考夫曼图景中的某些重要特征。[2] 尽管像考夫曼一样，舒茨认为人文科学不能够通过把社会生活视

〔1〕 Jurgen Habermas, *TheTheory of Comminication Action*, vol. 1: *Reason and the Rationalization of Science*, trans. Thomas McCathy (Boston: Beacon press, 1984).

〔2〕 见 A. Schutz, “Common-sense and scientific interetation of human action”, p. 347, of *Collected Papers I*: *The Problem of Social Reality* (The Hague: Nijhoff, 1962); “Concept and theory formation in social sciences”, pp. 48 - 66, of Collected Papers I; “On multiple realities”, pp. 207 - 259 of Collected Papers I; and “The problem of rationality in the social world”, pp. 64 - 88, of his Collected Papers 2: *Studies in Social Reality* (The Hague: Nijhoff, 1964).

作一个自然实体或力量的领域而进行，但他还是确定了自然科学与社会科学方法共享的程序规则秩序的地位。[1]此外，对舒茨来说，不仅科学的统一要依据一组知识的全集与一组程序性规则来刻画，而且“一般意义上”日常的社会世界也能够参照“现有的知识储备”和一组认知规范得到刻画，人们在实践行动与社会交互作用的情境中采用这些知识和规范。考夫曼对科学形象的判断因此成为一种描述日常推理的想象，就像他的知识全集和一组程序性规则在后来的使用中成为常人方法论最初对常识“方法”研究的主导的“方法论” 模式[2](并且就像我将在第六章讨论的那样，它是谈话分析纲领的一个基石)一样。

作为置身于一种个体意识中的“思想” 领域，舒茨用认知的术语打造了其科学与日常生活“世界”的思想。[3]结果是，现象学的社会学与原型常人方法论都没有强调由梅洛-庞蒂/福柯与其他在欧洲大陆哲学中历史主义—唯物主义传统的后继者所提出来的地方性行动的具体的具身性。当然，舒茨关注的是行动系统中的社会相互作用与实践干预，但他把这些追
【138】溯到由一种情境化在一种关联与联盟的广阔领域中“自我”来提供的一种构成性的中心。[4]这一点在他对实践行动与社会科学家的沉思“态度”之间的区分中显得特别清楚：

> 这一世界并非是他活动的剧场，而是一个他看起来以超脱的镇定所沉思的对象。作为一位科学家(不是一个与科学打交道的人)，观察者本质上是孤寂的。他没有同伴，我们可以说他把自己

---

〔1〕 见 A. Schutz，“Common-sense and scientific interetation of human action”，p. 6.

〔2〕 Don Zimmerman and Melvin Poliner 利用表达式“偶然的 corpus”作为施兹的现有的常备知识的一个同义词(“The everyday world as a phenomenon”，pp. 80 - 103，in Jack Douglas，ed.，*Understanding Everyday Life*：*Toward the Reconstruction of Sociological Knowledge* [Chigago：Aldine，1970])。

〔3〕 施兹从韦伯那里借用了他的“适当性假设”(“The problem of rationality in the social worlds”，p. 85)，明确地保留了其个人主义方法论要点。他阐述这一假设如下：“在涉及人类行动的一种科学系统中所采用的每一个术语必须被如此建构，以至在一个生活世界中受一种典型的建构方式所导引的个体行动者所进行的一种人类的行动，对行动者本人及其伙伴来说会是合理的与可理解的。”

〔4〕 Ibid.，p. 80.

> 置于具有多重关系和利益系统的社会世界之外。如果想要成为一位社会科学家，每个人必须下决心用他人代替自己成为那个世界的中心，就是说成为一个被观察的人。但随着在中心点中的移动，整个系统也已经发生了转化，如果我可以用这种隐喻，先前系统中被证明是有效的等式现在不得不以一个新的等式来表达，如果问题所及的社会系统达到一种理想的完善，建立一个普遍适用的转换公式就成为可能，就像爱因斯坦成功地把牛顿的力学系统中的命题转译成相对论的命题一样。
>
> 在这种观点中，这种转变的首要与基本结果是：通过他自己创造和操纵木偶，科学家把他所观察的人类替换为在社会舞台上的演员。我所称之为"木偶"的东西对应着韦伯引入社会科学的一个专业术语："理想类型。"〔1〕

相应地，科学家进行着一种对日常的实践态度的超验的化简，以建构一种行动者实践导向的幻影。正如哈贝马斯所注意到的，职业的"解释者"变成一种"虚拟的参与者"，这个"虚拟的参与者"行动在"一个不同的平面"上，而不是行动在社会领域中，他"追求与给定的语境无关、却与另外一个行动系统相关的目标"〔2〕。类似地，行动者成为一种虚拟的力量，其动机通过专业的解释者与一种"社会语境"的普遍表征联系在一起。

与迦芬克尔后期对经典社会理论的"文化傀儡"的讨论形成对比，舒茨的理想类型的木偶观念明显认同了对其建构的合法性基础。尽管这一木偶表现出社会理论家注入其中的东西，舒茨并没有否定建构"个人的理想类型"的纲领；相反，他要求这样一种类型依据它所描述的"个体行动者的

〔1〕 Ibid., p.81.

〔2〕 Jurgen Habermas, *The Theory of Communication Action*, vol. 1: Reason and the Rationalization of Science, trans. Thomas McCathy (Boston: Beacon press, 1984) p.113. 在最后一章中所讨论的 Latour and Woolgar "陌生人"是沿着这样一种"虚似的参与者"来塑造的，他在实验室生活世界之中，但不属于实验室人员。

【139】 精神"而得到检验。[1]

尽管迦芬克尔根本上改变了舒茨的认知路径,但常人方法论从来没有完全放弃其某些方面。记住这一点是非常重要的,即考夫曼、舒茨、迦芬克尔、塞克莱尔及其他们的追随者发展出一种普遍的知识社会学,这种社会学保留了考夫曼的科学方法论的观念,如果仅仅将之与"成员方法论"进行比较的话。在一篇早期论及科学与日常行动的"合理性"的文章中,通过汇编他分离出的常识与科学行动所共有的,以及那些科学所特有的一系列合理性规范,迦芬克尔发展了舒茨对常识与科学合理性的讨论。前者包括范畴化和比较、判断错误的程度,寻求恰切的手段,设计有效的策略,遵循程序性规则以及进行预言的标准与程序。这种独特的"科学的"合理性包括利用形式逻辑原则指导研究、语义性阐述与"基于自身"的独特性的导向以及把特定的"科学知识"用作一种判断的背景。[2]迦芬克尔的多元"合理性"以及他所认为的"常识"合理性应该包括在科学的原则与科学的操作实践之中的观点,对于把常识作为一个"前科学"概念的思想,提供了一剂彻底的解药。

科学知识社会学家一直在批评迦芬克尔同义反复地定义了"科学的"合理性(因为在其中,他利用了考夫曼的这种思想,即科学知识的全集提供了科学家进行解释的现有的知识库),批评他所假定的科学家进行他们的实验时会依据逻辑的规则来行动。[3]这类批评易于忽视迦芬克尔的这种观点,即"[科学合理性的]模式提供了陈述这样一些途径的一种方式,在这种方式中,一个要行动的人就是感觉到他会像理想的科学家那样行事的

〔1〕 Schutz, "The problem of rationality in the social world", p. 84. 他提出了这样一个问题:"但为什么在根本上形成个人的理想类型?"他不是去避免这种建构,而是继续去明确阐明一种主观解释的假设,依据"发生在一位其行动已经导致了所探索的现象的个体行动者思想中的东西",这种假设控制着这类理想类型的分析性建构。舒茨考虑的唯一的一种选择是简单地去收集经验事实,他认为不说明主观的范畴就无法做到这一点。

〔2〕 这一段直接取自舒茨的科学合理性的假设(Ibid., p. 86)。

〔3〕 Karin Knorr-Cetina, 1981. *The Manufacture of Knowledge: An Essay on the Constructivist and Contextual Nature of Science* (Oxford and New York: Pergamon), p. 21; Latour, B., and S. Woolgar, 1986. *Laboratory Life: The Construction of Scientific Facts*. 2nd ed. Princeton: Princeton University Press, pp. 152–153.

人"[1]。这不同于说科学家实际上就按这种理想生活。然而，迦芬克尔并没有明确地轻视舒茨"科学理论化的态度"的提议，这种态度界定了一种远离"日常的生活世界"的认知"世界"(前者包括着实验室中的日常活动)。 【140】尽管他很清楚日常的"合理性"本身也是独特的现象，不是无条理的科学合理性的前身，但他并没有挑战在科学的理论化的有限世界中，"支配着作为更进一步推理与行动的基础命题的应用规则"的恰切性。[2]

迦芬克尔早期的研究保留了舒茨与考夫曼作为命题的与推测的知识的观念，同样保留了他们把科学程序视为一种由传统的科学哲学所定义的制定程序规则和规范正确判断的观点。只是到了后来，迦芬克尔与其他常人方法论学者开始摆脱了这样的观点，即科学以及其他的实践活动属于由独特的规范集合所界定的认知领域的观点。[3]

在其许多早期的研究中，为打乱特殊的社会活动与社会场景的表面上的恰当性与表面上的客观性，迦芬克尔利用了一种启发的方法。这些干预包括众所周知的"破坏性"实验，这是他与他的学生进行的一组破坏普通场景的练习。在一种情况下，学生假装是其家庭中的一位陌生人。在其他情况下，他们把消费者当做售货员，把顾客当做侍者，或通过让参与者详细解释平凡的表述破坏私密的谈话。这些"实验"被设计为"对缓滞的想象的帮助"[4]，而不是对假设的检验。它们类似于实际的笑话而不是更为熟悉的各种社会—心理学实验。其要点在于暴露操作在日常场所中的"被看见但未被注意到"的背景期望，还要展现当被试不能够恢复被破坏的场景或摆脱这种被破坏的场景时所产生的"困惑"。除了为分析的目的而故意地引起麻烦外，迦芬克尔用像"艾格尼丝"、一位"两性人"这样的杂乱无章的生活情境，去说明众所周知的社会身份的实际制造与实际安排。人们普遍相

〔1〕 H. Garfinkel, *Studies in Enthnomethodology*, p. 280.

〔2〕 Ibid., p. 281. 迦芬克尔引自 Felix Kaufmann, *Methodology of the Social Sciences* (New York: Humanities Press, 1944), pp. 48 - 66。

〔3〕 正如 Marek Czyzeweski 指出，迦芬克尔与其他常人方法论的遗产颇具影响力呈现中，保留着早期常人方法论对"认知规范"的强调。见 Marek Czyzeweski, "Reflexivity of actors vs relexivity of accounts"将发表在 *Theory, Culture, and Society* 中。

〔4〕 H. Garfinkel, *Studies in Enthnomethodology*, p. 38.

信这些实验揭示了在日常场景中运作的意会规则或认知规范。在其关于“信任”的论文中以及在其有选择的著述中，迦芬克尔暗示了这一点。但他也忽视了由诸如“背景期望”、“普通的理解”或“社会结构的具有常识的知识”的分析表达式所蕴含的片面的(或“两院制的”)认知主义。[1]《常人方
【141】法论研究》一书的第一章关于索引性与反身性的讨论以及后来他与萨克斯合写的论文(《论实践行动的形式结构》)表明，他们已经脱离了早期对规范的强调。[2]正如我在第五章中所要讨论的那样，后来的研究开始发展一种关于规则与其他形式表达如何在具身性的过程中发挥作用的一种更为激进的情境化观点。

在过去的20年中，常人方法论学者与谈话分析家并没有广泛地利用舒茨的工作。可以公正地说，迦芬克尔与塞克莱尔主要在发展“原型常人方法论”的工作上依赖于舒茨的工作，而这部分工作已经被当代的研究所取代。然而，在历史中抛弃舒茨就是不尊重他的成就，并且同样有意义的是，这种抛弃使我们不能重审舒茨关于科学思想的许多方面，这些思想持续渗透在大量的常人方法论的研究中。这一点特别适用于仍然流行的这样的观念，即常人方法论是一种描述日常行动与社会交互作用的“规则”的研究纲领。它同样适用于许多常人方法论学者取自于舒茨工作的蕴含，即学术“分析”能够从常人方法论学者所研究的社会介入、地域判断与具身化行动中分离出来。时常，迦芬克尔的常人方法论的无差异策略，以及他在“主题与资源”之间的相关区分，被用于暗指常人方法论可以对“纯粹的实践”的关注保持疏离。

〔1〕迦芬克尔的研究从来没有去符合“认知科学”，就像它在当前被认为的那样。虽然他在“日常行动的常规基础研究”(《常人方法论研究》pp. 35 - 75)和讨论中谈到了“背景期望”、“普通的理解”，但他证明了这些是如何与普通场所的“场景”特征交织在一起，而不是被发现在一种规范的或认知的空间之中。见 Jeff Coulter, “Congition in the Ethnomethodological mode”, pp. 176 - 195, in G. Button, ed., *Ethnomethodology and the Human Sciences* (Cambridge university Press, 1991).

〔2〕《常人方法论研究》包括着不同时期所写作的论文，这一事实可能会导致一种混乱的印象，即不同的章节表达出一种相一致的研究纲领，而不是一系列努力去达到常人方法论可能是有关什么的问题上的共识。

常人方法论的无差异

为区分常人方法论研究和其他的分析性社会学研究,迦芬克尔打造了一个表述:

> (常人方法论的无差异)形式结构的常人方法论研究……[寻求]去描述成员对形式结构的解释,无论在何处,由何人进行,同时要避免有关它们的恰当性、价值、重要性、必然性、实践性、成功或理论上的一贯性的所有判断。我们把这种方法策略归为“常人方法论的无差异”……我们的“无差异”,针对整个的实践社会学推理,对我们而言,这个推理包括,无论何种发展形式、无论带有何种错误或恰切性、无论以何种形式不可分离与无法避免地对自然语言的把握。专业的社会学推理决不能作为我们研究所关注的一种现象被选择出来。进行常人方法论研究的人对专业社会学推理的“关注”,不会比对法律推理、对话推理、占卦推理、精神病治疗的推理等的“关注”更多或者更少。〔1〕 【142】

与其说是强调社会学家是否曾经对他们所研究现象达到了充分与可接受的说明,不如说是无差异策略开启了另一种主题,即成员如何依据他们实用性地建立的可算充分、准确与适当的东西,来引导他们“方法论”活动。社会学家的方法论的麻烦与矫正于是被置于实践活动的广泛领域,在其中方法得以产生和使用。

无差异策略不仅被应用于质询社会学家的描述、说明与测量的“终极”有效性与可信性,它同样覆盖了舒茨的有关科学认知“特殊”性质的规范性议题,包括他在自然科学与社会科学之间的理论性对比,因为无差异并不

〔1〕 Grrfikel and Sacks, “On formal structures of practical action”, pp. 345－346. 一种更为当前的说明,见 Benetta Jules-Rosette, “Conversation avec Harold Garfinkel”, Societes: revue des sciences humaines et sociales, 1 (1985): 35－39.

等同于否认或反对，这一方针并没有暗示社会科学家的方法“仅仅具有”常识基础。他们会有其他任何种类的基础吗？它也没有暗示说在社会学家、验尸官与物理学家，或任何外行方法与专业方法之间没有任何区别。反倒是，它声明任何这类区别是偶然的，是地方性组织起来的，以特定的方式可发现的。

关于这一点，迦芬克尔对“遵循编码指令”（“following coding instructions)”的研究提供了一个早期案例。[1]编码时常是量化社会科学数据的一个初步步骤。在对一个精神病治疗门诊的病人选择标准的研究中，迦芬克尔给两位社会学研究生一个任务，从文件夹大量收集的资料中编码标准信息。每一个文体夹包含有一份“诊所专业表格”，在表格上，诊所职员被认为详细记录了他们初次与病人接触时的信息、详细说明了他们所进行的
【143】化验与诊疗措施，并在诊疗“终止”时做了笔记。两位研究助手随后得到一组指令：从文件夹中提取标准的信息，并把它们记录在一张“编码表格”上，一种关于可信性的程序被用来评价编码员之间判断的共识的数量。并没有为了进行研究简单地依赖编码者产生恰切的有效数据的训练和技能，迦芬克尔研究了编码员是如何努力完成这项平淡的研究工作的(p. 20)：

> 设计出一种程序，让它产生出习惯性的可靠性信息，以使研究的最初兴趣被保留，与此同时，这一程序还允许这样一个研究，即两位编码者在处理文件夹的内容去回答编码表格上设计好的问题的实际过程中，达成任何共识或产生任何分歧的分量。取代这样的假定，即编码者，无论以何种方式进行，可能会在相当程度上犯错误，得到的假定是：无论他做了什么，都能够算作是某种编码“游戏”中的正确程序。问题就是，这些“游戏”是什么？

为回答这一问题，迦芬克尔形成了编码者用来决定“弥合在诊疗的文件夹中读到的东西和编码者插入编码表中的东西的差别的东西”的一个清

〔1〕 H. Garfinkel, *Studies in Enthnomethodology*, p. 18 ff.

单(p. 21)。他用一个简短的修饰术语清单来指派这些东西，这些术语包括"等等"、"除非"、"让它过去"以及"呈文侍奉(factum valet)"(一种行动，一旦做了它，就被禁止看做是正确的)。编码者利用这些实践去评估在文件夹内容与编码表格上的类目之间的实质性或"有道理的"弥合，而无须陷入什么在或不在文件夹中的"字面的"评定的困境。也就是说，编码者依靠他们对有关诊所与工作人员的"理解"，包括病人对紧急情况的陈述、诊所的记录的保持等，去识别每一个文件夹"说出了"比那么多文字所说的更多的东西。他们的能力因此预设了对编码表格上的类目得以形成的事务状态的理解；的确，他们在任何编码表格上所记录的东西，在本质上联系着他们所知道的东西。特定的诊疗文件夹必须已经包含其字面内容之外的更多的东西。

正如迦芬克尔指出的(pp. 21—22)，这种对特殊实践的依赖就是那种社会学方法论寻求用无偏见的与客观的可辩护的判断来取代的"常识"实践。然而，他补充道，每一种尝试都提升了编码程序，以便能够抑制或消除那种依赖它们又复制它们的实践活动本身。

在其后来的讨论中(pp. 66 ff.)，迦芬克尔在"常识知识"与社会科学的"人的模式"之间的关系上得出了一个更为一般的要点。他并没有明确地 【144】
为评估的研究者或调查的分析家提供一个方法论的建议，因为他明确地表明：特殊的思考是常规的社会科学研究活动中不可修复的一部分，就像实际的社会学推理的更为"日常的"模式一样；相反，他认为编码指令，还有遵从于它们的特殊实践"提供了一种言说的'社会科学'方式，以致劝说在诊所日常组织化活动的实际环境中达成一致和行动，并且提供了对成员在活动的过程中所期待的那种东西的一种把握"(p. 24)。这并不意味着社会科学的话语等同于虚构出来的一种常识；相反，它推荐了社会学方法与所研究的社会活动之间关系的构成性而不是描述性的特性。

尽管迦芬克尔对编码实践的讨论可能会引起对诊所文件夹与编码表格之间关系的有效性与可信性的质疑，但其最主要的目的是描述这种关系——以及与之相伴随的方法论考量——何以是编码者为处理他们的"原始数据"单一内容的特殊程序的一种累积性产品。

乍看起来，常人方法论的无差异策略只不过意味着指向具体实践活动的一种重新定向，通过这些实践，这些方法在社会学与其他实践行动的领域得到采用。可以设想，这样一种研究纲领很可能与社会学共存，并且或许能够是社会学家持续改进其方法论努力的某种技巧的应用。然而，相信情况就是如此，就会忽视这一方针的一种更具颠覆性的寓意。与其说是在内在地关注有效性与可信性的意义上对抗社会学方法，不如说，常人方法论的无差异策略脱离了那种引发对有效性、可信性、证据的规则以及决定标准的原则性讨论的对方法论的基础主义的研究路径。这种转变的含义对于社会学家来说可能是具有威胁性的、甚至是无法理解的。

社会学家对常人方法论中"方法"问题上的震惊，能够在出席常人方法论普通讨论会的常人方法论学者与社会学家之间的录音对话中发现。[1]社会学家对"方法"的质疑与抱怨不断地打断着对话。当迦芬克尔、萨克斯
【145】与其他人展现出一系列常人方法论研究例子与示范时，社会学家拒绝给出评判，而同时期盼一种先验的正当理由、决策规则，或关于正确性、相关性或可接受性的标准：

> 霍尔：亨利[迦芬克尔]，你还没有告诉我们你认可或采用了什么样的证据规则。(p. 27)
>
> 霍尔：你得告诉我们在决策规则的意义上你是如何作出这些区分的。我相信这证明了我们许多人都有的一个问题，这个问题涉及人们如何为用来达到一个决策的证据给出一个正当理由。(p. 28)
>
> 狄弗鲁：……你阐明谁是正确的规则是什么？我们一直要求你给出方法论的信息，你则一直在给我们谈主题。刚才，亨利说，"好的，我们并没有任何新科学的锦囊妙计"，那么某种旧科学又如何呢？(p. 39)

〔1〕 Richard J. Hill and Kathleen Stones Crittenden, eds., *Proceedings of the Purdue Symposium on Ethnomethodology* (Purdue, IN: Institute for the Study of Social Change, Department of Sociology, Purdue University, 1968).

狄弗鲁：你如何拒绝一件事？你基于何种证据规则拒绝或接受一个解释？（p. 40）

这类问题贯穿研讨会的始终，从来没有在其本身意义上得到满意的解决。这些问题预设了一组方法论的标准，这些标准与研究中发生了什么无关，它们意味着一种描述或证明不可能是可觉察的或合理的，除非能与这样的标准进行对比。事实上，社会学家们通过延迟对常人方法论学者描述的可理解性和意义的承认，使对话僵化，除非这些思想被赋予一组一般的方法论保证。社会学家要求在接受、甚至“听说”常人方法论学者告诉他们的事情之前，要有关于真理与可理解性的外部标准。他们的问题与抱怨体现出开尔文(Lord Kelvin)勋爵令人难忘的箴言：“如果你不能测量，你的知识就是贫乏的与不令人满意的。”在这一例子中，这句话可以翻译成：“如果你不能够告诉我们你所考虑的证据规则与决策标准，你的主张就是没有理由的。”通过要求这类认知保证，社会学家成为一种具有独特形式的反驳易于攻击的靶子。(p. 34)

麦克金里斯：你接受什么样的标准作为你认为它（萨克斯刚才讨论的识别人的一种交谈者的规则）是错误的理由？你要求从我这里获取什么样的标准来评价我认为你的主张是错误的判断？

迦芬克尔：为什么不直接说出你的反对？

迦芬克尔的反驳把麦克金里斯的学术问题置于一种“通俗的”对话框架。麦克金里斯的问题建议：有关日常现象的一种特殊观察应该依据一种证伪的标准而得到检验。通过渐渐地把质疑视为一种迂回的“反对”，迦芬克尔的反驳穿透了麦克金里斯的假定的声音，无视问题对那种为后续信念作辩护的标准的尊崇，暗示麦克金里斯准备争辩用或不用的“标准”实际上是一个幻觉。迦芬克尔的“通俗的”一步把他的对话者置于一种不需要外在标准的谈话职能中。 【146】

“方法”的整个体系因此受到了挑战，并非通过一种明确的讨论，而是通过一种将其浸没在“通俗的”职能中的方法。这就是常人方法论的无差异;它只不过是放弃社会学家方法论话语场景的一步。这样的一步,并不是要将“知识”丢弃,也不是要把常人方法论置于没有意义或理性的王国;反倒是,这一步以一个重要的事实为轴心,即无论是麦克金里斯还是迦芬克尔一直都在一个已经是可理解的、相互认可并且是特征化的对话中行为、已经行为并且继续行为。并非是迦芬克尔作为常人方法论学者的“职业专家的身份”使他能够认可麦克金里斯刚才所说的,并把它确认为一个“预先反对(preobjection)”;反倒是,在使麦克金里斯对一种标准要求的寻常理由成为一个问题的过程中,他的反驳争辩式地发挥作用。麦克金里斯关于标准的特权被打造成反讽的慰藉,就像在一种持续进行的、已经可理解的对话中的一种“学术”姿态一样。

一种相关的含义在萨克斯应答一位社会学家提出的类似要求时产生:

> 霍尔:…你能够告诉我们如果没有这一主题,[一种常人方法论的]证明结构将是什么?
>
> 萨克斯:你知道你正在问的是什么吗? 你在问,“如果不知道我们身处其中的是什么样的世界的话,你能够告诉我一个理论看起来像什么?”……首先我不知道社会学应该看起来是什么样子才是令人满意的。那不是一个可得到的现象。〔1〕

萨克斯的答复削弱了霍尔的“方法”与“主题”之间的差别,把社会学置于一种被研究的实质性领域。他没有提倡一种还原的方法;相反,他在质疑霍尔对科学探索的一种统一的方法与任何科学中所研究的特殊主题之
【147】间的程序性分离。萨克斯拒绝与这一图景携手,隐含着另一种科学观,在这种科学观中“方法”被置于一系列独特的行动、仪器、研究场所以及被研究

〔1〕 Richard J. Hill and Kathleen Stones Crittenden, eds., *Proceedings of the Purdue Symposium on Ethnomethodology* (Purdue, IN: Institute for the Study of Social Change, Department of Sociology, Purdue University, 1968), p. 41.

现象的汇集之中。[1]在1968年,这是社会学家赞成的关于方法的一种极端的观点,尽管如今科学知识社会学的学者对此已经非常熟悉,但它还没有作为社会学方法吸收到教材的说明之中。

除了为常人方法论的研究提供主题外,无差异策略把方法的问题从工作表中移去。称自己为常人方法论学者的人所用的方法蕴含在他们所说的各种各样的外行与内行实践中,但这些方法不是被置于一种鲜明的"科学方法"的标题之下。"方法"(无论声称是科学的或者不是科学的)不会提供一种先天的保证,对一位常人方法论学者来说,最初的要求就是从他们所置身的相关职能系统中,寻求阐明他们方法的路径。

主题与资源

常人方法论的无差异策略经常被概括为把常人方法论的分析性关注完全置于外行或内行的社会学领域之外。通过建议当进行实践行动的研究时,研究者不应该混淆主题与资源,上述想法就被表达在关于常人方法论的理论讨论中。[2]按照这一方针,识别社会行动结构的经典方法应该被(重新)勾画为将要得到研究的成员的活动。如理查德·希尔伯特(Richard Hilbert)讨论道:"当成员们可以视[结构]的这类建构为客观性地'在那里',并且在说明中启用它们时,如果不'走向日常'并且具体化社会结构,

〔1〕 这一反驳预见了由保罗·费耶阿本德在《反对方法》(*Against Method*, London: New Left Book,1975)中所发起的对科学方法论的统一性的攻击。无论萨克斯是否始终如一地赞成这样的科学观是另一回事。(见第六章)

〔2〕 "混淆"据说是由各式各样的程序所组成,通过这些程序一种"未经检验的"来自于日常现象的普通判断的意会知识库被允许进行社会学的分析。这不仅是分析家信任未经检验的个人知识的问题,因为"混淆"不仅是程序性的,而且也是认知的;它包括问卷调查的回答者被请求利用他们"自然的理论化"去范畴化、评估、预言与评价社会事实(如,依据社会威望来安排职业的范畴、在问卷调查表上进入"父亲的职业"、为血族关系提供词汇的描述)。它同样应用于编码的方法与分析聚合的反应。社会学家担忧并讨论着这些事情,他们的担忧与讨论只有通过西科莱尔所称之为的"文字描述"的可能性才能得到理解。但人们一旦认可文字描述是不可能的,那么就不可能存在着能够从其所启用的方法那里产生的可靠的方法论立场,这种方法论是所有关联主题的纯化。

【148】 社会学家不能够如此明确地确定自己。"[1]

与之形成对比，常人方法论学者被认为是研究"成员的方法"或"常人方法"，通过这些方法，结构得以产生和复制，但他们不被认为启用社会结构的概念作为解释资源。在回想胡塞尔先验的还原的意义上，常人方法论受到激励去"涵盖"或者悬置这样一种自然主义的信念，即"结构研究通常涉及的材料，如制度、阶级、组织(在宏观的一端)，人、个体、主观内容、交互作用的过程与模式(在微观一端)"[2]。与其说是"具体化"结构或"走向日常"，不如说是常人方法论学者接受指令去研究外行与内行的方法，通过对这些方法的研究结构得以建构。

这种对分析目标与任务的理解同样在社会问题研究的建构主义纲领中非常突出，在这种纲领中，社会学家重构社会问题话语的分析性任务不同于自然主义主张以及这个话语的参与者制造的相反的主张。[3]相应地，研究社会问题以期望"解决"它们，或者在关于它们的社会争议中对这一派或那一派的支持，都是要从"分析的"观点中悄悄溜走的。

没有什么比我称之为原型常人方法论的这样一种主题与资源之间差异的观念更具有象征性意义。这一观念直接来自于舒茨的"自然科学家与社会学家的世界是思想的世界"的定义，这个世界完全不同于"我们在其中行动，我们在其中生与死的世界"[4]。原型常人方法论不仅是常人方法论的历史先驱——在一种"极端的"研究纲领的方针中所表达的先验现象学的残留——它包含着当代常人方法论研究中的持续的趋势，在认知术语中凸显性地定义研究者与参与者进行研究的当下情境。原型常人方法论在常人方法论开始之初停止，或许可以说，没有声称自己是常人方法论者的

〔1〕 Richard Hilbert, "Ethnomethodology and the micro-macro order", *American Sociological Review* 55 (1990): 794－808. 众所周知的论"主题—资源"区别的讨论，见 Zimmerman and Pollner, "The everyday world as a phenomenon".

〔2〕 Richard Hilbert, "Ethnomethodology and the micro-macro order", *American Sociological Review* 55, p.796.

〔3〕 如见 Peter Ibarra and John Kitsuse, "Vernacular constituents of moral discourse: An interactionist proposal for the study of social problem", in G Miller and J. Holstein, eds., *Reconsidering Social Constructionism* (Hawthorne, NY: Aldine de Guyter, in press).

〔4〕 Schutz, "The problem of rationality in the social worlds", p. 88.

人可以避开它，就像没有"解构主义者"在整体上可以避开古典哲学的难题一样。简单地说，这种起点由一种理解构成，就是说不存在"外在于"社会学所研究的实际行动领域的可理解的理论立场。尽管这是一个进行回忆与重复的简易步骤，但它告诉人们这是一个需要关注的极端的困难的一课。的确，这一课不断地被进入先验分析的一场又一场运动所颠覆。经常，甚至典型地，这一课被实现其自身的工作所颠覆。【149】

在迦芬克尔与萨克斯论文的开始几句中这一课被提及："自然语言帮助人们进行社会学研究，外行或内行，作为环境、作为主题与作为他们探索的资源等这一事实，为他们的探索技术，为他们对环境、主题以及资源进行实际的社会学推理，进行了装备。"〔1〕远非推荐一种先验的还原或一种类似英雄般的认知调遣，迦芬克尔与萨克斯可能被解读为是在说：从社会学家以及"成员"那里承袭下来的语言与实际行动的领域中，不存在"方法论的"先验性。〔2〕与其说是使自己关注社会行动的结构，或出于同样的原因，放弃对结构问题的关注，不如说迦芬克尔与萨克斯在强调德里达曾经称之为"结构的结构性"的东西，在这样做时，他们"取代"了结构描述与人文科学事件中的解释的相关性。〔3〕这样一种替代不是也不可能是其自身意义上的、从其所研究的行动领域中的一种"倒退"。它不是一种先验。

产生一个结构的结构性主题（或产生一个研究的反身性与分析语言的索引性质的主题）看来似乎是剥夺掉"一位调查者"用来说明人类行为的最为基本的"解释"资源。但只有当人们预设了存在外在于构成结构的结构性（或者结构化）主题的一种立场或观点的可能性时，这一问题才会出现。正如德里达警告那些看来是从西方历史之外的一种立场来攻击西方形而上学的人

〔1〕 Garfinkel and Sacks, "On formal structure of practical action", p. 337.

〔2〕 这种区分的其他用途或许暗示着分析性先验性的可能性。注意下面这段中的"单独地与专门地"："常识的'重新发现'或许是可能的，因为专业社会学家，像社会成员一样，有大量的事情要处理，以致无法为其研究去处理作为主题与资源的社会结构的常识知识，并不能够把这种知识单独与专门地处理为社会学纲领的主题。"（H. Garfinkel, *Studies in Ethnomethodology*. p. 75）

〔3〕 Jacques Derrida, "Structure, Sign and Play in the Discourse of the Human Sciences", pp. 247－272, in R. Macksey and E. Donato, eds., *The Structuralist Controversy: The Languages of Criticism and the Sciences of Man* (Baltimore: John Hopkins University press, 1970).

一样：

> 没有形而上学的概念却要攻击形而上学，这是无意义的。我们没有语言——没有句法与词汇——它外在于这种[形而上学]
> 【150】的历史；不进入它所寻求批判的东西的形式、逻辑与不言自明的假设，我们就不能够言说哪怕仅仅一个损毁性的命题。[1]

相应的，每次讲话时，我们都“混淆”了主题与资源；每次写作时，我们都“具体化”了结构；每次行动时，我们都“走向了日常”。坚持所有的社会学方法都是实质上的“常人方法”，可能意味着一种最强的与最为流行的分析立场，不过，与此同时它也是人文科学话语中可想象出的最弱与最具边缘性以及最具否定性的立场。正如在知识社会学中强纲领的力量存在于一种其能力可疑的前提之中，这种能力就是给予所有其他科学中的活动以社会学的解释；常人方法论表面的力量存在于这样一个假设之中，即要去理解以社会学意义上的“日常”方式完成的客观化实践。然而，只要基本的思想被解释清楚，这个立场就会被其力量的有限高度所削弱。在社会学所研究的实践行动领域之外不可能存在可理解的理论立场。

只要回想常人方法论的无差异并没有意味着成员方法都普遍地缺乏精确性、有效性、严格性与不可预言性，主题/资源区分的含义混淆甚至矛盾就会凸显出来。因此，常人方法论主张社会学在其日常的程式中要依赖常识方法，并不必然会带有批判性的蕴含。只有当我们保留了舒茨有关日常生活的态度与科学理论化的态度（舒茨奇怪地把它定义为与由胡塞尔的超验还原所暗示的态度相类似）之间的对比，或如果我们认真思考塞克莱尔在社会科学中的实际方法与文字描述的“稻草人”立场之间的修辞学对比[2]，这样的批判性意义才能被理解。这种对比类似于列维-斯特劳斯那随机组合者与工程师之间的对照[3]，这是一种科学社会学家与常人方法 【151】

[1] Ibid., p. 250.

[2] Cicourel, *Method and Measurement in Sociology*, p. 2.

[3] Claudw Levi-Strauss, *The Savage Mind* (Chicago: University Chigago University, 1966).

论者用来(实际上已经暗中破坏掉了)描述一线实验室活动的随机组合者的区别[1]。

随机组合者是一个万金油(jack-of-all-trades),他使用“手头的工具”——工具、零碎的物质与异质性技能的集合——在试错法中去应付在一系列开放的应用系列中出现的突发事件。在舒茨的术语中,随机组合者调用“食谱知识”,即使用在近似的或者典型的关系、可能性的判断以及对某种成分和物质相对自由的替代的一种“技艺”。[2]列维-斯特劳斯把随机组合者与工程师对比,工程师的工具与技能完全以手段一目的的方式精确地致力于特殊的行动计划。但正如德里达指出的,当人们意识到工程师“是一个神话”时,随机组合者与工程师之间的区别就消失了:

> 被认为的工程师与随机组合者在所有方面决裂的观念,不过是一个神学的思想;因为列维-斯特劳斯在其他地方告诉我们:随机组合者是神话智慧,所以工程师是随机组合者产生的神话就奇怪了。从我们不再相信有这样的一种工程师,不再相信一种与历史话语相决裂的话语那一刻起,只要我们承认每一个有限的话语都与某种随机组合关联,并且科学家和工程师也都是某种随机组合的片段,那么,随机组合具有威胁性的那种思想以及它身上承载的那种意义也就消解掉了。[3]

舒茨在日常方法与科学方法之间的区分,常人方法论在客观表达与索引性表达之间、反身性说明与非反身性说明之间过于滥用的纲领性对比,同样是一种“威胁”。按照德里达的看法,客观性与科学方法的理想可以被

〔1〕 Claudw Levi-Strauss, *The Savage Mind* (Chicago: University Chigago University, 1966).

〔2〕 Schutz, “The problem of rationality in the social worlds”, p. 73.

〔3〕 Derrida, “structure, sign, and play”, p. 256. 强调在实验室中厂家的修补、谈判、偶然等对德里达的有关工程师的“神话的”(或“纯粹的”理性一目的科学方法)主张提供了细节上的支持。德里达思想的一个关键点不仅在于列维-斯特劳斯对工程师的描述被理想化了,而且还在于由写作的用手头现成工具摆弄修理的实践所产生。用伽芬克尔的术语来说,写作用了一种“文献方法”,通过它用手头现成工具摆弄修理的人与工程师之间的差别被建构与利用。

认为是行为过程中的神话智慧的建构,而这种行为在其自身领域则是寻常性的。再者,这并不意味着方法必然是有缺陷的或者谈论事物的客观状态是无意义的。尽管没有先验的基础能永远保证其有效性与确定性,但也没有什么能把科学的行为排除于有秩序的、稳定的、可重复的、可信的与寻常的状态之外。

说社会学把日常的方法视为理所当然,并不必然带有对社会学研究与发现中的有序性、稳定性、可重复性与可信性的批判性意味。当然,社会学的主题与发现时常伴随着实践的不确定性、有关方法论思考的无休止的争论、政治上的争议等。在这种争论过程中,进入任何研究索引和解释性程序之中的大量的日常性判断,有选择性地被置于批判性的审视之中。另一方面,最可信的社会学知识,大部分依据定义,是“微不足道的”:广泛地分布、广泛地得到理解、被职业社会学家以及职业社会学家所研究的人视为理所当然。

【152】 尽管德里达式“威胁”使事情保持其原样,但它影响极大。迄今,我已经在原型常人方法论与常人方法论之间进行了区分,但关于这一点读者完全可以问,我们在哪里能够发现你所言说的常人方法论?我把它置于这样一种理解之中,即在社会学所研究的实际行动领域之外,不存在可理解的理论立场。然而,常人方法论的整体文献蕴含着这样一种“外部”。在那种研究文献中,我们能够发现没有描述成员实际行动、索引性表述的例证以及可能性行为、表述和态度的一种替代性模式的自然态度的理想化形态吗?当然,舒茨明确地界定了“科学理论化态度”就是这样的一种替代。但如果真正的“常人方法论”开始于一种对外部的否认,开始于对语言使用与实践行动相对应的“不可修改的”索引与反身命题的肯定,那么其逻辑的结论将是生活的专业形式的消失,在这种专业形式中,各种“研究”得以产生、发表、阅读、比较并被组织进入一种内在一致的文献中。常人方法论的目标因此将是对未被学界之手所触及的社会世界的组织化与可理解特征的肯定。

超越原型常人方法论?

鉴于由这样的思想引发的深深的疑惧,即与常人方法论的学术领域通常联系在一起的那种区分,从其初级课程起就遭受“威胁”,那么就可理解原型常人方法论必然地提供了这一学科的缺省形式。它通过建立一种专业的“日常性”的领域而实现这一点,在其中受尊重的学术工作得以产生和呈现。一种“合理的”常人方法论——也就是从容地置于社会科学中的一种公认的研究纲领——只有通过建立一组经典的区别才能得到确立,仿佛它们在一组学术争论中形成了一种可行的立场。

就常人方法论的初级课程来说,这些区分的最为关键也是最为矛盾的东西,即在“专业的分析”与“‘成员’方法”之间的区分。按照这种区分,“日常的”或“常识的”说明(无论其是否有助于专业科学家、外行人或他们两者)被置于这种划分的一边,[常人方法论的]“分析”反对这种安置。时常,日常的说明被刻画为仿佛含有一种含糊的“实证主义”或“素朴实在论”的特征。[1]一种有学问的无知(docta ignorantia)的变种于是呈现:“行动者”并没有成为声名狼藉的“文化傀儡”,而是成为一种哲学上的原初力量,这种力量把“日常的世界”视为理所当然,对它的分析也被塑造为理所当然的“社会”实践的产物。【153】

这种区分不仅为分析家创造了无数的工作,它同样在普遍存在的实在论—建构论的论争中创造了一种条理分明的立场。“实在论者”的反对者现在遭受这样的谴责,即把一种未得到分析的社会结构中的客观事实性意义认为是理所当然的。常人方法论的分析家随后则表明:这种事实性的意

〔1〕 Melvin Pollner (Mundane Reason [Cambridge University Press]谈到了“实证主义的常识”。James Holsyein and Gale Miller (“Rethinking victimization: an interactional approach to victimology”, *Symbolic Interaction* 13 [1990]:103－122) 对“客观地‘在那里’的、独立于我们认识它的观察和描述行为的实在”进行了指向“日常生活世界”的刻画,对这种内在一致的哲学立场的责难类似于科学知识社会学中的这样一种趋势,即把一种实证主义中的“实在论者”的取向归于“科学家”和“科学哲学”。见 D. Bogen and M. Lynch, “Do we need a general theory of social problem?” pp. 213－237, in G. Miller and J. Holstein, eds., *Reconsidering Social Constructionism* (Hawthorne, NY: Aldine de Gruyter, 1993).

义是在解释性中被建构与保留的，是一种“在言说中成为存在”的“实在”[1]，或是通过“日常理性”而建构[2]的“实在”。分析瓦解了这样的观点，即成员（无论是社会学家还是外行的行动者）只不过是在报告一种客观的事实。因此，社会的、修辞的与交互作用的力量——建构性活动与常人方法——在理念论反驳实在论的论战中占据着思想的语法角色。

我称之为原型常人方法论的东西是非常具有包容性的。如是它是一种失败，这将总是内在于试图进行常人方法论研究的一种失败。即便是迦芬克尔与萨克斯的著述中引用最多的思想，也没有内在地“超越”原型常人方法论的思想。尽管迦芬克尔与萨克斯在这一场游戏的早期就攻击超验分析的思想，但他们并没有通过坚决放弃一种程序化的目标，声称拒斥表征的“反映理论”而简单地抛弃这种想法。在无数的常人方法论研究中，当认为社会学的研究不应该受到其“研究主题”的污染时，主题与资源的区分就成为一种有效的修辞手段。

虽然常人方法论学者否认有任何兴趣去追求对他们所研究的“方法”的分析，但这种否认本身就释放了称社会学家把主题与资源混淆在一起的批判性压力。一旦我们允许把分析与日常方法区分开来的每一步都拥有日常语言的内在敏感性，这种区分就不会再维持了。想象一种后分析的常人方法论，在其中，专业的分析不再为取代某种归因到日常活动的局限性提供一种稳定的资源，这种想象类似于某种深思熟虑的自杀，因为它对修辞上的脚手架提出了质疑，而后者使常人方法论在社会科学中获得了一种薄弱的立足处。取代这种自杀，或许“治疗”可以帮助我们发现一种把分析从其与常识对立中解放出来的途径。在下一章中，我将审视维特根斯坦后期哲学在这一点上为我们所需治疗提供的一种可能性。

附录：交通的线性社会

【154】 下面的描述试图证明一种解释看起来会是什么样子，即把“方法”视为

〔1〕 John Heritage, *Garfinkel and Ethnomethodology* (Oxford: Polity Press, 1984).

〔2〕 Melvin Pollner, *Mundane Reason*.

置身于活动、仪器、研究场所与被研究对象组成的一个独特的聚集体中的实质性活动，不是从科学或数学中选择出一个例子。我将描述一个对我们大家都非常熟悉的活动领域，因此，无须为读者准备初步的知识准备就可以使他们去理解技术装置、被建造的环境、观察到的事件以及交流行动的集合体，这个集合体构成了一个特殊的行动领域。显然，在电子显微镜领域中“航行”与在交通拥堵中驾驶之间具有无穷无尽的差别，但是对交通的描述将会达成我的目的，即对在独特的历史、物质语境中的地方性活动的一个范例性描述进行展示。此外，这是一个被迦芬克尔与他的学生时常强调的一种行动领域，这样，我发展了在这一主题上的先前的工作。[1]

在现代城市场景中，交通或许是最为公共的空间：彼此分开生活的人们在公共空间中相互碰面，当他们在这个空间行为时，相互间(有时是相互测试)信任对方的能力与可说明性。驾车是一种游戏，在其中瞬间与强烈的撞车所造成的死亡可能会来自于一种相互间注意力的疏忽，一种错误的手势，或交通秩序中各种各样的不对称性。

尽管其具有公共性和高度组织性特征，但对交通的社会系统的研究著述却惊人地稀少。社会学家与社会心理学家间或将其作为派生自面对面相互作用研究的一种应用领域进行过讨论，相应地，汽车作为一种其使用价值和符号性价值已经转换为共同体的先存形式的技术受到了一些关注。[2] 戈夫曼(Erving Goffman)详细阐述过一个特别应用于交通的“车辆的单位(vehicular unit)”概念，但他对这个概念进行的一般化处理，使得几乎无 【155】

〔1〕 当我1973—1978年、1980—1982年在UCLA的社会学系时，在其演讲中，迦芬克尔经常利用交通的例子。他偶尔就这一主题让学生进行观察练习，与我讨论未发表的论文，与他的学生Chris Pack, Stacy Burns and Britt Robillard进行私人交流。迦芬克尔在大量的演讲中详细说明了这一例子，包括在波士顿大学的一次研讨会上标题为“专业社会学的好奇的严肃性”的演讲。在他的论文草稿《社会分析的两种不可通约的、反对称性的交替技术》中(UCLA社会学系，1990)以及迦芬克尔与Wieder早期的草稿《地域制造、自然解释的秩序的现象的证据》中，简要地解释过交通。下面我对交通的讨论得益于迦芬克尔对这一主题的许多讨论，虽然我并没有把这种讨论解读为是对“迦芬克尔观点”的一种说明，或一种常人方法论研究的一个报告。在很大程度上，这是一个松散建构的例子，它发展了一种并非出自于迦芬克尔方法的福柯式的论题。

〔2〕 如见Robert and Helen Lynd (*Middletown*: *A Study in Modern American Culture* [New York: Harcourt Brace, 1929], pp. 251ff)的经典的“共同体研究”。

法具体说明交通中单个驾驶的有序性。[1]不把交通想象为一种简化的交往环境似乎非常困难，在其中，相互关系被简化为尾随、“接触”（或者，最好避免接触）的个人模式，信号发送的高度模板化的形式或许是太明显以致于不值得引起人类交往研究者们认真分析。尽管对交通的社会学研究兴趣相对缺乏，交通工程与交通事故研究的大量文献，能够被重新解读为对车辆的单位以及其所建造的环境如何制造出一种独特的社会空间的解释。[2]

对常人方法论来说，交通是独特的社会秩序的一个例子，一个杜克海姆式“社会事实”明晰的例子。正如高速公路工程师认识到的那样，高速公路交通是一种标准化的、可预言性的、可重复的事物的秩序，这种秩序独立于其行动构成了特殊的司机群体。在盘旋于拥挤的高速公路上的直升飞机“圆形监狱”的视角下，交通可能也是一个物理系统，用福柯的术语来说这种秩序被嵌入一种一致性的、中心设计的、物质性压缩的几何学中，二者都能够促使并且限制作为构成因素的车辆进行单元运动。从工程的角度来看，交通发生在一种信号与信号传递的符号密集领域，它能够使一种车辆有规则地“流动”，使大量监控点发挥作用。

通过提出交通的社会事实如何被处于汽车长流中的司机所识别的问题，迦芬克尔在工程解释中进行了某种格式塔转变。结果是，交通不再是一个从“外部”（或从“上面”）来全景式解读的文本；这是一个由细胞式的单位组合成为一种可理解的秩序的领域。[3]迦芬克尔指出了作为情境性组织起来的现象，前面轿车与后面轿车之间的“间隔”存在的意义。

与古尔维奇的证明中点对之间的“间隔”（见图 4.2 与图 4.3）形成对比，轿车之间的这些“间隔”，通过在交通得到调节、在交通中得到表达的司机行为的复杂的集合体瞬间得以形成和改变。公认的社会关系依据轿车

---

〔1〕 Erving Goffman, *Relations in Public* (New York: Harper & Row, 1971).

〔2〕 迦芬克尔暗示过这种重新解读工程文献的可能性。（私人交流）

〔3〕 通过比较福柯对监狱与精神病院的解释与迦芬克尔对在“整体机构”中内在生活的描述，人们能够评价这种格式塔式的转变，见 Asylums (Garden City, NY: Doubleday, 1961)。虽然 Goffman 的解释可能预设了精神病院的历史设计，但它描述了一系列实践与策略，通过它们，医院或监狱中的人保持着逃跑、反抗、暗中破坏的行动，而同时对机构的监视一无所知。

之间的间隔得到确立，就像每一位司机调整相对的速度、瞬间的引导与跟随关系以及当地交通的一般性行进方向指导。

平行的道路、间隔、方向性与速度的拓扑秩序，显然是线性的，尽管这种拓扑秩序的一种司机视角类似于爱德温·A. 艾伯特(Edwin Abbott)的“二维世界”与“一维世界”中稀奇古怪的居民。[1]这个拓扑学领域不是来自于上方的全景式观察的视角，从在一个平面上开车的“居民”的观点(或“移动的观点”)来看，这个领域就有在于他们行驶的过程中。当在夜间驾车时，这一领域的空间限制就特别明显。在一个黑暗环绕的环境中，车周围环境的可见度主要被限制在一种前方与后面的灯光流中，在其中，前灯表明了一种直线的前景，镜子能够使受限制的后向视角发挥作用，前后灯光与信号布置为在交通流中的意向性行动提供特定的可见性呈现。不用说，这种拓扑学线性是具体的，因为它提供了一种系统上设计好了的环境，这种环境涵盖了发生在交通中的具身性行动的秩序。 【156】

“司机”这个特定的社会类别，拓扑学上被限制在其建造环境的行动中，在这种环境中，空间已经被塑造以备用，在其中，语言以一种普遍的、非个性化的方式被嵌入一个特定的领域，在这个领域中，以技术为中介的世界像在任何一个其他的经验生活世界一样，直接得到塑造。[2]一位“司机”并非是机器中的一个幽灵，因为他或她的这种身份与交通的线性社会主题性关联。对梅洛-庞蒂的赤裸裸的具身性行动者来说，我们能够取代“交通中的司机”，一位力量者，他是通过一种交通工具的中介感知与行动，他的“意向的”行动通过一种为司机使用而建造起来的工程化环境中的运动与位置关系，瞬时性地得到展现。这种具体的环境同样是一种图示“文本”，因为它是由一系列线和交点，以及铭写记号和方向指示组成，所有这一切包括并且明示出一种其他交通工具的生动的发展领域。正是这一充满着

〔1〕 Edwin Abbott, *Flatland: A Romance of Many Dimensions* (New York: Dover, 1952).

〔2〕 布鲁诺·拉图尔(*Science in Action*, 1987, Cambridge, MA: Harvard University Press, p. 254)提供了一个解读一张地图的简洁的例子，在这一例子中，地图与工程化的环境被构造成为文本：“当我们利用图时，我们很少把地图上所写下的东西与地形进行比较……我们时常把对地图的所读与用同样的语言所写的路边的记号相比较。只有当其所有相关的特征一直被信号灯、地界箭、街道的名称所写下并被标记等，外部世界才能适合于地图的应用。”

符号与信号的世界，被置于并被格式化在标准的参考中，对那些处在一种线性流动中的读者具有约束作用。司机不仅通过解读速度表，而且通过观
【157】察交通的当地语境来知晓他们开得多快，因为它是沿着一个线性社会的路线在移动。[1]

对司机来说，知觉空间既不是一种赤裸裸主体的现象空间的一种变体，也不是它的一种扩展。一方面，它是一个为标准化的交通单位集合体精心建造的空间。单个司机的知觉空间，由其在交通中的位置所限定，而不是由赤裸裸主体的任何不变的知觉能力所限定。它被一种交通工具所环绕，这种交通工具由一种被“反射性”后视所实施的、“向前的”方向引领。前灯、信号以及使用前灯和信号所需的简单的几组符码被嵌入在交通的线性矩阵之中。虽然在汽车中司机的身体仍然在活动——既作为一种实际的与假定的力量又作为一种意义的资源——但他在交通领域中的行动被包含在速度和交通单元集合中的知觉、手势与交流的惯常模式所限制。

对驾车中的司机来说，知觉与行动的世界是相对贫乏的，但并非是人们所想象的那样贫乏。交通中的事件流使得可见性的不同秩序以及肢体表达的模式变动成为可能。一个司机只要看到交通中另外一个汽车的转向，或者意识到与对方相对准确的速度和尾随距离，这个司机就能够不同寻常地形成关于那个司机是“哪类家伙”(或者，刻板点说，“那个女人”)的准确抱怨。

此外，在交通中一个简单的移动、位置或沟通手势，在与景观事件流的关联中会获得一种精准的意义。因此，例如，发出喇叭声可能被听出来是对另一位司机或行人的“问候”、“性别歧视”、一种侮辱、一种埋怨、一种警告，或(在新德里)是告知其关系密切的邻居车子到了的听得见的标记。在每一种情形中，仅仅是喇叭的鸣响就会被认为是一种精心制作的有意向的结构(喇叭是向谁鸣叫? 是向我吗? 我做了什么?)，相应地，这个鸣叫会被

〔1〕 哈维·萨克斯指出“带有交通”的驾车提供了一种衡量标准，决定相对速度的基础，或许幽默地说，萨克斯注意到许多司机驾车时，仿佛他用试图使快或慢的驾驭速度变得明显的背景。(“On members measurement systems.” Edited by G. Jefferson，来自未出版的转录的演讲，*in Research on Language and Social Interaction* 22：[1988/1989]：45－60)。

纳入一组复杂的应答性行动。通过相对广大、持久、重复和常规的刻画，通过在地方性环境中的指向蜂鸣、喇叭叫以及其他手势的“对话性”关系，喇叭声音所宣告的东西被诗意且有韵律地调节。[1]

交通的连贯性质为对不容易转变到其他空间的社会能量或权力进行各种各样的“测量”提供了一个基础。因此，如在高速公路上一泻而下的临时性队列中变得可见的具体关系，就为区分走在前面、通过、追赶与阻碍的行动，提供了一种度量基础。司机的特征语汇可以把这些表达与有目的的、有竞争性意义的词汇以及轿车和司机的类别化的特征联系在一起（“到右边来，慢慢停下！”）。交通中相互可见的位置关系被迅速提升为明确的游戏，比赛、被冒犯或冒犯他人以及其他关于疾驰或者相遇的相对扩展了的模式。 【158】

虽然社会行动的一般范畴无疑可应用于交通，但这种应用是独特的。例如，在交通中关于“力量”的自我中心的表达，不能轻易地在其他社会技术通货中直接兑现。相应地，把交通的社会秩序视为力量关系的一般性组合的一种投射，也是值得怀疑的。然而，与此同时，交通经济中的敏感性结构并非来自于一个赤裸裸（或“自由的”）主体的导引行动的可能性，也并非来自于把行为和交通的“日常”模式转变为司机模式的一种简单的公式。因此，交通中行动的可说明性的组合具有其特殊性，这种特殊性需要一种历史唯物主义式理解的地域化阐述。

---

〔1〕 发出喇叭声的例子同样在 Stacy Burns 未发表的著作中得到了阐述（迦芬克尔，私人通讯）。

第五章　维特根斯坦、规则与认识论主题

【159】　在知识社会学中当前研究的最突出标记是它们试图把对认识论的传统关注转变为经验研究的主题。虽然新的科学知识社会学的倡导者并没有追随着单一的研究纲领，但其中许多人表达出对科学哲学的兴趣。大卫・布鲁尔通过说知识社会学是"过去习惯被称之为哲学领域的继承者"来解释维特根斯坦，他与巴恩斯提议把科学知识的"内容"视为一种社会学研究的恰当主题。

某些知识社会学家利用公认的哲学立场作为社会学研究的出发点。如哈里・柯林斯从事着一种他称之为"经验的相对主义纲领"的研究[1]，卡琳・洛尔・塞廷娜暗示支持一种建构主义的科学哲学的经验社会学[2]。安塞姆・施特劳斯(Anselm Strauss)的"社会世界"研究途径的追随者，如埃里胡・杰森(Elihu Gerson)、苏姗・利・斯塔(Susan Leigh Star)、阿黛尔・克拉克(Adele Clark)与琼・腾村(Joan Fujimura)利用常人学与历史研究的方法发

〔1〕 H. M. Collins, "As empirical relativist programme in the sociology of scientific knowledge", pp. 83-113, in Knorr-Cetina and M. Mulkay, eds., *Science Observed: Perspectives on the Social Study of Science* (London: Sage, 1983).

〔2〕 Karin Knorr-Cetina, "The ethnographic study of scientific work: towards a constructivist interpretation of science", pp. 115-140, in Knorr-Cetina and M. Mulkay, eds., *Science Observed: Perspectives on the Social Study of Science* (London: Sage, 1983).

展了由美国实用主义者所提出的某些认识论的创新观点。[1]布鲁诺·拉拖尔与迈克尔·卡龙更进一步地发展了“行动者网络”的路径，解构了许多在社会学与哲学基本概念上的差异，把这种差异置于一种独特的本体论中，在其中，人类与非人类的力量从一种基本的符号学混合中突现出来。[2]其他学者，如迈克尔·马尔凯(Michael Mulkay)通过坚持认识论与本体论的立场应该被视为知识社会学家所研究的科学领域中的话语记录，从而 【160】接受了现象学与文字分析的理论创新。[3]

科学社会学中更为激进的路径并没有简单地把哲学利用为一种通过经验研究所“充实”的假设与概念论题的一般资源，相反，他们的意图是依据对实际案例的历史的与常人学的研究来重写科学哲学。[4]这导致了对科学哲学的一种持续的与活跃的介入。虽然布鲁尔与柯林斯引导其相对主义的提议与一种坚定的经验社会科学承诺相结合，但他们的研究时常被科学哲学家视为对科学探索的自然主义与逻辑基础的一种相对主义的攻击。

就许多批评而言，熟悉的论点是当把其应用转向由科学知识社会学家

〔1〕 Susan Leigh Star, “Simplication in scientific work”, *Social Studies of Science* 13 (1983): 205-228; Elihu Gerson and Susan Leigh Star, “Representation and rerepresentation in scientific work”, unpublished paper, tremont Research Institute, San Francisco, 1987; Adele Clark, “Controversy and the development of reproductive science”, *Social Problem* 36 (1990): 18-37; Joan Fujimura, “Constructing ‘do-able’ problems in cancer research: articulating alignment”, *Social Studies of Science* 17 (1987): 257-293.

〔2〕 B. Latour, *Science in Action* (Cambridge, MA: Harvard University press, 1987); M. Callon, “Some elements of a sociology of translation: Domestication of the scallops and the fishermen in St. Brieuc bay”, pp. 223(1960), in John Law, ed., *Power, Action, and Belief: A New Sociology of Knowledge*? (London: Routledge & Kegan Paul, 1986).

〔3〕 Michael Mulkay, *The Word and the World: Explorations in the Form of Sociological Analysis* (London: Allen & Unwin, 1985)

〔4〕 并非社会学家提出了科学哲学的这样一种历史学转向的问题。库恩的《科学革命的结构》一书打开了这一大门，某些以各式各样的想保留一种一般的与规范的科学哲学的科学哲学家(如果不是一种基础主义者)同样促进了这种转向。如见 Gerald Doppelt, “ Kuhn's epistemological relativism: an interpretation and defense,” Inquiry 21 (1978): 33-86; Larry Laudan, *Progress and Its Problems: Towords a theory of Scientific Growth* (Berkeley and Los Angeles; University of California Press, 1977) David Stump, “ Fallibilism, naturalism and the traditional requirements for knowledge”, *Studies in History and Philosophy of Science*, 22 (1991: 45-69).

所倡导的文化与历史相对主义时，认识论相对主义就会变得荒谬。[1]通过参考在科学社会学中的一种内在的运动，这类批评在某种程度上可得到辩护。[2]他们的研究表明：就像他们所研究的自然科学的客观性主张一样，
【161】科学的自然主义的社会学与历史的提议同样易于受到怀疑论的批评，如果在几乎所有基本的理论与方法论问题上缺少共识，那么科学知识社会学中的纲领性创新与解释性主张就特别容易成为怀疑论批评的靶子。这种批评使人们回想起一个自知识社会学诞生之时就一直伴随着它的熟悉的问题：破坏了“内在的”合理性与对其他知识系统的自然主义支持的一种解释纲领如何防止其他人对其主张作同样的批评。就像在第二章中所讨论的那样，曼海姆通过讨论知识社会学独特的历史与制度语境赋予其实用性地独立于宗教、政治与人文科学中更为熟悉的意识形态立场。

在其“强纲领”的提议中，布鲁尔与巴恩斯采取了一种稍微不同的途径，试图用带有解释性的策略来补充曼海姆的证明方法，这些策略并不会必然破坏对特殊的科学理论与实验结果的真理与可辩护性的“内在的”承诺(见第二章与第三章)。按照他们的讨论，知识社会学的解释能够被赋予甚至是在算术中的最基本的命题，这一事实并没有暗示这些命题是错误的或任意的。因此，知识社会学的一种反身性应用将不会必然表现出其自身解释模式是站不住脚的，它甚至可被用来暗示在科学社会学和在自然科学与数学中论证的“强”模式之间的相似性。问题就归结为：“反身性”是否暗

〔1〕 如见 Allan Franklin, *Experiment Right or Wrong* (Cambridge University Press, 1990); Larry Laudan, *Progress and Its Problems*: *Towords a theory of Scientific Growth* (Berkeley and Los Angeles; University of California press, 1977) Chap. 7, “Rationality and the sociology of knowledge”, pp. 196-222.

〔2〕 Steve Woolgar, ed., *Knowledge and Reflexivity*: *New Frontiers in the Sociology of Knowledge* (London; Sage, 1988); Malcolm Ashmore, *A Question of Reflexivity*: *Wrighting the Sociology of Scientific Knowledge* (Chicago: University of Chicago University, 1989). 在对 Woolgar 的一次批评中，Collins and Yearley 认为科学社会学中的“反身性”纲领在本质上是保守的，因为它威胁性地破坏了对一种社会建构主义的经验的支持，这种建构主义校正了在实证科学中占支配作用的神话，见 H. Collins and S. Yearley, “Epistemological chicken”, pp. 301-326, in Andrew Pickering, ed., *Science as Practice and Culture* (Chicago: University of Chicago University, 1989)。虽然把 Woolgar 的观点视为本质上是保守主义的这种说法有欠公正，但它们可能被并不赞同 Woolgar 观点的批评家所利用。如 Allan Franklin(Experiment Right or Wrong, p. 163)在捍卫反对知识社会学中的强纲领主张的实验实践的合理性(Franklin 较弱的论述，reasonabilty)时，就认为 Woolgar 的论点植根于“科学的社会研究中的利益与解释”(*Social Studies of Science* 11 [1981]: 365-393)。

示着怀疑论，更一般地说，知识社会学的解释是否必然会暗示对被解释的“信念”的一种怀疑论。[1]

维特根斯坦与规则怀疑论

在第二章曾讨论过，布鲁尔讨论数学的著述加强了曼海姆的纲领。巴恩斯、柯林斯、特雷弗·平奇(Trevor Pinch)、伍尔伽与其他科学知识社会学家同样列举维特根斯坦为发起一种“社会学转向”的哲学中的重要人物，因为他表明逻辑与数学的强制性力量无法与这样的规则如何被用于行动的特殊环境的共识相脱离。[2]在迪昂-奎因的证据对理论的不充分确定性 【162】利用的线索中，这些社会学家一致把维特根斯坦有关数学规则的著作视为超越了哲学，指向了布鲁尔所称谓的一种“知识的社会理论”，即对稳定的知识如何可能的问题的一种本质上的社会学解释。[3]

在这一章中，我将检验布鲁尔与其他社会学家是如何解读维特根斯坦的，我论证道：就像索尔·克里普克(Saul Kripke)一样，他们的解释认为维特根斯坦提出了一种怀疑论的挑战，推进了对规则如何决定行动问题的怀疑论的解答。[4]克里普克对维特根斯坦的解读在研究维特根斯坦的圈子中一直备受争议，对克里普克的某些反驳也可被应用于布鲁尔与其他社会学家的怀疑论的论点。与许多科学知识社会学家相矛盾的是，我认为维特根斯坦是依据规则能够被解读为对认识论的怀疑主义的一种拒斥来讨论

〔1〕 见 Wes Sharrock and Bob Aanderson, “*Epistemology: Professional Skepticism*”, pp. 51-76, in G. Button, ed., *Ethnomethodology and the Human Sciences* (Cambridge University Press, 1991).

〔2〕 Barry Barnes, *Scientific Knowledge and Sociological Theory* (London: Routledge & Kegan Paul, 1974), pp. 163-164; Steve Woolgar, *Science*; *The Very Idea* (Hichester: Ellis Harwood: London: Tavistock, 1988), p. 45; Harry Collins, *Changing Order: Replication and Induction in Scientific Practice* (London: Sage, 1985), pp. 12 ff.

〔3〕 David Bloor, *Wittgenstein: A Social Theory of Knowledge* (New York: Columbia University Press, 1983).

〔4〕 Saul Kripke, *Wittgenstein on Rules and Private Language* (Cambridge, MA; Harvard University Press, 1982).

行动的。

我进一步主张对维特根斯坦的一种反怀疑论的解读与另一种常人方法论纲领是相容的，这一纲领研究的是规则与实践行动之间的反身性关系，这种反身性完全不同于和伍尔伽与阿什莫(Ashmore)反身性研究纲领纳入其自反性(self-reflection)。像科学知识社会学家一样，常人方法论学者并不试图把认识中的传统命题转变为经验研究的主题。但与其说是提倡一种“社会学转向”，在其中哲学的问题被赋予了社会学的解释，不如说常人方法论学者提出了一种“实践的转向”，通过这种转向，他们把社会学的目的转化为社会事实是一种将被描述的情境化的现象。社会学的丧失成为社会性的成就。这种“实践转向”具有我在第六章与第七章中将要清楚说明的意义深远的重要性。

常人方法论与科学知识社会学同样研究诸如表征、观察、实验过程、测量与逻辑确定性之类的传统认识论的主题，两种途径的倡导者相信维特根斯坦的哲学支持着其认识论主题的讨论。正如巴恩斯注意到：“[在常人方法论与强纲领之间]存在着有趣的相似，它们来自于他们对路德维格·维
【163】特根斯坦后期著作的信任。”[1]常人方法论学者与科学社会学的倡导者不太关注对维特根斯坦文本的“忠诚的”解读，因为他们的主要兴趣是开拓维特根斯坦的文集，以及其他建设性的材料，以激励与引导经验研究。[2]

尽管存在着对维特根斯坦的共同兴趣，但科学社会学家与常人方法论

---

〔1〕 Barry Barnes, *Interests and the Growth of knowledge* (London: Routledge & Kegan Paul, 1977), p. 24.

〔2〕 迦芬克尔明确地放弃了给予常人方法论与哲学先驱结合在一起的任何试图，虽然他暗示着对哲学家的“常人方法论误读”。他偏向于“误读”胡塞尔、梅洛-庞蒂、海德格尔，不像萨洛克(Sharrock)、安德森(Anderson)与古尔特(Coulter)，迦芬克尔很少明确表现出对维特根斯坦的可能共鸣。这里提出这一看法并非是想表明常人方法论最好被视作维特根斯坦哲学的一个分支，而是从维特根斯坦哲学中引用某些强证据，以支持常人方法论的研究策略。这样做并非暗示这些研究策略是在努力“追随”维特根斯坦过程中发展起来的。

学者提出了对维特根斯坦后期著述的完全不同的解读[1]，他们的分歧使人们回忆起在对维特根斯坦规则与行为关系问题的哲学讨论中的一场熟悉的争论。某些维特根斯坦的解释者解读他称秩序化的行动不仅是由规则，而且还是由围绕着潜在的解释性回归的社会约定与习得倾向来决定的。其他人则相信他把规则视为与实践的行为不可分离，他的著作几乎没有给予社会学的、约定主义者与其他相关的解释形式。当依据这些哲学论点来解读科学的社会研究中各式各样的经验纲领时，他们明确地包含着“经验”是什么以及如何研究它的完全不同的观点。当知识社会学家对维特根斯坦进行一种怀疑论的解读时，常人方法论学者——与人们时常谈论其纲领相矛盾——提出了一种对维特根斯坦的非怀疑论式但却是一种实在论者或理性主义的解读。虽然双方都认为维特根斯坦的著作支持着各自的立场，但对科学知识社会学来说，问题不在于维特根斯坦的著作暗示着一条摆脱哲学，进入社会学的途径。正如彼特·维奇(Peter Winch)论证道：维特根斯坦对赋予认识论上相关主题的一般社会学解释的这种可能性提出了质疑。[2]

对科学的社会研究来说，维特根斯坦决不是唯一重要的哲学家，但他被广泛地认作是认识论中“社会学转向”的关键人物。大卫·布鲁尔的《维特根斯坦：一种知识的社会理论》一直被视为是研究维特根斯坦后期著作 【164】

〔1〕 并非所有的常人方法论学者都对维特根斯坦采用了相同的解读。虽然我提议要依据常人方法论的研究工作来谈论，但在迦芬克尔的著作与利文斯通(Livingstone)的著作中很少涉及维特根斯坦，除此之外，我认为我自己在《在实验室科学中的艺术与工人事实》(*The Art and Artfact in Laboratory Science: A Study of Shop Work and Shop Talk in a Research Labrotory*, London: Routledge & Kegan Paul, 1985, pp. 179 ff)中对维特根斯坦的讨论是不充分的。我当前赞同的观点被萨洛克与安德森最为明确地讨论过，见 W. W. Sharrock, "The Wittgenstein connection", *Human Studies* 7 (1984): 375-386; R. J. Anderson, J. A. Hughes, and W. W. Sharrock, "Some intial diffculties with the sociology of knowledge: A preliminary examination of 'strong programme'", *Manchester Polytechnic Occasional Papers*, no. 1, 1987; Jeff. Coulter, Mind in Action 9 Oxford: Polity Press, 1989), pp. 30 ff.

〔2〕 Peter Winch, *The Idea of a Social Science and Its Relation to Philosophy* (London: Routledge & Kegan Paul, 1958; Second Edition, Atlantic Highlands, NJ: Humanities Press, 1990).

对科学与数学的社会研究影响的最为引人注目的著作。[1]维特根斯坦的影响同样受到了许多“库恩式”论题，如“看成是”、“不可通约性”与“范式”的过滤，这些论题在科学社会学中被广泛讨论。维特根斯坦的重要性表现在这一事实中，即“生活形式”、“语言游戏”与“家族的相似性”这些概念已经在科学的社会研究文献中广泛流行起来，而时常人们并没有注意到维特根斯坦是如何利用它们的。

布鲁尔的中心议题是：维特根斯坦是把认识论主题转变为一组社会科学研究的经验问题的关键人物。虽然维特根斯坦并没有明确地提及过杜克海姆的社会学，并明确把自己的研究途径与行为主义区分开来[2]，但布鲁尔认为在某些方面维特根斯坦的研究是与经验的社会科学中的这些纲领一致的。当面临着维特根斯坦的著作与杜克海姆著作之间的明确矛盾时，布鲁尔通过拒斥维特根斯坦的某些中心议题来解决这些矛盾。[3]

布鲁尔显然很清楚的是：他要用一种经验纲领来试图补充维特根斯坦，他乐意创造性地误读维特根斯坦以达到他的目的。对此我并没有异议，因为并没有理由认为对一种特殊哲学传统的忠诚应该去约束创新性的社会研究。[4]正如理查德·罗蒂(Richard Rorty)所说，想正确地去表述像维特根斯坦著作这样复杂的作品的“思想”，这不可能会有什么终结性的努

〔1〕 David Bloor, *Wittgenstein: A Social Theory of Knowledge* (New York: Columbia University Press, 1983). 其他相关的较广泛的研究包括 Derek Phillips, *Wittgenstein and Scientific Knowledge: A Sociological Perspective* (London: Macmillan, 1977); Coulter, Mind in Action, chap. 2; Collins, Changing Order, chap. 1; H. M. Collins, *Artificial Experts: Social Knowledge and Intelligent Machines* (Cambridge, MA: MIT Press, 1990) chaps. 2 and 7; Trevor Pinch, *Confronting Nature: The Sociology of Solar Neutrino Detection* (Dordrecht Riedel, 1986).

〔2〕 Wittgenstein, *Philosophical Investigation*, pp. 307-308; C. G. Luckhardt, "Wittgenstein and behaviorism", *Symthese* 56 (1983): 319-338; J. F. M. Hunter, *Understanding Wittgenstein: Studies of Philosophical Inverstigation* (Edinburgh: University of Edinburgh Press, 1985).

〔3〕 通过暗示维特根斯坦的反科学倾向(或许反映出斯本格勒观点的影响)使他未能看到他对语言的解释与行为科学研究之间的天然联姻，布鲁尔解释了为什么维特根斯坦看来如此不赞同行为主义与杜克海姆的社会学。

〔4〕 伊恩·哈金(Ian Hacking)在其对布鲁尔著作的评论中得出了一个类似的观察，见“Wittgenstein rules” *Social Studies of Science*, 14 (1984): 469-476.

力。[1]一种创造性的误读或许会更有助于在维特根斯坦所提问题上的对话。不幸的是，布鲁尔超出了这一点，因为他同样主张为了用“一种真实的 【165】 自然史取代维特根斯坦的幻想的自然史，用一种真实的常人学取代一种想象的常人学”，社会学研究是必要的。[2]这种实在论者的提议把维特根斯坦的著作视为需要经验基础或校正的思辨，它完全忽视了维特根斯坦对偏爱“语法”研究的理论和经验主义的批判。[3]毫无疑问，维特根斯坦的著作有助于激励布鲁尔，即便他们并没有权威化其纲领，但他们同样可能反对其许多纲领性的主张。

正如我在第三章所表明的那样，布鲁尔的强纲领四原则一直影响着大量科学史研究，同样也提供了大量批评的目标。[4]布鲁尔的因果性假设在科学的社会研究中并没有得到广泛的接受，但许多社会学家尽管不同意这些假设，却共享一种有关科学家与数学家的真理主张的怀疑论姿态。说到这种怀疑论姿态，我并不是说布鲁尔倡导一种对科学家的理论与数学家的证明的怀疑。与曼海姆的“非评价性一般的整体的意识形态观念”相一致，布鲁尔的“对称性”与“无偏见性”原则所要求的不过是所有的理论、证明或事实被视为有待通过社会原因来解释的信念。布鲁尔的怀疑论主要是方

〔1〕 Richard Rorty, *Philosophy and the Mirror of Nature* (Princeton, NJ: Princeton University Press, 1979).

〔2〕 David Bloor, *Wittgenstein: A Social Theory of Knowledge*, p. 5.

〔3〕 Sharrock and Anderson, “The Wittgenstein connection”认为布鲁尔的一种经验科学的提纲采用了一种直接哲学论述的形式；虽然布鲁尔列举并概括了大量历史研究，并暗示一种经验的研究可能是由什么构成的，但他的论证从表面判断是程序性的。对布鲁尔的著作，埃里克·利文斯通(Eric Livingstone)得出了一个类似的结论：“通过主张‘科学知识’的社会学研究应该遵从科学程序的标准，布鲁尔看来所指的是人们应该采用一种遵守流行的、大体上是哲学的理论的说话方式。”见Eric Livingstone。“ Answeres to field examination questions in the field of sociology, philosophy, and history of science”，未发表的手稿，在 UCLA 社会学系流传(1979, pp. 15-16)。因此，把布鲁尔的讨论视为哲学练习，而不是一种有待于依据经验基础来评价的实质性的社会理论，这种说法是恰当的。

〔4〕 这些批评包括 Larry Laudan, “The pseudo-science of science?” *Philosophy of Social Sciences*, 11 (1981): 173-198; Stephen Turner, “interpretive charity, Dukheim, and the ‘strong programme’ in the sociology of knowledge”, *Philosophy of Social Sciences* 11 (1981): 231-244; Steve Woolgar, “Interests and explanation in the social studies”, *Philosophy of Social Sciences*, 11 (1981): 365-394; Anderson, et al, “Some initial difficulties with the sociology of knowledge”; and Coulter, *Mind in Action*.

法论的，因为他的目标是对他称为“科学信念”的内在合理性进行相对化处理，以确立科学与数学的一种社会的或约定论的解释。虽然作为一种社会学研究策略他一直是成功的，但一种熟悉的怀疑论姿态已经引起了维特根斯坦学派哲学家的大量批评。

规则、行动与怀疑论

【166】 索尔·克里普克在其论文《维特根斯坦论规则与私人语言》中，评论了维特根斯坦有关遵循规则的讨论。他认为维特根斯坦对规则如何决定行动的经典哲学问题提出了一种新颖的解决方案。在克里普克看来，维特根斯坦最初接受怀疑论者的论题，即规则不能够充分决定行动，但随后对一种秩序化的行为如何成为可能的问题给出了一种社会建构主义者的解答。克里普克并非是把怀疑论或约定主义的观点赋予维特根斯坦的唯一哲学家[1]，但这篇论文特别地激起了研究维特根斯坦的圈子的激烈批评。维特根斯坦在其他几本手稿与笔记中讨论了规则的问题，但克里普克与其批评者之间的争论主要集中在《哲学研究》从第 143 节到 242 节中，它表达了关于持续写一个数列(2,4,6,8……)的著名例子。

就像维特根斯坦后期著作中的典型特征一样，大量论点零碎贯穿于文本之中，同时伴随着部分重叠或类似的例子。问题被提出，随后又被搁置，当维特根斯坦在断言其观点时，当他以一位对话者的声音在说话时，人们时常会感到困难地去追踪他究竟在说什么。尽管，或许因为其困难，这一论证就在大量的二手或三手材料中被重构。

就我的理解而言，论证可以如下展开：维特根斯坦(《哲学研究》第 143 节)设计了一个“语言游戏”，在其中，一位教师要求一位学生依据某一构成规则写下一个基数数列。显然从这一讨论中，这种语言游戏及其想象的缺

〔1〕 见 Michael Dummett, “Wittgenstein's philosophy of mathematics”, pp. 420-447, in G. Pitcher, ed., Wittgenstein; *The Philosophical Investigations* (Motre Dame, IN: University of Notre Dame Press, 1968)；较为含糊的讨论，Stanley Cavell, *The Claims of Reason: Wittgenstein, Scepticism, Morality, and Tragedy* (Oxford; Oxford University Press, 1979).

陷将被理解为依据规则的行动的范式。这不仅在算术中，而且还在其他诸如下棋与说出一种自然语言的规则控制的行动之中。在其讨论的主要段【167】落中，维特根斯坦(《哲学研究》，第 185 节)要求我们假定这位学生已经把握了自然数的数列，并就直到 1000 的数的"n+2"的数列，我们已经让他进行过数次练习与测验。

现在让我们要求这一学生继续写下 1000 以上(如+2)的数列——他写下了 1000，1004，1008，1012。

> 我们对他说："看你做了什么！"——他不明白。我们说："你应该加 2：看你是怎样开始这一数列的！"他回答说："是的，这不对吗？我还认为你们的意思就是这样做。"

在怀疑论者的解读中，学生的"错误"显示出他当前的错误在逻辑上是符合于一种想象数列的："加 2 直到 1000，加 4 直到 4000，加 6 到 3000。"因为学生并没有被给予大于 1000 的例子，因此，他对规则的理解是相容于他先前的经验的。带有足够的想象，这一数列的大量不同的排列可能会产生。如柯林斯称规则"加一个 2，随后加另一个 2，再加另一个 2，等等，并没有充分阐明我们将要做什么……因为指令可能被这样遵循，写成'82、8222、8222、82222'或'28、282、2282、22822'，或'8'，等等。每一种在某种意义上都被认为是"加 2"。[1]因此，对基于学生先前计算过的有限数列的例子的公式"n + 2"，我们可以想象着无穷多种的理解，看来我们已经达到了一种极端的相对主义立场：

> 这就是我们的自相矛盾之处：任何行动的过程都不可能被一条规则所决定，因为每一个行动的过程都可以依据这一规则来制定。答案是：如果一切事情可以依据规则来制定，那么一切事情也可以制定得与规则相冲突。因此，这里既没有遵循，也没有冲

〔1〕 Collins，*Changing Order*，p. 13.

究。(《哲学研究》第 201 节)

但随后维特根斯坦继续说,这一自相矛盾基于一种假设,即我们对特定规则的把握基于一种"解释",关于规则意义的一种私人判断独立于共同体的任何常规实践。通过补充说明在我们普通行为中的规则提供了一个规则首先被表达与理解的语境,他为这样一种解释性的可能性进行了辩护。在数数中想象的变化很少入侵我们的实践;在其实践的规则问题上,数学家之间也很少爆发激烈的争论。(《哲学研究》,第 212 节)他们只是把遵循规则"视为理所当然之事"。(《哲学研究》,第 228 节)

但现在的问题是为什么?或宁可说,问题是,我们如何如此毫无疑问地设法把一个规则应用于我们先前还没有应用过它的案例呢?答案看来
【168】是去求助于社会学。维特根斯坦(《哲学研究》,第 206 节)把遵循一个规则比做服从一道命令,他注意到规则、命令与规律只可能在一个共同行为的关系中才具有地位。这样一种秩序化的行动是如何被确立的?通过例证、引导、共识的表达、反复练习甚至威胁:"当一个我惧怕的人命令我继续这一数列时,我做得极快,毫不犹豫,而缺乏理由这一点,一点也不困扰我。"(《哲学研究》,第 212 节)

因为我的确得依据计算规则来进行,这样做的原因并不是内在于形式化的数学,而是内在于我们的"生活形式"(《哲学研究》,第 241 节)。那些限制我们的实践,最终也是限制学生的实践,如果他们学习的话,并非是单独的规则,而是在某一方面要遵循它的社会约定。如果说逻辑"强迫"我们奏效了,那么,用布鲁尔的话来说,就只有一种方式,即我们被"强迫接受了某种行为是正确的,某种行为是错误的。这只是因为我们认为某种生活形式为理所当然的"[1]。

秩序化的计算因此不仅取决于我们通过训练而把握的社会约定——被我们所生活的社会世界中的规范实践所谆谆劝导与强化的约定,而且取

〔1〕 Bloor, *Knowledge and Social Imagery*, p. 125.

决于我们的自然倾向。[1]如果我们把“人类的共同的行为”与“生活形式”解读为一种更大的领域，而不是一个特殊社会群体的规范，我们就能借助于我们的生物学与心理学能力。如果我们假定了数学(在这一例子中是指初等数学)是在我们最为严格控制的行为之中，那么在把哲学转向社会学与其他经验科学以解释数学中的秩序问题上，维特根斯坦看起来为此提供了强有力的支持。[2]

那些适用规则的东西同样适用于科学中的理论:理论是不能由事实充分决定的，因为理论不能够被一组有限的事实明确地支持。因此，如果在一种理论上达到共识，这种共识不能够由事实单独解释，而要由一个科学家共同体中的社会约定与共同的机构来解释。共同生活的这些方面极大地把可能的理论解释限制在一种或非常少的社会公认与认可的视野中。在一些更加躁动的时代，集体的习惯，有力的说服，甚至于高压政治，都在限制着敏感的理论选择的范围。

在这一点上，显然要求助于对科学的社会研究。对维特根斯坦的怀疑 【169】
论解读看来把数学与自然科学的内容置于社会学家的处理之中，因为数学的运算法则与物理学的理论定律如今被视为“人类的普通行为”的表达，而不是一种纯数学形式的柏拉图王国中理性的超验定律或内在关系。

布鲁尔的讨论并不会必然依据从“外部的”专业共同体产生的规范或意识形态去解释科学家或数学家的行为。虽然这类“外部的”因素只要相关就可能被包括在内，但布鲁尔的讨论允许相对小的与封闭的专业共同体(柯林斯的术语“核心群”)对其成员的约定的实践负责。[3]

科学领域中的对话具有特殊的意义，因为它们展现出科学共同体在理

---

〔1〕 David Bloor, *Wittgenstein: A Social Theory of Knowledge*, p. 121.

〔2〕 当布鲁尔在经验上扩展了维特根斯坦的哲学时，他不仅利用了社会学，而且也利用了心理学与生物学。柯林斯(Changing Order, p. 15)利用了维特根斯坦的个人语言的论点去禁止心理学(应该还有生物学)进入这种研究。对于维特根斯坦的“生活形式的”一种“有机解释”的讨论——但不是一种社会生物学的解释，见 J. F. M. Hunter, “‘Forms of Life’ is Settgemstein’s Philosophical Investigation”, *American Philosophical Quarterly*, 5 (1968): 233-243.

〔3〕 H. M. Collins, “The seven sexes: A study in the sociology of a phenomenon, or the replication of experiments in physics”, *Sociology* 9(1975): 205-224.

论、事实与实验程序中的“内在”关系上的分歧。

正如在第三章所讨论的，在科学的社会研究中的一种公认程序就是利用历史记录(只要可能，进行采访与人种学的观察)，以证明当一种主张创新获得共同体的支持时，在科学或技术争论中继续保持开放的解释性的可能性如何被消除。按照这些论点，在实验检验中创新的出色展现看来只解释了为什么它消除了对手：只是当从来没有得到明确排除的另类可能性被回避，被掩盖在理所当然的假定的黑箱之中的事实出现后，其技术的优势才变得明显。[1]从那时起，讨论的继续，成功的创新得到回溯式辩护，依靠案例，辩护可能会求助于一组对应着“自然”的实验事实，一种与“理性”规定相符合的理论，或一种比其竞争者更“有效的”发明。[2]。规范与革命性的科学之
【170】间的差异可归结为发展科学、数学或技术的某些开放的可能性是否被明确地争论着，或是否它们隐藏在“现存的科学”的理所当然的习惯之中。[3]

维特根斯坦对怀疑论的批评

虽然克里普克的论题可能与布鲁尔和其他社会学家的解释性纲领相一致，但这一论题在解读维特根斯坦时，被指责犯了根本的错误。如斯图

〔1〕 Trevor Pinch and Wiebe Bijker,“ The social construction of facts and artefacts: or how the sociology of science and the sociology of technology might benefit each other” (*Social Studies of Science* 14 [1984]): 399-441)中进行过有关技术创新的一种类似的讨论。按照他们的讨论，在发明的社会理论的早期阶段，其他创新途径保持着旺盛的生命。最终这些其他途径消失，一种或少数几种，如自行车、电冰箱或私人电脑开始流行起来。Pinch 和 Bijker 强调在这一过程中利益群体的角色，他们把其社会—建构主义者的观点与技术理性主义的途径对立起来，这种理性主义认为获得成功的特殊模式是最为有效的。批评这种研究与相关讨论的另一个案例研究，见 Kathleen Jordan and Michael Lynch, “The sociology of a genetic engineering technique: ritual and rationality in the performance of the plaimid prep”, pp. 77-114, in A. Charke and J. Fujimura, eds., *The Right Tool for the Job: At Work in 20th Century Life Sciences* (Princeton NJ: Princeton University Press, 1992).

〔2〕 Bachelard 注意到虽然理性主义者与实在论者强调一种认知分工的不同方面，但两者在对科学的讨论中扮演着一种类似辩护的角色。双方都认同同样的二元论：一方面是自然，另一方面是正确识别自然秘密的理性程序。当然在主要强调一方面或另一方面的哲学家，在存在着大量的立场，某些与强纲领是相容的实在论，它们之间存在着重要的差异。见 Goston Bachelard, *The New Scientific Sprit*, trans, Arthur Goldhammer (Boston: Beacon press, 1984).

〔3〕 Latour (*Science in Action*, p.4 ff.) 比较了“现存的科学”与“行动中的科学”。

亚特·萨克(Stuart Shanker)就认为克里普克误解了维特根斯坦《哲学研究》第201节中关键一段话：

> 与其说是作为一位怀疑论者，不如说维特根斯坦最早和最为持久的目标是……通过证明其不可理解性来理解怀疑论的立场。"因为怀疑只存在于问题存在之处，一个问题只存在于一个答案之处，一个答案存在于能说出某些事情之处。"〔1〕

萨克认为克里普克未能解释维特根斯坦的这段话"是一种持续的归谬法的顶点"〔2〕，当克里普克以一种类似于认识论中实在论—反实在论之争的术语来解释维特根斯坦时，萨克主张维特根斯坦想表明的并不在于支持这种争论中的任何一方，大量的误解就来自于任何从实在论与反实在论角度去解读其讨论的尝试：

> 但如果前提是错误的——如果维特根斯坦不属于这两个学派中的任何一个，那么基于这一原因，他已经开始对实在论与反实在论之争的这一基础进行了破坏——对《数学基础评论》的"怀疑论"的解读本身就是一次打击。〔3〕

就像萨克重构它一样，维特根斯坦讨论数列的要点在于要证明遵循规则的一种"准因果性"图景的荒谬性，一种把规则分析为带有"一种精神机 【171】
制的抽象客体"的形而上学处理。正如萨克解读的那样，维特根斯坦用一种强调遵循规则的实践基础的图景取代了这种决定论式的图景。规则指

〔1〕 Shanker, *Wittgenstein and the Turning-Point*, p. 14.

〔2〕 Shanker, *Wittgenstein and the Turning-Point*, p. 14.

〔3〕 Shanker, *Wittgenstein and the Turning-Point*, p. 4. 解读维特根斯坦的作品是异常困难的，学术界有大量的著作一直都在解读它们。时常，作为发出一种批评声音的前奏，批评者会把维特根斯坦的立场与实在论与反实在论、实证论与理念论、客观主义与主观主义、结构决定与方法论个人主义之争的这种立场或那种立场联系在一起。这也是现象学与常人方法论作品的一种熟悉的命运。

导着我们的行为的"印象"反映出"我们无情地应用它"。[1]

迄今为止,这种讨论相当符合布鲁尔、柯林斯与其他知识社会学家从这一例子中所得出的结论。然而讨论很快就会出现分歧。怀疑论者把维特根斯坦的归谬法追溯到可以保证放弃拟因果的图景,但结论是规则提供了对行动的一种不充分的解释。进入知识社会学领域,这一结论刺激着去寻求一种秩序化实践何以可能的另类解释。社会约定与利益就填补了由理性冲动所留下的空白。

怀疑论策略中的批判性步骤是把对一个规则的阐述与规则所阐述的实践(规则的扩展)相区分。一旦规则的陈述脱离把其扩展到新情形中的实践,二者之间的关系就成问题了。单一规则不能够依据其先前被认为符合它的实践来决定,对规则的详细阐述并不能排除与其陈述的文字形式相容的曲解。这种不确定性被一种怀疑论者的解答所修改,这种解答求助了规则与其解释之间关系上的外部影响。这些外部因素包括了社会惯例、共同体的共识、心理上的倾向与社会化——一种限制着其他解释可能性的思想与行动习惯的协调。一组问题可能会在更进一步的研究中出现:这类惯例如何被确立与持续?在面临着不确定性与矛盾时,共识是如何达到的?什么是来自于我们生物本能、认知结构与社会联系的相对贡献?

与怀疑论者的解答相反,萨克指出:"归谬法的目的肯定不是去怀疑规则制约实践的可理解性与确定性。"(p. 25)与怀疑论解答不同的途径不是通过一种反实在论的认识论立场,而是通过一次"语法"的检验。认识论中的"基础主义的危机"(实在论与反实在论之争)源自于没有答案的问题,维特根斯坦提供了一种消解这类问题的途径。因此,要表明的要点并不在于去破坏客观性,而是去阐明"在什么样的意义上,数学知识能够被声称是客

【172】观的",这并不是称这类知识有着一个目标或超验的基础。[2]对萨克来说,

〔1〕 Shanker, *Wittgenstein and the Turning-Point*, p. 4. 同上, pp. 17-18。

〔2〕 Shanker, *Wittgenstein and the Turning-Point*, p. 4. 解读维特根斯坦的作品是异常困难的,学术界有大量的著作一直都在解读它们。时常,作为一种发出批评声音的前奏,批评者会把维特根斯坦的立场与实在论与反实在论、实证论与理念论、客观主义与主观主义、结构决定与方法论个人主义之争的这种立场或那种立场联系在一起。这也是现象学与常人方法论作品的一种熟悉的命运。p. 62.

加 2 的数数规则与依据这一规则来进行的运算之间的内在关系决不是把规则扩展到新情形中的一种不充分的基础。也不需要去寻求心理学的倾向、生物学的机制或外在的社会惯例。

贝克(G. P. Baker)与哈克(P. M. Hacker)在他们对《哲学研究》的扩展性注释中,同样反对克里普克对数列例子的怀疑论式的解读。〔1〕他们批判的靶子是他们称之为"共同体的观点"的东西,这种观点认为遵循规则的行为是由被共同体行为所认可的推理模式所决定的。他们对共同体观点的挑战显然有时是过于激烈的〔2〕,但他们讲得最多的观点是值得重复的。在他们看来,问题就出在怀疑论者最初提出问题的方式上。他们认为怀疑论的问题,"一个像一个规则的对象如何能够决定符合它的行动的一个确定性的序列?"本身就是一个错误。就像维特根斯坦就相关问题所说:"'那么这些步骤不是由代数公式决定的吗?'——这一问题本身包含着一个错 【173】

〔1〕 Baker and Hacker, *Scepticism Rules and Language*, and Wittgenstein, *Rules*, *Gammar and Necessity*.

〔2〕 如 Baker and Hacker, (*Scepticism Rules and Language*, p. 74)就称共同体的论题"看来暗示着人类的共识决定着什么是真实的,什么是错误的。然而,这当然是无意义的。正是世界决定着真理,人类的共识决定着意义"。显然,这是来自于维特根斯坦的一段话(《哲学研究》,第 241 节》:"因此,当你说人们的共识决定着什么是真实的,什么是错误——这就是人们所说的什么是真实的,什么是错误的东西;他们在其所使用的语言中所共识的东西。这并不是在观点上的共识,而是在生活形式上的共识。"维特根斯坦在此并没有论述到世界,也没有说什么决定了真理。相反,在这一段中,他把"什么是真实的,什么是错误的"与人们的所说等同起来(并非真理),我把这置于"情境化的谈话语法中的什么是真实的,什么是错误(并非真理)"。或许人们的所说并非任何驯服意义上的"共识",但看来也不存在把其归咎于这类"世界"的基础。维特根斯坦在前面一段中用不同的术语来指"共识"。他所用的共识的术语在语言上更像是英语中的"共鸣"或"协调",因为它利用了 Ubereinstimmung 中所暗示的音乐隐喻。见 D. Bogen and M. Lynch,"Social critique and the logic of description: A response to MiHoul", *Journal of Pragmatics*, 14 (1990):131-147。贝克与哈克有许多共同体观点的批评是值得考虑的,因为他们在其 1951 年的著作中更进一步讨论了"符合规则"的问题。但正如马尔柯姆(Malcolm, *Wittgenstein on language and Rules*)尖锐地指出的那样,他们对共同体观点的激烈的攻击时常迷失于个人主义,否认或忽视在维特根斯坦有关规则的著作中对具体的人类实践的压倒性的强调。马尔库姆相当清楚维特根斯坦在讨论规则时对"沉默一致"与"行动中的共识"的强调。这不同于在观点上的一致,但正是社会的。"显然对我来说,维特根斯坦所说的遵循一个规则的概念'在本质上是社会的'——在其可能仅在带有一种共同的生活与一种共同的语言的人在场的场所中的意义上。"(p. 23)注意这远非对克里普克观点的,或那种对布鲁尔对维特根斯坦的社会学解读。亨特(Hunter)与卡维尔(Cavell)同样详细地阐述了规则与批评的观点,这种看法对维特根斯坦的"社会的"解读,但他们的观点并非非常矛盾于 SSK 的途径。见 J. F. M. Hunter, "Logical Compulsion", pp. 171-202, in Hunter, *Essays after Wittgenstein* (Toronto: University of Toronto Press, 1973).

误。"(《哲学研究》第 189 节)这一问题预设了规则与其扩展的相互独立性，仿佛规则是外在于符合它的行动的。

怀疑论者的解读保留了遵循规则的准因果性图景，因为它从来没有放弃过对超越规则或隐藏在遵循规则实践中的解释性因素的探寻。怀疑论者承认公式"n + 2"不能强制服从，而是继续在别处去寻求原因：一种精神，一种解释，一种社会化的倾向。[1]但如果承认规则与应用之间有一种"内在的"关系——脱离把规则扩展到新情形中的组织化实践去谈论数 2 的规则是没有意义的——那么，认识论的神话就会消失。"'规则如何确定这作为其应用呢?'这就像'硬币的这一面如何确定另一面为其反面'一样是无法理解的。"[2]

规则的阐述被记在纸上或张贴在墙上，它们时常独立于任何遵循或不遵循它们的行动而得到叙述，就这一事实来说，这种类比令人困惑。为了更进一步阐明这一点，考虑下面维特根斯坦未发表的手稿中的一段：

> 只有在能够引导我到语词可以表达的任何方向的意义上，一个规则能够导引我的一个行为，例如：一种秩序。如果人们没有按照规则在行动上达成一致，不能在彼此间达成妥协，那就好像他们没有在秩序或者描述的意义上走到一起。那势必会是一种"言语混乱"，就是说，尽管其中所有人都有与其散乱的声音相伴随的行为，但无论如何，那里没有语言。[3]

正如罗曼·马尔柯姆的解读，"一个规则并不能够决定任何事情，除非在一个默认的场所"。在缺少这类具体行动的情形下，行动被孤立起来，仿佛它是"赤裸裸的"，"表达规则的词就会没有力量、没有生命"。[4]这不仅意味着，例如，交通编码在波士顿就很少发挥作用，因为司机通常会忽视它

[1] Baker and Hacker, *Scepticism, Rules and Language*, p. 95.

[2] Baker and Hacker, *Scepticism, Rules and Language*, p. 96.

[3] Wittgenstein MS 165.

[4] Malcolm, "Wittgenstein on language and rules", p. 9.

们;相反它指向一个实际的坚守对规则的可理解性的支持,那就是说,当一个规则被阐明、明显地违反、忽视或显然被遵循时,具体的活动秩序已经存在,规则或秩序的陈述是人类活动的组成部分。在甚至得到最为明确阐明的"赤裸裸的"陈述中,也不可能存在着包含或决定这些活动的途径。

当我们遵循一个规则,我们并没有"解释"它,好像其意义不知为何已经被完全包含在一种抽象的公式中了。我们是"盲目地"行动,我们是通过遵循规则行动,而不是通过阐明一个话语性解释来表达我们对规则的理解。当然有可能错误解释一个规则,我们时常会怀疑规则是什么,我们如何在特殊的情境中应用它们。但这样的机会并不会为规则怀疑论的一般立场提供辩护,它们也不会暗示在常规的案例中,我们解释规则以把它们应用在我们的行动之中。[1] 【174】

重要的是要理解反怀疑论者的论点并不会推翻一种更为熟悉的"内在主义者"或理性主义者的观点。贝克与哈克工作中的内在主义与外在主义之间的区别不应该与解释科学进步时的内部主义与外部主义之分相混淆。在某种意义上,贝克与哈克的工作联系着一种"内在主义者"的立场,这大致是指一种有组织的实践(如计算)证明了其理性化的组织(如那是一种符合相关的规则的秩序)。然而,这并非意味着合理性支配着实践,或人们能够借助一组规则来解释实践。下面所引用的维特根斯坦的一段话也许有助于阐明这种规则与实践的"内在的"关系:

> 假定我们进行了一个巨大的乘法计算——有1000个数位的数字计算。假定在某一点后,人们得到的结果彼此偏离。没有办法防止这种偏离,即便是我们核对它们的结果。什么会是正确的结果呢?有人会发现这个结果吗?存在正确的结果吗?——我应该说,"这意味着一个计算已经停止"。

尽管贝克与哈克有间或的实在论主张,这一主张并不会提供认识论实

〔1〕 Baker and Hacker, *Scepticism, Rules and Language*, pp. 93-94.

在论的一种全面的主张;相反,它否认两种外在主义的变种:(1)数学的超验对象决定着数学家实践的柏拉图主义者的立场;(2)某些其他的东西(如共同体的规范或个人的倾向)能够解释规则与行为之间关系的怀疑主义者的立场。我强调这一点,是因为对这种观点的一个早期版本的布鲁尔回答显然很容易引起误解。评论布鲁尔如何从数列的例子中阐述这一争论,可能是有益的,因为它丰富了我一直在讨论的某些问题。[1]

在《哲学研究》第185节中,维特根斯坦想象,如果一位试图向其学生传授算术中的一个规则的教师面临着一位完全误解了
【175】其任务的学生时,会发生什么。所有的纠正尝试都失败了,因为它们同样也被完全误解。这是一个遵从规则的一种无穷倒退的可能性例子。它表现出"解释"的局限性与修补索引性任务的无止境性。但这一例子的另一方面是它所谈论的有关内在关系。它表明一个规则的不正常应用自身可能与人的误解之间存在着内在关系。这里,教师与学生未能达到一个通常的契约,因为学生建构了他自己的定义循环,建构了他自己的符号与他的实践之间的一组内在关系。因此,一个规则与其应用的内在关系的现象——如果狭义地考虑的话——并不能定义一个遵从规则的真实性质,因为我们把它理解为一种共同实践的性质。充其量,它挑战了我们定义的算术的实际规则与其错误的应用之间的差异。它使人们认识到与前面对解释的讨论相反,在公认的算术体系中,还有更多的东西与差异需要定义。很清楚,维特根斯坦的例子所要求的是打破相互竞争的内在关系之间的死结。打破这一死结的因素应该是参与者的共识,但这是被贝克与哈克所否认的东西。最终,它是一种对内在关系的共同支持,而不是另一种认

---

〔1〕 David Bloor,"Left- and right-Wittgensteinians", pp. 266-282, in Pickering, ed., *Science as Practice and Culture*,引自pp. 273-274。Bloor称维特根斯坦的例子能够被解读为"由林奇、贝克、哈克与萨克和其他反社会学解释者的人所倡导的立场的归谬法"。正如我在前面指出的,萨克认为同样的讨论是作为规则怀疑论的"一种持续的归谬法"。

为教师的规则正确，而学生的规则是反常的或不正确的支持。

布鲁尔对数列讨论的描述展现出一种有关"理解"一个规则的中心问题的一种混乱，一种表明在其知识的"社会"理论中的心理学主义的一种非常非维特根斯坦式的因素。在这一段中，布鲁尔最初说的在维特根斯坦的例子中那位"完全误解其任务"的学生。在这之后不久，他把这描述为一种反常者对其所理解的"规则"的应用。从这里开始，他把学生的"错误的应用"置于一种与教师对规则的惯例性处理的对立关系之中，他承认双方都展现出一种在规则与可能的实践之间的"竞争的内在关系"，这种关系带有一种打破死结的共识。

布鲁尔的解释具有某种程度上的合理性。考虑下面的例子，如小孩依据一位大人所发出的指令来学习计数[1]：这小孩用他的手指数着："1、2、3、4、5。"大人告诉他："你能倒着数吗？"小孩就转过背，用他的背对着询问者数着"1、2、3、4、5"。[2]按照布鲁尔的建议，我们可以说这一例子表明"倒着数"的指令是一个索引性的表达，其意义联系着它被应用于其中的实践。小孩"误解了"大人的指令，然而，小孩对词"倒着"的应用暗示着某种理解类别，这些理解把成人的问题与其他形式的指令联系起来，如"你能够背朝我吗？"在标明其"正确的"应用的陈述形式里，没有什么内在本质的东西。用布鲁尔的术语来说，小孩为把词"倒着数"应用于数数的技术，"建构了自己的定义的循环，他自己的一组内在关系"。当小孩感到大人在笑，被纠正，并看到了相关的例子，在竞争的内在关系之间的死结就被打破，他最终学会了把倒着数所意味的运算视为一种惯例性实践中的构成性表达。 【176】

这种描述的问题在于如果小孩"完全误解了"倒着数的指令，他就不能够证明对这一指令的相关应用的理解。当他转过身数"1、2、3、4、5"时，他无意识地在词"倒着数"上产生了一种含糊，但他所产生的并不是我们称为

〔1〕 这一例子是 Ed Parsons 提供的，在一个被称为"美国最滑稽的家庭录像"的电视节目中看到它与另一个类似的例子后给我描述的。

〔2〕 同样节目中的另一个例子是，小孩被问道："你能向上数吗？"小孩的反应是把他的手举过头，说"1、2、3、4、5"。

倒着数的技巧，这种技巧表现为“5、4、3、2、1”。他对这一指令表现出一个“可笑的”理解，他的行动显示出他不知道数数的技巧。在“竞争的内在关系“之间不存在对称或死结，除非我们假定小孩的行动已经确定了一个对大人发出的指令所要求的技巧的一种合理取代。但如果行为或技巧并非完全是私人的事情，那么称小孩是依据“他自己的”技巧来理解词“倒着数”的，这就是无意义的。[1]

当贝克与哈克说算术中一个规则与实践的一种“内在”关系时，他们是在描述一个规则的表达与算术技巧之间的一种语法关系。当布鲁尔说小孩“自己的一套关于指征和活动的内在关系”或者“自己的循环定义”时，这与布鲁尔所称的“内在关系”无关。布鲁尔在这里使用词“内在”，似乎是指【177】涉及规则意义的学生个人的观念。但在维特根斯坦的例子中，学生进行活动，这些活动证明了他只认为他正在遵循规则。通过把规则与实践的内在关系视为一种个体的事情，布鲁尔创造了一种要求，要求寻求“更多与不同的事情”，以“定义公认的算术机构”。作为对规则的一种“误解”的行动的最初特征只有从已经被情境化在(如内在化在)“公认的算术机构”中的一种观点角度才能得到理解，因此不存在可比较的观点，从中可以把学生的行为特征描述为“一种相互竞争的理解”。

在维特根斯坦的例子中，并没有暗示学生的误解被置于与数数列的正确方式具有同等理论基础的地位。这样说并没有表达出缺乏对学生的窘境的同情，而是指出在这一世界中并不允许把这种“完全的误解”置于这样一种基础上，即不修改描述的最初术语。算术的公认实践和技巧与术语是不可分离的，在这些术语下，一种相关的行动被刻画为具有一种理解，相互竞争的理解或误解。即便学生的实践表现出“误解”，然而，它并没有使规则“相对化”。“竞争的内在关系”被排除，因为相对于公认的数 2 的实践来说，学生的实践被定义为错误的。

我并不是说对于一种实践或技巧的通常的操作途径来说，并不存在诸如个人独特性选择的这类事情。竞争肯定会在不同的内在关系中产生，

〔1〕 见 Wittgenstein《哲学研究》第 199 节。

"反常"的用法(如"不合语法"的口头表达或一种游戏的各种变化最初被正式规则所禁止)时常后来获得了承认。关键在于这些特征没有一个会转变为"反常"(或者"怪癖的"、"错误的"或"创新的")行动者"自身的一组他的符号与他的实践之间的内在关系"。这位行动者本身并没有拥有特定的内在关系把他的行动确认为错误、合法的取代者或某些实践的反常例子。相反,所有这些特征预设了行动者的行动已经发生在与某些具体的实践的关系之中。

把维特根斯坦例子中的学生类比成一位科学家,其非常规的理论在一 【178】 场争论中被拒绝(如柯林斯在第三章中对约瑟夫·韦伯探测引力波实验的案例研究)[1],这种做法会是一种误导。尽管曾经存在把科学史化归为"伟大人物"思想的一种年代学的做法,但争论不可能在一位个人"在其符号与其实践之间自身的内在关系"中产生出来。一个争论本身的确认——如一个存在着争议的理论——内在地联系着这一领域中的仪器、技巧、文字实践、观察语言、公认的概念以及这个领域中其他的东西,甚至当历史学家,或甚至于最初公布这一理论的科学家,后来把其特征描述为"误解"或"错误",也是如此。结果,并非一个学科中对一个公认理论的任何想象的替代都可算作是一种竞争的理论,一个外部的分析家也不能假定把一种对称性策略应用到每一种依据基本意义而产生出来的非常规的理论主张。这一世界不可能为这样一种非合理的观点留下空间。

虽然布鲁尔很有信心地自认为对维特根斯坦进行了一种"社会学的"解读,但他对数列例子的论述以一种极端的个人主义方式描述了内在的关系,仿佛学生可能有自己对算术的理解,这种理解与老师的理解相悖,但具有同等的有效性。随后"共识"成为一个因素,被独立地引入方程之中,这就"打破了"学生的个人理解与教师的个人理解之间的"死结"。虽然维特根斯坦在其对认同的讨论中暗示着一种共识,但这一"默许"是如此彻底与普遍地成为社会秩序生产的一部分,以致它如果作为一种分离的解释因素的话,就几乎没有什么价值。

---

〔1〕 Collins, *Changing Order*, Chap. 4.

维特根斯坦(在《哲学研究》第241节中)区分了“在观点中”的一致与“在生活形式中”的一致。在生活形式中的一致被贯穿于我们活动的连贯性之中。它是活动与其结果的显然的一致,一种能够使错误、破坏与完全的误解显现并得到解释的行动与表达的协调。这种一致始终存在,即便对一位其行动表现出一种误解的学生或一位描述了学生的误解的社会学家来说。要描述这种共识,并具体阐明其在活动中的作用,就不要孤立出一种致因性的因素。

一种类似的讨论可应用于科学社会学家通常利用迪昂-奎因的证据对
【179】理论的不充分决定性命题方式。通过把“证据”与“理论”相分离,人们创造出证据对理论的不充分决定性的命题,随后认为有限的证据不能够迫使人们接受一个单一理论,因为人们总能够想象另一些理论(无论多么不合理)能够解释现有的数据。这种社会学的经典论证的问题在于:他们忽视了这是“从逻辑的观点”所创造的、一种在许多方面都矛盾于科学的社会研究的经验探索。

实验实践的社会学描述典型地描绘了一种最初的情境,在其中证据不能与理论相分离,在其中理论预设、普通的语言概念、对实验室仪器与工作人员的信赖,所有这些共同发挥着作用。虽然科学家可能面临着许多解释的问题,但这些问题不会被归结为把独立的证据与类似独立的理论陈述相协调的问题。当然,许多有趣的问题可能会从技师、实验者、实验室的管理者与理论家的劳动分工中产生出来,这些问题可能会引起各式各样的实践努力,以进行仪器标准化、协调成员关系以及理顺记录与证据的各种各样的秩序。[1]

这类解决并不会被设计为去满足哲学所关注的证据对理论的不充分决定性命题的逻辑证明的严格标准;的确,追随着萨洛克、哈克与贝克对维特根斯坦著作的解读,人们可能会疑惑哲学问题是否从根本上与它看来描述的实践有关。[2]像对维特根斯坦的数列例子的怀疑论式解读一样,阐述

〔1〕 见 Peter Galison, *How Experiment End* (Chicago: University of Chicago University Press, 1987),本书讨论了在高能物理学共同体中这种分工的哲学意义。

〔2〕 见 Sharrock and Anderson, “Epistemology: professional skepticism”, p. 54 ff.

理论的不充分决定性命题方式错误地暗示着一种尚需要解释的决定；也就是说，我们被引导着去假设：当科学家去沟通证据与理论的鸿沟时，某些种类的准因果决定因素必须被包含。这样，逻辑决定的不充分，就要求另外的决定论模式。不过，如果这种“鸿沟”一开始就不存在，那么也就不会需要这类决定性解释。

一种科学与数学的社会学可能存在吗？

反怀疑论者的讨论最为令人苦恼的蕴含在于布鲁尔式的维特根斯坦把知识的“内容”转化为社会学的做法一直在引起人们的关注，并被牢固地确定在数学家与科学家的实践之中（虽然没有联系着重要的合理性或实在）。追随着维特根斯坦的归谬法，“加 2”的规则代表着一种充分的数的说明。在维特根斯坦例子中的学生并没有表现出对规则的一种可能的解释；【180】相反他的行动未能遵循规则。对于成员来说，他的行动证明其理解的失败，而不是规则意义或应用的相对主义的本性。

同样，规则的毫无疑问的扩展并不会要求一种外在于有组织的数数实践的独立的辩护。规则就存在于“数 2”的过程中。特定规则的形成，并不导致规则的扩展，也不意味着规则的意义以某种形式覆盖所有与规则相一致的行为。无须停下来进行解释、深思熟虑或者谈判，行为的不确定的系列“盲目地”支撑着规则的可理解性。尽管这不过是一种社会现象，但它并不要求使用适合一种特定社会科学学科的概念进行解释。

社会学的问题是“数 2”的规则具身化在数数的实践过程中。数数是一个秩序化的社会现象，但这并不使它成为一种普遍的、因果的、解释的与科学的社会学的研究对象。类似地，对于数学中更为复杂的实践来说，数学的共识文化是得到数学上的表达和描述的；在从事可理解的数学活动中这种文化得以呈现。这样说并不意味着数学家的实践是数学公式决定的一个完全的与决定性的表征，然而，这类表征不可能被建构并保持完整。对社会学来说，把数学与科学的内容定义为社会现象于是转变为一种非常空

洞的胜利。〔1〕

对于科学社会学来说，看来我们到达了一个令人不快的位置。由萨
【181】克、贝克与哈克所表达出来的新内部主义观点看来几乎没有为社会学去扩展维特根斯坦的纲领提供了什么基础。数学与科学(更不用说大量其他的理论导引或规则控制的活动)如今看来没有必要要求社会学家去展示他们的现实关注中正在丢失的东西，以表明在其实在论的关注中它们正在失去什么。布鲁诺·拉拖尔(他对科学的建构主义者的社会学持部分的同情态度)以最为强烈的一种方式承认了这一问题：

> 在什么地方我们可以发现能够使我们的解释独立于正在研究的科学的概念、语词和工具？我必须承认并不存在公认的这样一组概念，特别是在所谓的人文科学，尤其是指社会学中。科学主义在同一时期，尽管在同一时期、由同样的人发明了作为科学主义的东西，但社会学却无力去理解那种它从中分离出来良久的技能。
>
> 因此，就科学的社会学而言，我能够说“让我离开我的朋友”，“我将应付我的敌人”，因为我们如果要解释科学，社会科学可能

〔1〕 我在这里所提到的“空洞的胜利”不应该与当前的一场学术争论混淆，这场争论是想要表明对科学发现来说，知识社会学制造了“空洞的”主张，见 Peter Slezak，“Scientific discovery by computer as empirical refutation of strong programme”，*Social Studies of Science*，19 (1989)：563-560。斯莱查克主张依据一种基本的解谜的一般原则来进行运算的计算的确做出了科学发现。他认为因为在这些程序中的认知启发已经脱离了最初发现的具体的社会与文化语境，因此，它们的成功无疑提供了一个对强纲领论点的“决定性的反驳”，强纲领认为科学成就必然要与特殊的社会环境与社会利益密不可分地交织在一起。在其文章之中，斯莱查克通过列举哲学文献中的某些反怀疑论者的论点挑战了布鲁尔对维特根斯坦的解读。他在此文中引用维特根斯坦，目的是使维特根斯坦的观点适合于他所偏爱的认知科学的论点，但他对维特根斯坦对心灵主义的持续的批判几乎没有理解。此外，斯莱查克主张知识的社会学一直没有注意到在认知科学中“重要的研究计划与研究主体”不仅仅是错误的，因为它忽视了库尔特(Coulter)的维特根斯坦式的对认知主义的批评。见 Jeff Coulter，*Rethinking Cognitive Theory* (New York：ST. Martin's Press，1983)。斯莱查克把维特根斯坦与行为主义结合在一起，随后断言维特根斯坦对心理主义的批评如今在哲学与心理学中是一个过时的问题。他同样把某些 SSK 的主张与成就描述为“无关紧要的”与“空洞的”。通过主张在发现的“语法”中的利益是“无关紧要的”，因为它应用于发现的名称，而不是其产品，斯莱查克暴露出他的笛卡尔式的承诺。在我看来，比起布鲁尔的观点来说，斯莱查克的论点更容易受到维特根斯坦式的批评。

会首先承受痛苦。[1]

这一段话简洁地表明了任何"社会的"解释纲领的困境,这种纲领寻求去表明:其他学科的"内容"是由一种独特的社会学"因素"组合所决定的。正如拉拖尔所指出的那样,如果解释一种实践就是采用独立于构成那一实践的话语与技能的某些概念,那么这样的解释概念必须在一种独立的生活形式中找到自己的归宿。但因为社会学的分析性语言无法与科学家(与其他有能力的语言使用者)所使用的平俗语言相分离,正是借助于这些语言,科学家等发展了他们与其行动于其中的世界的操作性关系,因此,社会学看来不适合设计拉拖尔心目中的那种解释。

拉拖尔巧妙地识别出问题,放弃了一种因果性或解释性的科学社会学的任何可能性,但正如第三章中所注意到的那样,他试图从格雷马斯那里借用一组符号学的概念来解决这一问题,他相信这种符号学在分析上既独立于一般的(如学术的)社会学,又独立于其他学科研究的情境化的社会学。最终,他采用了一个"倒退"纲领,从特定的研究领域退出,走向一种甚至比他所批判的社会学家都更为极端的研究路径。

与之形成对比,维特根斯坦试图使语言的使用更为明确,但不是通过使"观察者"(或用哈贝马斯的话来说,一位"虚拟参与者[virtual participant]")与描述的行动领域所使用的概念相分离来做到这一点。[2]相反,维特根斯坦把注意力明确转向熟悉的表述在使用中(如情境化的、特殊场合性的、索引性的)所具有的性质,转向支持着其敏感性的"默认",在其想象的"人类学"例子中,维特根斯坦时常暗示:可理解性的一种一般性基础 【182】
能够在诸如问候、命令与回答、发出或接受指令这类基本的语言游戏中给

[1] Bruno Latour, The *Pasteurization of France*, trans, A. Sheridan and J. Law (Cambridge, MA; Harvard University Press, 1988), p.9.

[2] Jurgen Habermas, *Theory of Communicative Action*, Vol. 1: *Reason and the Rationalization of Society* (Boston: Beacon Press, 1984), p.118.

出。[1]实践行动的可理解性的社会条件，不是一个学科的概念性特性，而是一种人类共同遗产的组成部分：

> 如果某人进入一个外国，他并不理解这一国家的语言，但当一个指令向他发出时，他通常不会太困难地发现这个指令。他同样能够命令自己做某种事情。然而，如果我们观察一位爱独自生活的人，他给自己一个我们完全不熟悉的命令，那么我们就会很困难地去理解这一命令。[2]

在科学与其他专业实践的常人学研究中，诸如给出命令、提问、给出指导等熟悉的活动，为把握专业行动的可理解性提供了一个初步的，虽然远非充分的基础。要检验更为深奥的语言游戏，就会要求情境化在所研究的场合中的一种分析。正如我在第三章中所讨论的那样，努力从所研究的领域中退出——无论是在分析社会学领域还是符号学领域——就能够使“观察者”与体现在一种情境性话语中的认知“内容”相脱离。结果是，尽管新的知识社会学观点的声誉，是其试图解释科学的内容，但贯穿其研究实践始终的是其倡导者这样的强调，即这些内容确保它们将保持其不可辨认性，或者最多，在所研究领域的地方性语言中具有争议性的可辨认性。[3]

主张社会学作为一种学科并没有研究其他领域的实践的优势，这并不等同于可以把这类实践定义为反社会的。即使反怀疑论者的论点使我们确信回归地解释遵循规则的试图的荒谬性，维特根斯坦对训练、操练、习惯、普通实践与默许的所指包含着一个活动的公共（如“社会的”）领域，在其中，在为何遵循这一或那一规则上的共识得以确立。布鲁尔解释的问题在于他把维特根斯坦的“知识的社会理论”视为允许社会学现有的概念与

---

〔1〕 阐明这一观点的一种人类学案例研究，见 Brigitte Jordan and Nancy Fuller，“On the non-fatal nature of trouble: Sense-making and trouble-managing in lingua franca talk”，*Semiotics*，13 (1975)：11-31.

〔2〕 这引言来自维特根斯坦未发表的手稿（MS 165，p. 103），引自 Malcolm，“Wittgenstein on language and rules”，p. 24.

〔3〕 Habermas，*Theory of Communicative Action*，vol. 1，p. 119.

方法扩展到覆盖逻辑、数学与自然科学的领域。

> 数学与逻辑是规范的集合。逻辑与数学的本体论地位与一种机构是相同的。它们在本性上是社会的。这一思想的一种直接结果是计算与推理活动服从于研究的同样的过程，被同样的理论所阐明，就像任何其他规范一样。〔1〕 【183】

布鲁尔所忽视的是维特根斯坦的论点可应用于实在论者与理性主义者的社会学，就像应用于数学实在论与逻辑主义一样。温奇(Winch)、萨洛克(Sharrock)与安德森(Anderson)指出：与其说是让科学与数学接受社会学的可靠的分析，不如说维特根斯坦使任何分析性社会学更为不可靠。〔2〕如果社会学要遵循维特根斯坦的指导，就需要提出一种完全不同的社会学任务的概念。布鲁尔把杜克海姆或玛丽的方案移入维特根斯坦论点的尝试不会走得更远。

正是在这里，常人方法论进入了这一场景，但作为创新维特根斯坦的一个纲领，要给出充分的理由，这就要求澄清有关常人方法论中的某些混乱〔3〕。常人方法论已经成为一个日益不协调的学科，尽管其评论者与教科书作者不断努力去定义其理论与方法论纲领。一方面，谈话分析中的当前研究已经明确脱离了在迦芬克尔主要著作中所提出来的极端的纲领(见第六章)。另一方面，在社会科学与知识社会学的哲学中，"较老的"常人方法论

---

〔1〕 Bloor, *Wittgenstein: A Social Theory of Knowledge*, p. 189.

〔2〕 Sharrock and Anderson, "The Wittgenstein connection"; Winch, *the Idea of a Social Science*. 这不仅应用于科学地分析科学的社会学尝试，而且还同样应用于解释宗教信念、神秘的仪式与日常行动。见 Peter Winch, "Understanding a primitive society", pp. 78-111, in B. Wilson, ed., *Rationality* (Oxford: Blackwell Publisher, 1970); and W. W. Sharrock and R. J. Anderson, " Magic, witchcraft and the materialist mentality", *Human Studies*, 8 (1985): 357-375.

〔3〕 维特根斯坦的重要性被迦芬克尔和其他常人方法论学者所忽视，施兹与其他现象学通常被认为是常人方法论的哲学先驱较重要的代表(如见，John heritage, *Garfinkel and Ethnomethodology* [Oxford: Polity Press, 1984], Chap. 3)。正如我在第六章所详细阐述的那样，对话的早期发展、迦芬克尔对会计学实践与日常规则的应用展现出一种强烈的维特根斯坦色彩。虽然我在第四章认为施兹的影响被大量科学知识社会学(SSK)与常人方法论的著作所破坏，但这对维特根斯坦不适用。我所说的这一点并没有暗示常人方法论学者一直在努力忠诚于维特根斯坦的理论或任何其他哲学传统。

继续保持着原有的兴趣，但时常处在各种混乱的方式之中。

如斯蒂夫·伍尔伽就把迦芬克尔的“关键概念”应用于对怀疑论的研究之中。在那种困扰着所有科学表征的尝试的“方法论的恐惧”中，他列举
【184】 了索引性和反身性。[1]这样，他以布鲁尔解释维特根斯坦的同样方式，把迦芬克尔的著作视为质疑实际活动的每一个领域中理所当然的假设的一种理论性纲领。这在常人方法论的研究中是相当普遍的，事实上，它是由某些在这一领域中具有不可争议地位的人物所提出来的。[2]说我要主张常人方法论不能以这类线索进行理解，这是不准确的（也是自命不凡的），但我将主张的是：这样一种理解失去了有关迦芬克尔“发明”的最具创新性的东西。

对于我所认为的常人方法论对语言和实际行为的独特的处理方式，对维特根斯坦的反怀疑论者的解读暗示着一条理解路径，即一种避免社会学科学主义与认识论怀疑论的双重缺陷的处理。为清楚地阐述这一点，在下一节中，我将描述迦芬克尔与萨克斯有关“阐述”与实践行动之间关系的一种看法，我相信这种论点与维特根斯坦的反怀疑论者的一种解读是相容的，随后通过评论数学的一种常人方法论研究，我概括出在常人方法论与强纲领的“经验”途径之间的差异。

阐述与实践行动

在其艰涩与时常被误解的论文《论实践行动的正式结构》中，迦芬克尔与萨克斯讨论了常人方法论对自然语言的兴趣。[3]在其论文中，他们只简单地论述了维特根斯坦，但在一个覆盖他与迦芬克尔的论文中所讨论的某

---

〔1〕 Woolgar, *Science: The Very Idea*, pp. 32 ff.

〔2〕 如 Mevin Pollner (“Left of ethnomethodology”, *American Sociological Review* 56 [1991]: 374, n. 3) 赞许地列举伍尔伽的反身性版本为他的主张的一部分，这种主张要复兴一种“激进的”常人方法论，以避免在这一领域中一直蔓延的实证主义与专业主义。

〔3〕 Harold Garfinkel and Harvey Sacks, “On the formal structure of practical action”, pp. 337-366, in J. C. McKinney and E. A. Tiryakian, eds., *Theoretical Sociology: Perspectives and Development* (New York: Appleton-Century-Crofts, 1970).

些论题的转录的演讲中，萨克斯更为详细地讨论了维特根斯坦的相关性。[1]

在那一演讲中，萨克斯谈到了维特根斯坦引起了人们对“指示器术语（indicator terms）”（与迦芬克尔所称之为的“索引性表达式”相关——见第一章）的指涉性意义问题的“关注”。这些术语一直困扰着逻辑学家，因为它们的所指随着每一种应用场所而发生着变化。日常语言通常被认为是有缺陷的，因为它们典型地不能够有助于严格的逻辑推理。在维特根斯坦之前，在语言哲学中一种普遍的处理是通过把索引性表达转译为更为准确地“捕捉”其所指涉的意义的阐述来“修补”这些不足。在其试图用有限的 【185】
一组分析性运算符号来取代一组多义的自然语言的表达式时，这些修补性的转译像编码实践的社会科学。

迦芬克尔与萨克斯挑战了这样一种转译的实践，首先，他们质疑了它置于“阐述”的日常实践上的要求；其次，暗示修改索引性表达的尝试必然会失去内在于其日常用法中的“理性性质”。[2]对迦芬克尔与萨克斯来说，阐述并非只是一个专业分析的程序；它同样包括着一种较为广泛的日常语言活动：命名、识别、定义、描述、说明，当然还包括引用一个规则。他们指出在外行与专业的话语中，这类表达被用来阐明活动的明确含义，虽然它

---

〔1〕 Harvey Sacks, “Omnrelevevant devices; settinged activities; indicator terms”, transcribed lecture (February 16, 1967), pp. 515-522, in *Lectures on Conversation*, vol. I. G. Jefferson, ed (Oxford: Blackwell, 1992)。我个人猜想萨克斯演讲所表达的论题是他与迦芬克尔的合作中所产生的。

〔2〕 萨克斯注意到“你喜欢开快车”的表达——所记录的是一个由一种“旧车改装的高速马力汽车”热衷者所做的对另一位热衷者的评论——，当这一表达被转译成一种特殊的速度计读数时，就丧失了其准确性。事实情况是这样的，措辞“快”是通过在不同情形下的“通常的交通”条件下而被测量出来的，因此，它是在面临着各式各样的道路条件、速度规律、警察监视等条件下的变化的“稳定”：“这些术语的稳定性，它们具有可用性的条件，所有涉及时间、空间、速度规律及其他事情，是无关于其用法的。速度规律中的变化，轿车能力中的变化，在个性上、新一代人上、新空间上的变化——这些都可以维持。”见 Harvey Sacks, “Members' measurement system”, *Research on language and Social Interaction*, 22 (1988—1989): 45-60, quotation from p. 49; originally in H. Sacks, University of California at Irvine, lecture 24, Spring 1966, pp. 435-440, in Harvey Sacks, *Lecture on Conversation*, Vol. I, ed. Gail Jefferson (Oxford: Blackwell Publisher, 1992).

们同样用于其他途径。[1]

通过利用“客观表达”来取代“索引表达”，阐述时常被利用来试图修补语言的索引性性质(见第一章中所讨论的索引性表达与客观性表达之间的一种差异)。为证明阐述不仅是澄清或纠正先前的用法，考虑下面来自一次审问中的一段摘录：

尼尔兹先生：你对首席检察官 Attorney General 暗示或许有那个转移备忘录以及这个备忘录不需要说出？

诺斯中校：我完全回忆不起那次特殊的对话，但我也没有说这事没有发生。

尼尔兹先生：你并不否定它？

【186】诺斯中校：不。

尼尔兹先生：你不否认对向美国的首席检察官暗示他不过是判断出了保守这一转移文件的秘密途径？

诺斯中校：我并不否认我说过。我也没有说我记得它。[2]

在这一简短但却是复杂的对话中，人们能够看出大量交织在一起的“阐述”在起作用：[与首席检察官]的以前的对话的阐述、“回忆不起”那次对话的实用含义的阐述、对“我所说的”或可能已经“说过的”与现在“我没有说”的阐述以及暗示反讽等的阐述。无需再进一步讨论，显然这些阐述并不只是指某些事情；它们是作为讯问游戏中的口头攻击、躲避、假装与搪塞而表现出来的。

一种特别有趣的阐述出现在日常的对话之中，采用的是一种反身性探

[1] John Heritage 和 D. R. Waston 发现了在对话中的阐述的几种系统用法。见“Aspects of the properties of formulations in natural conversation: Some instances analyzed”, *Semiotics*, 30 (1980): 245-262.

[2] 这段摘要来自于 *Taking the Stand: The Testimony of Lieumony Colonel Oliver L North* (New York: Procket Books, 1987), p. 33. 同样可见 David Bogen and Michael Lynch, “Taking account of the hostile Native: Plausible deniability and the production of conversational history in the Iran-contra hearing”, *Social Problems*, 36 (1989): 192-224.

究的形式，探究在同一对话中的“我们正在做什么”：“那是一个问题吗?”“你邀请我与你一起走吗?”“我已经回答了你的问题，不是吗?”“你愿意言归正传吗?”有关这些句子，引人注目的是虽然它们在表面上是指在对话中的“我们正在做的”，但它们有着不同的作为对话行动的独特的可理解性，因为它们被置于对话中的方式。阐述的这种性质在下面的对一种相当有吸引力的探究的反应中更加明晰(括号为迦芬克尔与萨克斯所加)(p. 350)。这是标记一个阐述的符号设计，这个阐述在一个谈话中作为一种指涉性表述在形成：

> HG：我需要展示一些人们对问题的回避。你能够帮助我并且为我回避某些问题吗?
>
> NW：[噢，亲爱的，我不善于回避问题。]

作为一种可辨识的“正在做”，NW 的回答正是表现出它所不承认的“回避”，因而表述的指涉与操作的方面彼此处在一种自相矛盾的关系之中。阐述并没有置身于对话的时间性之外，以致它能够对这种关系进行一种“元评论”，相反，它是通过能够被听到的作为在对话中的一种实质性活动的途径而得到理解。

在检查了一系列相关的例子后，就阐述而言，迦芬克尔与萨克斯得出了两个重要的结论：(1)进行“可说明的理性活动”的“工作”能够被完成，并 【187】被活动的参与者所承认，无需阐明“这一事实”；(2)这一世界并没有为明确地对活动、识别与语境的阐述提供空间(p. 359)。

为把这种讨论与我们前面对规则的讨论联系在一起，考虑一下贝克与哈克对阐述一种规则的讨论：

> 借助例子的典型解释包括使用一系列例子作为对规则的阐述。从这种角度来看，这些例子不过是对所解释规则的应用，就像“红色”的例证式定义(如指一个西红柿)就是“红”的一次应用(指称)……一

个规则的阐述必须自身作为正确的使用标准在某种方式中被应用。[1]

这一系列例子被用来阐述规则(如使规则明确、清晰与相关),而无需用如此之多的语词来陈述规则。规则的恰当性、含义、可理解性与可识别性通过例证得到表达,无需更进一步的说明。迦芬克尔与萨克斯区分了"阐述"(用许多语词说出他们正在做的事情)与"做"(我们正在做什么),但它们的要点是类似的:阐述并非独立于它们所阐述的活动的控制范围,活动也不是混沌的或无意识的。任何阐述的含义与充分性都无法从其所阐述的活动中分离出来。对那些所发生的事情,它并没有充当一种替代、清晰的说明或"元层次"的解释。

像维特根斯坦对规则的讨论一样,迦芬克尔与萨克斯对阐述活动的讨论不能够被误解为暗示了两个对立的命题:(1)对这样的一种效果的一种怀疑论的解读,即任何阐述活动的尝试会被索引性这个"问题"所困扰,因而描述、解释以及类似的东西在本质上是不确定的;(2)一种实在论的解释,即推荐对阐述的经验研究,以便能够使社会科学家获得对成员活动的一种客观的理解。对他们论点的一种仔细的解读使得我们明白这两种观点都是不充分的。

迦芬克尔与萨克斯的论点破坏了他们最初的"客观性"表述与"索引性"表述之间的对比(类似地,还有"阐述"与"活动"之间的对比)。阐述本身作为"索引性的表述"被使用,这样用它们时,成员常规性地发现进行"阐述"本身就是"埋怨、挑剔、找麻烦与推荐修改"的一种资源。[2]基于同样的
【188】理由,"阐述不是一种机械的程序,在那里,可说明的有感觉的、清晰的与确定的谈话得以完成"[3],"用如此之多的语词说出我们的所做"可能"被认可为不合时宜的、令人厌烦的……[提供]了无能或步入歧途的动机等的证

〔1〕 Baker and Hacker, *Wittgenstein*, *Rules*, *Grammar and Necessity*, p. 73.
〔2〕 Gafinkel and Sacks, "On formal structure of practice action", p. 353.
〔3〕 Gafinkel and Sacks, "On formal structure of practice action", pp. 353-354.

据”[1]。对话者试图维持着主题的一致性，但经常不命名主题。[2]正如迦芬克尔的破坏练习(breaching exercises)证明的那样，“修补”任何文本或任何一组指令的索引性尝试，都更进一步地复杂化与扩展了文本的索引性性质。迦芬克尔与萨克斯从中得出的结论(p. 355)看来支持着对维特根斯坦持有怀疑论者的解读(着重号和括号是原文所加)：“对成员来说，这并不是对成员正在进行的对话[我们的对话性活动是可说明的理性的活动这个事实]的阐述工作。这两者不是同一的，也不是可相互交换的。”

仔细地注意随后的那一段(p. 355，括号是原文加的)：“简言之，对对话的阐述本身就为对话者展示了一个方向，这个方向指向[我们的对话活动是可说明为理性的事实]。”这显然不同于怀疑论者的结论，即意义是不确定的，或对话的可理解性是基于成员对其表面感觉的一种幻觉。同样要注意的是实在论与理性主义者也没有被倡导：“一位正在进行阐述的人的问题——就是一个成员的问题——并不是通过成员间商讨要做什么样的阐述来解决的，而是通过介入在本质上构成了阐述行动的语境化特征的实践来解决的。”(p. 355)

对于规则“加 2”来说，阐述没有提供这一规则如何将被扩展到新情况的一种完备的或确定的说明(好像规则“包含着”对无限的应用的一种表征一样)。援引特定的规则本身就是一种活动(一个指令、警告、纠正、提醒 【189】
等)。但对规则的阐述并没有用如此之多的语词来说明要用它做什么。规

〔1〕 Gafinkel and Sacks,“On formal structure of practice action”, p. 354. 阐述活动如何时常可能加深一位说话者陷入其中的痛苦的一个例子，如考虑下面的一种阐述，它出现在一次特殊灾难面前的公众演讲中：“我将说出一个笑话，但它不是非常逗乐的。”

〔2〕 萨克斯证明了主题的一致性是通过第二种说法来取代第一种说法的系统取代而获得的。对一种说法的取代回答了这类未提出的问题，如“你为什么那样说?”“为什么你现在那样说?”这是“自动地”完成的，而不是通过任何阐述：“……人们开始理解了你的评论是适合现在的主题时，如果给他们提供你现在是如何说出它们的答案。也就是说，它是自动地解决了可能的问题。一旦听到这一陈述，听者将会直接理解你是如何说出那的。”(Sacks,“Topic：utterance placement：‘activity occupied’ phenomena：formulations；euphenisms”, transcribed lecture (March 9, 1967), pp. 535-548, in *Lecture on Conversation*, vol. 1，引自第 538 页。虽然在一种完全不同的历史规模上被解决，萨克斯的分析是引人注目地与福柯对历史话语的研究相符合：“一个陈述的意义将不是总可能包含的意识的财富，同时揭示与隐藏它们，而是通过在其他真实的与可能的陈述上清晰明白地说出它的差异来定义的，这些陈述可能与它同时代，或在线性时间的序列中与它相对立(Michael Fourcault, *The Order of Things* [New York：Vintage, 1975]p. xvii)。”

则的意义“在本质上”是通过有序的行动而被“语境化的”，在这些活动中，规则被利用、被表达、被应用等。但这并没有意味着对应的活动没有理性的基础，或参与者对他们正在做什么的理解必然是不完善或有过失的。

在他们文章的结论性部分，迦芬克尔与萨克斯断言“成员如何做[我们的对话活动是可说明为理性的事实]……无须进行阐述就能完成”。(p. 358)他们更进一步地指出这一“工作”能够被组织化为“一种程序性方法，在其中，它能够被特别应用于去做[可说明为理性的活动]”。他们于是进一步地说出了这一思想对社会科学的批判性蕴含：

> 这一世界并没有为把阐述作为对社会秩序问题的严肃解决留下空间，这一事实与弥漫在社会科学中的这种思想相关，即阐述能够为实践的目的而进行，以完成经验的描述，获取对假说的辩护与检验以及其他等。因此，阐述被推荐为资源，用这种资源，社会科学可以完成对所有的实践目的来说是充分的实践行动的严格分析……就阐述被推荐为“有意义的谈话”的描述来说，这是有问题的，因为“有意义的谈话”不可能有那种意义。(p. 359)

就实践行动的形式结构(如“所获得”的在解释上是合理的“事实”)不能够通过阐述重新获得而言，这些结构回避了力图编码和在统计上表现它们的建构性—分析性的尝试。“形式结构的无效性被建构性的分析实践所保证，因为它是由其实践所构成的。”(p. 361)迦芬克尔与萨克斯以一种宽泛的方式来谈论“建构性分析”，但这一术语的一种更为准确的意义可以通过检验过去数十年间在北美社会学中泛滥的一种特殊的功能分析风格而获得。

如伯纳德·巴伯(Bernard Barber)在其论文《科学中的信任》[1]的开头就注意到：信任的概念“一直被过去的社会思想家、大街上的人、新闻记

〔1〕 Chapt. 7 of Bernard Barber, *Social Studies of Science* (New Brunswick, NJ: Transaction Publishers, 1990), pp. 133-149.

者与当代社会科学家频繁地含糊地使用着”。他随后提议“通过建构一个定义”来修改这一“概念的困境”:“为把我们置于更为牢固的分析与经验的基础之上,我们需要依据我们对社会关系与社会系统的一般理解来检验信任。当然,从这种检验中得出来的建构应该是经验上有用的与可检验的。【190】很简单,我提供的就是这种建构。”〔1〕

巴伯随后继续阐述了在科学中信任的“两种本质的意义”,他把这两种本质意义定义为“对专业性能力角色作用”和“信托义务”与责任的社会性共有的期望。他随后用默顿式的科学规范(普遍主义、无私利性、共有性与有条件的怀疑论)描述了后者。无须继续质疑巴伯的分析是否达到了其目的,考虑到常人方法论这里的争论要点在于确立这种分析的初始结构。通过考量术语信任的所有用法以及在单一概念标题下的用法来强调信任概念的日常用法,巴伯发现了不同意义的一种“困境”,他希望通过规定一种更严格的定义来修补这个困境。在他分析中所用到的定义与理论的工具都来自于一种统一的理论资源(帕森斯的社会系统模式)。通过在一个一般定义条件下来概括这一概念的各式各样的用法,巴伯从来没有考虑到这些用法——想想就知道何等的差异与混乱——可能其自身就是有序的与可探究的。

常人方法论并没有解决产生自经典的努力的那些认识论问题,这些努力是要用理论性的阐述来取代日常活动的一种无法明晰的“混乱”。通过继续忽视建构性分析的目标与成就,常人方法论试图去刻画索引性表述的有组织的应用,包括各式各样的外行与专业的对阐述的应用。常人方法论无疑会介入阐述活动,如只是指对正在阐述的工作阐述的话,但不像建构性分析,他们不是在真值一条件的术语中来“主题化”阐述与活动之间的关系。也就是说,他们并没有把阐述专门视为真与假的陈述;相反他们研究它们在行动的时间秩序中如何充当实用性的步骤。两个主要的问题从这一纲领中产生:(1) 在其被完成的过程中,活动是如何在任何阐述之前展示

〔1〕 Chapt. 7 of Bernard Barber, *Social Studies of Science* (New Brunswick, NJ: Transaction Publishers, 1990), p. 133.

出规律、秩序、标准与特殊的整体独立性(如“合理性”)? (2) 在任何情形中,成员如何把阐述作为其活动的一部分来使用?

从这里,我们能够看到常人方法论与当布鲁尔提出对科学进行科学的研究时所借用的古典社会学之间鲜明的对比。在布鲁尔保留着科学的社

【191】 会学基础与所研究的科学的社会学上解释的内容之间区别的地方,迦芬克尔与萨克斯完全把社会学置于其所研究的日常社会之中。

关于“形式结构”的论文完成之后,常人方法论的研究纲领分解成两种不同的研究线索。正如在第一章中所述,谈话分析这条线索,通过研究在“自然发生”的对话中的序列结构来寻求阐明“索引表述的理性性质”。这些研究描述了轮流讲话、邻接对组织、指涉替代与纠正、主题组织、故事结构、位置阐述以及其他现象。用维特根斯坦的术语来说,这类现象就是“语言游戏”,通过这些游戏,秩序、意义、一致性与共识就会在相互作用中获得。[1]另一条研究途径就是迦芬克尔的对工作的常人方法论研究。

迦芬克尔把这一纲领描述为一种社会秩序的产生的研究,这种产生打破了秩序问题的经典观念。[2]对于迦芬克尔来说,产生社会秩序的详细方法与使秩序成为可分析的概念论题是成员的地方性成就。这样的一个宇宙并没有空间允许高明的理论家去叙述一种“全面的”社会结构的有意义论题,最多能够做到的不过是仔细研究实际探究的特殊场所。在其中,参与者的行动把宏大论题(如合理性、主体性、结构等)阐释为日常工作的一部分。我们讨论的特殊意义是常人方法论学者对科学家的实践与数学家的实践的研究。在这种研究中,迦芬克尔与萨克斯所提出来的阐述如何出现在实践活动之中的问题比谈话分析保持着更为强劲的活力(我将在第六

〔1〕 维特根斯坦对语言游戏术语的使用是多层面的。谈话分析在这种意义上发展了维特根斯坦的思想,即维特根斯坦所强调的,当他说这个术语“意味着突出这样的一个事实,即正在言说的一种语言是一个行为的一个部分,或者是一种生活形式”的时候。他于是提供了一系列例证,包括发出和接受指令、描述一个对象的表面、从一个描述中构造一个对象以及讲故事和笑话。维特根斯坦把这些活动(“命令、质疑、详述以及聊天”)刻画为“语言的原始形式”,并且他注意到这些活动“就像走路、吃饭、喝水和玩耍”一样,是我们的自然历史的一部分。

〔2〕 Harold Garfinkel,“Evidence for locally produced, naturally accountable phenomena of order, logic, reason, meaning, method, etc., in and as of the essential quiddity of immortal ordinary society (I of IV); an announcement of studies”, *Sociological Theory*, 6 (1988):103-106.

章中详细阐明)。

人们可能会考虑诸如地图、图表、曲线、文本图形、数学证明与相片的文档这类阐述完全不同于迦芬克尔与萨克斯所讨论的对活动的阐述。毕竟,地图代表着客观的地形与地域,数学证明代表着数学中的功能。在任何准确的意义上,它们不被用作"我们所做的事情"的阐述。但把地图与证 【192】
明视作孤立的图像或陈述就忽视了构成与应用它们的活动。分析一种文献的用法并不会低估其指涉的功能,但它的确消除了关于"事情"的阐述与关于"我们活动"的阐述之间的本质上的差异。

一个例子来自于下面的一段对话,它记录了两位实验室的助手(J 与 B)讨论他们所准备的电子显微镜的数据,而同时实验室主任(H)在观看与评论:

> J:……如果你看一看这份材料,这些器官退化是非常明确的,这一点是毫无疑问的。
>
> B:这恰恰是让我困惑的问题。我正在考察三天的材料,末梢已经被神经胶质吞噬。
>
> J:噢,是的,现在看来有点像。
>
> (三秒种的沉默)
>
> H:是的,我并不担心这一点。这是困扰我的假阳性结果。
>
> J:是的,是的。
>
> H:像这样。
>
> J:噢,那一点——我没有思考的东西我们有标记——你知道,我只放了一点 X 在其中,因为这是最低限量,但看起来它好像得到一种正确的密度。
>
> H:是的,这一结果看起来相当完美。[1]

〔1〕 这是最初出现在"M. Lynch, *Art and Artifact in Laboratory Science*, pp. 252-253"中的草稿的一个简单版本。

这段话大概出现在J判断数据在分析上的明晰性，他与B刚好完成准备工作之际。随后B用与其他数据的比较来支持J的判断。H表现出对两位助手刚才所说的会碰到质疑的担心，然而，J通过说明文献的明确细节，并说明了自己的方法，从而消除这一质疑。这段话的结局是H开始认可了J的判断。相互交流随后顺利继续进行下去。

无需对此进行详细分析，让我叙述有关事情阐述的当前几点问题。参与者谈论着他们共同观察到的电子显微镜的图像。这些谈论至少包括以下几点[1]：

(1) J最初指称的"这份材料"与指称的大脑组织的"退化"组织被认为由实验性损伤引起。

【193】 (2) B把当前的数据与"三天的资料"进行比较，这里，"三"表达了在实验损伤与实验动物死亡之间的天数。

(3) B指的噬菌作用，是指一个过程，通过这一过程，噬菌作用据说"清除"了受伤害的大脑中的退化细胞。

(4) H所"担心"的是"假阳性"，在这一例子中，它被理解为在显微镜中应该显现为退化、但又看起来正常的细胞器官的可见的剖面。

(5) J对"一点X"的提及，是说他在显微图的表面上标有一个记号，以表明这是"最低限量"实体。

(6) H判断"这一结果"看来"相当完美"。

每一次这样的指称，产生了对被观察事物的某一看法。某些指称看来指出了数据的视觉上可识别的特征：如(1)中的"退化的"神经轴突剖面，(5)中的一个"最低限量"情况，(6)中的"这一结果"看来是"相当完美"。这些指示词可能伴随着以事实为例证的特征。其他指称可能借助了现有的特殊案例的时间的或概念的视野，如B在(2)、(3)中指称的其他案例与噬

[1] 我在这些索引表达"指称"什么的问题上的注释，并非只来自于被转录的文本，还依赖于我对实验室的普通技术与方言应用的常人方法学的分析。对这种分析来说，这些行动的可理解性依赖于我对各学科的特殊实践的研究把握。与Latour对我的批评相反，提及我对实践注解的不充分，并不意味着我如此程度地无视专业科学，作为提醒我必须说实践——不管其是充分的还是不充分的，抑或是无关紧要的——是所描述的能力的一种扩展。参见Latour"最后一个离开科学的社会研究的人将会转向磁带录音机吗？"Social Studies of Science，16(1986)。

菌作用,H 在(4)中叙述了一种可能的方法论问题。还有其他的指称,如 J 在(1)中对“这份材料”的指称,看来是含糊的暗示,可能暗示着几件事中任何一件。“这份材料”可能暗示显微图显示的整个过程 ,还可能暗示文献中的一种特殊性质,一系列可比较的显微镜图、各式各样索引与制作,或一种特征的现象。然而,这些实验者并没有花费时间来阐明这种指称(除非受到质疑时才会这样做),这不是因为一个神秘过程给他们提供了一种指示术语“代表”什么的精神想象。更进一步说,对事物的每一个连续的指称被包括在谈话的行动之中,这种谈话是通过其方式与行动的一种场所语境来立论。

从这一例子来看,我们能够看到对事物的指称同时充当着对行动的指称,参与者并没有像一个说话机器一样行动,发出对应着图示细节的名词。它们的指称暗示着 J 与 B 工作的充分性,与计划的成功(也就是说,对数据 【194】的“确定”特征的指称暗示着实验进行得很正常,从数据中可以显示出可识别的特征)。这一例子中,迦芬克尔与萨克斯对有关行动规则的阐述的一般论证无疑与实验室一线话语中对事物的阐述相关。

如果我们再次回忆起怀疑论者与非怀疑论者在解读维特根斯坦对数列讨论时的差异,我们现在能够开始相信常人方法论纲领如何以一种不同于强纲领的方式来发展维特根斯坦的思想。怀疑论者的解读视规则为一种行动的表征,这种表征不能单独说明符合这种表征的行动。怀疑论者的方案援用了心理学的强项或外部的社会因素来说明一种力量如何能够毫无疑问地把规则扩展到新情形之中。非怀疑论式的解读则视规则为一种对有秩序行动的表达,它体现在行动中,是行动的表达,本身就是行动。只要秩序已经内在于某种活动的具体产生之中,规则的阐述就有助于有序的行动。

正如上面讨论的一样,迦芬克尔与萨克斯认为对那些试图客观地表达语言与社会行动的逻辑学家与社会科学家来说,索引性是一种长期折磨他们的问题,对常人方法论来说,这一问题消失了,不是因为它被解决或被超越,而是由于整体的概念语言的转换。正如迦芬克尔与萨克斯在“索引表述的理性性质”中详细讨论的那样,这类表述是非常清楚、清晰与可理解的行动。从他们的观点来看，索引性不再是一个问题，除非在某些划定的范围内。其作为无处不在的“方法论的恐怖(methodological horrors)”的意义，只是在索引表述被视为独立于其意义的记号时才会自然出现。〔1〕

【195】只要科学家与数学家使用这类表述作为其一系列日常行动的部分，他们就不会努力通过某些修辞或解释上的策略来逃避索引性，一般的“恐怖”决不会一开始就出现。这并不是说科学家没有方法论或认识论的问题，而是这类问题随着各学科的特殊工作中各式各样偶然的(常常是“奇迹的”)机遇而出现并得到解决。

从社会学到数学实践

从迦芬克尔与萨克斯的论点我们可以获知，与其说是阻碍或干扰阐述行为的努力，不如说“索引表述的理性性质”成为任何阐述的意义、关联、成功或失败的不可缺少的基础。在许多案例中，只要规则或相关阐述被认为是对行动的严格、不变甚至是超验的描述，那么其严格的基础只能由采用这种阐述的实践来提供。布鲁尔曾对利文斯通有关数学家工作的常人方法论研究进行过评价，当我们考查这种评价中的问题时，这种观点与 SSK

〔1〕 对伍尔伽(Woolgar, *Science: The Very Idea*, pp. 32 ff)“方法论上的恐怖”是怀疑主义式的表征研究中所提出来的一组问题。它们包括在规则与其应用之间的不确定性，在理论与实验数据之间的不确定性。这是伍尔伽(Woolgar 1988b, 172:198-199)为其对科学家的表征实践所持的怀疑主义立场提出的一个方法论上的基本原则。毫无限制的怀疑论导向就是允许社会学的观察者把方法论上的恐怖归咎为不受干扰的实践。伍尔伽要求其作者注意的内容是科学家无止境的劳动，其目的是消除或绕开一位怀疑派的哲学家对他们的工作所提出的问题。如果这看起来像是意识形态批判中一场熟悉的游戏，这并不是偶然的。伍尔伽(Woolgar 1988a, 101)说过：“科学不过就是一种特别显眼的表征意识形态的宣言。”他定义意识形态为“来自于对象(意义、动机、事物)的一组观念，这些对象隐藏着或预先存在于制造它们的表面符号(文献、表象)之中”。他的批评非常广泛，不仅指科学的一种特殊的形而上学观念，而且还指科学实践，因此，他看来更易于符合哈金所提出的批评(Hacking 1983, 30)，完全可以批评他混淆了专业科学家所做与科学哲学家想要求科学家所做的之间的差异。在伍尔伽的辩护中，所收集的丰富证据必然会表明，在科学家的研究中，当询问他们在证明什么时，许多科学家都给出了实在论(无论是素朴的还是其他)的回答(如 Gilbert and Mulkay 1984)。称科学家的文本具有文字上的实在论特征，这并没有什么过错。但当从意识形态的角度来批判它时，这种批评是否暗示着科学家日常活动的“粗俗能力”，这一点就完全不清楚了。当我们考虑到“表征的意识形态”的思想相当淡薄，并且通常与对科学家的实践活动的说明无关时，那么，伍尔伽有关科学“不过是”一种意识形态的表现的说法，就特别让人难以接受。

的纲领之间的对比就变得清楚。[1]

利文斯通指出了他称之为一个数学证明的“对结构(pair structure)”的现象。[2]这涉及一种“证明的说明”(一个证明“程序”的文本陈述)与“证明的活生生的工作”(证明者在一任何特殊场所下完成证明的行动过程)之间的差异。在其对哥德尔的证明与一个欧氏几何中的简单证明的分析中,利文斯通强调证明的说明与证明的真实工作之间的内在联系,二者是相互依赖的。他指后者为实践,在这些实践活动中,通过画草图,利用系统的符号,计算,讨论与争论下一步要做什么等等,数学家“解决”了证明。 【196】

利文斯通的处理假定的既不是特定的证明说明,也不是证明说明与鲜活工作的关联。对一位有能力的数学家而言,用铅笔在一张纸上的演算或与同事在黑板上的演算,特定的证明就精细地刻画了证明的活生生的工作。一旦工作得以完成,它就达到了对证明工作的“精确描述”或“超验说明”。

> 一个证明的对结构中最令人迷惑和最令人惊讶的事情是证明的说明或其相关的活生生的工作都是不能够单独成立的,也不能在分离的状态下被利用。所产生的社会对象——证明——以及其所观察到的,可证明的性质,包括独立于其证明说明材料的特殊性的超验存在,只是在成对出现时才有效。一个证明者的工作并不能够独立于其材料的细节,虽然随着证明的完成,证明看

〔1〕 David Bloor,“ The living foundations of mathematics”, Social Studies of Science, 17 (1987): 337-358, 这是对 Eric Livingston's *The Ethnomethodological Foundations of Mathematics* (London: Routledge & Kengan Paul, 1986)一书的评论。

〔2〕 利文斯通发展了迦芬克尔的“形式结构(如一个规则)与其制定的不可分离性”论题(Garfinkel et al. 1989:123-124)“对结构”存在于“第一阶段”(如利文斯通例子中的证明陈述)与证明这一命题的“活生生”的工作场所的实践(“这一工作”)之中。在本文中,我忽视了许多复杂的内容,特别是迦芬克尔等人(Garfinkel, et al. 1989,121ff)与利文斯通(Livingston, 1986)耐心指出的一个特征:“对结构”不只是规则的阐述与行动的另一个例证。他们提出了“形式结构(如一个规则)及其制定的不可分离性”这一论题“只出现在数学与其他在实践行动中做出发现的科学”的可能性。断言这是一个相当大胆的建议将超出我在本文中准备考虑的问题。然而,人们将会清楚地理解他们并没有提议数学与物理学应该避免受到常人方法论研究的干扰。

起来是独立于其材料的。[1]

这显然是对维特根斯坦的反怀疑论式解读。利文斯通坚持一个证明的可理解性不能够与其证明的实践行动相分离，从而避免了“包含着一种错误的问题”。证明所阐述的活生生的工作，不只是数学家的工作，而且也是一种社会现象。

> 所发现的证明的对结构的结果之一就是数学家的证明被恢复为一种可见的社会对象。这不是因为某种外在的、非证明特征的因素，如一个“社会化”的理论，被添加到证明之上，而是因为一个证明的自然的可解释性在本质上联系着其作为一个证明的制造与表现过程。[2]

在对利文斯通的著作进行广泛的、并且在某些方面是尖锐的评价中，
【197】布鲁尔提出了一系列反对意见，明确指出了他的研究途径与常人方法论之间的差异。他站在自己的立场上利用了维特根斯坦，但正如我将要表明的那样，这为其立场下了极大的冒险赌注。布鲁尔指责利文斯通并没有明确论述到维特根斯坦，随后又斥责了利文斯通误解了维特根斯坦的“知识的社会理论”。当这样做时，他并没有理解利文斯通是何等强烈地与对维特根斯坦的反怀疑论解读立场相一致。[3]布鲁尔把利文斯通的立场特征描述如下：

---

〔1〕 Eric Livingstone, 1987. *Making Sense of Ethnomethodology* (London: Routledge and Kegan Paul, pp. 136-137.

〔2〕 Eric Livingstone, 1987. *Making Sense of Ethnomethodology* (London: Routledge and Kegan Paul, p. 126.

〔3〕 无疑，利文斯通在其著作（*The Ethnomethodological Foundations of Mathematics*）中未提及维特根斯坦，他随后的著作（*Making Sense of Ethnomethodolog*）只是在一个特殊的例子中提到了维特根斯坦。虽然如此，这两本著作所采用的是我将讨论的维特根斯坦的论点，这可能是利文斯通从迦芬克尔的教学中学到的。

> 创造普遍强制性的、外在的数学真理的惊人壮举，完全安排在黑板上进行。如果我们检查了准确的细节，我们就会明白一种超验存在是如何当场被完成。我们并不需要询问这一事件的环境，或这一壮举对从环境输入到特定情境中某些东西依赖的可能性。这将应该包括非地方性特征或超越"工作场所"的环境。[1]

当然，在布鲁尔的猜想下，利文斯通只有失败，因为布鲁尔要求一种一般的因果性说明，而利文斯通试图研究单一证明的实践上的可理解性。布鲁尔指出利文斯通涉及一个证明的"熟悉方面"，因此，暗示着数学家中的公认论证与共同趋向的一个更加广泛的视角。但这种对利文斯通的反驳，没有注意到他要关注的焦点是一个证明的陈述与活生生的证明工作之间的内在联系。

利文斯通的目的是要表明数学证明的活生生工作(在黑板上或纸上的数学家的公共产品)产生了对同一活动的证明陈述的准确描述。除了证明陈述自身，没有什么更好的阐述了，阐述的充分性不是通过陈述的任何指派功能，而是通过证明行动的活生生的过程来确立的。或者说，如果一个更好的阐述将被提出，它只能够通过数学家的行动实践得到确立。当然，这意味着一种"默许"与有序实践的共同场所。但对布鲁尔来说，这还是不够的，因为在利文斯通的论证中不存在社会学的说明。布鲁尔(Bloor，1987，353-354)认为这种社会学解释的种子可以在维特根斯坦后期著作中发现：

> 维特根斯坦认为建构一个数学证明能够被理解为借助于类比来进行的一个推理过程。它包括最初来源于我们在周围世界中的经验的推理模式，这一模式后来演变成为范式。它们成为共同的约定，并且开始呈现出作为结果的一种特殊氛围。我们认为数学向我们显示出事物的本质，但对维特根斯坦来说，这些本质 【198】

[1] David Bloor，" The living foundations of mathematics"，p. 341.

是约定。我们可以说在维特根斯坦那里，穆勒(Mill)的经验主义与杜克海姆(Durkhelm)的宗教理论结合在一起。〔1〕

在某种最基本的方面，布鲁尔对利文斯通的维特根斯坦式的批评可能也是对维特根斯坦的批评。如果利文斯通没能陈述一个社会的科学的理论，没能因果性地说明数学实践，那么，维特根斯坦也是如此，他“没能”使之成为一种明确的方针：

说我们的思考不可能是科学的思考，这是事实……我们可能不会提出任何一种理论。在我们的思考中，不可能存在任何假设性的东西。我们必须抛弃一切解释，描述必须取代解释的位置。从哲学问题中，这种描述得到了显现，也就是说达到了其目的。当然这些问题并不是经验性的，相反，解决它们的办法就是仔细研究我们语言的用法。这种方式使我们认识这些用法——尽管有误解它们的倾向。这些问题的解决，并不是通过新的信息，而是通过安排我们已知的信息。哲学就是借助于语言来对我们智力的迷惑所进行的斗争。〔2〕

与其说是提供一种带有古典社会学梦想的“知识的社会理论”，不如说维特根斯坦在这里放弃了科学、理论与解释。常人方法论同样远离了科学社会学中最根本的因素：其解释的目标、其学科的主体、其社会性的定义。〔3〕在那种意义上说，常人方法论“扩展了”维特根斯坦，而无需批判他

〔1〕 David Bloor，“The living foundations of mathematics”，pp. 353-354.

〔2〕 Wittgenstein，*Philosophical Investigations*，*sec*. 109.

〔3〕 布鲁尔对维特根斯坦“理论”的重构类似于迦芬克尔的“在解释上基于行动的理论”的赫里特杰(Heritage)的版本(Garfinkel and Ethnomethodology，p. 130)。与布鲁尔一样，赫里特杰解读维特根斯坦(还有迦芬克尔)为一种对规则与实践行动之间关系的一种“有限论者”观念的推进。在此，我一直认为要把维特根斯坦不是解读为一位强调这一经典问题的理论家，而是一位反理论的学者(antitheorist)(或非理论家[atheorist])，他系统地研究日常语言以证明为何问题只有通过对语言的一种含糊的处理才能出现。像维特根斯坦一样，迦芬克尔同样避免把他的研究描述为一种系统的理论的特征。

对科学主义与基础主义的挑战。

在向人们推荐描述而不是解释时，维特根斯坦并没有把描述解释为“一个事实的语词图像”，也没有把描述视为“具有特殊用法”的工具。（《哲学研究》，第 291 节）他也没有传达出语言用法只具有唯一正确描述的想法。相反，他提出一种“反身性”研究，在这里，哲学的问题是“通过研究我 【199】
们语言的用法”而得到强调。

对维特根斯坦的一种经验主义的扩展

当维特根斯坦推荐对语言进行描述性研究，而不是解释性研究时，我认为他提倡的既不是语言的经验社会学，也不是一种回顾性反思。就后者而言，他明白没有必要发展出一种二阶哲学来反身性地理解其本身就不具反身性的对象。“人们也许会想：如果哲学谈论‘哲学’一词的用法，肯定就会存在着一种二阶哲学。但实际情形并非如此，按照词‘表音学’(orthography)中的情形，它在处理其他词的表音时，也会给词‘表音词’表音，这种表音并不是二阶的。”〔1〕

那么，我们如何“观察”我们的语言的活动呢？维特根斯坦评论道：“我们并不能够把握我们语词用法的一个清楚的全貌——我们的语法不易使我们看出它的全貌。”（《哲学研究》，第 122 节）在传统哲学的反身性态度中，我们很容易被导引到把本质或核心意义归于这类会引起共鸣的词汇，如“理解”、“表征”、“理性”与“真实的”，其目的是为了发展出一种人格化的关于“知识”、“表征”、“理性”与“真理”的概念。通过从普通用法中列举出直观的例子，构造出一个系统性有别于我们习惯用法的想象的“部落”和语言游戏，维特根斯坦能够通过表明“认识论的”表述在语言的日常用法中的多变性、体系的含糊性，以及显著的敏感性，来质疑认识论。

正如布鲁尔指出的那样，维特根斯坦提出了一种“想象的常人学”，但不是语言的经验常人学。然而，这未必是一种过失，因为维特根斯坦把他

〔1〕 Wittgenstein, *Philosophical Investigations*, sec. 121.

的案例设计为“明确的表征”——这些例子被系统地安排以表明我们语法中的关联。维特根斯坦的纲领可能为经验的案例制造出一个角色，虽然并不是像布鲁尔所暗示的那样，把一种反思性方法转变为一种解释性方法。相反，正如迦芬克尔等人所建议的那样，设计经验性研究主要是为了“促进一种缓慢的想象”[1]。迦芬克尔著名的制造麻烦(troublemaking)练习可以被视为明确表征的方法——破坏正常情境的干预，其目的是为了使人们看清楚它们的实践组织。在最近的研究科学工作的著作中，迦芬克尔设计
【200】了系统性干涉，其目的是把认识论中的关键术语(合理性、规则、力量等)转变为“明了的现象”。[2]

明了的表征的思想同样也应用于早期的谈话分析研究。萨克斯最初研究了磁带记录的对话，以提供普通语言用法的例子，这些例子回避了日常语言哲学家与研究演讲行为的理论家所采用的语法分析的反身性方法。萨克斯许多早期的演讲都是他转录的对话中这一段或那一段话所激发出来的话语。在这样一次讨论中，萨克斯(Sacks 1967a)谈到：“我在这里试图做的就是使我的转录东西对我来说是值得关注的。”正如我在第六章中要指出的那样，虽然萨克斯在其早期演讲中同样表达了科学的动机，但他对转录的处理与他和他的同事后来提出的转换规则控制模式形成鲜明的对比。在早期的演讲中，逻辑与语言哲学中的问题并不深刻。[3]萨克斯利用对话的特殊段落来批评建立在直观案例基础上的逻辑—语法研究。

因此，常人方法论对维特根斯坦后期哲学的扩展并不是朝向经验社会学迈进的一步，甚至也不是企图重新发现认识论的中心概念与论题的意义。词“重新发现”在这里具有一种特殊的意义。尽管作为一种自然语言

〔1〕 Garfinkel, Harold, ed. 1986. *Ethnomethodological Studies of Work*. London: Routledge and Kegan Paul, p.38.

〔2〕 这是弗里德里彻·施雷克(Friedrich Schrecker)研究实验实践的一个例子(Schrecker 1980; Lynch et al. 1983)，在其中，施雷克(迦芬克尔课堂上的一位研究生)在实验室中帮助了一位有残疾的化学系学生做实验。事实上，施雷克在实验练习的工作台上已经成为这位学生的“身体”。他们两人间的相互行动被录像。这位化学系的学生向施雷克发出口头指令，施雷克移动或安排仪器，这种结合“敏感”地表现出当时的实验状态。

〔3〕 Harvey Sacks,“Omnirelevant device……”转录的演讲(1967 年 3 月 9 日)，in *Lecture on Conversation*, vol.1.

的言说者，我们已经知道了规则是什么，知道了规则对解释、同意给出理由，或遵从指令意味着什么，但这并不意味着我们的理解能够在定义、逻辑公式中，抑或在典型的理想化例子中得到表达。常人方法论对观察、解释或证明的日常与情境化行动的描述，能够使人们重新发现和重新详细说明这些关键术语是如何变成与行动的特殊语境相关的术语。比起在认识论中一般的定义与熟悉的争论来说，对观察、解释、证明等的情境化制造的描述，提供了一个更为差异化与微妙的认知行动实践的图景。与其说这包含【201】着对语言用法的“想象的”研究的一种“真实的”常人学取代，不如说这包含着从关键概念的定义问题转向去研究这些概念所掩盖的行动的产生。在本书的其余部分，我将强调与这种途径相关的某些问题，以充实其研究框架。

第六章　分子社会学

【203】 谈话分析是从常人方法论中发展出来的最持久和最连贯的研究纲领。从20世纪60年代开始，在这个领域的研究已经产生出了基于其他各种发现的一种专业研究的稳定的集结。这些研究已经在众多社会学、语言学、交往研究以及人类学的专业期刊和论文集中发表。〔1〕尽管在这些研究领域中谈话分析无论如何都不是一个主导纲领，但它还是被稳健地建立起来〔2〕，并且它还被赞许为社会学中“常规科学”研究纲领中的一个稀有的样板〔3〕。

在本章，对于谈话分析作为一个科学的领域的地位，我将批判性地审视一些纲领性的观点，并且我要强调，在谈话分析的观察语言中以及在展

〔1〕 例如，可参见由G. Psathas主编的论文集：*Everyday Language：Studies in Ethnomethodology*（New York：Irivinton Press，1979）；L. M. Atkinson and J. Heritage eds. *Structures of Social Action*（Cambridge University Press，1984）以及G. Button and J. R. E. Lee eds. *Talk and Social Organization*（Clevedon：Multilingual Matters，1987）。大量的研究在B. J. Fehr，J. Stetson和Y. Mizukawa纂写的“A bibiliography for ethnomethodology”中列举，这篇文章在Jeff Coulter主编的*Ethnomethodological Sociology*（London：Edward Elgar，1990）pp. 473－559.

〔2〕 在他的文章“Left of Ethnomethology（*American Sociological Review* 56〔1991〕：370－380）”中，Melvin把谈话分析说成是已经移动到社会学的“郊区”，就像常人方法论曾经在社会学学科的最为边缘处一样。

〔3〕 参见John Law和Peter Lodge的*Science for Social Scientists*（London：Macmillan，1984 p. 283，n. 15）。Law和Lodge指出：谈话分析可以明显地使用其他发现来积累起作为整体的结果。这在社会学领域中是罕见的，因为大多数领域都陷入关于基础性的理论和方法论问题的无休止的争论中。

示和传播其分析报告的惯例中，关于自然科学的神话的概念已经牢固地建立起来。像许多其他社会科学家一样，谈话分析经常拥护一种统一的科学方法的思想，而这一点却是当下在科学的历史学、科学的哲学和科学的社会学领域中受到广泛批判的东西。正如新的科学知识社会学提供了批判本书第四章舒茨版本的科学的基础一样，它同样有助于对一种自然的观察的科学如何可以在人类科学中得以实施的一些谈话分析的推断进行一种批判性的检讨。然而，在本章中我的目的不仅仅是批判另外一个科学的研究纲领，而是还要提出一些谈话分析的纲领性的原初思想和样板性的研究如何能够重新被纳入常人方法论研究的"后分析的"路线，这样的一个路线 【204】
对于科学的诱惑和科学主义的陷阱保持着疏离、冷淡。

关于人类行为的一种自然的观察的科学

如果谈话分析仅仅是展示一种社会科学可以沿着既成的自然科学路线建造自身的尝试序列的一种，它将不具有特别的意义。对于我的目的而言，它的意义在于一种由萨克斯最初勾画的议题，那就是：自然科学已经发展到一种关于人类行为的自然的观察的科学。萨克斯着手构建一种在实质意义上的、而不仅仅是类比意义上的基于现存自然科学的新生的行为科学。在本质上他主张一种关于实际行为的、存在于自然科学中的初始的社会学可以被嫁接到社会科学中一个独立的学科的根基之上，这个根基可以把现存的科学的社会学滋养为一个更完整的成果。

对于萨克斯来说，一种科学的社会学不是借助于采纳一种抽象的"科学的"方法而建造起来的，而是已经在现存的自然科学中作为"社会学"呈现出来的。萨克斯的目的是要建立一种基于对"实际发生的事件的细节"观察的科学的社会学，这一点在他的许多著述和演讲中得到明晰的表达。[1]

---

〔1〕 Harvey Sacks, "Notes on methodology" in Alkinson and Heritage eds., *Structure of Social Action*, p. 26.

原始的自然科学

萨克斯注意到，在自然科学的早期历史中，就像古代的天文学和19世纪的生物学一样，包含着可说明性的“原始的”结构，实际上，非专业共同体中的“任何一个人”都可以进入这个领域，看到在那里可以看到的东西并且用平俗的术语描述所看到的东西。[1]例如，“如果你阅读一篇生物学论文会说：‘我用从Joe的杂货店中买来的这样那样的东西。’他们会告诉你他们做了些什么，你可以挑拣一些并看看是否是他们所说的那样。你可以重做观察。”[2]他补充说，这样的观察者“会用他们自己的眼睛看，他们不需要很多的仪器，他们知道一个说明看起来会是什么”。在萨克斯的演说中偶
【205】尔会抽取出自己对自然对话研究与这类原始的自然科学之间的类比，并且告诉他的学生以这种原始的方式研究谈话的机会“很可能是一个短期的可能性，因此在你能做的时候你最好看清楚”[3]。

萨克斯的宽松简单的科学版本与通常在当代社会学领域建构起来的错综复杂的方法论形成一个令人振作的对比。不是从一种复杂的关于行为的理论开始他的研究，萨克斯的研究从对可观察的社会活动开始：简单的谈话、格言的序列，以及各种各样其他反复出现的表述和姿势。他认为社会世界的表面已经具有很好的秩序，社会世界分散的和异质性的事实不需要大量的准备就可以得到观察、描述和分析。他进一步指出，不需要寻找一种“大问题”以便开始一种对社会秩序的研究。秩序在“所有的位点”上都是可见的，即便是在仅有一点点意义和可随意到达的地方。[4]这样，对最平淡和不值得注意的事件集中细致的研究能够产生深远的认识，类似于对简单的肠道细菌的细致的研究在遗传学和分子生物学中产生了革命

〔1〕 Harvey Sacks, “On sampling and subjectivity”, in Harvey Sacks, *Lectures on Conversation*, 1G. Jefferson, ed. (Oxford: Blackwell, 1992), pp. 983 - 988，特别是 pp. 487 - 488.

〔2〕 Sacks, “Lecture 4: An important survey of the literature”在 Harvey Sacks 的 *Lectures on Conversation*, 1G. Jefferson, ed., pp. 26 - 32，引文在 p. 27.

〔3〕 Sacks, “On sampling and subjectivity”, p. 488.

〔4〕 Sacks, “On sampling and subjectivity”. 还可参见 Sacks, “Notes on methodology”, p. 22.

性的突破。[1]从"简单的"和"可观察的"社会对象,而不是从具有显著意义的历史性情节和庞大的社会性机构开始,萨克斯尝试发展一种语法用来描述交往活动的社会性生产。

在萨克斯离世后才发表的一个观点中,他生前勾画出了"科学的存在性事实"如何能为一种"自然的可观察的科学社会学提供一种基础"[2]。他没有说精确的科学为社会学对它的效仿提供了一种一般性的方法,反倒是,他提出在自然科学家进行观察、把观察报告给他们的同事以及基于报告尝试重复观察的时候,他们"天真地"并且程式化地产生了"对人类行为的科学的描述"。他清楚地表明在观察、报告和复制之间的链条在本质上是并且不可逆地是交往性的。在这一点上他与卡尔·波普尔一致,波普尔把复制观察的实际的和交往性的过程确认为一种被知识社会学一直忽视的"科学方法的社会性方面"[3]。在非常类似于萨克斯对原始的自然科学说明的一种明确的表达中,波普尔这样陈述:"一种经验的科学的陈述会以这样的方式呈现(通过描述实验安排等),即任何一个懂得相关技术的人都能够检验它。"[4]不过,请注意这里是在描述一种原始的自然科学,就像萨克斯所界定的那样,那种"相关的技术"必须是寻常的和非专业性的。 【206】

像波普尔一样,萨克斯把自然科学的方法视作实际行为的形式分析的结构,就是说作为行为的组织化的复合体,通过不同的生产群体在不同时间和不同地点一次次重复生产出来,其中包括生产和认证的技术以及传播

〔1〕 Sacks,"An impromptu survey of the literature", p. 28。Sacks 推荐他的学生读 James Watson 的 *Molecular Biology of the Gene*(New York: Benjamin 1965),以便能够理解一个领域的复杂精细的现象如何能够从简单的循环结构中建造出来。

〔2〕 这个观点在 G. Jefferson, ed., Harvey Sacks—Lectures,1964—1965, *Human Studies* 的特别版卷 12(1989),pp. 211-215 呈现。在同一本书中,E. A. Schegloff,"An introduction/memoir for Harvey Sacks,1964—1965"p. 207,n. 5 陈述了 Sacks 在 1965 年写的导言,这个导言是为一本他从未出版的题为"The Search for Help"的著作而作。Schegloff(p. 202)提及 Sacks 早在 1961—1962 年,就在为这个观点工作。

〔3〕 Karl Popper,"The sociology of knowledge" in J. E. Curtis and J. W. Petras eds. The Sociology of Knowledge (New York: Praeger,1970), pp. 649-660, Jurgen Habermas (*The Theory of Communicative Action*,1: *Reason and the Rationalization of Society*, Thomas McCarthy trans. [Boston: Beacon Press,1984])也提及了这个在关于科学的分析理论中"'被遗忘的主题':建立在交往活动中自我和他我之间的主体间性。"

〔4〕 Karl Popper, *The Logic of Scientific Discovery* (New York:Harper & Row,1959), p. 99.

对可观察的现象的描述。不过，更多地回想到的是杜克海姆而不是波普尔，萨克斯强调科学实践并不仅仅是获取达到自然事实的通道的手段，他们自身就是社会事实。最后，追随迦芬克尔而不是杜克海姆，萨克斯注意到对这些实践的成员的描述将是一种社会学的描述。〔1〕他的社会学纲领不单纯是对一种成功的自然科学的模仿；它探索出了一种他所理解的内在于科学事实的生产中的特性。

尽管通常会认为对人类行为的描述只有在其基于神经学或者生物学研究成果的基础上才会真正是科学的。萨克斯则通过一个精彩的简单观察转移了议题："做自然科学，实际上是做生物学研究，就是某种可报告的东西，首先并且也是其次，对做科学活动的报告不会采取对研究现象的报告的形式。"〔2〕神经学家的指导性文本和研究报告包括对如何重复观察和实验的平俗的指导，但是对这些描述的可靠使用不能通过对人类感知和大脑活动的任何实质性发现得到解释。〔3〕像其他神经科学家一样，神经学家所依赖的描述、教导、证明的稳定的模型并不是基于一种神经科学领域的特定发
【207】现。萨克斯坚持认为科学家对他们自己的行为和他们所观察的现象的报告是科学的必要的特性。〔4〕没有上述两种描述，一种"稳定的"（例如，可再生的、可复制的）科学将会是不可能的。〔5〕

萨克斯继续发问："使得科学家对其自身行为的描述成为恰当的东西是什么？"他说，答案是明显的："科学家对他们的行为的报告是恰切的，例

〔1〕在这个案例中的"成员"是相关的科学技能的掌握者。关于这个概念的自然科学和社会科学的描述在 Sacks 早期的论文"Sociological description"，*Berkeley Journal of Sociology* 1(1963)：1-16 中得到勾画。

〔2〕Sacks，"Introduction"in Harvey Sacks—*Lectures*，1964—1965，p. 213.

〔3〕认知科学的狂热者可能会强调他们会（或者很快就能够）模仿科学家的行为，但是不用理会这个观点，科学家在人工智能产生之前很久就能够可说明性地、可靠地重复他们的方法。

〔4〕Sacks，"Introduction"在 Harvey Sacks—*Lectures*，1964—1965，p. 213.

〔5〕这个对比可以在 Sacks 强调的在科学中的"描述"和 Lyotard 断言的科学的持续存在要求"合法性的元叙事"（例如，以普世判断和承诺的形式）与此同时又反对前科学的"叙事"之间形成。参见 Jean-Lyotard，*The Postmodern Condition*：*A Report on Knowledge*（Minneapolis：University of Minnesota Press，1084）. 远非承认这种"危机"，Sacks 把描述性的"叙事"确认为一种生产性的机制，这个机制与实验室和文本中的"科学"地方性组织不可分离。Sacks 没有表达一种指向元叙事的"怀疑"，他对"分子"叙事支撑起来的实践活动的合法性的必要性漠不关心。当然，Sacks 的观点本身就为科学提供了一种局部的合法性（就像我关于谈话分析进行的下述阐释一样）。

如，通过使用方法，他们对自己或者其他人的行为提供可再生性。”[1]由于科学远非仅仅是可再生的社会活动，对于萨克斯来说似乎“足够”明显的是“能够恰切地把人类行为描述为有条理的东西就可以说是被科学地恰切描述的东西”[2]。

在包含其观点的萨克斯的演讲集的“导论”中，沙格洛夫简明地列举了萨克斯的核心论点：

> 这样，萨克斯得出结论，从自然科学存在的事实看，有证据表明自然科学可能具有：
>
> (1) 对人类行为过程的说明；(2) 这种说明不是神经心理学的、生物学的等；(3) 这种说明是可再生的，因而是科学的恰切的；(4)上述(2)(3) 两个特性等于说这种特性可能是稳定的；(5) 对人类行为拥有这种稳定的说明的一种方式(也许是某种方式)依赖于产生说明的方法和产生这种方式的程序。一种非还原论的对人类行为稳定的、社会的、科学的说明的可能性基础，至少与自然科学的基础一样深厚。也许已经足够深厚。[3]

不是去提出一种尚待诞生的科学，萨克斯提出科学的社会学已经登场，具体体现在迦芬克尔称之为自然的科学观察的“可指导的再生性”中。【208】萨克斯补充到：一个活动可以恰切地被描述为有条理的，不管那些做这些活动的人是否有条理地产生了他们自己的描述。“的确许多伟大的科学家对他们的步骤没有给出恰切的报告；其他人为他们做了。”一种分子社会学专业发展的关键之点是：有条理的活动是可描述的，作为指导产生(再产生)这些活动的恰切的描述是可以使用的。就像他预想的那样，社会学眼前的任务是通过对有条理的人类行为产生全方位的有效的描述，来扩展和

〔1〕 Sacks，“Introduction”在 Harvey Sacks—*Lectures*，1964—1965，p.214.

〔2〕 Sacks，“Introduction”在 Harvey Sacks—*Lectures*，1964—1965，p.214.

〔3〕 Schegloff，“An introduction/memoir”p.203.还可参见，“Introduction”在 Harvey Sacks 的 *Lectures on Conversation*，vol 1，pp. ix—xii，特别参见 pp. xxxi—xxxii.

专业性地阐释“科学的活动报告的整体”[1]。

重写为科学的神话的原始的科学

萨克斯关于“原始的自然科学”的议题，可以根据科学知识社会学的后继发展得到重新检验。借助于后见之明的优势，很容易挑剔萨克斯持有的关于科学的一种古怪的甚至是神秘的观点，在其中，观察、描述、复制提供了公开证实的知识的“基础”。尽管我不打算减弱他和他的同事们的精彩成就，我还是认为对于萨克斯关于科学的论断值得给出批判性的注意。

萨克斯明晰地陈述了他所认为的“科学存在着”的观点[2]，尽管不是完全地清楚他这样说究竟意味着什么。我对这一点的理解是：他在暗指那种为证明在几个世纪之前出现在欧洲的那种知识而存在的著名纲领的历史性“事实”。当他详细阐释科学存在的这种“事实”时，他强调以下科学方法论的基本要素：

(1) 科学是基于自然性的观察的。

(2) 这样的观察作为方法是可描述的。

(3) 恰切的方法描述。

(4) 恰切的方法描述包括两个独特的分析性组成：

① 对于特定的发现，如化学的、生物的以及宇宙学的现象的说明。

② 对有条理的人类行为的平俗说明。

【209】 (5) 对科学方法恰切平俗的说明的存在状态，为关于人类行为的一种稳定的科学提供了基础。

这无论如何不是一幅陌生的图景。三个世纪之前，罗伯特·波义尔设计了夏平和沙佛尔描述为实验的事实产生的一种“语言游戏”。在波义尔

〔1〕 Sacks,“Introduction”, p. 214,Sacks 援引 L. S. Vygosky , *Thought and Language* (Cambridge,MA:MIT Press,1962),chap. 6,涉及把科学视为人类的基本活动的讨论。尽管 Sacks 的观点写于英译本的 Claude Levi-Strauss, *The Strange Mind* (Chicago: University of Chicago Press,1966)之前,Levi-Strauss 的关于“具体的科学”的讨论提供了另外一个相关的比较。然而,不同于 Sacks, Levi-Strauss 最终把原始的“随机组合”与现代科学和工程中的理性的原则性版本进行对比。

〔2〕 Sacks,“Introduction”, p. 212.

的实验纲领中的事实是"拥有一种经验的经历、向自己担保以及使其他人相信他们的信念基础是恰切的这样的过程的结果。在那个过程中对见证经历的一种放大是基础性的"[1]。波义尔把事实视为"既是一种认识论的范畴又是一种社会的范畴"[2]。事实经由交往的有序序列被传递,并且对事实的确认是那种交往环路的一种产物。在给其他实验者的信件中,波义尔描述了他的"新实验",小心地指导他们怎样没有差错地重复实验。他还表达了一种意愿去指导"年轻的绅士"怎样去操作一些比较简单的实验。他评论到,其中的一些实验"在做的时候不要求太多的时间,或者费用或者麻烦",甚至"女士们也可以尝试"[3]。

这样的放大见证经历的纲领唤回了萨克斯提出的原始自然科学的可说明性的结构。再者,至少波义尔的一些描述是这样写的,即"任何人"能够重做特定的实验。[4]然而,夏平和沙佛尔补充到,波义尔使得其他人复制实验的努力并不总是成功。在操作了其著名的空气泵实验八年后,他"承认,尽管他用心传播发动机和他的步骤的细节,还是没有太多的成功的复制"。再后来,"波义尔表达了对这些实验曾经被复制的绝望。他说他现在甚至更愿意沉下去在小环境中做潜水员的事情,'因为'很有可能许多这类实验不仅从没有被其他人重新检验过,也没有被自己重新复述过"[5]。

然而,尽管有这些困难,在推广他的实验纲领中波义尔远非不成功。但是,与其说设计了一种任何人可以直接见证其所观察的东西的方法,不如说波义尔建构了夏平和沙佛尔称之为一种"实际见证的技术……一种相 【210】
信和保证事情按照所声称的方式完成的技术"。这样的一种技术,包括一

〔1〕 Steven Shapin and Simon Schaffer, *Leviathan and Air Pump: Hobbes, Boyle, and the Experimental Life* (Princeton, NJ: Princeton University Press, 1985), p. 25.

〔2〕 同上。

〔3〕 Robert Boyle, "The experimental history of colours", 在 Thomas Birch ed., *The Works of the Honourable Robert Boyle* 第 2 版, vol 1(London: J&F. Rivington, 1972), pp. 662 - 778.

〔4〕 就像 Shapin 和 Schaffer 注意到的,这里的"任何人"不是"科学共同体"的任何成员,也不是任何一个人,而是某种像经典的概念"市民"或者与今天的"拥有平均智力"的读者对等的东西。

〔5〕 Steven Shapin 和 Simon Schaffer 的 *Leviathan and Air Pump*, pp. 59 - 60. Bpyle 引用了 "Continuation of new experiments. 第 2 部分", in Birch ed., *The Works of the Honourable Robert Boyle*, p. 505.

整套物质的、文本的和组织化的实践：(1) 为实验观察费力地产生一种罕见的和优越的“空间”(例如，实验室和空气泵设施)；(2) 使用冗长的描述和精雕细琢去表达一种关于实验和实验设备的详尽细节的感觉；(3) 展示皇家学会可信任的成员的谦逊品质。实验经历的重复是一种原初观察的再生物，不是规范意义上的“复制”，而是用似真的表演进行一种替代。[1]波义尔对他无力说服其他人复制他的实验的真诚恼怒本身就强化了他的可信性，这样为所有的实际目的考虑，他的实验也许就无所谓被复制。

就像夏平和沙佛尔对他的纲领进行的重建那样，对于波义尔来说，观察—报告—复制这样的有序的整体是对一个实验工作的一种神话的描述，这样的描述使得整个的实验生活方式改宗。[2]空气泵是这样的生活方式的中心，因为关注、管理、描述、复制以及对运行机制的标准化等都与波义尔对实验事实的展望交织在一起。“这个机器产生事实的能力决定性地依赖于其物理性能的完善，或者更精确点说，依赖于对空气泵所满足的实际目的的集体性认同。”[3]结果是，与建造和驾驭空气泵联系在一起的专业能力使得这样的观点权威化，即实验事实仅仅在原则上是可以被“任何人”证实的。

这里，这样说可能会招致反对，即承认使用了相当复杂的仪器装备，波义尔的实验纲领按照萨克斯的术语不是一种完整的“原始的”科学。也许，更贴切的事例将由一种野外科学提供，例如鸟类学。在 18 世纪和 19 世纪鸟类学的一个研究中，法伯(Paul Farber)表明：观察和讲述的民主程序在那种科学的谱系中仅仅是偶尔地占主要地位。这个故事再一次显现为取得观察的受控的方法、受约的观察空间以及文字技术。按照法伯的说法，

〔1〕 在这个例证中，“复制(reproduction)”的恰切的含义可见 Walter Benjamin 的“The work of art in the age of mechanical reproduction” in W. Benjamin ed., Hannah Arendt, trans. *Illuminations* (New York: Schocken Books, 1969), pp. 217 - 251. 对于科学文本的循环的详细说明，可参见 Bruno Latour, “Drawing things together” in Lynch and S. Woolgared. *Representation in Scientific Practice* (Cambridge, MA: MIT Press, 1990) pp. 19 - 68.

〔2〕 这个某种程度上是 Wittgenstein 的 *Philosophical Investigation* 一个变形的释义。G. E. M Anscombe, ed., (Oxford: Blackwell Publisher, 1958), sec. 221.

〔3〕 Steven Shapin and Simon Schaffer, *Leviathan and Air Pump*, p. 29.

18世纪博物学家布里森(Pierre-Raymond de Brisson)通过异常细致地描摹 【211】
他的在博物馆中严密看管的标本的方式发展起他的生物分类系统。[1]

对于布里森来说,博物馆是一个优越的观察场所。为他和其他博物馆收藏提供的样本从分散的地方集结起来,有时会得到拥有其自身“野外研究”方法的市场猎人的帮助。尸体拥塞地被保存着(通常非常糟糕),在博物馆抽屉的蜂窝状隔间内并列安放,成为列成表格的条目。[2]博物馆抽屉的表格墙(tableau mort)为系统化的审查、再审查和比较提供了一种前文字的有组织的领域。在便携式野外作业手册和野外镜分发出去之后,在鸟类学社团和关于恰切描述的社会性体制标准出现之后,野外研究和业余鸟类观察在后来才得到发展。[3]自然科学的出现与有组织地收集、保存、循环、安排资源、测量的方法出现以及公共活动不可分离,同时还伴随着用来合成并且把描写和图片并置起来所使用的文字惯例的形成。相似的主题出现在对分子生物学、地质学和气象学起源的新近的说明中。[4]萨克斯对一种原始的自然科学的说明在其集中于直接观察、恰切地描述以及复制时似乎是成问题的。科学知识社会学的许多研究(参见第二章和第三章)开启了观察、恰切地描述以及复制所涉及的社会性组织化的认知实践的问题。

(1) 正如哈金(Ian Hacking)阐述的那样,观察在科学史中被过高地估计了:“通常特定的实验任务以及对独创性甚至壮举的检验,更多的不是观

---

〔1〕 Paul Farber, *The Emergence of Ornithology as Scientific Discipline*: 1760 - 1850 (Dordrecht: Reidel, 1982).

〔2〕 Susan Leigh Star and James Griesemer, "'Translation' and boundary objects: amateurs and professinals in Berkeley's Museum of Vertebrate Zoology, 1907—1939", *Social Studies of Science* 19(1989): 387 - 420.

〔3〕 对在业余鸟类观察的“新手文学语言游戏”中的一些复杂性的一个说明,可参见 John Law and Micheal Lynch, "Lists, field guides, and the descriptive organization of seeing: birdwatching as an exemplary observational activity", *Human Studies* 11(1988): 271 - 304;在重印本, M. Lynch and S. Woolgar, eds. *Representation in Scientific Practice*, pp. 267 - 299.

〔4〕 Bruno Latour, *The Pasteurization of France*, *Alan Sheridan and John Law*, trans. (Cambridge, MA: Harvard University Press, 1988); Martin Rudwick, *The Great Devonian Controversy: The Shaping of Scientific Knowledge Among Gentlemanly Specialists* (Chicago: University of Chicago Press, 1985); Robert Marc Friedman, *Appropriating the Weather: Vihelm Bjerknes and the Construction of a Modern Meteorology* (Ithacam NY: Cornell University Press, 1989).

察和报告，而是获得某种仪器以可靠的方式展示现象。”[1]并且就像夏平
【212】和沙佛尔的研究表明的那样，一个完整的学科纲领取决于发明、标准化和对这类仪器的使用合法化的能力。

(2) 许多人种学和历史学的研究强调：对观察的描述并不再生一个观察者最初在现场见证的东西；反倒是，它们拥有独立于任何观察性经历的文本的和实用的组织起来的构成文字的秩序和图表的演示。再者，科学家的方法报告的恰切性与把程序描述为“自然过程”的能力不可分离。[2]

(3) 复制的概念在几个方面都是成问题的。就像柯林斯(Harry Collins)和许多其他研究者的研究(参见第三章)所强调的那样：什么才算是一个实验的复制问题，与什么才算是“同样的”仪器、使用仪器的“能力”以及“可比较的结果”紧密地联系在一起。[3]

(4) 对科学家如何向其他研究者交流他们的发现的研究表明：对方法的描述与对特定的现象的描述交织在一起。思考一下一个迦芬克尔、林奇(Lynch)和利文斯通(Livingston)描述的案例。[4]在 1969 年 1 月 16 日的晚上，三个天文学家使用一个望远镜和一些电子设备观察到一种“光脉冲”的出现，尽管他们正在观察的东西是什么以及这个东西是否是一个“脉

---

〔1〕 Ian Hacking, *Representation and Intervening* (Cambridge University Press, 1983) p. 167.

〔2〕 参见 Bruno Latour and Steve Woolgar, *Laboratory Life: The Social Construction of Scientific Facts* (London : Sage, 1979; 第 2 版, Princeton, NJ: Princeton University Press, 1986), Star and Griesemer, “Translation and boundary objects”; K. Amann and K. Knorr-Cetina, “The fixation of (visual) evidence” in Lynch and Woolgar, eds., *Representation in Scientific Practice*, pp. 85 - 122; M. Lynch, “Discipline and the material form of image: an analysis of scientific visibility”, *Social Studies of Science* 15(1985): 37 - 66.

〔3〕 有许多的资源用来记录这些以及与这些相关的问题。对于复制问题的一个很好的资源是 H. M. Collins 的 *Changing Order: Replication and Induction in Scientific Practice* (London: Sage, 1985); 还可参见 Gerald Holton 的 *The Scientific Imagination: Case Studies* (Cambridge University Press, 1978). 对这个问题的常人方法论的说明，可参见 H. Garfinkel, M. Lynch, and E. Livingston, “The work of a discovering science construed with material from the optically discovered pulsar”, *Philosophy of the Social Sciences* 11(1981): 131 - 158; 以及 Kathleen Jordan 和 Michael Lynch, “The sociology of a genetic engineering technique: Ritual and rationality in the performance of the plasmid prep”, in A. Clarke and J. Fujimira eds.. *The Right Tools for the Job: At Work in 20th Century Life Science* (Princeton NJ: Princeton University Press, 1992). 关于指导和专业活动之间的关系的一个更清楚和精细的讨论，参见 Lucy Suchman, *Plans and Situated Actions* (Cambridge University Press, 1987)。

〔4〕 Garfinkel 等, “The work of a discovering science”.

冲”，要受制于经历一连串行动的“第一时间”的具体变化。[1]在不同的条件下重复几次观察之后，同时核查监测电“噪音”源和光不精确的仪器，他们向遍布全世界的主要观察点发送了一个电报。这个简洁的电报简单地通过确切说明日期、时间、脉冲的周期、天体坐标以及对在 Crab Nebula 中的“源”星的确认，宣告了他们的发现。就在同一天晚上，在其他观察点的天文学家复制了这个观察。在这个案例中，对天文学对象的报告并不包括对如何证实这个报告的指导。或者可以说，天体坐标和频率读记是这种活动的指导，但也仅仅对于那些准备好接受这种指导的“任何人”才会有效。在这个案例中，“任何人”包括不了许多人。自然，那里也不存在观察能够被复制的保证，但是这里的问题是没有一个对人类一连串行为的单独说明是必须的。相关的人类行为具有的是天文学的可说明性。[2] 【213】

(5) 对科学方法恰切平俗的说明的存在本身，对于一种关于人类行为的稳定的科学存在可能性的“基础性”作用，要弱于这类稳定性作为地方性成就的一种象征。就像迦芬克尔所表述的那样，每一个自然科学都可以被视为“实际活动的一种独特的科学”[3]。尽管这并不意味着每一个自然科学代表着一种“人类行为的自然的科学”，但是特定报告的表述性的恰切性以及方法论秘诀不会从那种科学的独特的分析性文化中分离出来。

这并不是说科学家不去或者不会复制实验室方法，而是在最终的意义上使得这样做是成问题的，就像沙格洛夫(Schegloff)概括萨克斯的观点所

〔1〕 Garfinkel 等，“The work of a discovering science”，p. 132.

〔2〕 Garfinkel 等，“The work of a discovering science”，p. 140. 这个问题的天体物理学可说明性让我们考虑来自 Schegloff 的一个评判性的评述（“From interview to confrontation: observations of the Bush/rather Encounter”, *Research on Language and Social Interaction* 22[1988－1989]：215－240），文章批评 Garfinkel 和他的同事们的工作没有首先对“平常谈话”的一般性领域进行说明就开始研究天文学家的工作，即“在陈述独特的东西之前，所做的分析必须说明那种独特的东西所处的一般性的领域”(p. 218)。鉴于一种结构的可说明性是通过对天体物理学的特性的具体的涉及而得到交流的，在这个例证中一种可选择的“一般性领域”(平常的天文学)似乎与特定的团体正在做的那种分析相关。

〔3〕 Harold Garfinkel，Eric Livingston，Michael Lynch，Douglas Macbeth，以及 Albert B. Robillard，“Respecifying the natural science as discovering science of practical actions，I & II: doing so ethnographically by administering a schedule of contingencies in discussions with laboratory scientists and by hanging around their laboratories”，unpublished，Department of Sociology，UCLA，1989.

阐明的那样,“对人类行为具有这样的稳定说明的一种方法(也许是那种方法),是通过对产生程序和方法的说明实现的”。方法和描述当然不是无用
【214】 的,学习去构成和使用循序渐进的指导是科学训练的重要组成,但是这样的说明为复制一个活动并不提供特定的稳定的基础。尽管从一种写就的描述中重复一个观察是可能的,但是,一个文本只能暗指什么最终才算是对一个观察的复制。沙格洛夫的措辞还意味着某种倒退:如果可复制的方法依赖于对这些方法的可复制的说明,什么东西能够说明这些说明的可复制性? 可能这样说更加明智,即方法的说明是促使其成为描述性和指导性的具体实践活动的部分和组合。[1]

在科学社会学中的许多研究结果是:像观察、描述、复制这样熟悉的认识论主题对于自然的科学研究和社会的科学研究并不提供一种“基础”。尽管就像我在第五章强调的那样,对于认识论活动的“社会解释”遭遇到其自身的困难,科学知识社会学成功地把“科学研究的逻辑”转换为社会学分析的现象。在一定程度上,萨克斯对寻常的描述、概念化设计、测量术语以及推论性活动的早期研究,为科学的方法论研究的核心主题提供了典范性研究。与此同时,他对自然科学间或地涉及,表达了建立一种关于人类行为的科学的热望,其方法是:努力使见证经历超越常识的限制。但是,一方面,他在观察、描述以及复制的平俗产生的研究上,对这个过程作为寻常的活动进行处理;另一方面,他提出建立一种关于人类行为的客观性的科学。

像波义尔一样,萨克斯成功地建造了关于实际见证的一种专业化的技术,同时提出了关于观察、描述和复制的一种普遍的纲领。在一定程度上,在建造一个实验室以便建立一种能够检验特定的认知技艺这一点上萨克斯与波义尔有着同样的“兴趣”,像波义尔一样,他把一种稳定的客观性研究的纲领发动起来,在其中对科学地产生的手段的系统性“误解”,成为推进和仪器性力量的组成部分。在谈话分析的这个案例中,从一个研究平淡的观察、描述和复制的纲领发展成为一个专业的社会学领域并没有花费太

[1] 参见 Eric Livingston, *The Ethnomethological Foundation of Mathematics* (London: Routledge & Kagan Paul,1986),系列地证明了一个数学证明陈述的恰切性和意义如何依赖于那个陈述“描述的”行为过程。

长的时间。

谈话分析的专业化过程

一个专业化的谈话分析的发展可以追溯到萨克斯关于原始科学中"方法"的作用，特别是可以追溯到他指派给"科学的"方法的特殊地位。尽管谈话分析的关于"方法"的操作性版本发展出了一种对科学活动和日常活动的一种常人方法论的(或者实践性的)理解，但它逐渐地呈现出更具学科性和科学性的角色。就像沙格洛夫近来注意到的那样，萨克斯关于一种自然的观察的科学社会学存在可能性的早期议题，"无疑是由萨克斯对迦芬克尔的介入所驱动的，至少部分是这样"，但是作为一种独特的研究纲领，它们提供了一个分界点。"至少在大致的趋向上，迦芬克尔的观点具有反实证主义和'反科学主义'的冲动，而萨克斯则在为一种承担寻求基础，在这种基础中，他注入科学存在的事实。"〔1〕 【215】

就像在第一章中提及的那样，迦芬克尔打造了术语常人方法论，从"外行"以及"专业的"各自角度来描述实际行动和实际推理的有条理的产生。萨克斯对寻常的社会活动和自然科学方法之间链条的理解以及他关于实际活动的自然可说明性，直接派生于迦芬克尔的纲领性著述和典范性研究。尽管沙格洛夫在某种限制下提出他们的"大致倾向"是"反科学的"，但他误解了迦芬克尔的观点，不过他正确地注意到萨克斯发动了一个隐藏在与迦芬克尔的常人方法论密切联系在一起的独特的信奉背后的一种研究纲领。就像沙格洛夫注意到的那样，在谈话分析和常人方法论之间的不同可以追溯到他们对科学工作方向上的分歧，但要是说前者追求科学性而后者在冲动中或者行为上倾向于反科学，那就过于简单了。

纵然常人方法论和科学知识社会学的许多案例研究，可能使萨克斯在提出一种关于人类行为的科学时所采纳的逻辑经验主义成为问题，但是如

〔1〕 Schegloff, "An Introduction/memoir" in Harvey Sacks—*Lecture*, 1964—1965, pp. 203-204. 还可参见，Schegloff, "Introduction" to Harvey Sacks Lectures on Conversation, vol. 1p. xxxii.

果谈话分析的形式描述达到了波义尔的实验发现的历史意义，谈话分析就会毫发无损。结论是，我关于谈话分析已经失去了其与常人方法论的原初联系的陈述，可能会直接支持沙格洛夫的观点，即谈话分析与其说追随一种反科学的议程，不如说追随一种科学的议程。然而，这里的问题是：许多的谈话分析，像如此之多的热切的社会学家一样，已经将“科学的存在的事
【216】实”与经验纲领的一种基础混淆在一起。就像谈话分析从一种自然的、哲学的研究模式发展为一种专业的领域一样，“分析”的具体实践采纳了逻辑经验主义的科学概念的姿态和术语，于是这种经验研究就保留着对一种不再承认的哲学起点的仰仗。

阶段1：关于日常语言的一种自然哲学

在他的早期演讲中，萨克斯的研究经常公开地采取一种“哲学的”形式，即便是他明确地宣称他正在尝试去建造一种关于人类行为的科学的时候也是如此[1]。他的自然哲学研究的显著方面是他对正在接受分析的谈话对象的直觉上的可辨识性的依赖。他的研究利用了我们对语言和社会行为经典版本的关键性和反身性检验中寻常活动的有序细节的认可，并且不是偶发性地，萨克斯挑战了一种教育体系，这种教育体系推广一种对寻常活动和常识知识的“非反身性的”细节的反身性和分析性驾驭。

在一个典型的演讲中，萨克斯通过播放一个磁带录制的开场或者谈话序列开始，然后他按照涉及索引性表述、格言、悖论、论点结构和描述的传

---

〔1〕 参见 Michael Lynch,“Review of G. Jefferson ed., Sacks—*Lectures*, 1964—1965”, Philosophy of the Social Studies, 23(1993):395-402.

统性分析，阐明了碎片的至关重要的意义。[1]他强调录制在磁带上的“数据”提供了一种高于语言使用的“想象的”例证的优势，它们的细节可以重复地研究，并且为达成特定的分析论点，其他的研究能够把它们作为文献基础来使用。

> 我从磁带录制的对话开始工作。这样的材料具有一个单一的品性，我可以重放它们。某种程度上我能够誊写它们并且扩展性地研究它们——无论它们多么长。磁带录制的资料构成了一个对于发生的事情的“足够好的”记录。肯定还有其他的事情发生，但至少在磁带上的东西是已经发生的。我从磁带录制的谈话开始工作，不是来自于语言上更大的兴趣，也不是来自于某种被研究的理论性的明确表达，仅仅是因为我能够熟悉它并且我能够一遍一遍地研究它，最终，还因为其他人能够看到我研究了什么并且他们能够做些什么，例如，如果某人想能够不同意我所做的话。[2] 【217】

他以这种批判的方法进行评判的那种学术观点，是已经建立起来的对研究、争论、分析、观察、描述以及推理的基础逻辑的各种“经典的”说明。萨克斯使用磁带录制的数据，对既成的逻辑传统和科学哲学中熟悉的认识论主题发动了检验。事实上，他设计了展示和审查观察、描述和复制的物质性组织的一种自然哲学的方法，一种把原始的自然科学联系起来的可说明性的具体的模式。

---

〔1〕 在某种程度上，Sacks在使用他的磁带录音以便给出与寻常的语言哲学类似的方法以直觉上的精确。承认这一点是非常重要的，那就是在他的研究的这一点上，作为研究“对象”的“谈话”或者“语言”与日常语言哲学中的语言对象没有更多的不同。就像Stephen Turner指出的那样（*Sociological Explanation as Translation*[Cambridge University Press，1989]p. 4），“在提出日常语言哲学是‘关于’日常语言的，就像科学哲学是‘关于’科学的一样时，那个标签是在误导。事实上，它涉及的是寻常语言涉及的所有东西：从无调性音乐活动这类活动到做出承诺这类活动”。说到这里可以加上一点，那就是，Sacks早期关注寻常描述、寻常说明和测量术语的使用的相关主题的研究是“关于”科学哲学的一般性主题的。

〔2〕 Sacks，“Notes on methodology”，p. 26.

在萨克斯研究的这个早期阶段，观察—描述—复制的纲领，并没有为一种谈话分析的科学提供一种基础。对于萨克斯而言，磁带录制的“资料”展示出研究所具有的关于细节的可审查的秩序，这种秩序极大地超过了即便是最具洞见的关于“我们的”语言和推理的反思或者追忆。像维特根斯坦一样，为了针对先前进行的对行为和推理的学术性处理的一种“治疗性的”重新审视，他试图检查寻常语言的能力。并且像维特根斯坦的研究一样，他的反身性检验没有采取第一人称反思“我们的知识”的形式；反倒是，从一种第三人称视野，它们描述了“我们”能够对公共行为所说的东西。但是，不同于维特根斯坦、奥斯汀、赖尔、瑟尔以及其他语言哲学家，萨克斯使用单个谈话的磁带录音而不是回想起来的有特色的表述和典型的情境。对他而言，录制的资料为一种明晰的研究提供了一个强有力的杠杆支点，因为这些资料的直觉上透明的细节极大地超过了那种典型的表述、会话的交换、格言以及类似在“语言的节日中”会被回想起来的东西。

萨克斯对磁带录制的偏好也可以在（似乎是过于简单了）对“推测”的
【218】培根式的反对、对自然主义研究的赞成的意义上得到理解：“自然的微妙比感觉和理解的微妙要强过许多倍；这样的话，所有那些人们沉醉其中的貌似有理的沉思、推测和虚饰都远离目的，因为其中没有一个是通过观察获得的。”[1]在谈话分析发展为一种研究纲领之后，对自然主义的“数据”价值的这样一种经验主义和自然主义的理解（通过机器录制的音频和视频磁带的对“自然对话”的强模拟的方式）开始取代一种向电子文本咨询的更难以捉摸的“反身性”逻辑。操作和理解最平淡的和非个人性的散乱行为的能力，为萨克斯和他的学生提供了一套寻常的对象和分析性的根据。在他们的术语中，用于开启和终止谈话、调停各种转换、校正和避免各种错误与误解的寻常方法，都启用“任何人”都有能力分析的言语和姿态的组成，并且这类寻常的分析是特定活动自身“自然的发生”过程的部分和组合。[2]萨克斯对这种经由成员们处理他们自身日常行为过程的简单、琐碎和表面

〔1〕 Francis Bacon, *The New Organon and Related Writing* (Indianapolis: Books Merrill, 1971).

〔2〕 “任何人”并不意味着每一个单个的人，而是任何的有能力的成员。“任何人”所知晓的东西不是统计调查所确立的东西，因为对于情境能力的证明它具有反身性。

上的理解的赞美远远胜于一种在特定的相互作用结构中对其自身兴趣的一种表述，因为它提供了对关于社会秩序流行谱系的一种深层的反理论的挑战。

在关于秩序问题的其自身思想与哈贝马斯思想的继承者的争论中，萨克斯站在波义尔与霍布斯争论中的波义尔一边[1]，因为至少在帕森斯的《社会行为的结构》中，关于社会秩序问题的讨论已经被一种形而上学的图景所主宰，即科学家通过一种概念框架，或者用更新近的术语，通过“范式”观察世界[2]。帕森斯强调在完整的新康德主义的基础上，不存在对理论 【219】
负载的观念的回避，因此，那种第一秩序就是去掌管指导和控制科学观察的确定结构的隐含的概念框架。尽管对于一种得到明晰建构的理论将会避免残留的常识推断的污染，但帕森斯并没有提供任何保证，不过他还是尝试把观察者的隐含知识重建为一种概念要素和经验命题的逻辑上有序的集合体。

帕森斯把一种关于科学的理论中心的观点转换为一种关于社会行为

〔1〕 Shapin and Schaffer, *Levithan and Air Pump* 在 Hobbe 的合法性问题上确认了这个历史性断裂的关键之点。在他与 Boyle 争论的余波中，Hobbes 关于社会秩序的概念作为随后的社会理论的政治理论的基石确立起来，而他关于自然哲学的思想，则基本上无人理会。自然，Boyle 成功地把实验生活方式推进到取代自然哲学的研究模式这一点。像 Boyle 一样，Sacks 的研究始于对见证自然哲学的现象的兴趣，也像 Boyle 一样，他坚持起始于异质性事实而不是一个空泛的理论图式的程序模式。参见 Steven Shapin, “Robert Boyle and mathematics: reality , representation, and experimental practice”, *Science in Context*, 2(1988):23－58.

〔2〕 特别参见 Talcott Parsons, *The Structure of Social*, *Action* 1 (New York: McGrwa Hill, 1937)的前两章。Parsons 对科学的说明比许多社会学家所理解的有弹性得多。尽管 Parsons 关于社会结构和社会行为的“理论”一直被认为是当代社会学理论的几个理论“范式”之一，但社会学家通常使用的“范式”的确切的含义更多地来自于 Parsons 而不是 Kuhn，Kuhn 与理论—中心的社会学的亲缘关系在 Jeffrey Alexander 的 *Positivism*, *Presuppositions*, *and Current Controversies*, vol. 1: *Theoretical Logic in Sociology* (Berkeley and Los Angeles: University of California Press)中得到详细的刻画。

的一般性概念，在其中那种寻常的活动变成了一种道德秩序的载体。[1]特定的行动者的方向吸收了一个复杂的规范框架，包括文化的规范和价值以及对认可的预期，并且学会安排去实施恰切的角色行为。关于社会结构的这种行动者的内在模型不是科学的，因为它是显著规范性的，并且它的概念性要素不会受到严格的批判性审视，但是，寻常活动的行动者模型的作用类似于一种理论在经验解释的演绎体系中的作用。

在两种情形中，一种系统性的概念框架作为导引的特定的力量对相关事实关注的向导作用得到承认，并且它还对认识论-道德共同体中成员的联合负有责任。在这样的一种关于行为的概念中，"非反身性的"理解永远不会获得表面的价值，因为那种对单纯的观察者直接地"呈现在那里"的东西，可以追溯到引导观察者注意、选择性地组织可获得的信息以及在可理解的多样性基础上利用范畴和规范判断的一种解释图式。研究和阐释的任务就是揭露和批判性地重新检验这种图式中的各种推断。

【220】 尽管萨克斯表示对规制常识没有兴趣，但他的确挑战了那种无视一个可理解的世界的"单纯的表象"，同时为这样一种可理解性寻求一种抽象的、反省性的可检验基础的趋势。例如，在他的一个演讲之前他给他的学生们一个任务，要求他们去观察和描述在公共场所人们互相交换眼神。在他阅读了学生们的报告之后，他对他的课堂给出如下点评：

> 关于"虚构无知"的问题让我做一些点评。我发现在这些论文中人们间或地说这样的事情："我真的不知道会发生什么，但是我做出推断他在盯着她看因为她是一位有吸引力的女孩。"这样一个人

〔1〕 这种倒置也应用于：Parsons关于科学的概念是他的关于社会功能主义理论的一个例证。Parsons（*The Structure of Social Action*, vol. 1）把科学的领域勾画为经验性主张的一个功能性的系统。在这样的一个系统中的任何主张的一个修改都意味着这个系统的其他主张的或大或小的变化。这样的系统中的各种主张与可能的经验性可观察事实联系在一起，但是，在Parsons的意义上，这个系统在一门科学的发展中也是一个"独立的变量"。尽管Parsons把科学知识和理性与常识及潜在理性区分开来，但是在他关于社会系统的一般性理论框架中，也强调了一种相互关联的陈述的系统（在这个意义上，规范胜于经验性可修正的陈述），这个系统引领行动者走向日常世界的相关的方面。

宣称：不真的知道。这就是我的第一想法。我能够充分地理解你何以会这样说。这部分是你受到的教育中所称谓的东西，在这里变成你正在做的东西并且事实上你知道如何做的东西。这里，你开始叫事情为“概念”，开始行使“推论”，而此时过程中并没有包括这类东西。如果这是一个你根本不知道的正在发生什么的情形，如：如果你是一个虚构的观察者，一个来自火星的人，这个过程中并不包括这类东西就格外清楚了，那么，你会看到什么的问题会比她是一个有吸引力的女孩要模糊许多。或许，你开始如何处理看这件事时，一个人在看另外的事，看他们正在看的东西，在安排那些或许是相关的特性。[1]

萨克斯不是在为观察的合法性提出一种认识论的基础；他是在指出社会对象和社会行为的彻底的“没有根据”和单纯的可理解性。[2]当他在告诫他的学生“叫事情为‘概念’，行使‘推论’”时，他引入一个问题，即教育所赋予的防备，基于此他们颠倒了第一眼看的行为的确切的可理解性和那些在看的过程中看到的东西。[3]他提出：对于在其他场景中他们不假思索地去看的东西，学生们现在努力去明确地形成一种方法论上“合理的”版本，【221】学生们正在追求一种教育赋予的失认症，在其中他们忘记了他们着手分析的普通的现象。“P 博士”，一个遭遇脑损伤“把他的妻子错认为猫的男人”，提供了关于这类描述的一个生动的，尽管是悲剧性的例证。在神经学家萨

〔1〕 Harvey Sacks，“On exchange glances”在 Jefferson，ed.，Harvey Sacks—*Lectures*，1964—1965，pp. 335 - 336.

〔2〕 参见 Dusan Bjelic，“On the social origin of logic”(Ph,D,diss，Boton University，1989)还可参见，Eric Livingston，*Making Sense of Ethnomethodology*（London：Routledge & Kegan Paul，1987），chap. 12 and chap. 3。

〔3〕 对于“扫一眼”的说明，可参见 David Sudnow，“Temporal parameters of interpersonal observation”in D. Sudnow，ed.，*Studies in Social Interaction*（New York：Free Press，1972），pp. 259 - 279。从来自 Sacks 演讲的前述片段中对“推论”的参考可以解读为对 Erving Goffman 的相互作用研究的一种批判性参考。按照这种方式解读，Sacks 对它的课堂上的学生的职责就像对 Goffman 的职责一样粗暴，因为它质疑了这样的一个假定，即有序的相互作用活动可以通过言说一个人给出的“印象”和那个人见证的“推论”之间的复杂的关系，分析性地得到阐释。参见 Erving Goffman，*The Presentation of Self in Everyday Life*（Garden City，NY：Doubleday，1959），pp. 2 - 3.

克斯的临床故事中得到这样的描述:

> "这是什么?"我问道,并且举起一只手套。
>
> "我可以检查一下吗?"他问道,并且从我这里拿走,他对手套进行检查就像他检查它的几何形状。
>
> "一个连续的表面,"他最终宣布,"自我折叠。它似乎有……"他犹豫道:"五个外翻,如果这是一个词的话。"
>
> "是的,"我小心地说,"你给了我一个描述。现在告诉我这是什么?"
>
> "是什么种类的一种容器?"
>
> "是的,"我说,"那么它装些什么?"
>
> "它装它的内容!"P博士说,带着笑声。"有许多的可能性。它会是一个零钱手袋,例如,装五种规格的硬币。它能……"〔1〕

P博士完全正确地描述表达了一个深度错乱,这种错乱使他疏远寻常所知和理所当然,这种寻常所知和理所当然可以让人们不是通过把它们分解为构成要素来看待事物。似乎是P博士的生活世界缩减为由弗雷格(Frege)和罗素(Russel)构想出来的基础感觉数据。与之相反,萨克斯责备他的学生在他们的观察说明中包含他们的"先入之见"。在他的关于观察的观点中,具有高度成见的范畴"有吸引力的女孩"在任何分析之前就已经看到了。再者,站在其他人的立场上,并且在任何把"实际"场景的要素从内在于主体感知的东西中进行笛卡尔分离之前,被看成是瞬间发生的。

对于萨克斯而言,一个人看一个对象、并且看其他人作为对象的东西的素朴的能力是一个从属关系问题,而不是感知和认知问题;在社会世界中的人不是吸收信息的有感知力的躯体,而是作为成员(在表面上作为"器官"的意义上,广泛而不懈地进行分子生产),其可说明的行为促进了自然

〔1〕 Oliver Sacks, *The Man Who Mistook His Wife for a Hat and Other Clinical Tales* (New York: Harper & Row, 1987), p. 14.

地组织起来的有序活动的"集合"[1]。

经由这种"集合"完成的这种分子技术在概念上区别于有意识或者无 【222】
意识的信念，因为没有一种单独的理性力量或者非理性力量的蕴含来指导行动。反倒是，构成性的行为在实际的集合体中产生，在其中这些行为像分子在器官的链条上一样，在快速序列中"交缠"在一起(参见本章的附录)。只有在作为行为的特定的集合如何能够产生副产品或者分析性重建时，"推论"和"认知"才可能被蕴含。[2]集合形成的速度超过任何对其进行抽象推理的努力。在特别显著的一段中，萨克斯提出，分析性地言说一个分子的"智力"与人类的"智力"没有什么太大的意义：

为了构建一些对象以及对象的简单性或者复杂性的表面价值，你所需要的器具的简单性和复杂性之间没有必然存在的合适。鉴于事情已经发生这样的事实，这些是你最终要接受的事情。至于人们在做外行的事务，如果有人非常简单、非常迅速或者非常惯常地做某些事情，他们就按着同样的方式做。这样，就一定不会有太大的问题去解释他们做了些什么。没有理由假定事情就是这样。我将给出一个类似的观察。在对一本试图描述英语语言中句子产生(简单地说，就是语法)的书的评论中，评论者注意到，那个语法，尽管不是太糟，也不是非常成功，而且它还留下一个事实，即那些任何一个 6 岁的人都能够惯常性地产生的句子都没有恰切地被那些杰出的科学家描述。自然，那些能够迅速地、惯常性地介入的活动分子们，也没有被那些伟大的杰出的

〔1〕 短语"自然地组织起来的有序活动"是 Garfinkel 的一个特色用法。Sacks 和他的同事们更倾向于像"自然地发生的活动"这样的用法。

〔2〕 Stanley Fish (*Doing What Comes Naturally*: *Change*, *Rehtoric*, *and the Practice of Theory in Literary and Legal Studies* [Durham, NC: Duke University Press, 1989], p. 386)在言说司法实践中的推理过程时，使用了链条的类比："体现在链条计划中的代理是构成这种链条的历史的那种约束的自然的继承人。作为链条中的一个环节，它是各种目的、价值、明确的目标、推理形式、判断模式等的一个仓库，这个仓库在链条上呈现和发挥作用。"在发挥作用的时候，这样的一个代理无需咨询一种充分精细的模型或者特定的活动理论，因为这个活动因链条上的历史地位使得行为成为相关的。在谈话分析中，链条上的分子环节不是代理而是多种代理操纵下的构成性活动。

科学家描述。所以不要为这些人可能没有、但又似乎是对象要求的那种智力担忧。我们的任务是，在这个意义上，去建造他们的智力。[1]

对于帕森斯而言，一个复杂的社会结构在对应的概念框架中得到微观
【223】的呈现，活动者通过这个概念框架再生那个结构。但是对于萨克斯而言，简单的分子行为惯常性地运作并且地方性地组织起来的联合体，产生一种复杂的产物。这个反理论性的图景可以参考特恩布尔(David Turnbull)关于巨大的天主教堂如何被建造起来的研究得到具体的说明。[2]特恩布尔注意到建筑史学家一直被这样的一个假定所困扰，即大教堂的持久、高度复杂、几何学精确的结构，一定产生于一个吸收了精密的工程原理的精细计划。历史记录中缺乏这样的计划存在的证据使得一些历史学家得出结论：要么是存在这样的计划但是被损毁了，要么是大教堂是某种非科学的试错法的一种神秘的结果。特恩布尔参考新近的实验室研究以便攻击在工程知识和随机组合之间的对抗。他强调大教堂的建造者没有对精细的计划的需要，他们的反理论的方法绝不是非科学的。取代断言那些大教堂的建造者的工作开始于精密的计划和复杂的数学原理，他注意到那个教堂是那些建造者和石匠对模板或者样板的地方性使用的结果，从这些模板或者样板中，他们发展出了适用于石头的标准化的图形和简单的一套工具与计算手段：

在适合派生自结构法则的结构的规则缺失的情况下，问题可以通过实际的几何使用得到解决，圆规、画直线用尺、直尺、线。与空间尺寸和比例高度相关的那种结构性的知识通过师傅传递给徒弟，诸如半英尺的跨径换算成几英寸再加一英寸就得到一个

---

〔1〕 Harvey Sacks, "The inference making machine" in Jefferson, ed., Harvey Sacks—*Lectures*, 1964—1965, pp. 199 - 200.

〔2〕 David Turbull, "Thead hoc collective work of building gothic cathedrals with templates, string, and geometry", *Science, Technology, and Human Values*, 18(1993): 315 - 340.

硬木托梁的深度。这些凭感觉得到的方法被表达或者学习为:比率。伴随着跨径增大,托梁的深度也变大。这种类型的几何是格外强大的。它促进了结构经验的传递和扩散。它使得在不同的地方、不同的环境下对一个特别的安排能够成功地复制。[1]

活动的这个图景与维特根斯坦的《哲学研究》中的两个更生动的影像一致。第一,样板——对已经切割好的石头形状的铭刻,在大教堂建造中的作用非常像话语的作用。在维特根斯坦想象的原始语言游戏中的"平板"、"石块"、"支柱"、"横梁",一个建造者向他的助手序列地叫出这些名字,向助手发出信号去恰切地塑造石头。维特根斯坦把这种语言游戏设计为某种对语言的一种传统版本(对象名称的集合)的拙劣模仿。然而,就像马尔科姆(Norman Malcolm)指出的那样,即便是"平板"游戏也不具有像其第一眼看上去那样的限制性。术语的有限曲目在被用作建造者惯例的一部分时,构想性地呈现出所有的实用性功能。[2]在这个相当有限制的语言游戏中,作为对象的名称,话语具有一种惯例性的作用,但是与此同时我们可以想象一个建造者在一个活动序列中把他们用作言语的象征,在其中建造者要求、纠正或者确认与助手的一个相互的活动。借助于对维特根斯坦的例证的扩展,我们可以想象一个在建造者和助手相互交换事物中间的对话: 【224】

建造者:"平板。"

助 手:(举起一大块石头递给建造者。)

建造者:"平板!"(摇头,并且指向后面的一堆。)

助 手:"平板?"(把大石块推开,拿起另外一块不同形状的石头。)

---

〔1〕 David Turbull,"Thead hoc collective work of building gothic cathedrals with templates, string, and geometry", *Science, Technology, and Human Values*, 18(1993):323.

〔2〕 参见 Norman Malcom,"Language without conversation", *Philosophical Investigation*, 15 (1992):207-214.

建造者:“平板。”(点头,微笑着从助手手里接过平板。)

这类互换的更复杂的一个例证,记录了两个搬运公司的雇员把冰箱抬下一个狭窄和弯曲的楼梯的场景。就像在理想化的“平板”例证中一样,话语明显地与被抬起对象的假定的“明显的”特性联系在一起,连同楼梯、狭窄的墙以及为应对突发现场开发出的一些“方法”。这个对话作为一个教导如何去做的表演被制作出来。这个表演在一个“老手”(A)和一个执行“笨重地举起”的初学者助手(B)之间进行:

A:好了。现在。(1.4)
A:我将要举起来了。(0.8)
B:嗯,嗯。
A:好了吗?(撞击声,可看到冰箱移动了)
A:你也抬起来吗?(更大撞击噪音)
B:告诉我在哪里……
A:起来了?
B:是的。
A:好的。(撞击声)
【225】A:让我们把它弄好。(3.8)(断断续续的撞击声)
A:我们搞定了。我们把它弄好了。(0.4)
A:我们做得很棒。
B:嘿嘿。(4.0)
A:好了。现在。(0.2)
A:我要再一次把它放下。(大的撞击声)
A:我也要试着再做同样的事情。明白吗?(0.5)
B:把它抬起?(0.4)
A:是的。这次是往下。(0.8)
A:现在。(0.4)
A:抬起告诉我。(0.2)

B：就这样，好了。

A：现在。(0.4)

A：让我们试着做同样的事情。

在这个案例中，“话语”对一个对象的抬高和降低的序列，担当着中断和调节的作用。他们采取的步法和节奏像任何一个“谈话”机制一样与楼梯的功能协调。

在特恩布尔的例证中，大教堂的建造者的样板在交流和规训的惯例中获得具有特色的文本设计，通过这个样板，大师石匠和建造者全体成员相互协调他们的活动。只有在一种有限的和“索引性”的意义上这些样板才起计划的作用，因为他们归属于传统的技艺和行业工具。

从维特根斯坦那里来的另外一个相关的类比就是包含有一把榔头、老虎钳、锯子、螺丝刀、直尺、胶壶和胶水、钉子以及螺丝的工具箱。[1]维特根斯坦请他的读者思考，在建构性活动中，“语词的功能”就像工具的异质性功能。在特恩布尔讨论的具体的案例中，他强调：大教堂建造者的随机组合活动使得圆规、画直线的尺、直尺、线在开放式终结的活动中能够被弹性地使用。这些工具不是“专门用于”特定的任务，而是他们要适应无法预见【226】的任务范围和偶发事件。简单的样板和在工具箱中的工具并不代表一种由精细的计划或者理论所控制、所解释、所界定的活动目的，也不代表相关活动的目标，他们的能力的作用，不需要那种能够有效地产生和再生一种精细的与突现的建筑计划和解释。这样的计划或者解释的缺失也不意味着找不到计划或者解释。

按照他的社会秩序就像一个基于简单设计的异质性集合而建造起来的巨大的语法“教堂”的观点，萨克斯开始描述一些这些设计的最原初的东西。在一个他的最著名的证明中，他解释了一个 2 岁孩子的言语的可理解性，“那个婴儿哭叫，妈妈把它抱起。”

---

〔1〕 Wittgenstein, *PI*, chap. 11.

> 在我听到“那个婴儿哭叫，妈妈把它抱起”时，我听到的一件事情就是抱起“婴儿”的那个“妈妈”是那个婴儿的妈妈……现在不仅仅是我听到那个妈妈是婴儿的妈妈，而且我非常有信心地认为至少你们中间的许多当地人听到的也是这样。〔1〕

萨克斯注意到这个故事包括两个句子，在叙述中“事件”一个跟着一个，以相同的秩序句子一个跟着一个。他补充到第一个事件“解释”了第二个事件(妈妈抱起婴儿因为婴儿哭叫)。这些观察不是作为“社会科学发现”呈现，而是作为任何一个人都可以辨识的那个事件的可理解特性的解释呈现。

> 前面提到的所有事情，许多人、或者是我们中间的任何人无须知道关于妈妈、关于婴儿都谈论些什么……就都会做。它们“听起来像是一个描述”。并且，显然，语词的某些形式听起来像一个描述。辨识语词的某些形式是一个可能的描述并不要求一个人必须首先检查这个描述可能被刻画的环境。〔2〕

换言之，萨克斯提出在当代文学理论中一个变得熟知的观点，那就是，一个文本可以被“重复”而无须参考诸如文本表达的时间、对言说者或者言
【227】 说者意图的确认这类语境问题。然而，不同于许多文学理论的热衷者，萨

〔1〕 Harvey Sacks,“On the analyzability of stories by children”, in Roy Turner, ed., *Ethnomethodology* (Harmondsworth: Penguin Books, 1972), p. 216；最初出现在 John J. Gumperz and Dell Hymes, eds., *Directions in Sociolinguistics: The Ethnography of Communication* (New York: Holt, Rinehart and Winston, 1972), pp. 329 - 345.

〔2〕 Harvey Sacks,“On the analyzability of stories by children”, in Roy Turner, ed., *Ethnomethodology* (Harmondsworth: Penguin Books, 1972), p. 216；最初出现在 John J. Gumperz and Dell Hymes, eds.. *Directions in Sociolinguistics: The Ethnography of Communication* (New York: Holt, Rinehart and Winston, 1972), p. 217. 似乎是 Sacks 把他的分析置于一种对“观点的互惠性”的 Schutz 式的说明基础之上。参见 Alfred Schutz,“The dimensions of the social world”，在他的 Collected Papers 卷 2(The Hague: Nijhoff, 1964)pp. 20 - 60。然而，在 Schutz 对基于大量知识的对社会景象的解释性理解的讨论与 Sacks 对先于解释的“扫一眼”的说明之间具有关键性的不同。对这类可理解性的一个非实证的说明，可参见 Wittgenstein 在 *Philosophical Investigations* 中，关于“把……看做”的讨论。pp. 193 - 208。

克斯被建造一种基于描述的社会科学的可能性吸引。尽管这个目的似乎天真地现实,但是从下面的段落可以很清楚地看到萨克斯不是一个"现实主义者",至少在这个词的传统意义上是这样。反倒是,他更倾向于研究传统的方式,在其中"现实主义的"描述被组织起来。

> 如果……成员们拥有一个现象,对其"可能的描述"被认为是本质,那么人们就不需要通过实例去了解这个婴儿和妈妈如何去做并以此检验成员们所产生和认可的可能的描述的构成。社会学和人类学不必等候植物学或者遗传学或者光谱分析的发展,从而在所研究的相关的成员知识中以及相关的活动中获得一个可靠的位置。我们应该去建造一种组织,这个组织将提供任何的活动何以这样,以及在这些活动中成员们以这种方式行事而且被成员所认可、所实施并且对实施认可……我们正在考虑的句子毕竟是太小,你们所有的人,或者你们中间的许多人,听到的仅仅是我说你听到的,并且我们中间的许多人彼此之间是相当熟悉的。于是,我在处理的是某种真的并且是某种相当强有力的事情。[1]

再一次,萨克斯在暗指一种分析的可能性,并且在这段话的结尾,萨克斯已经走到指出了一个"相当强有力的"机构的存在。他提出现在已经可能去"建造……一个组织"来辨识描述的可辨识的特性。对于萨克斯而言,

〔1〕 Sacks,"On the analyzability of stories by children",p. 218. Livingston(*Making Sense of Ethnomethodology* 第 76 页)指出,在这个例证中的"可分析性"蕴含着一种实践的客观性,这种客观性不同于任何的这个或者那个对学术性分析的客观的正确性的断言:"没有任何依赖于他(Sacks)的分析的关键性东西是绝对正确的。他开始阐释的这种现象是:分析能力、叙事、听的能力或者序列的客观性都是这个序列本身的一部分。这个'妈妈'是这个'婴儿'的'妈妈',她把婴儿抱起。这样,这个可分析性就是讲述这个故事和聆听这个故事的方式中的一部分。"Livingston(第 76 页)接着说 Sacks 的一些合作者把磁带录音下来的言语发布的可证明的可分析性与对这些言语发布的特定的分析性监听所基于的方法论基础混淆起来:"他们使用一个'成员',一个谈话群体中的合作谈话者,一定视作是判断他们的工作实践的手段的那种观念。他们的关于一个'成员'的观念变成一种直接的分析设计,这种设计被他们强化为合作讨论和研究基础。"关于 Sacks 和他的同事们在"分析的姿态和程序"问题上观点转移的一个不同的观点,可参见 E. A. Schegloff,给 Sacks 的 *Lectures on Communication* 写的"Introduction"pp. xliii—xliv。

这样的一个组织被一种先于反省的方法所蕴含，按照这种方法成员们听到话语并且按照一个谈话中“听到的”事件的秩序来行为。[1]这个秩序明确的是一种非个人的和可复述的秩序，是一种可组织寻常的交互事件的机构。

【228】 在这段话中的机械论的形象描述，非常典型地涉及遍及谈话分析写作过程的机构、机制、设计、组织以及体系。鉴于这些机械论的词汇，我们可以料想到萨克斯的纲领对于下述由温奇(Peter Winch)表述的批评来说是脆弱的：

> 把学生关于一种社会行为形式的活动与一个研究机器运行的工程师的活动进行比较在原则上是一个相当的错误……他对社会现象的理解更像是一个工程师对他的同事的活动的理解而不是他所研究的工程师对机械系统的理解。[2]

对工程师对他的同事活动的理解的一种机械论说明可以反映那种赖尔(Gilbert Ryle)叫作一种类别错误[3]而被萨克斯设想为隐含在工程师尝试从另外的描述中复制机械性结构的方法中一种语法“装置”的东西。这样的一个装置将描述赖尔自己提出要进行系统性研究的东西：控制概念的实际使用的“逻辑规则”[4]。萨克斯强调揭示描述的系统性组织应该是可能的，通过这种描述的系统性组织，一个有能力的成员告知和指导相关的同事如何产生他们的集体性活动。当然，萨克斯并不尝试发展一种对工程

〔1〕 行为中谈话的前解释的可理解性与 Wittgenstein 所说的“盲目的”规则遵循、清楚但没有“理由”的行事形成比较(*Philosophical Investigation*, sec. 211 and 219)。然而，不同于 Sacks，对于控制这样的“盲目”行为的“设施”的存在问题，Wittgenstein 故意地保持缄默不予指示。

〔2〕 Peter Winch, *The Idea of a Social Science* (London: Routledge & Kegan Paul, 1958), p. 88.

〔3〕 Gilbert Ryle, *The Concept of Mind* (Chicago: University of Chicago Press, 1949), p. 16.

〔4〕 Gilbert Ryle, *The Concept of Mind* (Chicago: University of Chicago Press, 1949), p. 7. 然而，应该提及的是，Sacks 并没有把他的研究限制在 Ryle 意义的“概念”上。替代的是，他把概念性分析纳入对讲话的序列组织的研究之中。参见 Jeff Coulter, *Rethinking Cognitive Theory* (New York: St. Martin's Press, 1983).

师的交往活动的研究，他倒是希望产生任何人都能够用来指导日常活动进行的系统性描述。

如果萨克斯关于科学中的方法论描述的观点也应用于工程领域，那么，机械系统的工程师说明应该促进他们的同事、学生以及受雇的机械师去理解和复制这些说明所描述和指导的东西。通过类比，对谈话机理的可能的描述应该能够发现一种语言的有能力的言说者如何与相关的同事合作去理解和复制相关的谈话活动。专业的工程师通常不写他们自己的方法文本；他们雇用机械师为其他工程师画蓝本、为学生编制操作指导、为机器的使用者编纂使用手册。类似地，日常谈话中的参与者很少费心费力地去编纂他们所用方法的系统特征。这就为专业的谈话分析敞开了为这些活动编纂方法文本和使用手册的大门。【229】

萨克斯关于描述在科学中的作用的观点引起了大量的有意义的歧义。尽管他倾向于在科学家和谈话分析者各自对方法的描述之间形成一种类比，但是当我们将谈话分析者提供的正式的描述与下述案例，如指导一个有能力的工程师对一种机器进行蓝本设计、为协调和同步一个装配线上的机器和行为进行工业工程计划、为指导新手如何操作个人电脑提供使用手册，或者为机械师提供如何操作和监控一个实验中的选择事件的一套指导等进行对比时，不同的含义就出现了。这些例证中的每一个都蕴含着在方法文本的写作者与操作所描述的方法的写作者的"同事们"之间不同的劳动分工和不同的知识社会分布。与谈话分析的这种类比由于这样的事实变得更为复杂，即所描述的活动正是那种"在职机械师"已经有能力做的事情。确实，他们所胜任的活动从一开始就提供了可供分析的"数据"。与拥有明晰的目的、使用正式的描述、从一群活动参与者中"提取"手艺以便能够重组和使相应的技能"合理化"的工业工程师不同，除了处于社会批评中的一些混乱企图以外，谈话分析者没有表达出一种旨在建造一种从所描述的活动的地方性产生的秩序中分离出来的技术。

萨克斯尝试去描述一种不同于代表着工程蓝本的机械系统的"机制"；他尝试去建构一种对"在职机械师"在谈话现场如何组合他们的寻常交流

活动的说明。[1]"当然,在理想意义上,我们会拥有一个形式上可描述的方法,作为一个句子的一种组合是形式上可描述的。这个描述不仅仅能驾驭一般性的句子,而且能驾驭特殊的句子。我们将要做的事情是发展另外的语法。自然,这个语法是惯常地可观察的、严格有序的社会性活动的模型。"[2]

根据工程学的类比,谈话的参与者组合活动,并且在这样做的同时他们分析彼此的话语以便决定谁应该下一个讲话、什么时候他们开始讲话以
【230】及他们该讲些什么。再一次,基于对大教堂建造者的类比,这个"分析"蕴含在对标准的建筑模块的有序塑造和相关安置中。对于其中的大部分而言,它们不是思考性的工作,甚至不是无意识的或者前反省的思考性的工作,但是,他们也不是欠考虑的或者盲目的。

通过提出"建造智力"来组织分子行为,并且在这种分子行为中谈话成为有组织的和可说明的,萨克斯为一种描述纲领的提出设置了基础。然而,这不会是那种把世界还原为一个素朴的观察者在第一眼就感受到的具有"的确真的"对象、"的确真的"一致性和"的确真的"关系领域的行为主义或者物质主义的纲领。它是一个描述性的纲领,在其中对可观察的细节的一种固定,把直觉上的事件和自然地可说明的"现存着的"判断全方位地考虑进去。[3]在原则上,每一件事情,诸如"观察"、"描述"、"分析"、"证据"、"未处理的数据说明"等,都将包含在适应于这个纲领的可观察和可描述的

---

〔1〕 我把"居所中的技师"的表述归功于 David Bogen(个人交往中)。Gail Jefferson 使用术语样板来描述谈话分析中一种特定的分析操作,但是在上面的段落中,我在更一般的意义上使用这个术语,用以描述来自一点一点建造起来的复杂的谈话秩序的模式。参见 Gail Jefferson,"On the sequential organization of troubles talk in ordinary conversation", *Social Problems*, 35(1988):418-442.

〔2〕 Sacks,"Notes on methodology", p.25.

〔3〕 Gian-Carlo 把他称之为"存在的观察"从科学中熟悉的那种现实的观察中区别出来。与 Heideger 的许多读者形成对比,Rota 不把对唯物主义的那种存在论的批判视为唯心主义传统的一种扩展,而是视为一种前所未有的坚持,这种坚持基于一种与现象背后的"实在"的那种还原主义概念保持中立的那种超现实主义。参见 Gian-Carlo,"The end of objectivity",是在麻省理工学院的"技术与文化高级研讨班"的系列讲座中的一个(MA,Cambridge,October 1973)。尽管 Sacks 对存在主义保持沉默,并且似乎更倾向于哲学的分析传统,但是他的描述主义类似于非还原论和超现实主义。

对象之中。[1]对于建造可用作专门的科学资源的关于这些平俗活动的修正版本，它永远处在时空之间。[2]

萨克斯没有让一个经常提及的事实，即社会学家所描述的观察是具有反身性特质的活动来阻止他把这些活动处理为寻常的有组织的事物。能够在第一眼就看到其他人在做什么以及这些“其他人”能够以他们行为的方式说明他们行为的可观察性，就是与萨克斯的分析策略相吻合的生活事实。通过把实际可观察的和实际可分析的异质性现象转换为适用于进行实验室描述和分析的“数据”，萨克斯提供了一种描述性的纲领，在其中，实证科学所处理的主题和授权变成了所描述的世界的实用数据。【231】

阶段 2：一个分析的学科

关于原始的科学如何通过“职业化”变成专业的研究领域萨克斯谈论得很少，但是，这一点是清楚的，即通过发展一种旨在用更精细的观察和分析的技术超越平俗的直觉的研究模型，他和他的同事迅速跨越了一种原始的科学的“短期可能性”。最初，萨克斯的描述主义基本上与对文学以及后来与人文和社会科学领域的“后结构主义”研究联系在一起的主题的一种复杂理解融洽地并存，在“做更多的描述”的同时，他和他的同事们展现出一种熟知自己所做游戏的人的那种淡泊的超脱。“进行描述”是对实证科学的构成结构，即观察、描述、证实、原始数据等，进行一种反省性展示的必要基础。这些可说明性的结构具体体现在萨克斯 20 世纪 60 年代晚期和

〔1〕 在谈话分析中的一些更具常人方法论倾向的研究，以反实证主义的姿态，呈现出这样的超现实主义。例如，Anita Pomerantz 讨论了一些时刻，在这些时刻演说者仅仅展现对“纯粹事实”的描述。参见 Anita Pomerantz, “Pursuing a response ” in Alkinson and Heritage, eds. *Structures of Social Action*, p. 163. n. 1. 还可参见，A. Pomerantz, “Telling my side: ‘limited access’ as a ‘fishing device’ ”, *Sociological Inquiry*, 50(1980):186 - 198. Pomerantz 把“纯粹的事实”和“原始数据”描述为成员在特定的情境中的特定的用法，与此同时，与这类成员用法和科学事实及数据之间的任何会招致怨恨的区分。

〔2〕 参见 Don Zimmerman and Melvin Pollner, “The everyday world as a phenomenon” in Jack Douglas, ed. *Understanding Everyday Life: Toward the Reconstruction of Sociological Knowledge* (Chicago, Aldine, 1970) pp. 80 - 103.

70年代早期在Irvine的加利福尼亚大学建立的谈话分析实验室中。这个实验室提供了一种环境，在其中，“实证科学”的分子构成自身成为可观察的。〔1〕

谈话分析实验室成为展示和检验寻常活动的“专业”产物的设置。这个实验室拥有整套用来录音、回放和编辑录音带和录像带的设备，它收藏了由萨克斯和他的学生们积累起来的磁带和抄本档案。抄本按照杰斐逊(Gail Jefferson)发展起来的一套独特的标记体系书写。这些数据是进行索引和归档处理，并在合作参与者的小共同体中循环的资源。萨克斯设计了一个纲领来训练他的学生成为“专业人员”，他们在磁带上高密度地工作并且练就了独特的“去听”以及顺序誊写、把握幅度的细微特征、计时和对磁带上录制的话语进行声音处理等能力。尽管这个实验室包含有各种各样的设备，其核心则是一个产生(再生)事实的比较抽象的“机器系统”。像波义尔展现给一个虚拟证人共同体的对空气泵的描述和图景一样，萨克斯的
【232】 机器组织起一个事实的领域，这些事实在表面上都是可触知的，并且服从于物质性的检查和操作，与此同时，这些事实本质上与文学模式的展现相关。〔2〕这样说并不是要贬低机器作为组织从事分析的共同体活动方法的创新和强有力的作用。

在20世纪70年代早期，萨克斯和他的同事们组合起一个自觉的“专业”学科，其中包括一套研究程序、一种分析话语和一个公共组织。伴随着他们的发现的积累，他们把这些发现合并为一套关于谈话的序列组织的形式“系统”。这些系统包括：支配谈话的言说者构建谈话转折、开始和终止

〔1〕 在其更新近的著述和讲演中，Garfinkel使用术语明白易懂的设置(perspicuous setting)来表明有组织的设置的存在，在其中，来自哲学文献和社会科学文献的“经典”主题，被刻画为寻常的实际成就。当我把Sacks的实验室作为一种明白易懂的设置时，我是在表明它是用来检验一种关于科学的实证哲学基本主题的一种设计：观察、描述、复制以及其他。

〔2〕 谈话分析工作的文学和修辞的特性在R. J. Anderson and W. W. Sharrock,“Analytic work: aspects of the organization of conversational data”, *Journal for the Theory of Social Behavior*, 14 (1984): 103 - 124. Erving Goffman,“Replies and response” in E. Goffman, *Forms of Talk* (Philadelphia: University of Pennsylvania Press, 1981), pp. 5 - 77; Elliot G. Misher,“Representing discourse: The rhetoric of transcription”, *Journal of Narrative and Life History*, 1(1991): 255 - 280; 以及 David Bogen,“The organization of talk” *Qualitative Sociology*, 15(1992): 273 - 296.

谈话、修复谈话错误和麻烦、激发和维持谈话主题，以及组织像问候与回应问候、提问与回答、要求与应答及其他回复性组织起来的话语结构的转呈话语的规则和“机理”。一个相对而言界定得比较好的谈话分析共同体出现了，这个共同体中比较活跃的成员出席专业会议，产生关于谈话研究的文集，训练他们的学生成为这个学科的专业人员，并且形成一个集中的和相对专有的相互引用网络。

一旦萨克斯关于谈话“事宜”和谈话“机制”的原初性讨论提供了一种维特根斯坦式的对应物——主体性力量的形而上学，在谈话分析中所描述的“事宜”、“机制”就渐渐地被视为对一种新的社会科学学科中团体性地强化起来的专业活动提供了一种客观性的基础。〔1〕长话短说，谈话分析的参与者把他们的反身性研究的主题焦点转变为一种关于相互作用行为的科学的纲领性基础。谈话分析中产生的客观化的发现有其自身固有的价值，并且这一点使其不再作为更具“炼金术”意义的观察、描述和复制的手艺而受到关注。〔2〕观察、描述和复制逐渐地变成谈话分析的专业领域的手段特征。结果是，曾经在谈话分析中地位显著的常人方法论的原创性被埋葬在【233】关于自然发生的谈话结构的发现的实证主义套装中。〔3〕

轮流发生机制

谈话分析中的探索持续地走向多样，认为它被完整的一套方法论规定

〔1〕 Livingston, *Making Sense of Ethnomethodology*, p. 85. 就像 Livingston 承认的那样，他关于谈话分析的批判性点评来自于 Garfinkel 的演讲和关于形式分析的主题的未发表的著述。

〔2〕 关于炼金术的参考派生自 Trent Eglin 的洞见，即一个炼金术的秩序（一个展示和分析物质性“工艺”的组成的反身性纲领）静静地保留在具体的自然科学的地方性产生过程中。炼金术的意识绝对不同于通常的关于炼金术的印象，这种印象是一种误导了的前科学的把铅转换为金的纲领。参见 Trent Eglin, “Introduction to a hermeneutics of the occult: alchemy”，在 H. Garfinkel 的 *Ethnomethodological Studies of Work*, pp. 123 - 159.

〔3〕 或许，一个相似的命运降临到了 AndyWarhol 的工厂（Carolyn Jones, “Andy Warhol's factory,” *Science in Context* 4[1991]: 101 - 131）。这个工厂设计为一个生产性装置，在这个装置中，“工厂”是那种艺术性主题，那种标准化的艺术产品是整个场景所展示的拙劣的模仿的一部分。但是在这个工厂的艺术性产品因为其自身原因成为有价值的商品时，这个工厂就不再是 Warholian 艺术的一个主要的装置。反倒是，它变成了一个具有公共价值的人工物品生产的场所。

所控制是不确切的。尽管如此,这个领域的一个庞大的工作体还是围绕着谈话结构的一个正式的模型联合起来,这个正式模型在萨克斯、沙格洛夫和杰斐逊 1974 年的论文《谈话分析中 turn-taking 组织的一个最简单的系统》中得以展示。[1]这篇论文评述了大量的基于电话录音带、群体治疗训练、机构冲突以及相互作用的其他惯常模式的研究。萨克斯和他的同事们的模型,清晰刻画了支配谈话中言说转呈的有序管理的一套基础规则[2],同样重要的是,论文本身变成了谈话分析合作共同体的一个模型(或者范例)[3]。

除了其关于"相互作用中的谈话"组织的实质性观点之外,这篇论文的冗长的专业文体以及展现誊写数据的方法,为这个领域随后的研究设定了一套标准。这篇论文的文体组织和分析组织凸显出谈话分析已经超越了自然哲学的研究模型,这种自然哲学模型曾经紧密地隶属于迦芬克尔的常
【234】人方法论和后维特根斯坦的日常语言哲学,现在则追求成为研究谈话系统的一个社会科学的学科。

萨克斯和他的同事们(pp. 699 ff)把谈话界定为安排参与者轮流说话的权利和义务的"言语转换体系"。就像他们对它的描述那样,这个系统像"一个经济体制"那样被组织起来,其有序的管理说明一套显著体现在磁带录制数据的"无企图的观察"上的"非常明显的事实"。这些事实包括:例如,发生在谈话中的言说者变换,某一时间的明显的一个团体发言,言说者之间发生的没有间隙或者交叉的转换,转换的秩序以及转换的范围,谈话的长度,团体在说什么,转换的相对分布,参与谈话的团体的非固定的、变

---

〔1〕 Harvey Sacks, Emanuel Schegloff and GailJefferson, "A simplest systematics for the organization of turn-taking in conversation", *Language*, 50(1974):696-735.

〔2〕 "基本规则"的概念 in Felix Kaufmann, Methodology of the Social Sciences (New York: Humanities Press, 1944)。Kaufmann 把一个游戏的基本规则与所谓的优先规则进行对比。象棋的基础规则以语境无涉的方式界定游戏,而优先规则有一种向游戏过程开放的设置。Schegloff("An introduction/memoir")把 Sacks 熟悉的东西引向 Kaufmann 的工作,而 Sacks 明显地受到 Garfinkel 对 Kaufmann 所进行的在"基本"规则和"优先"规则的区分应用的影响。参见 Harold Garfinkel, "A conception of, and experiments with, 'trust' as a condition of stable concerted actions" in O. J. Harvey ed. *Motivation in Social Interaction* (New York: Ronald Press, 1963).

〔3〕 "合作共同体"的建议是下述的来自 Garfinkel 和他的同事们的讨论提供的。

化的数目等。这样的事实证明了一种有条理的方法,依照这个方法参与者设法在极小的间隙和重叠中处理他们之间的转换。萨克斯和他的同事于是描述了一种“语境无涉”的机制,用来说明这些事实的有条理的产生,同时允许单独谈话中的参与者对这种机制的一种“语境敏感”式使用。这个机制由一组“组分”和“规则”构成,这些“组分”与“规则”一起描述了一种设置的分层秩序,经过这种秩序,任何谈话中的参与者建构他们在谈话中的转换,并且建立一个言说者的有序的连续。[1]

在这个语境中对术语事实的使用在某种程度上令人困惑。萨克斯和他的同事们说,这个事实构成了对其模型的“判决性检验”。就像库尔特(Jeff Coulter)注意到的,尽管这类语言可能意味着一种与科学理论中的“判决性检验”的表面类似,但是轮流讲话的模型所描述的一些“事实”对谈话而言是定义性的。[2]像言说者转换的有规律的发生这样一个可观察的事实,可以被引用为一个标准,这个标准可以认定在某个时刻的讲话是一种谈话(或者至少不是某种演讲或者长篇独白)。这类“事实”的经验性的发生或者不发生对于谈话模型的正确性并不提供一个可能的检验,它只是界定被研究的那个事件首先应该算作一个“谈话”。

在萨克斯、沙格洛夫和杰斐逊的清单上作为参量否定性地得到陈述的几个事实对于谈话来说“不是固定的”,而是允许变化的。例如,正式争论的一个实质性特性是言说转换的规模和秩序典型地是事先指定的,一个面 【235】
谈的实质性特性是提问与回答的转换对于面试者和被面试者是分别“预先安排的”。在萨克斯、沙格洛夫和杰斐逊的清单上,其他的“言说转化体系”的这类一般性质对于谈话变成了实证性的“事实”。通过使用一种“事实”语言,并且把确认替代言说系统的标准转换为关于谈话的“事实”(当这些特性不是预先指定的),这篇论文为“说明”这些事实的一种分析模型布设了基础。因为萨克斯、沙格洛夫和杰斐逊把谈话界定为言说转换体系的最

〔1〕 所列举的事实包括为安排轮换所特化的技术、构造轮换的语言“单位”以及为解决轮流发生中的错误和违例的“修补机制”。

〔2〕 Jeff Coulter,“Contingent and a priori structures in sequential analysis”, *Human Studies*, 6 (1983):361-374.

一般的类型，他们为谈话设计的模型相比较更严格形式的谈话的说明模型，就占据了较高的抽象等级。〔1〕

萨克斯和他的同事们的模型设计，是为了通过详述一个与语境无涉和语境敏感的机制来说明关于谈话的非常明显的事实。这个设置由一整套“组分”和“规则”构成，描述了为建构谈话转呈以及在单个的谈话中挑选下一个言说者而建立起来的有序的等级设置。这个机制由安排言说者转换的两个组分和一套规则构成。两个组分被分离为“转换构造性单元”和“转换安排技术”。转换构造性单元被界定为句法上的，但他们并不局限于任何单独的句法性单元。他们可以包括句子、从句、短语和单个词汇，甚至是非词汇的表述。

这些“单元类型”中的任何一个拥有萨克斯和他的同事们称之为“投射性”完成的东西的重要特性，其含义是:“无论这些单元在建构中被用作什么，无论描述这些单元的理论预言被用做什么，它们都是可能的单元完成的节点，这些节点在它们发生之前是投射性的。”(p. 720)例如，在应答某种类型的问题时，像“是的”这样的一个词的话语以及像“嗯，嘿”这样的非词汇性的项目，都可以充当转换构造性组分。这是因为一个转呈可以被投射

【236】 在表述发生时完成。在另外一个极端，转换构造单元可以扩展至超越一个句子的限制，如当一个言说者详述一个由一系列句子构成的故事或者笑话时。

转换安排技术分为两种类型:(1) 一个正在言说的言说者选择下一个言说者;(2) 下一个言说者的自我选择。提问、问候、召集、邀请能够选择(尽管不是总是)一个特定的接受者作为下一个言说者，而一个谈话中的团

〔1〕 Sacks和他的同事们把谈话的“非预先确定”的参量定义为似乎是关于那个系统的实证的“事实”，而不是使之区分于其他系统的标准。这种把谈话概念化为对语言转换系统的一种驾驭的方法，建立起了整个的研究纲领，通过这个纲领，这种形式和那种形式的讲话展现为“寻常”谈话的基本形式的一种派生。例如，在强调在教育设置、法庭听证、政府审裁、政治演说以及新闻访谈中的“体制化”的谈话形式时，John Heritage 指出了他称之为“平淡谈话”的“首要性”的本体论意义和方法论意义:(1) 对平凡的相互作用中得到的谈话实践的全部内容进行选择性压缩;(2) 专攻特定的程序，这种程序中拥有寻常讲话中的基础环境或者他们的“家”。参见 J. Heritage, *Garfinkel and Ethnomethodology* (Oxford: Polity Press, 1984), pp. 239 - 240.

体在前一个言说者的故事、笑话、回答或者没有选择特定的接受者的任何其他类型话语的投射性的终端，可以自我选择。这种组成为轮流讲话的基本规则的运作提供了条件。换言之，任何时候，只要交谈者接近一种转换关联地方，界定轮流讲话机制的运作循环就处在忙碌之中，在任何类似的关键时刻轮流转换的设置都由转换构造技术来界定：

1. 对于任何一轮转换，在一个初始的转换构造单位的初始转换关联地方：

a. 如果当下的这轮转换被建构为包含着对“当下的言说者选择下一个”技术的使用，那么，这样选择出来的团体就有权利和义务下一轮去言说；没有其他的人有这样的权利或者义务，并且转换就在那个地方发生。

b. 如果当下的这轮转换被建构为不包含对“当下的言说者选择下一个”技术的使用，那么下一个言说关系的自我选择可以，但不是必须，被建立；第一个发起者获得这一轮的权利，并且转换也在那个地方发生。

c. 如果当下的这轮转换被建构成不包含对“当下的言说者选择下一个”技术的使用，那么当下的言说者可以言说这一轮，但不需要继续，除非有另外一个自我选择。

2. 如果在一个初始的转换构造单位的初始转换关联地方，1 中的 a 和 1 中的 b 都无法运作，跟着由 1 中的 c 提供的东西，当下的言说者得以继续，那么从 a 到 c 这套规则重新运用于下一个转换关联地方，依此在每一个下一个转换关联地方循环，直到转换最终实现。(p. 704)

这个模型是一个分层的和封闭的系统，因为规则的排序承担着约束规则所提供的每一个选择的作用。它也是一个规范性的机制，因为，在一套规则中的选择，界定了参与者的言说和聆听的“权利”与“义务”。在一种独特的方式上，这个系统是一个帕森斯意义上的“社会系统”，它展示了社会相互作用的“双重偶然”，这种“双重偶然”意味着，言说者 A 所实施的行为在其过程中导引着规范地引导接受者 B 的反应(或者认可)的可能性，反过 【237】
来 B 理解 A 的行为则参照一种共同的规范性基础。[1]自然，误解以及规范

〔1〕 Talcott Parsons, *The Social System* (Glencoe, IL: Free Press, 1951).

性失准会发生，但是，参照由谈话结构提供的赫里蒂奇(John Heritage)称之为“可说明性的无缝的网络”东西，它们也受制于裁决与“修复”。[1]各种各样被说成是组成谈话的“相互作用的”秩序的规则组合，区别于帕森斯建构“整体”社会体系的“模式变量”的规范秩序，但是在它们自身的领域中，它们像情境无涉的规范那样运作，与具体的行为和本身的运作反应融为一体。

轮流进行模型为确定谈话的连续性的权利刻画了两种机制：当下的言说者对下一个言说者的指定(规则 1a)以及基于第一个到达和第一个到达的基础的自我选择(规则 1b 和规则 1c)。[2]在两种情形中，专有权的传递仅仅应用于当下的转换建构单元范围。每当一个转换关联地方抵达(或者靠近)，权利就被指定、被锁定或者被更新。尽管规则组合只有在言说者之间的可投射转换的位点上才可以实施，但是它们始终处在控制之中。简言之，轮流进行机制在一个规范性可能性的封闭系统中运作，不间断地运行，递归性、强制性地保证一个言说者到下一个言说者的“干净的”转换。

列举了事实并且为说明这些事实提出了一个模型，萨克斯和他的同事们致力于用大量的论文来表明“这样的体系如何说明这些事实”。例如，在他们对轮流进行体系如何说明一个言说者在一个时间言说的事实的处理中，他们说：

> 一个团体在一个时间狂说。这个体系的两个特性可以说明这个事实：第一，这个体系给单独的言说者分配了单独的转换；在转换中，任何言说者得到专有的权利去言说一个单位类型的初始例证的第一个可能的完成，这种权利在规则 1 中的 c 运作下对一种单元类型的单独的下一个例证更新。第二，所有的言说转换围绕着转换关联地方得到协调，这些转换自身由对应的单元类型的

---

〔1〕 Heritage, *Garfinkel and Ethnomethodology*, p. 239.

〔2〕 规则 1c 可以被视为规则 1b 的特殊的案例。根据规则 1c，如果当下的言说者不选择下一个言说者，那么他或者她可以在一个转换相关地点重新开始言说，“除非有另外一个自我选择”。换言之，当下的言说者像其他参与者一样受制于同样的先来先得规则。

例证的可能完成点决定。(p. 706)

通常是通过对抄写的样本的分析，其他显著事实中的每一个都得到相似的陈述。在这种阐释的过程中，萨克斯和他的同事们描述了两个子系 【238】统，“邻接对”的组织量规和“修复”谈话中的错误与分裂的机制。

邻接对包括由来自不同言说者的成对行为组分的各种各样的单元。一个简单的事例是单纯的互致问候：

A：你好。

B：你好。

其他的邻接对包括：传票—回应、提问—回答以及邀请—接受/谢绝。邻接对的一个重要特征是构成邻接对的两个“部分”的“条件相关”。按照谈话分析的术语，一个原初的问候是“对的第一部分”，一个回应问候是“对的第二部分”。对“对的第一部分”的使用是选择下一个言说者(规则 1 中的 a)的一个重要的“设计”，但是，不仅如此，它还建立起一种在相关的应答中产生的关于行为的一般种类。例如，一个问候建立了一种应答的相关性；一个提问为一个回答提供了环境；依此类推。一个接受者对“对的第一个部分”的应答并不必然向第一个言说者强加相互的约束。当两个以上的言说者出现的时候，一个回答并不有代表性地“选择”特定的提问者下一个言说，它也并不必然约束下一个言说者将要说什么。

修复是对各种各样的轮流发生的错误和犯规的处理，以及对语词选择、言说中的术语等的错误的“修正机制”。萨克斯和他的同事们强调，修复的一些可能性已经成为轮流发生的基础经济学的一部分。这样的话，例如，如果一个当下的言说者挑选下一个无法应答的言说者，那么，当下的言说者(规则 1 中的 a)能够使用规则 1 中的 c，在一个间隔过后，继续言说，或许还会触动那个原初的接受者。或者，如果一个言说者打断了另外一个言说者正在进行的轮换，通过这个言说者切断他或者她自身的话语，这个重叠可以很快地得到解决。再者，因为一般更多地不是由当下的言说者激发的修复直至当下的一个轮换完成之后才会发生，原初的言说者就有权利在他或者她的当下轮换终结之前运作一种“自我修复”。相应的，言说者可以无需接受者的认可来纠正接受者的错误。萨克斯、沙格洛夫和杰斐逊把这视为行为的内在的理性组织,“它适应真正的事件的意义,对外在的强制不敏感……它吸收了各种资源和程序把它的麻烦修复为它的基础性组织”(p. 51)〔1〕。

一种自由经济

【239】 关于轮流发生的论文的形式化的方法具有如此影响,以至它吸引了许多常人方法论者离开了更关注观察、描述、复制和其他认识论主题的常人方法论研究的更特别的种类。渐渐地,轮流发生机制变成了随后进行的研究的一种既成的基础。轮流发生和其他系统性结构被确认为“机制”,并且被安排为一种语法性功用。例如,考虑一下下面来自萨克斯、沙格洛夫和杰斐逊的论文的段落:

> 在刻画轮流发生系统中,我们一直在处理“地方性的管理系统”,让我们注意一下成套规则及其构成的明晰的特征:
>
> 1. 在一个时间这个系统处理单个的转换,在一个单独的转换链上只有两个轮流发生,例如,在一个时间只有一个轮流发生。
>
> 2. 这种安排在其运作的每一时刻的单个的轮流就是“下一个轮流”。
>
> 3. 这个系统在一个时间处理一个单个的转换的同时,它处理多种转换:
>
> a. 全面地,例如,它处理各种使用轮流发生系统组织起来的转换的可能性。
>
> b. 专有地,例如,没有其他的系统可以组织独立于轮流发生系统的转换。

〔1〕 关于“自我”修复与“其他”修复的一个更详细的处理由 E. A. Schegloff, G. Jefferson 和 H. Sacks 在“The preferences for self-correction in the organization of repair in conversation”, *Language*, 53(1977):361-382 给出。

c. 序列地，通过处理“下一个轮换”，以便让它们出现。

这些特征自身就招致了对系统的刻画，在其中这些特征是地方性的管理体系中的一部分，在这个管理体系中所有的运作都是“地方性的”，在轮换接着轮换的基础上指向“下一个轮换”和“下一个转换”。

在这个段落中，决定性的、官僚性的和机械性的习语描述了一个非个人的形式主义的地方性“运作”，“它”对话语的序列组装进行“安排”、“处理”和“条理化”。人类力量的常规性蕴含的倒置和意向性乍看起来似乎是“去人类化”的谈话实践：把谈话的参与者变成“条理化的”傀儡。但是在作出这个结论之前，我们应该回忆起那种蕴含其中的机制不过是一种规范经济学，一种“自然权利”的领域。例如，当齐默尔曼（Don Zimmerman）和博登（Deidre Boden）引述他们的同事威尔森的观点支持一种基于轮流发生考量的谈话“机构”的版本时（这个版本与经典的人本主义一致），他们对这一点引起警觉：

从威尔森的观点看（1989），我们所描述的东西是人类力量，被理解为内在于组织社会相互作用的那种机制。他提出，没有依照这样的假设的参与者的行为，就不会有社会相互作用，这样的假设就是：他们以及他们的合作参与者是自主的、道德上负责任的力量，他们的行为既不是被决定的，也不是混乱的。相互作用的这种组织把这样的假设建造为一个基础性的原则。〔1〕 【240】

一旦以这样的“基础性原则”方式正式形成，轮流发生机制的经济学就变成了一种自由气质的基础。这整套规则把先到先得（first-come, first-served）的自由市场机制（规则 1a）与更传统的财产权结合在一起。按照这

〔1〕 Don Zimmerman and Deirdre Boden, “Structure-in Action: an introduction” in D. Boden and D. Zimmerman, eds. *Talk and Social Structure* (Oxford, Polity Press, 1991) pp. 3－21. 援引参考的是 Thomas P. Wilson, “Agency, structure and the explanation of miracles”，论文在 1989 年 St. Louis, *Midwest Sociological Society* 会议上提交。

种结合，一个轮换的当下拥有者可以直接把所有权传给其他的人。尽管这个系统预设一种竞争性利益来确保“谈话的轮流进行”，但是这个系统是以协作和合作的方式运作的。一个轮换从一个言说者到另外一个言说者的具体转换要求一种所有的团体的相互交换所需的精确地协调和往复地呈现的“指向”。与更严格的对言语交换的控制、轮换和预先选择安排系统相比，谈话的轮流发生系统允许一种相对自由的或者企业性的管理模式，这种管理模式受一种自主的体系控制。

在各种各样的研究中，能够表述核心套装规则的契约型语言，在字面上被处理为批判特定的言说经济中谈话“权利”的系统性限制的基础。齐默尔曼和韦斯特(Candace West)声称：妇女所拥有的不被打断的轮流说话的权利，在两性交叉的谈话中被截断[1]；韦斯特和加西亚(Angela Garcia)强调关于妇女权利的一个类似情形引发了一个发展主题[2]；韦斯特[3]和戴维斯(Kathy Davis)[4]详细地说明了病人的言说权利如何被限制在临床话语中；莫洛奇(Harvey Molotch)和博登[5]以及麦克霍(Alec
【241】 McHoul)[6]则讨论了在一连串质询中话语权的被剥夺与侵犯。就像萨克斯、沙格洛夫和杰斐逊所界定的那样，谈话是一种其轮换规模、轮换秩序和言说关系“允许变动的”特别具有弹性的体系。结果是，当诸如面谈、质询以及临床检查这样的言说体系以对抗“寻常谈话”的规范背景的方式得到分析时，它们就呈现出人为的强制和交往系统的非对称的限制。

〔1〕 Don Zimmerman and Candace West, “Sex roles, interruption and silences in conversation” in Barrie Thorne and Nancy Henley, eds. *Language and Sex: Difference and Dominance* (Rowley, MA: Newbury House, 1975), pp. 225-274.

〔2〕 Candace West and Angela Garcia, “Conversational shift work: a study of topical transition between women and men”, *Social Problems*, 35(1988): 551-575.

〔3〕 C. West, *Routine Complications: Troubles with Talk Between Doctors and Patients* (Bloomington: Indianna University Press, 1984).

〔4〕 Kathy Davis, *Power Under the Microscope* (Dordrecht: Foris, 1988).

〔5〕 Harvey Molotch and Deirdre Boden, “Talking social structure: discourse, domination and the Watergate hearings”, *American Sociological Review*, 39(1985): 101-112.

〔6〕 Alec McHoul, “Why there are no guarantees for interrogators”, *Journal of Pragmatics*, 11(1987): 455-471. McHoul把谈话的轮流发生系统视为原则性的基础，用来设计对中央管理的话语系统的一种“超越性”替代。但是，因为他允许“谈话”自身成为一种秩序的偶然性成就，相对于其他的话语秩序，他的这种处理就不同于一种特殊的体制化系统对轮流发生模型的一种单纯的“应用”。

通过证明他们如何不能对混淆谈话数据[1]组织中的“性别”相关性给出说明，沙格洛夫有力地与齐默尔曼和韦斯特的分析程序展开争论，在对一个高度公共化的“新闻采访”的分析中，他淡化访谈是一个独特的政治奇迹的流行印象[2]。在两种情形中，在展示有名望的个体和纪念性的时刻如何拥有显著“意义”的例证，或者“特殊的”例证的谈话如何驱使他们的分析组织脱离“平凡”谈话的普遍结构的过程中[3]，沙格洛夫显露出非凡的能力。

沙格洛夫的证明提供了针对谈话资源特化解释的有说服力的警告，但是，就像他所批判的规范分析一样，他的观点牢固地保留了对这样的思想的忠诚，即“相互作用中的谈话”的分析性结构为多样化的活动提供了一种决定性的结构基础。在对舒曼(Lucy Schumann)和乔丹(Brigitte Jordan)对社会科学的访谈进行谈话分析处理的一个支持性评论中[4]，沙格洛夫从关于轮流发生的论文中引述了一段：“因为所有种类的科学的和应用的研究现在都在使用谈话，他们都启用了一种其效果尚不知晓的手段。这一点也许是不必要的”(萨克斯、沙格洛夫以及杰斐逊，pp. 701—702)。

成员直觉与职业分析

与沙格洛夫相反，有人可能认为，对于自然语言的言说者而言，谈话是一种“工具”，其“作用”众所周知，因为通过对这种工具的充分使用，这些作用得以产生并且得到控制。然而，沙格洛夫一再强调，对语言的一种平俗 【242】
的掌握并不会使得一个言说者拥有处理通过磁带录音数据获得分析的知

〔1〕 E. A. Scheglodd, “Between micro and macro: contexts and other connections” in J. Alexander, B. Giesen, R. Munch and N. Smelser eds, *The Micro-Macro Link* (Berkeley and Los Angeles: University of California Press, 1987).

〔2〕 Scheloff, “From interview to confrontation”.

〔3〕 参见 Bogen, “The organization of talk”.

〔4〕 Lucy Suchman and Brigitte Jordan, “Interactional troubles in face-to-face survey interviews”, *Journal of American Satistical Association*, 85(1990): 232 - 241.

识的资格。[1]尽管寻常的谈话者被认为“知道”如何轮流发生，并且谈话分析者把“参与者取向”的证据处理为对特定的分析特化的一种“证明标准”[2]，但沙格洛夫还是对抽象的构成、规则以及描述相互作用的谈话系统的回归式操作等的一种分析性理解与对谈话的平俗理解之间作出了基础性的区分[3]。按照这样的区分，社会成员展示出对科学家形式上描述技术的一种单纯的驾驭。这些成员可能有能力举例说明谈话的可描述的技术，但是，科学家建造了囊括成员地方性实践的一种正式的装置。

这种在平俗的直觉与科学的分析之间的区分，在一定程度上表明谈话分析已经是一种专业化的分析努力。谈话分析不再把他们的研究视为旨在明晰任何一个有能力的成员都应该识别的语言所具有的可理解性。他们也不旨在从事一种原始的科学，就像萨克斯起初描述的那样，这种原始的科学基于对任何有能力的语言使用者对语言的可理解性的描述。而专业能力的两种分立的秩
【243】序现在则隐含在一种等级关系中：一种是平俗的能力产生和对谈话的特定技术的识别，而一种分析性的能力则把这些技术纳入类似情形的集合。就像齐默尔

〔1〕 Schegloff，“From interview to confrontation”and “Goffman and the analysis of conversation”，pp. 28－52，in P. Drew and A. Wooton，eds.，*Erving Goffman*：Perspectives on the Interaction Order（Oxford：Polity Press，1988）；“On some questions and ambiguities in conversation”，pp. 28－52，in Alkinson and Heritage，eds.，*Structures of Social Action*；and “Introduction” to Sacks，*Lectures on Conversation*，vol，1，pp. xl-xliv.

〔2〕 正像 Sacks，Schegloff 和 Jefferson（“A simplest systematic” pp. 728－729）表明的那样，对在一个谈话中的参与者发言的随后处理，为这个发言在发生发言序列中的分析性刻画提供了一个“证明标准”。这样，作为一个“提问”或者“邀请”的发言的特性就不是单纯地由形式上的句法或者语法标准来决定，而且由发言的接受者对这个发言如何处理来决定。如果这个发言显然是被“回答了”，这个行为就成为把它刻画为“提问”的一个标准。参见 Schegloff 和 Sacks，“Opening up closings”，*Semiotica* 7（1973）：289－327，对这一点的进一步讨论，参见 Coulter，“Contingent and a priori structures in sequential analysis”，对分析性证明程序给出了一个批评。

〔3〕 可能有人强调在成员的直觉和专业的洞见之间的区分是任何分析领域的必要组成。Ryle（*The Concept of Mind*，pp. 25. ff）在“知道如何”和“知道”之间的区分，为系统性地研究寻常概念的逻辑语法提供了一种研究的资源。并且在社会科学领域，docta ignorantica（Kaufmann，*Methodology of the Social Science*）对于成员的“不知道的知道”建立了一种分析性的阐明。尽管这种区分已经完善地建立起来，并且在社会科学中甚至是不可避免的，非常常见的还是它成为阐释一种专业领域的特殊合法性的一种设计，在这专业领域中，主题以及观察语言依旧淹没在参与者的“寻常的”概念、判断、历史性的理解以及实际的推理模型的视野之中。无论是 Schutzs 还是 Garfinkel 都把这一点确认为进行研究的基础性现象，而不是确认为一种被社会科学专业发展所取代的一种方法论问题。

曼总结的那样，这样的分析能力基于一种专业的社会的科学共同体的实践：

> 的确，某些现象中原初的交换的获得可能基于直觉性的基础，但这仅仅是开始。沿着这样的观点，特定的现象通过搜索诸多的谈话、引发经验性控制的增加以及对产生这些控制的过程的一种更一般性的理解而得到"发展"。当应用于新的情形（这些情形会削弱那种形式化，并且强化对它的修正），这类经验性基础的形式为确认特定的谈话事件提供一种保证。的确，谈话分析研究的累积性结果应该允许对特定的、单个的谈话的一种详细的理解。〔1〕

对齐默尔曼来说，那种算作恰切的分析的东西是借助于一套专业性的惯例的出现而得到保证的，这套专业性惯例用来确认、记录相关的数据，合成草本，建造对应情形的集合体，促成特定的文献形成。〔2〕促使寻常谈话得以产生的那种单纯的掌握，降格为对社会结构的专业分析与对社会结构的常识理解之间的一种严格划分的一边。只有专业人士有资格批评公开发表的报告："在惯例中的任何对分析性结果的批评本身必须具有经验性基础，就是说，是基于对恰切的资源的一种可选择的分析。"〔3〕

对专业分析优越于常识直觉的一个更强的强调，在一个关于谈话分析研究的有影响的文选编者导言中给出：

〔1〕 Don Zimmerman, "On conversation: the conversation analytic perspective", pp. 406 - 432, 在 J. Anderson ed *Communication Yearbook II* (London: Sage, 1988).

〔2〕 对 Zimmerman（同上）的观点的一个启发性的批评性评论，参见 D. L. Wieder, "From resource to topic: some aims of conversation analysis", pp. 444 - 454, in Anderson ed. *Communication Yearbook II*. 关于谈话分析发现的产生过程中誊写的作用的不同观点，Christopher Pack 进行了讨论，"Features of signs encountered in designing a notational system for transcribing lectures"批判，92 - 122, in H. Garfinkel, ed., *Ethnomethodology Studies of Work* (London: Routledge & Kegan Paul, 1986); George Psathas and Tim Anderson, "the 'practices' of transcription and analysis of laughter", pp. 25 - 34, in T. Van Dijk ed., *Handbook of Discourse Analysis*, vol 3: *Discourse and Dialogue* (London: Academic Press, 1985).

〔3〕 Zimmerman, "On conversation: The conversation analytic perspective", 参见 Wielder "From resource to topic", pp. 447ff.

【244】 总之，对录制数据的使用担当着控制界限、直觉和回忆的易错性的作用。它使得观察者暴露于相互作用的资源和环境的一个广大的范围，同时提供某种保证，这种保证使得分析性的结论不会作为某种直觉特质的人工产品，不会作为选择性的注意或者回忆，不会作为一种实验设计而出现。一个录制的磁带的可获得性，使得对相互作用中的特定事件的重复和详细检验成为可能，随即极大地提高了能够进行观察的范围和精确性。对这类资源的使用，拥有为听众（较小范围的）和读者的研究报告提供直接获取数据通道的另外的优点，这些数据使得分析性观点得以形成，从而使得这些报告以一种进一步缩小个体先入之见的方式满足公众的谨慎。最后，因为这些数据以原始形式获得，于是，它们在各种各样的研究中累积性地被重复使用，并且根据新的观察或者发现得到重新检验。〔1〕

对获取"原始数据"的直接通道的强调以及对理论性或者直觉性地调节了的观察、表征以及推论模型的不信任的回应，在上述这个段落中格外显著。注意一下安置在这个事实中的意义，即在谈话分析中，自然发生的"数据"通过录音设备直接收集，没有被概念化、直觉、干预或者解释污染。对平俗直觉的不信任扩展到对一些在实验研究中的抽象、回忆以及重建中使用的典型模型的怀疑。

与萨克斯关于一种原始的自然科学的纲领相一致，这个段落表述了一种无偏袒地对待用变化的方式描述和考察的平凡世界的指向。然而，我们现在可以看到，对观察的复制和验证以及观察性的结果，不再是对"任何人"都开放。替代的是，参与认识论共同体的一种资格的获得限于谈话分析的合格的参与者。描述的循环现在是技术性和专业性地调节了的：磁带录制使得数据"以原始形式获得"，这些数据围绕着研究报告中描述的发现

〔1〕 John Heritage and J. Maxwell Atkinson, "Introduction" pp. 2-3, in Atkinson and Heritage, eds., *Structures of Social Action*.

向科学共同体的其他成员流转。不仅仅是研究报告指导其他观察者如何“发布和寻找”所描述的发现，发现得以导出的原始数据也被包含在报告(以及伴随的磁带)自身当中。相应的，文本和录制的磁带的流转使得谈话 【245】 分析研究共同体与发现的基础结合为一体：“研究工作者的分析性直觉通过参照数据库和现象例证的集合得到发展、详尽说明和支持。在这个过程中，一种分析文化稳固地基于自然发生的经验性资源渐渐发展起来。”〔1〕就像这一段清楚地表明的那样，“直觉”依旧与研究过程相关，但是它们现在在一种特化的“分析文化”中被培育。

可以认为这种谈话分析共同体实际上是一种内在一致的“分析文化”，上述正在进行的引证图景或许可以宽松地称之为一种“实证的”(或许更精确地叫作“逻辑实证主义”)学科。〔2〕这样说并不意味着谈话分析产生了许多错误的经验发现，因为这样一个控告会预设一种对累积起来的正确的经验发现的一种专业信奉。对于其逻辑经验主义方向而言更为麻烦的是，已经进行的谈话分析与萨克斯原初提供的涉及基础问题的解决方案具有成问题的联系，这个基础性问题就是：“一种社会科学如何是可能的?”回想一下，对于萨克斯，原始的自然科学的真正存在证明了：方法在日常语言中可以以其他人能够复制这些方法的那种方式得到描述。

这样的方法说明的一个重要特征是：它们内在于构造和使用它们的活动参与者的共同体。就是说，对成员能力的描述作为可理解的指导向其他成员展现出来。通过把谈话分析共同体成员的分析能力从所描述的日常谈话者的平俗能力中区分出来，谈话分析者把他们的专业报告从他们所描

〔1〕 John Heritage and J. Maxwell Atkinson, “Introduction” pp. 2-3, in Alkinson and Heritage, eds, *Structures of Social Action*, p. 3.

〔2〕 谈话分析式著述呈现出一些趋势，Ian Hacking(*Representing and Intervening: Introductory Topics in the Philosophy of Science* [Cambridge University Press, 1983] pp. 41-42)在与实证主义相关的“六个本性”的题下，对这些趋势进行了列举。其中包括对直接观察的强调，避免假定理论实体的趋势，偏爱基于解释进行描述。然而，这并不是整个的图景，因为，在谈话分析中的实证主义主题与来自常人方法论对“社会事实”的构成性处理的遗产共存。Schegloff(“From interview to confrontation” p. 203)通过强调谈话分析者致力于通过参照“参与者”导向来对谈话数据的描述进行控制，使得谈话分析从实证主义的社会科学中分离出来，但是他的立场也拉开了与 Garfinkel 的“反实证主义”的常人方法论的距离。

【246】 述的普通的活动中隔离出来。〔1〕这种说明的恰切性不再基于这些说明作为重新产生所描述活动的指导的有效性，替代的是，对经验恰切性的判断为分析文化的其他成员而留存，于是授权他们、也仅仅是授权给他们来决定：基于非直觉的（或者特化的直觉）基础，任何一个专业的报告如何顺畅地展示他们所描述的数据集合。

在"自然的历史的"语言表述中，记录下来的谈话中的单个例证"治疗性地"被用来检验所接受的关于常识和寻常语言的学术上的见解，在"谈话分析的后来时段"〔2〕，任何例证的分析价值的确立都超越和反对"直觉"，这样的分析参照专业性集结起来的相似例证的集合被组织起来〔3〕。结果

〔1〕 有人可能认为发展一种分析文化的关键之点是要达成这样的一种见解。例如，在19世纪早期不列颠数学家那里形成的那种分析社会尝试从直觉性的数的概念中分离出代数的那种符号性运算。按照 David Bloor 的说法，这种从外行的直觉中分离出来的专业分析（"Hamilton and Peacock on the essence of algebra"，in H. Mehrtens，H. Bos and I. Schneider，eds. *Social History of Nineteenth Century Mathematics* [Boston：Birkhauser，1981] pp. 202－32），反映了专业数学家提升自足性的一种兴趣。无论这样的兴趣是否可被归于谈话分析，我要批判的是：从外行直觉中汲取专业分析（景观对谈话分析的学科发展是合适的）实际上保证了谈话分析不再会支撑那种 Sacks 的早期研究所开启的"认识论"研究。然而，这里还有一个基本的不同，那就是除非数学家们坚持胡塞尔式的理念，即他们的实践本质上基于计算、测量、实用几何的寻常技能和数学性"应用"的相关模型，否则几乎没有任何东西能阻止它们变成一种奇异的生活形式。另一方面，谈话分析致力于这样的一个理念：他们的"对象"领域自身就是经由情境性的外行分析产生的，因此，一种完全自治的谈话的"代数"将会是荒谬的。一个更加相关的类比将会是试图把日常数学的产生包括在一种更抽象的量标之下的代数，但这不是那种所谓分析的社会所试图做的事情。我要感谢一篇由 Aditi Gowri 完成的研究生学期论文（*Science Studies Program*，University of California at San Giego），这篇论文提醒我注意19世纪早期代数的这些方面。

〔2〕 这个术语取自 Garfinkel 的"Respcifying the natural science"p. 65.

〔3〕 谈话分析的确分析单个案例，但是当他们这样做的时候，这个案例的可观察的特性，不是通过对记录下来的细节的一种"直觉性"解释，而是通过这个案例的细节与谈话分析集合中的其他案例的细节进行对比而获得意义。这个规则的一个明显的例外是 E. A. Schegloff 的"On an actual virtual servomechanism for guessing bad news：a single case conjecture"，*Social Problems*，35（1988）：442－457，其中单个的案例作为一个"透明的"例证得到呈现，在那里一个"新事物的发现"没有借助于与"在其他地方发展起来的分析性资源"汇聚的原初的资源，成为可能。然而，Schegloff 继续说，他的分析利用了来自谈话分析的一个范例性的"分析工具"，这个"分析工具"分辨了在记录下来的片断中的一个特殊机制的运作。非常清楚的是 Schegloff 的分析在先前的谈话分析发现的回路中进行（他怎么能不这样做？），并且在谈话分析的量规中集成。阅读 Schegloff 的论文会发现他对记录抄本的阅读不是那么靠谱。我认为他所分析的片段的"透明性"与 Sacks 所描述的原始科学的纲领中的那种透明性，并不等同。在 Sacks 的纲领中，当证据呈现的时候，"任何人"都可以由直觉知道一个观察者所描述的东西。我这样说不是要怀疑 Schegloff 的分析，反倒是，我用直觉上的理解相信他的那种可说明性严格限于专业分析的一个小的共同体中。

是,通过把他们的专业知识从构成所研究的活动的"直觉"能力中区别出来,分析文化的成员们尝试去建造对寻常实践活动的一种学科性的研究。【247】

通过使用特化的仪器、观察的技术以及分析的语言,谈话分析能够对隐含在日常谈话活动重复生产中的那种平俗的"分析"构建形式上的描述。[1]这种描述的恰切性通常被认为是基于他们恢复成员的实际定向的程度。在谈话分析中,分析是把谈话研究连接到它的主题的关键性术语。当然,分析也是科学家和逻辑学家在把事物分解为基本的构成时所做的事情。但是,对于谈话分析来说,分析还是他们所研究的活动的一个普遍特征。尽管萨克斯曾经集中关注认识论的主题范围:描述、测量、分类、观察、复制,但是术语分析最终还是代表着一个主导范畴,成为谈话的可理解性与专业研究的严格性之间一个全方位相关的桥梁。对于谈话分析来说,谈话分析的参与者分析另外一个谈话,他们的寻常的或者平俗的分析以一种有秩序的方式得到展示,在其中不同的言说者在谈话产生中相互合作。这种分析能力某种程度上类似于语言学中描述的对语法句子的充分产生和认可,在谈话分析中,描述的句法支配的机制除外,在这种机制中,两个或者更多的言说者在相互作用中协调他们在谈话中的作用。[2]尽管分析被认为处在谈话数据之中,同时处在对这些数据的科学的描述之中,但分工还是在社会科学家和谈话分析成员的分析工作之间产生:谈话分析成员展示出对科学家们正式描述的技术的一种简单的掌握。按照萨克斯的术语,科学家们"建造的那种大脑"是谈话分析成员不可能作为大脑所拥有的。

言说行为的平俗概念和分析概念

尽管谈话分析承认谈话是作为一种平俗的地方性成就产生的,并且谈

---

〔1〕 参见 Erving Goffman 的评论, *Frame Analysis: An Essay on the Organizations of Experience* (New York: Harper & Row, 1974) p. 5. 在其中他错误地把这样的一个目标赋予 Garfinkel 的常人方法论纲领。在他说 Garfinkel 曾经旨在"寻求允许我们产生一个既定种类的'世界'的规则"时, Goffman 显然在参照 Garfinkel 早期对"信任"的研究。

〔2〕 参见 E. A. Schegloff, "The relevance of repair to syntax-for-conversation", *Syntax and Semantics*, 12 (1979): 261 - 286.

话的“资源”是表述的寻常形式，但是他们用抽象的专业术语描述轮流发生机制的构成和规则。例如，对于“提问”这样一种熟悉的语言学现象，这样【248】的一个平俗术语，在谈话分析中，它被纳入称之为“当下的言说者选择下一个言说者”的轮流分配技术。在谈话中，提问迫使一个接收者不仅要言说，而且要给出一个答案这样的明显事实，在专业性特化的邻接对之下得到进一步的阐释。

沙格洛夫阐述了基于像瑟尔的言语—行为理论的语言学纲领的精彩批判中对行为的专业说明和平俗说明之间的关系。[1]基于磁带录音对话的谈话分析研究，他提出了相关的两点：(1) 没有采取句法形式的“提问”的言语表达通常担当着谈话中的提问；(2) 没有采取句法形式的“提问”，并不必然地担当着提问。沙格洛夫证明上述两点都与下述的例证相关[2]：

> B1：你为什么不常来看看我
>
> A1：我很愿意去
>
> B2：我很愿意你来，让我……
>
> A2：我只是不知道地址是哪里
>
> 这里的提问在哪里？这里有一个提问吗？对于一个其下一个言论或者行为或许会偶然地发现一个当下的言论是否是一个“疑问”的参与者来说，一个“答案”可能与他要做的下一件事情相关。这里，句法或者语言学形式能够解决它的问题吗？不仅仅是我们的直觉提示着一个提问—回答(Q—A)的序列对已经启动(尽管在这个片段中A的第二个发言没有句法上的提问发生)——对一个方向的请求(如果你愿意的话)；更重要的是，它也是这样被B听到，B正在准备给出一个方向。尽管在这个片断中B的第一次发言句法是一个提问，但它不是A“回答”的那个“提问”，而是对一个“邀请”(以提问的形式)的“接受”。

---

〔1〕 Schegloff, “On some questions and ambiguities in conversation”, pp. 29 ff; J. R. Searle, *Speech Acts* (Cambridge University Press, 1969).

〔2〕 Schegloff, “On some questions and ambiguities in conversation”, p. 31.

沙格洛夫进一步强调,表述“你为什么不常来看看我”并不是本身就是含糊不清的[1]。在这种情境中听到这个言论的接收者毫不犹豫地做出应答,显然把它听为一个邀请,于是对这个言论的相关的明确确认提供证据。只有在将特定的言论从一个序列中孤立出来,使其句法的语义的、语调的或者语法的形式接受检查时,歧义才会产生。

在这一点上,沙格洛夫的论点具体说明了我早先时候确认为谈话分析的“原始语句”研究的关键模型。他使用磁带录音的数据来处理那种维特 【249】 根斯坦推荐的语法研究的原始变量:“这样的研究通过清除误解阐明了我们的疑问。这些误解涉及由不同地区的语言的表述形式之间的某些类比引起的语词的使用问题。”[2]在这个情形中,沙格洛夫确认的误解基于孤立的句子之间的形式类推。像维特根斯坦一样,沙格洛夫使用日常的例证[3],他吸引他的读者的直觉来证明:如果要避免认定具有一种类似的句法形式的话语在情境中使用时总会发生同样的作用这样的错误,对语言使用的更具差别性的理解是必要的。

沙格洛夫的论点随后就偏离了“反形式主义的道路”[4]。在证明了抽象的语言学形式对于解释一个话语序列中的一个表述的语法作用是不充分的之后,在另外一个抽象水平上他恢复了形式决定性的原状:“对于我们可能期待获得的作为行为的一种概念的对提问理解的实质部分,最好并且最节俭地归于‘邻接对’的类型之下;涉及提问的许多东西都借助于那种邻接对形式。”[5]尽管主要集中于“邻接对形式”,而不是轮流发生机制的更具包含

〔1〕 在誊写中“Times”而不是“time”有明显的发音的区分,尽管也许是由于磁带上的噪音,这与 Schegloff 的分析没有什么关联。

〔2〕 Wittgenstein,PL,sec. 90.

〔3〕 Schegloff 的例证在一个显著的方面不同于 Wittgenstein 的例证:在 Wittgenstein 比较相似的比偶奥术并且在唤起它们在日常情境中的各种各样用途的地方,Schegloff 从单个谈话的录音磁带中吸取资源,并由此得到辨识回忆的东西的好处。

〔4〕 我在借用 Stanley Fish 的表述(*Doing What Comes Naturally*,pp. 1. ff),在反形式主义的标题下,Fish 设置了哲学的、文学理论的、批判合法性研究等几个纲领,并且他提到常人方法论也在其中。在他的批判性文章中,他一次表明对“反形式主义道路”的一种表达上的信奉,对始终停留在这个道路上不提供任何保证。

〔5〕 Schegloff,“On some questions and ambiquities”, p. 34.

性的运作，他的论点依旧类似于萨克斯和他的同事们提出的一个观点："这样，在一个陈述的提问要求一个来自陈述团体的回答的同时，它还是一个轮流发生系统，不存在那个'提问'的句法的或者语法的特性，其要求'下一个'给出答案。"[1]在两种情形中，提问的平俗的概念被纳入一种更抽象的专业描述之中："邻接对的第一部分"或者"当下的言说者选择下一个技术"。

然而，请注意，对言语行为平俗分类的一种专业的重新刻画（例如，"邀请"重新界定为一种"邻接对的第一部分"）并不能无视特定的平俗概念的
【250】 地方性相关和可理解性。[2]的确，平俗的理解并不是沙格洛夫批评的对象，反倒是，他警告言语行为的语法家们对实际谈话的平俗产生和直觉上的透明特性的忽视。正如他所描述的那样，"你为什么不常来看看我"这样的表述，在发生的原始情境中被作为一个邀请对待。当把一个孤立的表述专业性地界定为，例如，一个与这个表述明显地作为邀请的使用无关的句法提问时，或者当特定的专业界定仅与在违反事实的意义上的使用相关时，误解才会产生。一个"回答了"似乎是一个提问的邀请的接收者，将会做出恰切的应答。[3]沙格洛夫仰仗他的读者承认"你为什么不常来看看我"在原初的意义上和非歧义的意义上不是（或者不仅仅是）一个提问。进一步，他仰仗我们承认他对这个表述的使用的理解与原始的接收者据此进行的行为处理高度一致。在沙格洛夫、他的读者以及磁带录音谈话的参与者中间的明显的一致性，不是基于任何的专业领域，而是基于平俗的直觉，通过这种直觉我们能够读解草本并且能够作为一个寻常谈话的片段"听懂"它们。

---

〔1〕 Sacks, Schegloff, and Jefferson, "A simplest systematics", p. 86. n. 46.

〔2〕 当然，在平俗的分类被归于一种更抽象的量标之下的时候，关于"邀请"的谈话分析工作并没有终结。例如，可参见 Davidson "Subsequent versions of invitations, offers, requests and proposals dealing with potential or actual rejection", pp. 103－28，在 Atkinson and Heritage, ed., *Structures of Social Action*.

〔3〕 这一点不是完全清楚的。一个人会以抱歉的方式回答"你为什么不抽空来看看我？""我最近很忙"。但是确认回答是一个道歉（而不是仅仅"给出一个信息"）预先就认定了这个提问是一个抱怨，而不是一个邀请。

沙格洛夫并没有要求我们用一种专业的表述替代对这种表述的平俗的理解，反倒是，他吸引我们的平俗的直觉以便使我们相信：要拒绝一种基于单纯的句子语法的对表述的一种语法性界定。仅仅是在这一点上，他把直觉上正确的平俗的概念（“邀请”而不是一个提问）归入一个替代的句法概念（“邻接对”）[1]。我们不应该忘记：对于我们平俗的直觉已经证明的我们对那个表述的刻画是恰切的，沙格洛夫的形式分析回过头又在更一般的量规中给予说明。只有在我们被要求从一种孤立的表述形式中推断序列的使用时，或者在我们被要求抽象地界定“提问”时，我们的直觉才无效。

然而，关于提问的句法形式的直觉并不总是与对它们的使用无关。通过规则，通过定义，质询者被认为是发出提问。尽管如此，质询者通常把断 【251】
定性的证词展示为一种诱发确认、获得认可的方法，例如：老调重弹[2]。

在下面的序列中，一个质询者列举了文献“事实”作为确认的证词，但是受到证人的辩护律师提问的挑战。在一些犹豫之后，他重新表述了作为一个提问的断言，与此同时证明了关于“提问”的抽象的句法性所要求的直觉，并且宣称在这个过程中所做的一切，出于各种目的，都是“提问”证人：

Nields：时间是 1986 年 4 月 17 日。

(0.6)

North：是的。

(1.4)

Nields：那就是你(0.5)在展会 1 的有效时间后的三天。

(2.5)

Nields：如果你愿意你可以核对一下。或者你可以相信我的话。日子是 4 月 4 号。

---

〔1〕 Schegloff (“Goffman and the analysis of conversation”)明确地把谈话分析领域刻画为“相互作用中的讲话”的一种“句法”。注意：“证明程序”不像在句子语法的语言研究中使用的那种东西，除了其停留在对孤立句子的语法性的直觉判断上之外，它使用记录下来的录音磁带和对那种记录活动的直觉性认可。

〔2〕 参见 J. Maxwell Atkinson and P. Drew, *Order in Court: The Organization of Verbal Interaction in Judicial Settings* (London: Macmillan, 1979)。

(0.4)

North：你相信我的话吗？

（轻微的背景嘈杂；翻动纸页声）

(11.0)

(North)：（好的，行）

(7.0)

(North)：（吹口哨）那是什么？

(0.6)

()：()

(4.5)

Sullivan：（晤）你的问题是什么，嗯？

Nields：我还没有提问，我就是，晤(0.8)晤(0.4)，好了，我的问题是在展会1的有效时间范围后的三天？

North：显然是这样。[1]

这里的问题不是我们的平俗理解不恰切，而是我们的直觉是在一般性的语言学纲领中给定的被截短的例证和特殊的任务。再者，这样的刻画作
【252】为“邻接对中的第一部分”或者“当下的言说者选择下一个的技术”并不比像“邀请”和“笑话”这样的平俗概念更精确。

就像沙格洛夫证明的那样，疑问和邀请在他以抄写的形式展示的谈话的“表面水平上”是有区别的，并且他是在仰仗他的读者对在考察这些例证中获得的细微区别的直觉性认可。这并不是否认“邻接对”的专业性量规的价值，这种专业性的量规揭示出现象的多样性中的一般性方面。像“邻接对”这样的概念提供了对社会行为的合理说明。它们的合理性内生于迦

〔1〕 “Testimony at Joint Hearings Before the House Selected Committee to Investigate Covert Arms Transactions with Iran and the Senate select Committee on Secret Military Assistance to Iran and the Nicaraguan Opposition”, July 7, 1987, morning session. Transcribed by M. Lynch and D. Bogen. 参见 M. Lynch and D. Bogen, *The Ceremonial of Truth at the Iran Contra Hearings* (Durham, NC: Duke University Press, forthcoming).

芬克尔通常称之为建构性分析的那种活动中。在巴克斯(M. D. Baccus)的论文中,给出了关于这一点的深刻的、尽管是否定性的解释:

> 那种"合理性"依赖于说明的索引性,这种合理性作为本质上模糊的定位设计,允许在想象中获得关于现象的性质和特性。一个分析性说明的成就就是:它以这样的方式从现象中移除,其中一种现象的事件的"事例"或者分析性例证,现在成为可度量的反抗那种说明的事物,而不像在说明的产生中、或者在事件或行为的等价性决定中那样,彼此反抗。也不是事例通过符合说明来发现自己的恰切性。说明被读解为去发现事例的恰切性,并且作为那种说明的例证。这样,事例以与说明的恰切性相关或者无关的方式得到解读,并以此来勾画它们的令人信服的特性。并且只有作为具有恰切的等价性例证集合的一个,每一个例证才是相关的,就是说,通过收集自然可获得的性质使它们成为一些可说明性的代表着"一个事例"的单元。〔1〕

这一段不是明确地涉及谈话分析的议程,但是它可以解读为适用于这样的方法,即分析的量规变成特定形态的"邻接对"的事例集合的恰切描述,与此同时前进式地逐渐从任何一个单独"事例"的内在产生过程中移除,并由此纳入某种概念之中。这并不是要贬低对像问候和回应问候、提问和回答、评价和再评价、公告序列等的特定序列现象的具有鲜明特性的谈话分析研究。远不是要揭露平俗直觉的不恰切性,这样的研究对熟悉的社会现象提供详细的阐释。

就像我们早些时候注意到的,沙格洛夫的论点引导我们在相当程度上远离了反形式主义的道路,但是如果我们比他在这条路上停留的时间长些,我们可以在他自己的分析路径上指引反形式主义的观点。沙格洛夫的 【253】

〔1〕 M. D. Baccus, "Sociological indication and the visibility criterion of real world social theorizing", pp. 1－19, in Garfinkel ed., *Ethnomethodological Studies of Work*;引语来自 p. 5.

证明有助于我们承认对一个"疑问"的那种平俗的确认反身性地与其所使用的序列语境相关。于是,他把"提问"归于类似于"轮流说话"、"轮流建构单元"、"轮换相关地点"以及"邻接对"这样的专业性量规之下。这些术语不同于像"命题"、"疑问"、"请求"等这样的逻辑思维的、句法的或者实用的术语,因为(除了轮流)它们不太会与日常活动的平俗概念相混淆。然而,当谈话分析的术语根据磁带录音和抄写受到检验时,非常清楚的是:它们涉及地方性的成就和平俗的可说明性的活动。的确,高度可能的和高度认可的"邻接"话语的组织、沉默、姿势,为情境无涉机制中的情境性敏感运作的专业性分析和证据提供了"证明标准"。

然而,追随迦芬克尔和萨克斯关于谈话的批判性讨论,关于成员们做[轮流讲话]时他们在做些什么的疑问就会产生。〔1〕这与询问成员们互相说话时轮流发生机制在做些什么不是同一个东西,尽管这个问题与沙格洛夫探询成员们在要求提问和要求回答或者在回答一个问题时在做些什么在形式上相似。〔2〕沙格洛夫对瑟尔的批判促使我们明白:对"一个言说行为"的直觉性确认不能从个体意识的有意图的结构中派生出来,但是远非揭露平俗直觉的不可靠性,沙格洛夫更加有效地攻击了一个竞争的分析体

〔1〕 Garfinkel and Sacks,"On formal structures of practical actions"成员是 Garfinkel 和 Sacks 为"自然语言的驾驭者"提出的术语。一个成员区别于一个人或者个体,因为一旦确认为成员就会总是相对于一种组织起来的设置。表面看来,"成员"是"派别"的一个同义词,是谈话分析中习惯使用的术语。然而,在一定意义上它们具有实质上的不同,在一定意义上它不意味着契约中的派别,而是一种地位,是对其所处的离散领域的不加思考的信任;成员关系意味着一种有组织的特定的"前契约性稳固"的现象—逻辑域。

〔2〕 尽管他的观点显示出了对谈话分析的深层的误解("Replies and response "),Goffman 有效地证明了"邻接对"的形式分析在一定程度上不能与谈话中的"提问"与"回答"地方性产生关联相一致。Goffman(p. 34)应用那种 Schegloff 用来反对言说行为理论的观点来反对 Schegloff 的相互作用分析:"不像传统的语法家所指涉的那种自足的样板句子,来自自然谈话的专家经常是无法理解的;但是,当他们成为可理解的时候,我们似乎又要归功于我们悄无声息地从已经为我们读解了情境的人那里得到的帮助。"Schegloff ("Goffman and the analysis of conversation", p. 110)则反对 Goffman 的观点,认为"引进概念'邻接对'的要点是迂回地把一些序列单元的特殊种类处理为一种严肃的类型的问题"。然而,就我的理解而言,这里的要点是对提问—回答序列的那种分析性确认不可避免地使用了一种"类型"来分辨在一个谈话中的参与者如何"达到"一种邻接对。就定义而言,除了那些对的第一部分被刻画为(假定在情境中已被辨识)某种类型(问候、抱怨、提问等)的邻接对,邻接对中没有一般性的成员。这些类别的名称是平俗的名称,而且必然是这样。

系。[1]　【254】

替换分析

在表面上看，谈话分析所追随的我所描述的路径并没有什么特别的错误或者不寻常。非常容易引起争辩的是：谈话分析与科学的一种逻辑实证主义的心照不宣的一致几乎对萨克斯和他的同事们的科学成就品质没有什么影响。就像萨克斯表述的那样，他们的纲领的实际成就将"依赖于研究以及研究的发现"[2]。即便是谈话分析纲领体现着科学的实践活动的一种"神话"，也依旧不会表明其作为科学的一种失败。事实上，它处在一个很好的地方。

借用夏平和沙佛尔的术语，谈话分析成功地设计了"事实产生机制"[3]的一个特殊的变种，当下，它包括一套磁带录制的"物质性技术"、为具体的考察保留单个谈话的回放机制；一套由具体的抄写体系构成的"文学技术"，这是由杰斐逊发展起来的为编码谈话分析研究描述的谈话的词典特性和非词典特性技术，以及相关的"社会技术"。通过这种社会技术分析文化中的成员，循环流转他们的磁带和抄本，培育对他们的数据的细微特征的敏感性，读解和援引彼此之间的出版物，演说其共同的专业关注，以独特的专业词汇和专业风格形成他们的研究论文。在这个意义上，谈话分析变成了一种常规的社会科学，那种算作是相关的主题、恰切的数据、恰切的描述以及恰切的分析的东西，通过共同体的积极参与者发展起来的范例性的行话、文学策略和表征性活动，被常规性地建立起来。

但是，我们为什么会被谈话分析不能保留一种其所建立起来的分析文化的"反身性"指向而搅扰，好像他们是正在研究他们的科学文化的人类学

---

〔1〕 关于来自常人方法论/维特根斯坦式的观点的 Searls 做的一个扩展了的批判，参见 David Bogen，"Linguistic forms and social obligations：A critique of the doctrine of literal expression in Searle"，*Journal for the Theory of Social Behavior*，21(1991)：31 - 62.

〔2〕 Sacks，"Introduction"，p. 212.

〔3〕 Shapin and Schaffer，*Leviathan and the Air Pump*，pp. 25. ff.

家?[1]自然科学不做这种事情，并且或许没有科学会被期待做这种事情。然而，这个事例中的问题不是谈话分析支持者不能说明他们的“实际的”研
【255】究方法，而是他们的实质性发现中充斥着被萨克斯认为是筑入科学活动的原则性的运作。这种原则性的、优越性的运作，与当下构成谈话分析未经检验的社会情况的“分析”关系，在分析与展示研究发现的道路上留下了永久的痕迹[2]。

我认为，这里的问题是：萨克斯关于科学方法的原初的主体间性概念在继续影响着谈话分析者构想日常方法的方式：方法担当着谈话语法的模型。我这样说并不是意味着他们使用了一个“科学家人”模型，而是说在他们的研究中，抽象的方法论规则担当着对日常行为的地方性“管理”的一种恰切性说明。就像我早些时候提及的，萨克斯把这一点视为显然的，即科学家“对他们自己活动的报告是恰切的，例如，通过使用相关的方法，他们提供了他们自身的行为对于他们自身或者对于其他的人的可重复性”[3]。

在概括萨克斯的论点并且强调对方法的“说明”(针对对“方法的使用”)时，沙格洛夫把这一点更推进一步：“对人类行为拥有这类稳定说明的一种方法(或许是那种方法)是通过产生对方法的说明和产生方法的程序实现的。”[4]相比较萨克斯所处的时代，科学的方法在今天更具有地方性的、实用性的意义和叙事性的特征。借助于后见之明，现在已经有可能说萨克斯所展现的科学图景是一个“神话的”科学图景。这里的重要之点不是萨克斯关于科学活动的观点是一个错误的观点，而是他的观点已经使得建立对

〔1〕 对“科学的人类学”的新近贡献的一个批判性的评论，参见 Bruno Latour，“Postmodern? No，simply amodern! Steps toward an anthropology of science”，*Studies in the History and Philosophy of Science*，21(1990)：145-171.

〔2〕 Bourdieu 对常人方法论的理解留下了许多值得期望的东西，他明确地阐释了我刚才提出的问题(在这个事例中他在批判结构语言学和人类学)：“所有的科学活动产生其中的实际的优越，从未像在没有认识到这种优越时那样微妙地控制着科学家的活动(至今为止，科学预设了不仅仅是认识论的断裂，而且还是社会学性的隔离)，它导引着一种关于实践的隐含的理论，这种理论是忽视科学得以成为可能的社会条件的自然的结果。”参见 Pierre Bourdieu，*Outline of a Theory of Practice*，(Cambridge University Press，1977)p.1。

〔3〕 Sacks，“Introduction”，p 214.

〔4〕 Schegloff，“An introduction /memoir”，p.203.

"产生"平俗活动"程序和方法的"谈话分析说明的科学地位有了正当的理由。诸如萨克斯和他的同事们对轮流发生的规则的描述等已经发表的关于方法的说明和形式描述,被认为提供了所描述的活动的规律性和可重复性的基础。这与维特根斯坦/常人方法论的策略(参见第五章)形成了对比,这种策略认为这类形式陈述内在于其所描述、所指导或者所调节的活动,并且不能"说明"使用这些形式陈述的那些有条理的活动,除非处在并 【256】
且经历这些活动本身的强有力的运作之中。

在萨克斯把科学真实存在的事实视作一种可能的自然观察的科学社会学一种基础的地方,关于方法的一种不同图景出现了:对发现的说明,由于复制这些发现的工作而变成是恰切的,但是这类说明的恰切性以及这类工作的恰切性对学科性的实践活动是反身性的。[1]这一点的重要性在于:可说明性的结构是与地方性活动和一种学科的现象缠绕在一起的。没有理由认为科学的活动可以在对"人类行为"的形式说明的意义上得到恰切的描述。另一方面,有能力和有资格读解这些说明的成员,对发现的说明本身对如何重复这些发现就能够担当起恰切说明的作用。[2]

对我而言,在社会科学领域存在着如此之多的值得批判的靶子的时候,我用如此的篇幅批判谈话分析的科学主义,似乎是表现出过度的成见甚至是不公平。为什么把谈话分析的观点作为分析技术争论?为什么用如此的篇幅讨论那种分析共同体的成员如何创造一个相当小的社会科学领域?似乎我是在查证谈话分析是某种社会科学的专业陷阱上"产生的"东西。对许多读者而言,我的批判意味着某种似乎必然是荒谬地选择的东西:一种在专业分析与日常实践理性之间不要求学科区别的研究模式。为下一章的内容,我将保留对这个荒谬选择的进一步讨论,但是现在值得提及的是,我的成见既与对过去的尊敬(在谈话分析和常人方法论之间的系

---

〔1〕 参见 Thomas Kuhn 为 *The Structure of Scientific Revolution* 1970 年版写的"Postcript"。在其中,Kuhn 把"范式"言说为一种"学科基质"。出于我们这里的目的,与术语基质最为相关的意思,不是数学的东西,而是一种环境有机体的意思,在其中现存的共同体生存其中。

〔2〕 参见 Eric Livingston, *The Ethnomethodological Foundations of Mathematics*,文章证明了作为地方性组织起来的、第一时间经过的、证明的鲜活过程的一种"证明陈述"的可指导的可重复性。

谱联系）有关，也与对未来的可能的希望（期望着一种对常人方法论主题的自然历史研究）有关。

谈话分析的专业性成功，已经为常人方法论一直以来的观点以及未来观点的可能演变涂抹上了当代的色彩。[1]这并不是一个非常糟糕的结果，因为谈话分析作为一种关于社会秩序的创新研究已经得到认可，并且如果没有这个“实证主义”的后代的成功，常人方法论可能不会存活至今。但是，谈话分析的典范性研究已经在相当大程度上取代了常人方法论的“经典的”议题，无论如何都是一些惊恐的一种来源。[2]

【257】就像在第四章中提及的那样，对这一点尽管我持同样的关注，但是常人方法论准则中的经典研究受制于它们自身的僵局。我们需要的不是对《常人方法论研究》发布的纲领的一种更纯正或者更正统的执行的回归。就像迦芬克尔自己承认的那样，那个纲领在根本上是不完善的，就我对它的理解而言，“完善”纲领的任务需要的东西远不止积累经验性研究去填补一种社会结构理论的特定内容的空白。一个并非受制于一套准则的原则性解释的常人方法论研究纲领，要求对那种“认识论”主题的一种持续的深化和批判性的审视，这些“认识论”主题构成了这个纲领的核心：方法、分析、可说明性等。这样的一个纲领要求：在把“科学”视作基础性研究的一个源泉这一点上，呼吁一种延期偿付。因而，进行研究的一个更恰切的（事实上是不可回避的）起点将是那种透彻地可理解的和直觉上显著的（依旧是可废止的）语言工作和实际活动，它们构成了一种未被研究和未被评判的“研究境遇”。

对科学中工作的常人方法论研究的总体目标已经重新刻画了智能历史上的许多经典主题。[3]对此简要的刻画就是：要证明一个认识论的主题如何情境性地置于一组特殊的实践之中，如：一个数学“证明”或者一个实

〔1〕 Heritage 的 *Garfinkel and Ethnomethodology* 变成了作为谈话分析的常人方法论根基的确定的版本。

〔2〕 参见 Pollner，“Left of ethnomethodology”.

〔3〕 Harold Garfinkel，“Evidence for locally produced，naturally accountable phenomena of order，logic，reason，meaning ets，in and as of immortal ordinary society（I of IV）：An announcement of studies”，*Sociological Theory*，6(1988)：103 - 106.

验“观察”如何成为活动、设备以及文本残余的暂时性的精细组合的构成。自然,这些主题在单纯的科学和数学领域不需要得到考察。关于一种原始的自然科学的萨克斯的概念,指出了一条指向关于行为的可展开进行的研究领域的道路,经由这条道路,成员们明白其他人在描述什么,并且描述其他人明白的事物。尽管我对这样的一个思想有过争论,即关于可说明性的这些结构为可能的作为自然观察的科学社会学提供了一个一般性的基础;但是作为研究的主题,这并不会降低它们的意义。鉴于其与常人方法论的历史性的亲密关系,没有理由漠视谈话分析研究的积累。这里的问题是:对于它们,我们更多地还会做些什么?

附录:分子生物学和常人方法论

在萨克斯早期的演讲和著述中,他使用两个显著的科学隐喻:原始自然科学的隐喻和分子生物学的隐喻。他还用“机器”或者“机械”隐喻,有时 【258】
把这个隐喻与分子生物学隐喻结合在一起。这里说隐喻在某种意义上是在误导,因为,相对于认为一种关于人类行为的可能的自然观察的科学可以被设计为像现存的自然科学一样的科学,萨克斯正在提出一种更强的观点。他在强调这种“关于行为的”科学和现存的科学没有丝毫的差别。[1]除了提出分子生物学为谈话分析提供了模型之外,萨克斯没有走得更远,但是他的见解是无懈可击的。分子生物学的进一步发展,通过在教导与秩序之间的关系问题上与常人方法论研究纲领性旨趣的奇异的共鸣,维护了萨克斯的观点。

追随萨克斯早期的常人方法论开端,谈话分析拒绝这样的思想,即社会学中的那种微观—宏观问题借助于把个体“连接”到整体的社会理论图

---

〔1〕 这里的术语科学是在描述一种寻常的现象,例如,我们可以通过在生物系约见我们的同事来见证“科学”的寻常性,并且观看他们在实验室做些什么。这一点从一个定义性的问题:“什么是科学?”中分离出来。

示应该得到解决[1]。取代把个体视为其认知和情感被塑造为整体社会规范秩序的微观表现的一种实体,谈话分析开始把特定个体和特定社会的模型视为建构,这种建构覆盖了遍布社会机体的分子技术的基底。在关于社会秩序的谈话分析思想概念中,个人变成情境无涉和情境敏感机制的盔甲,关于"作为整体的社会"的描述被消解为言说其分子组织有待解释的具体的技术集合的细微方式。在功能主义纲领通过从整体生物学中抽取其主要隐喻、从微观组织和宏观机体的连接中抽取其问题(或者在一种不同的水平上,在机体与其生态环境的连接中),把不可拭去的图章印在关于秩序问题的当代社会学的思想概念上,谈话分析从分子生物学中吸取了大量的科学意象。[2]

在微观社会学(个体的活动者是最基本的构成)与分子社会学(具体的
【259】技术是最基本的)之间的关键差别是:后者的组成单元本质上是复数的和异质性的。不存在与社会活动者平行的关于基础性社会技术的理想化概念。[3]谈话分析的分子生物学起始于一个社会秩序概念,在其中各种异质性技术的合成产生了复杂结构的无穷无尽的变换。这个概念的独特之处在于其自始至终关注社会结构的方法。分析的基本单元不是一个理想的、典型的"活动者"或者"自我",而是一种社会性结构技术的复合体,经过这种社会性结构技术的复合体,有序的社会活动得以集成。这种研究的议程就是打包这些分子序列。

谈话分析试图去刻画结构性要素的简单秩序以及合成这些结构性要素的规则,于是他们承诺一种类似于分子生物学的还原主义纲领。华生(Watson)和克里克(Crick)曾经刻画了 DNA 的分子结构,生物学的许多领

[1] 参见 Emanuel Schegloff,"Between macro and micro:contexts and other connections"以及 Richard Hilbert,"Ethnomethodology and the micro-macro order",*American Sociological Review*,55(1990):794-808.

[2] "有机的"隐喻更经常地应用于关于"结构"的功能主义的概念。在他的行动理论中,在讨论理论在经验研究中的作用和构造"单位行为"的基本概念要素时,Parsons(*The Structure of Social Action*,vol.1)使用了经典的机械类比。

[3] 直到现在,我也不认为 Latour 和 Callon 对 actor 这个术语使用时用来描述异质性的力量、介体和稳定的集合。反倒是,我倾向于美国社会学界对这个术语的一种更熟悉的用法,即用来描述关于一种在情境中作用的力量的理论模型。

域采纳了还原主义的转向。取代把构成DNA分子的螺旋链和碱基对视为其形式以及功能在其与整个机体的关系中已经限定的微生物,分子生物学家现如今把DNA序列视为各种分离的结构,这些结构穿过,有时是消解了组织系统和整个机体之间已经建立起来的概念区分。[1]

尽管分子结构和合成规则有助于解释与复制、遗传和疾病相关的有意义的整体问题,但是这些结构不是"全部"机体系统的"微观"反映。不存在嵌入分子中的类似于其所促生的宏观秩序的雏形。反倒是,一个序列的"编码"被认为是提供了"一套指导",这套指导通过一种机体性"机制"得到转译和转录。游荡着的困难问题是机体性单元是否最终会被归并为分子结构和合成的规则,但是出于各种实际的考虑,在追求对它们的精深研究时,分子生物学家把这类问题搁置一边。在最大程度上,分子生物学家假设了一个普遍有序的宇宙,于是,对细菌特定应变的分子构成的解释的精细研究,就蕴含着有机生命形式的一个巨大的序列。

我所勾画的在分子生物学和谈话分析的分子社会学之间的类比,更多的不是基于分子生物学的教条,而是基于常规的分子生物学技术的产生。[2]谈话分析采纳了关于社会活动的一个常人方法论的概念,在其中最 【260】
基础的行为通过参照这些活动所促生的一致性结构的可说明性而成为可理解的。在人类行为学的意义上,分子生物学领域既在分子生物学家所描写的DNA序列意义上得到界定,又在重复指导他们操作的常规实验室技术的意义上得到界定。为了通过一个卵产生一个机体的过程来提供描述这种序列性的指导,实验室第一线的技师们必须使标准化的行为序列与实验室操作手册中的指导相一致。在这个情形中的"社会分子"不是能够被科学地详细观察的小"东西",而是构成一种科学研究的可观察和可报告的技术序列。

---

〔1〕 Lily Kay, "Life as technology: Representing , intervning, and molecularizing", Rivista di Storia della Scienza, October 1992.

〔2〕 参见 K. Jordan and M. Lynch, "The sociology of a genetic engineering technique "; and K. Jordan and M. Lynch "The mainstreaming of a molecular biological tool: a case study of a new technique", pp. 160 - 180, in G. Button, ed. , *Technology in Working Order* (London:Routledge,1992).

像分子生物学一样，分子社会学不是反理论的：其统一整体是人类行为学的。与特定“系统”的一种“宏大的”综合性理论形成对比，通过技术的一种异质性的序列，那种分子图景结合在一起：

> 分子生物学不是通过一个中心理论统一起来的，而是通过解释和改变生物有机体的功能的研究统一起来的，这种功能参照、使用一种整体集结(omnium gatherum)的具体的分子机制。在这个方面，分子生物学不太像牛顿力学，而更像自动机械：所研究的是机制并且它使用这些机制去干预自然。的确，分子生物学的主旨是具体的机制——它所研究的是自始至终的机制。[1]

这里的一个重要之点是：统一体的概念不是基于对一个嵌入分子单元的总体(就像嵌入在特定的“微生物细胞”中的雏形)的理论表征，而是一个集合体，或者是一套结构体，为产生特定的机体提供“整套的指导”。基因工程师的任务就是解译这些序列，以便阐明乃至最终掌握这个“产生过程”。追随一个著名的分子生物学家在一个公开论坛上提出的问题，这个议题可以得到精确的表述：“从包含在一个单独的卵中的一些整套指导中你如何产生出一个大尺度的有机体?”[2]代词“你”确认了那个分子生物学
【261】家的任务和那个“卵”为一体，这个“卵”反过来成为分子生物学家阅读的一个指导手册。在人类基因组计划的情形中，那就是制造“人”的手册。

根据这样一个分子生物学统一体的概念，即人类行为学的结构——常规序列的可指导的可复制性，确认了那些生物学家的行为与那些被研究的“自然秩序”为一体：“测序”描述的既是DNA碱基对的内在安排，也是这样的安排被解译和复制的实验室技术。在我们这样看的时候，分子生物学和分子社会学之间的关系就远非是一种类比；分子生物学的实践包含着地方

---

〔1〕 Richard M. Burian，“Underappreciated pathways toward molecular genetics”，paper presented at the Boston University Colloquium for the Philosophy of Science，Boston，April 15，1991.

〔2〕 Walter Gilbert，“The scientific origins of the human geome intiative”，paper presented at the Boston Unversity Colloquium for the Philosophy of Science，Boston，April 16，1991.

性组织起来的整套的社会技术，这套技术使用并且反身性地“导引”社会行为的可指导的可复制性。“测序”、“转录”和“转译”在双重记录中被标记：一个是物质性记录基于此指导，为产生自然结构而书写，另一个则是针对人类书写指导促进其他的人“人工地”复制这些结构的方法论的记录。

要理解这两个记录如何交织在一起，我们可以审视斯坦雷·科恩(Stanley Cohen)——分子生物学部落的一个著名成员的一篇评述这个领域从20世纪60年代晚期到70年代早期的进步文章中简要的“个人的观点”。科恩描述了今天在这个领域中已经确立起来，并且促进了遗传的DNA的特定序列，通过赋予E. coli菌体链对经过筛选的抗菌素阻抗的方式对它们自身进行“表述”的活动。科恩的文章勾画了利用分子中介的“一种异质性群落”去“增强基因操纵的轻松和弹性，这样DNA分子的片段现在就可以以各种不同的方式进行分离和组合”实验的历史序列。这篇文章给出了一种“辉格式”说明，但是这与我们的讨论目的无关：

> 1972年，我和我的合作者们在使用由Mandela和Higa设计出的程序修复时发现：E. 大肠杆菌能够吸收环形质粒(circular plasmid)DNA分子，并且在细菌群落中的转换株可以通过利用由质粒携带的抗生阻抗基因得到确认和选择……和质粒DNA一起转换性地正常地复制它们自身，并且产生一个抗生阻抗细菌的克隆体。因为在这种克隆体中的每一个细胞包含着像质粒DNA分子一样的被原初的转换株所吸收的拥有相同遗传特性和分子特性的DNA种类，这个程序使得这一点成为可能，即对个体的质粒分子的克隆(也就是生物学的纯化)展现在一种异质性的群落中。[1]

通篇文章中，科恩描述了自然发生的实体、它们的构成以及它们的常规生命过程在服务于一种生产的过程中是如何重新常规化、如何重新组织化的。在或多或少的“轻松”中它们成为“可操作的”；它们的行为像一个工 【262】

〔1〕 Stanley N. Cohen, “DNA cloning: a personal perspective”, *Focus*, 10(1988):1-4.

程过程、一个分离和组合过程的扩展与细化。这样的操作是与“分析”联合在一起的,反过来又被资源(例如它们的制造者、复制机制和转录等)的文学特征所促进。

科恩描述了连接或者链接 DNA 链、把氢键 DNA(hydrogen-bonded DNA)环转换到共价的封闭环、通过转换工具把 DAN 片段引入细菌细胞的技术。他讨论了按照这个方式产生的各种各样发现,讨论了促使研究者操纵基因以便完成共价链接或者达成绑扎的有用的媒介和技术的发现。科恩把 DAN 链描写为具有帮助各种各样实际成就实现的特性(完备性、模糊终结性、双区域性)的物质组块和片段(我所强调的术语是科恩的术语,没有在人类行为学的意义上分派给它们特殊的社会学的见解)。

这种语言意味着一种手工工程和草写的建筑组块的结合。这些组块是被构建的,这样它们就会被链接或者端对端地结合在一起形成环或者链。在不同的组合中它们再次被拆分和结合。清楚的是:对这些事物的物理性的拆分和结合,不是简单地像水泡珠那样通过提取片段并且把它们拴在一起来完成,因为这样做的媒介是各种各样的滤过性毒菌和细菌性“带菌体”、化学试剂和催化剂。

科恩还使用了与农业相关的术语:“外来的 DNA 片段”被引入“活的”细胞,并且在那里繁殖。他所提及的许多实际困难和修补措施都与微生物的驯化和培养有关[1]。细胞的自然发生的构成(遗传性 DAN,质粒)以及常规的细胞过程在它们服务于一个生产过程中被组织。科恩的一些语言也意味着一种文本的或者文学的领域:细菌包含有质粒的拷贝;DNA 序列可以被转录;抗生-阻抗基因可以用作保存克隆的 DAN 踪迹的标记。

在科恩对培养“活的”微生物、读解和转录文本以及操纵事物的说明中,没有明显的不协调。他把微生物描写为“机制”复杂的组织,这种组织由 DNA 排列以及可以被用作粘着、链接和标记 DNA 链的化学介体的物质反应来构
【263】 成。这是一个软机械,它的移动部分由活的细菌和抗菌素组成,这些细菌和抗菌素的生命历程(像复制和死亡)被置入操纵与分析的过程中。

〔1〕 参见 Latour, *The Pasteurization of France*.

整体的叙事是一个发明的历史，在其中接连发生的步骤是通过各种发现得到沟通的。发现被建立起来，随后立即被理解为建造一种“工具”的路途中的必要步骤。在科恩的意义上，一个机制被发现，不像一种现成的能够即刻置身于科学、医药和工业服务中去的微生物机械，所发现的是在字面意义上的对生物体外活动(分裂、标记、转录、转译等)的供应的系列。所发现的机制，逐渐地被塑造为一种生产线、一种序列步骤，在其中分子构成得到合成、培养和系统性地组织起来。这种生物工程生产线组织、培养、限制和控制细菌军团以及细菌军团的构成性活动。细菌和质粒被驯化、被记录、被启用工作。组分的本性被改变，但远非传统的去人类化过程，这种机械化过程使细菌人类化。

不是把人类行为的领域从特定的分子生物学领域中区分出来，科恩的描述指向一种社会实践的一个新颖领域中的具体的“培养”。一种更像文学种类的“分子社会学”出现了，在其中，可说明性所具有的熟悉的结构(话语性和躯体性活动、体系结构、空间和级别的集合体)殖民化了先前不可言说和不能栖居的领域。但是这种分子社会学与其所促成的那种分子秩序不可分割：是那种可理解的、可描述的、可重复观察的，其内容可实际驾驭的研究。尽管一种关于人类行为的科学蕴含在这个故事中，但它不是那种通过从文化事务、生物工程工具以及促使其产生的培育活动的厚重环境中分离出来而得到描述的一般性的科学。它是关于实际活动的一种“自产的”科学，一种本土的分子生物学。

萨克斯显然承认：这种科学不仅是值得社会学家研究的有意义的体制，而且是包括科学社会学在内的每一个自然科学要研究的，这种科学社会学是这种体制生产的一个必要特征。他的理论绝不是关于科学活动的一种“幼稚的社会理论”[1]。他关于科学的概念以及他把一种可能的关于人类行为的自然科学置于“科学的存在本身”基础之上的努力所存在的问 【264】

〔1〕 Sacks，“Sociological Description”(p. 15，n. 13)把“原始的社会理论”贡献给 Marx (Theses on Feuerbach)。援引 Marx 的名言：“人类思维是否具有客观真理性的问题不是一个理论的问题，而是一个实践的问题。人类必须证明在实践中他的思维的真理性……现实性和力量，证明其思维的‘此岸性’。”

题是:他假定了对程序规则的描述能够对寻常的科学活动做出自足的说明。的确,一旦成员们能够使用它们与他们已经驾驭的一种既成的说明相一致,这种说明会是恰切的。

在分子生物学的情形中,尽管在分子生物学和关于秩序的谈话分析思想中有着迷人的并行,但是无论是分子生物学家对遗传序列的说明,还是描述了专业活动序列的操作手册,对于活动者需要在 DNA 片段测序,或者操纵序列的操作以便促使最终任务完成的过程中做了些什么,都没有给出完全性的说明。或许,客观性的、程序性的说明的恰切性,正是在一种实践活动的具体过程中得到证明和“发现”,这样的实践活动保留着、也只会保留着对社会行为结构的一种一般性描述的含糊性。指导与产物(被书写为“遗传学的”或者一种“专业性的”记录)的结伴呈现,并没有为实际行为的一种一般性科学提供基础。替代的是,无论是对于科学研究本身还是对于关于科学的研究,它都提供了一种无尽的主题。

这样,对于分子社会学,分子生物学变成了一个案例,而不仅仅是一个模型。在这个案例中的那种原始的社会客体,是指导性的可再生技术,例如克隆分子的技术、测序 DNA 链的技术或者复制这种测序的技术。一种像聚合酶链式反应(PCR)这样的技术,于是就成为经典意义上的在不同时刻可以被产生、被体制化、被正式化的一种基本的社会客体,尽管其中存在着个体性的、物质性的以及当下实践语境的变化。这种技术的标准化的统一体(即任何给定的操作都可以被认为是某种“同样的”技术的另外一个例证)不是上帝给予的或者通过定义建立起来的,而是作为那种技术产生的一部分的完成品。使用这种技术的尝试不会变成“它”的一个例证。结论是,对分子社会学的常人方法论研究试图去揭示:正式的技术和对正式的技术的偶然性的操作,二者一起构成分子生物学常规实践活动的一种基本的构成。

第七章　从本质到特质:常人方法论对工作的研究

常人方法论者强调“社会事实”的稳定的、有约束的、可辨识的、理性的、有序的性质是地方性的成就。在这一点上,科学知识社会学认为“自然事实”是社会性的建构。两个研究领域都试图表明那些被视为理所当然的事实何以从一致性的人类活动中产生,它们都明确地厌恶这样的思想,即事实是通过一种探究的理性方法证明的一种先验的自然秩序的显现。在某种程度上,常人方法论和科学知识社会学都是斯坦雷·费什(Stanley Fish)称之为“学界的左派”反对哲学上的本质主义的一部分。二者都坚持: 【265】

> 事物的现存安排——包括除权力和影响的链条之外的带有附带说明的知识分类或者事实性,或者真理——不是自然的或者既定的,而是惯例性的,是由历史的和政治的力量(在利益意义上的)运作而建立起来的,即便是现在它显现为“常识”的面孔。[1]

在学界的左派成员中,费什列举了“马克思(Marx)、维科(Vico)、福柯

〔1〕 Stanley Fish, *Doing What Comes Naturally* (Durham, NC: Duke University Press, 1989), p. 225. 然而,请注意,常人方法论者的确考虑到日常活动中的“自然的和既定的”秩序,但是,他们把这种“既定性”视作一种日常的成就。

(Foucault)、德里达(Derrida)、巴尔泰斯(Barthes)、阿尔都塞(Althusser)、葛兰西(Gramsci)、詹姆森(Jameson)、韦伯(Weber)、杜克海姆(Durkheim)、舒茨(Schutz)、库恩(Kuhn)、汉森(Hanson)、戈夫曼(Goffman)、罗蒂(Rorty)、普特南(Putnam),以及维特根斯坦(Wettgenstein),他们共有的集体性呐喊是'回到[或者]进入历史'"[1]。然而,费什继续说,对本质主义、基础主义、形式主义和实证主义的纲领性反对,并不是必然地会将这些"主义"驱逐在公开声明的建构主义研究和解构主义研究之外:

> 现在这(对本质主义的反对等)是一个足够传统的议题——它是知识社会学的全部,它是俄国的那种陌生化意味的形式主
> 【266】义,是常人方法论用术语"过分构造"所意味的那种东西,如果是什么东西的话,那它就是解构的纲领——但是……它带来了一个转向,这个转向最终妨碍了它得以建立自身的那种见解。在部分意义上,这个转向又转向把其自身置于对语词"建构"的含糊其辞的使用上。[2]

这个"含糊其辞"与语词建构在有些时候如何蕴含着对一个对象深思熟虑的建造或者操作以便符合行动的一个计划相关联。一般来说,建构主义理论把社会性组织起来的行为描述为似乎它实际或者潜在地在追求的有形的客体,是基于明确的利益的,是介入有目的的选择手段以便有利于这些利益和客体。这就意味着,诸如发明、描写、制造、策划、操作,以及干预这些日常术语在什么时候理论性地倾向于与发现、描述、观察、检测、证明等这些熟悉的术语等同。作为一种结果,每当利益和选择不明显、参与者对于他们活动的特定存在(以及客观的)环境给不出明确说明的时候,像

[1] Stanley Fish, *Doing What Comes Naturally* (Durham, NC: Duke University Press, 1989), p. 225. 显然,这里列举的英雄按照不同的线索考量会显得凌乱。

[2] Stanley Fish, *Doing What Comes Naturally* (Durham, NC: Duke University Press, 1989), p. 226. 谈及"过分构造",我对此感到模糊,它或许涉及那种 Garfinkel 和 Sacks 强调的在寻常场景(在所有方面的秩序)中的社会事实的实际的过分决定。

默会的、视之为理所当然的以及无意识的这些分析术语，就可以借助于行为的模式被用来填补空隙，在这种行为中选择被（或者已经被）做出，有形的利益和动机控制着这些选择。〔1〕

与之形成对比，就现象学关于社会行为的知名的观点，术语建构（或者构成）描述了一种成就，这种成就永远处在时间之中。这样，建构性的（或者构成性的）行为就不仅限于在行为计划和深思熟虑的决定中得到（或者不能得到）实施的“政治性”纲领。在这个意义上，事实的建构不蕴含反义词，因为非建构性事实存在的可能性不存在于关联性之中。

当一个社会性分析者断言一个特定的事实是建构的，这就可以意味着，但不是必然意味着，这个事实是随意的、存有疑问的和政治性驱使的。很多时候，如当社会学家面对像“精神疾病”和“滥用药物”这类现象（这里，社会性分类是与特定的历史时代和体制性安排显在地、充满争议地捆绑在一起的）给出一个建构主义的解释时，分析的术语便展示出对这些分类的公开的怀【267】疑〔2〕。但是，当建构主义被提升为一种理论并且跨界应用时，它变成了对于“客观主义”及同族的唯心主义一个形而上学的挑战，这一点已经先于社会学家和历史学家，用来证明一个既定的事实是如何“建构”起来的。

“建构”似乎仅仅是蕴含着一种对立，即与未被建构的实在对立的可能性的诸多术语之一。随机组合鲜明地蕴含着一种工程的可能性：理论负载

〔1〕 理解 Wittgenstein（*Philosophical Investigations*，ed. G. E. M. Anscombe [Oxford：Blackwell Publisher，1958]，sec. 211－219）关于没有推理或者判断的行为（“我盲目地遵循规则”）的著名讨论的一种方法，就是把它读解为对在大多数哲学和社会科学中存在的分析政策的一种批判性评论，在这些哲学和社会科学中，把行为的可辨识的特性视为潜存的选择、决定和意向的根据。尽管 Wittgenstein 没有争论选择、决定以及语言行为的间或的相关性，但他的确在质疑关于描述行为的“默会的”或者“无意识”资源的考量和推论意向的分析性扩展。

〔2〕 参见 Melvin Pollner，“Sociological and commonsense models of the labeling process”，pp. 27－40，in Roy Turner，ed.，*Ethnomethodology*（Harmondsworth：Penguin Books，1974）；以及 Steve Woolgar and Dorothy Pawluch，“Ontological gerrymandering：The anatomy of social problems explanations”，*Social Problems*，32（1985）：214－227. 同样地，对于科学家的“故事”的批判性分析，像 Donna Haraway 的 *Primate Vision：Gender，Race，and Nature in the World of Modern Science*（New York：Routledge，Chapman＆ Hall，1989）就是令人信服的，因为它揭露的特定的故事的细节（很多的内容在非常好的灵长目教科书中）与当下的争论主题密切相关。这些著述的表面结构可以借助于女性主义文学批评被读解为可以以不同方式书写的透明的祖先传说。然而，留存的思考是，这类有效的批判证明了关于科学本性的“建构性”或者“性别特征”的笼统结论的合法性。

的提出，反对对感官数据的被动理解；表征与和自然的"直接的"接触形成对比；自我反省与非反身性的行为形成对比。但是，只要社会建构、随机组合、理论负载、表征以及反身性变为描述实际科学活动的无所不包的术语，这些术语中隐含的对立面就崩溃了。就像德里达所说的那样，如果"工程师和科学家也是随机组合的种类，那么随机组合的确切思想就是被胁迫的，其体现的差异所承载的意义被分解掉了"〔1〕。在这样一点上，一种"建构性的分析"失去了其批判性的杠杆力量，因为这种分析经常被问及："这样的话，现在我们承认所有的一切都是'建构性的'，那么，这样关于科学家所做的'建构'你能够告诉我们任何特别的东西吗?"没有特定的认识论的或者政治的批判似乎会追随这样的宣告，即"科学是一种社会建构"，其也不会蕴含科学家因此可能会选择不同的行为方式。

对抗德里达式的"胁迫"的一种路径是通过给它们"加括号"的方式，在建构与实在、随机组合与工程、信念与知识之间保持各种各样的对立。尽管与实证主义的各种神话关联(对于当今的科学知识生产的社会学分析而言，这些神话被认为已经出局)，但对于所研究的科学领域的成员们而言，这些经典的对立在实际展现中依旧可被当做是真实的和具有修辞性的。与实证主义联系在一起的主题，部分变成了世俗推理的"实证主义的常
【268】识"〔2〕、在科学中的客观性的自我理解〔3〕、在科学话语中受到拥戴的"表征的意识形态"〔4〕，或者是对物理学新近历史的"科学家的说明"等〔5〕。

〔1〕 Jacques Derrida, "Structure, sign, and play in the discourse of the human science", p. 256, in R. Maclsey and E. Donato, eds. *The Structuralist Controversy: The Language of Criticism and the Sciences of Man* (Baltimore: Johns Hopkins University Press, 1970). 关于这一点的讨论参见本书第四章。

〔2〕 Melvin Poller, "The very coinage of your brain: the anatomy of reality disjunctures", *Philosophy of the Social Sciences*, 4(1975): 411-430, esp p. 424.

〔3〕 Jurgen Habermas, *Philosophical-Political Profiles*, trans. F. Lawrence (Cambridge, MA: MIT Press, 1983) p. 16 对此的一个批判性的讨论，参见 David Bogen, "Areappraisal of Habermas' Theory of Communicative Action in light of detailed investigations of social praxis", *Journal for the Theory of Social Behaviour*, 19(1989): 47-77.

〔4〕 teve Woolgar, *Science: The Very Idea* (Chichester: Ellis Horwood: London: Trvistock, 1988) pp. 99. ff.

〔5〕 Andrew Pickering, *Constructing Quarks* (Chicago: University of Chicago Press, 1985) pp. 3. ff.

做这样的推测是诱人的,即那些"科学家"是一种哲学门外汉,或者是一个部落宇宙学家,其信念是投入一种和缓来对抗一种冷漠的和世故的社会学理解。科学家对历史、哲学和科学社会学的理解程度显示出其有限性和偏见。现在,对技术科学的理性、对覆盖现代生活主要"空间"的理性模式的霸权进行历史学、哲学和社会学批判的大门就要打开。〔1〕

有一种感觉,那就是科学的历史学、哲学和社会学不应该托付于实践的科学家。就像一个杰出的画家对他"对最后的一笔如何想"的问题展现为给出了一个语言混乱的、自说自话的、不明就里的言语说明一样。这样的话,一个诺贝尔奖获得者对于实验过程会给出一个自我服务、自我论证的说明:"什么也没有,真的;你所做的一切就是构造一个假说,建立一个实验去验证它,如果奏效了,你就得到了一些东西。"〔2〕

尽管著名的科学家通常把离开实验室的退休时间投入到为流行的文字消费撰写"反思"和"回忆",但是,这类回忆通常不能证明这样的事实,即数学模型和实验仪器操作的非凡才能并不是很容易地就变成一种批判性的和强有力的铭写与历史性描述所要求的那种见解。然而,这里还有另外的意思,在其中科学的历史学、哲学和社会学可以仅仅受托于实践的科学家。构成对科学的研究的那种通用语言的一般性术语和主题,如发现、发 【269】
明、观察的理论负载、实验设计、争论及争论的解决以及创新的"路径—方法"等,都在活动者的研究写作和行话中得到刻画。

更进一步,对于与发现、争论等联系起来的特定的观点和相反的观点,活动者具有"第一性的敏感",他们对这些事物的历史性理解反身性地蕴含在他们的活动中,并且沉淀在这些活动的背后的文档中。这并不意味着活动者必然地"能够"以一种一致性的和明了的方式对一般性发现是如何取

〔1〕 例如,Steve Fuller 迅速地从接受对科学自治和科学权威的一般化的社会批判以及还原一个规范的(管理性的)纲领一边使科学从公共控制之中脱离出来,参见他的"Social epistemology and the research agenda of science studies",pp. 390-428,in A. Pickering ed. *Science as Practice and Culture*(Chicago: University of Chicago Press,1992).

〔2〕 这是一个诺贝尔奖金获得者对几篇历史学家和社会学家关于科学报告的评论的片段。在 the RPI Laboratory Life Symposium,Rensslate Polytechnic Institute and General Electric Corporation,Troy,NY,1981.

得的、争论是如何解决的“进行反思”，也不意味着他们的活动是“非反身性地”进行的；反倒是，它意味着他们的集体性的活动反身性地运用了地方性—历史性的理解。这种反身性的理解满足于特定的结果如何从容地与先前的结果共处，“我们的”实验室发现如何对所在的学科作出了贡献，“这个”现象如何与一篇写就的报告所描述的现象相同或者不同，或者一个刚出道的技师在操作一个实验中由于可能的能力不及如何污染了或者没有污染这个样本等。这种索引性表述显著不同于那些典型地栖居于活动者的回忆中的、能用来讲故事的事件和尊贵的人物，正是这样的索引性描述预设并且蕴含了地方性的历史和社会的联结。实际的和地方性—历史性的“反思”的相关模型，与个体行为者对他或者她自身的成就和关系链条的见解无关，它仅与个体行为者在置身于说明、观点和产品的一个集体性与具有潜在争议性的秩序中，如何说明其言论、观点或者物质产品，如何获得其自身的历史意义有关。

在基于话语分析实践的科学版本与基于科学家在自己的“节假日”〔1〕中回溯的科学版本之间划出鲜明的对比也许会是误导。就像许多科学社会学家强调的那样，不存在任何坚持认为实验室中的行话比诺贝尔获奖演说、向国会委员会提出的基金申请报告以及通俗化的说明和教学法更具科学的权威性的先验的基础。然而，如果我们追随维特根斯坦坚持认为的语词问题原发性地和不可避免地来自于特定的行为〔2〕，我们就应该理解：一
【270】个旨在重新发现其他学科“内容”的学科面临着一套难以对付的问题。只要特定的“陈述”与各种各样的自然科学（声明、演说、等式、著述、援引以及其他在档案馆中收集的文件）联系在一起，并且把它放置于符号学框架、稳定表征的历史系列、语义网络、社会历史的和铭写的叙事、认知地图等，它就与给予它生命的各种各样的行为无法脱离关系。

〔1〕 例如，可参见 Bruno Latour 在“进行中的科学”与“既成的科学”之间的辩证对比，*Science in Action* (Cambridge, MA: Harvard University Press, 1987), chap. 1。

〔2〕 这一点不同于说：一个作者或者言说者的意图对于一个文本或者发言的理解是必须的。对于理解索引性是具体体现在阅读、写作、言说、聆听、观看以及其他的过程中这一点，“意图”是一个过分笼统的、在心理上不合适的建构。

那种著名科学家所写的关于他们的活动和社会关系的东西，并不必然地代表他和同僚们激烈争论所使用的语言。它也不能重现那种活动者在观察手边的结果、在教授他的助手如何操作常规化的程序时那种鲜活的实用性语言。结论是，尽管可能有大量的文献证据说实践的科学家有一种“实证主义的自我理解”，但一点也不清楚的是：是否这样的一种形而上学信奉与科学活动的细节普遍相关？确实，来自“实验室研究”的最通俗的副歌就是科学家的实际行为与在他们的报告、传记以及方法论著述中所说的行为不同。这一点经常被认为是支持一种在逻辑捍卫的和有效认同的官方的科学版本与“事实上”污七八糟和充满争斗的现实的科学之间反讽的对比。但是，这样的一个结论对于“西方科学的理性”是一个太大的退让，这种“西方科学的理性”认为如果缺失它，一种无序的混乱就会显示出来。一个不那么具有假设性、但非常不令人兴奋的结论会说：无一例外地在科学的文献中遭遇科学的哲学家、历史学家和社会学家将不会“知道科学家们关于”实验室的“方法”〔1〕。换言之，他们对科学的理解会从真实地产生实验、证明、示范、证明等的语言和实际技能中分离出来。

当迦芬克尔提出在职业社会学和包括科学社会学文献在内的专业文献之间存在着一条“鸿沟”时，这类考量已经处在争论之中。〔2〕就像他的解释一样，这个鸿沟是在“关于”职业的研究兴趣和方法中产生的，即与方法和兴趣相比，是“什么”(或者特质)构成了这些活动本身。在一个有限的程 【271】
度上，迦芬克尔所研究的这个“丢失了什么”的议题类似于布鲁尔的广为知晓的要研究“科学知识的真正的内容和本性”的训令。但是，就像我在前述章节中所讨论的，在这两个纲领之间的其他并行的研究，显现出表面的光

〔1〕 这样说，我并不意味着科学哲学家、科学历史学家和科学社会学家，基于从事哲学研究或者其他研究的本性，不知道“如何做”科学。反倒是，我的意思是说，在关于科学的博学的讨论中产生的争论和分歧，游离于科学发生的时间、地点以及实验室项目的具体技术、黑板上的证明、计算机的编程等。

〔2〕 就我的知识而言，在20世纪70年代早期，Garfinkel开始谈论在演讲、公开提交的论文以及非正式流通手稿中存在的“裂隙”，我认为他是在1974年美国社会学联合会全体会议的一个致辞中引出这个问题的。早期发表的东西对这个问题的提及是H. Garfinkel的“When is phenomenology Sociological?”与J. O. Neil, G. Psathas, E. Rose, H. Wagner and D. L. Wieder的一个论坛，in *Annals of Phenomenological Sociology*, 2(1977):1-40.

洁下深刻的差异，所以关于科学的内容依旧是一个问题。

丢失了什么

迦芬克尔提出的对活动的有组织的复合体“丢失了什么”的研究议题，得益于萨克斯对这样的一个结果的见解，即实际上对社会科学和管理科学文献的所有研究都“丢失了”所研究的职业中那种相互作用的“什么”：管理阶层的工作人员丢失了如何在与各种代理机构相互作用过程中构造特定的“处理方式”，以及医学社会学“丢失了”在遭遇各种病人的过程中如何构造诊断分类，军事学研究中“丢失了”如何通过并且作为一个工作网络细化稳定的级别和通信路线等。

例如，贝克对舞蹈乐队的音乐家和他们的观众的研究。按照迦芬克尔的说法，是贝克(他自己就是一个有成就的爵士乐音乐家)描述了许多语言的和习惯性的活动，借助于这种语言的和习惯性的活动，舞蹈音乐家尝试着让他们自己与构成典型的观众的“广场”拉开距离。〔1〕贝克因其关于爵士乐音乐家文化的丰富有趣的诸多方面为他的读者所知晓，但是他从未讨论过这些音乐家如何把音乐演奏在一起。那种使得一起演奏的相互作用的和即兴的“工作”(有其自身逻辑的社会现象)，就是那种被贝克和其他音乐社会学家“丢失的东西”。〔2〕进一步，就像迦芬克尔指出的那样，“丢失了某种相互作用的东西”这个事实也被丢失掉，在社会科学中并不是一个得到承认的问题，因为在其他的事物中间，对把音乐演奏在一起的“工作”的

〔1〕 Garfinkel 把这个对 Howard Becker 的批评归于 David Sudnow。要理解这一点，可以比较 Becker 关于舞蹈伴奏乐师的讨论章节(Outsiders[New York：Free Press，1963])和 Sudnow 的“*Ways of the Hand* (Cambridge，MA：Harvard University Press，1978)”。不过，请注意 Sudnow 对学习在钢琴上演奏爵士现象学说明不是描述爵士的相互作用式的演奏，这是他为后继的研究保留下来的一个困难的课题，一个他永远未完成的任务。

〔2〕 Alfred Schutz (“Making music together：A study in social relationship”，pp. 159-178 of Collected Papers，vol2. M. Natanson [The Hague：Nijhoff，1964])为这个任务提供了框架性基础。把 Becker 挑出来说或许是不公平的，因为，对 Garfinkel 的同时代人来说，Becker 是常人方法论研究中最具才华者之一。例如，在常人方法论学术会议上，Becker 承担起大部分的在 Garfinkel 和一群混战的社会学家之间的翻译和协调工作。

研究，是社会学挑战一种关于社会学理念的一个合适的主题，这种理念认为：社会学是具有鲜明的主题、方法和发现的一个独有的学科。使用传统的社会学方法发现的全部之点就是把各种各样现存的社会活动，推回到关于规则、规范以及其他社会解构的语境无涉的“核心”。[1] 【272】

迦芬克尔建议的似乎不过是一种对社会学核心的放弃，支持现存的超越了社会学经验主义苍白的“野性的社会学”[2]的无穷序列。这种对内在一致和单一的社会学认知“帝国”的挑战，并没有被忽视；它遭受到一些成熟的社会科学学科领域非常著名的发言者以怒吼方式进行的谴责。许多的不满和严厉指责，认为包含着反行业主义的常人方法论太远地偏离了“理论性”问题或者“方法论”问题。像柯瑟（Lewis Coser）和盖尔纳（Ernst Gellner）这样的最粗鲁的谩骂特别具有象征意味，因为他们抛弃了理性论辩的任何伪装，赞同那种对常人方法论处理它们事务方式的敌视和嘲讽。[3]

抛开他们对与常人方法论“非行业主义”的指责相伴随的多余的点名道姓、粗劣的误解以及异乎寻常的自负不谈，仅在柯瑟、盖尔纳以及其他著名的批评者认为迦芬克尔和他的同伴们所主张的东西（如果理解得正确的话）就是他们所认为的社会学的死亡这一点上，他们也离题太远了。得益于职业社会学家持续不断地对常人方法论进行理论化和方法论化的努力，还由于经验的趋势逐渐在谈话分析中地位显著，在最近的一些年份里，仇

---

〔1〕在细述“发明”常人方法论时会发现在 Garfinkel 提及的 Shils 的抱怨的故事和这个方案之间具有一种主体性的连续。（参见第一章）

〔2〕参见 John O'Neil，*Making Sense Together*：*An Introduction to Wild Sociology*（New York：Harper & Row，1980）。

〔3〕Lewis Coser，“ASA presidential address：tow methods in search of a substance”，*American Sociological Review*，40（1975）：691－700；Ernst Geller，“Ethnomethodology：the re-enchantment industry or the California way of subjectivity”，*Philosophy of the Social Sciences*，5(1975)：431－450．这些批判在本书的第一章讨论。

视和彼此的疏离变得和缓起来。[1]

【273】 一种强烈的反行业的立场还在刻画着迦芬克尔的议题，即把各种离散的活动作为世俗的但相对自主的社会学来研究，这种社会学没有、最终也不会受到任何一种核心社会学法则的支配。在很大程度上与维特根斯坦(脱离了对哲学研究的深深的信奉)把专业的哲学消解为运用行话的一种特殊的路径相一致，迦芬克尔(脱离了对社会秩序产生的研究的信奉)把专业社会学消解为一种文学事业，它的单薄与贫弱声音已经被未被文献记录的、未被开发的"野性的社会学"的噪音所淹没。

常人方法论的任务是"发现"栖居于特定实践中的无数的"丢失了什么"这样的议题，这些议题广泛分布在寻常的社会中，也招致了混淆，甚至在对这个研究方向表示同情的一些社会学家那里也是如此。例如，在有益的且有研究深度的对常人方法论研究的一篇综述中，赫里蒂奇误解了对"对工作的研究"的纲领，给予迦芬克尔的议题一个科学的转轴。[2]在相当大的程度上，赫里蒂奇把在科学中可以得到的对工作的研究视为"对工作的研究"纲领的具体应用，即是针对通过对话分析具体化的人类行为的一种自然的观察的科学(见第六章)。就像赫里蒂奇看到的那样，"丢失了什么"与社会学不能成功地"描写职业世界的核心活动"有关，他还补充道，在职业社会学中，"职业生活的鲜活的实在被转换成适合专业社会科学对实际活动的说明进行处理的对象"[3]。可以推测，需要用一种观察的科学提供一种"自然的观察的基础"来填补社会学文献中存在的裂缝。赫里蒂奇

〔1〕 例如，Jeffrey Alexander and Bernhard Giesen 把"晚期"的常人方法论分离为两条发展路线，一条保持着与 Garfinkel 早期对基于规则的社会科学模型的攻击的密切联系，另一条则成为谈话分析的"分支"。因为后一条研究线索描述了在"规则约束"意义上的相互作用的活动。Alexander 和 Giesen 强调，这条路线可以更顺畅地归于社会系统的规范模型中。参见 Alexander 和 Giesen，"From reduction to linkage: The long view of the micro-macro link"，pp. 1 - 42，in J. C . Alexander ,B. Giesen ,R. Munch and N. J. Smelser eds. ，*The Micro-Macro Link*（Berkley and Los Angles: Unversity of California Press，1987) esp. p. 28. 关于这一点的进一步讨论，参见 David Bogen，"The organizations of talk"，*Qualitative Sociology*，15 (1992)：273 - 296.

〔2〕 John Heritage，*Garfinkel and Ethnomethodology*（Oxford: Polity Press，1984)，pp. 292 - 311. Heritage 不认为自己有说明的资格，他说在他写这本书的时候很少能够得到重建 Garfinkel 和他的"第二代"学生的工作出版物。

〔3〕 同上。

认为迦芬克尔的学生应该用一种专业化的语言以及他们正在研究的特定学科的活动来规训自身，而不是基于日常的语言路径把谈话的结构作为起点来产生观察和报告，并且使用这类报告作为进一步观察的基础。

就像对任何一个试图阅读专业科学期刊的人都应该非常明显的那样，对一个学科技能的驾驭要求有充分的文法、图表、数学表述意识。对于每一个内在一致的学科核心部分的那种独一无二的"什么东西"的理解，要求与之对等的独一无二的方法以达到彼此一致。这样的一种方法不可能从相关的人员驾驭他们自己活动中的具体怎么做中剥离出来。在最一般的 【274】
日常科学意义上，迦芬克尔似乎一直在坚持一种强参与性观察要求，通过这种强参与性观察要求，他的学生要拥有对其他学科的"充分的"驾驭，并以此作为进行常人方法论观察和描述的前提条件。迦芬克尔在相当程度上坚持：那些想要研究自然科学、司法行业和数学学科的学生，应该拥有相关学科的训练，他的一些学生的确为他们的博士论文和博士后研究进行了这类项目的研究[1]。

像我刚才勾画的那样思考一下，迦芬克尔的"方法的唯一适用性要求"，不同于通过严格的禁令去驾驭所研究的活动（不是单纯地学习仅仅去谈论它们）以及完全不承认所有已经建立起来的描摹、编码、转译以及其他在既定的社会科学图式中的对成员实际推理的表征方法熟知的日常科学策略。社会学不能成功地"描写职业世界的核心活动"，于是就不是某种常人方法论者通过更准确地"描写"这类"核心活动"来矫正的东西，因为任何这样做的企图都将构建另外一个从所描述的具体活动中抽象出来的社会科学的表征。替代的是，迦芬克尔似乎设计了一个"走向原始"的纲领：消

〔1〕 Eric Livingston 受的是数学的训练；Stacy 注册的是法学院；Melinda 的工作是律师助手秘书；David Weinstein 注册在 South Dakota 的一个卡车司机培训项目；Albert B. Robillard 和 ChrisPack 在儿科系找到工作；George Girton 寻求的是武术训练。就像我们很容易想象的那样，接受这样的训练和工作有另外的诱因，学生们并不总是单纯为进行常人方法论研究从事这些活动。巧合的是，我自己的对实验室工作的研究就不是"基于"对这种工作的掌握，这一点也变成了批评的一个来源。参见 H. Garfinkel, E. Livingston, M. Lynch, D. Macbeth and A. B. Robillard, "Respecifying the natural sciences as discovering sciences of practical action, I & II: doing so ethnographically by administering a schedule of contingencies in discussions with laboratory scientists and by hanging around their laboratories", unpublished paper, UCLA, 1989, pp. 10－15.

失在一个特定的领域中，不传递对这个"领域体验"任何社会的科学的说明。

在他后来的著述中，迦芬克尔建议让常人方法论和其他学科（数学、自然科学、司法研究等）杂交。如果这样，研究的"产物"就不会展现一种对异类实践活动的报告的形式，替代的是，它将包含着发展杂合学科的努力，在其中，常人方法论对工作的研究，例如对律师工作的研究将有助于司法研究。[1]一旦这个纲领在社会学中遍布种子，它的效果将会把社会学的"母
【275】体"学科分散为原初是由熟悉的主题结合在一起的无数的标志着常人方法论所认可的话语的杂合体。因为迦芬克尔的常人方法论变种回避了对方法和理论概念的核心的刻画[2]，这个效果将会消解学术的社会科学领域任何表面上的基础[3]。与赫里蒂奇的概括相反，这样的一个纲领不会为关于职业的科学建立一种"自然的观察的基础"，因为这个"基础"将消解为地方性协作的名副其实的生态，这种生态组织和分派了所研究学科的各种各样的工作。常人方法论只要不打算将自己建造为一个控制性学科（所有

〔1〕 Eric Livingston 受的是数学的训练；Stacy 注册的是法学院；Melinda 的工作是律师助手秘书；David Weinstein 注册在 South Dakota 的一个卡车司机培训项目；Albert B. Robillard 和 ChrisPack 在儿科系找到工作；George Girton 寻求的是武术训练。就像我们很容易想象的那样，接受这样的训练和工作有另外的诱因，学生们并不总是单纯为进行常人方法论研究从事这些活动。巧合的是，我自己的对实验室工作的研究就不是"基于"对这种工作的掌握，这一点也变成了批评的一个来源。参见 H. Garfinkel, E. Livingston, M. Lynch, D. Macbeth and A. B. Robillard, "Respecifying the natural sciences as discovering sciences of practical action, I & II: doing so ethnographically by administering a schedule of contingencies in discussions with laboratory scientists and by hanging around their laboratories", unpublished paper, UCLA, 1989, p. 14.

〔2〕 就像第一章提及的，在对常人方法论的讨论中，索引性和反身性是核心主题，在一般意义上，常人方法论者尝试密切地观察和描述社会行为，通常使用录像带和录音带作为一种文献基础。然而，在这些研究中的纲领性的和方法论上的起点引导其离开一种基础理论或者基于规则的方法，以便能够展示社会秩序内在发生的每一个案例的环境细节。

〔3〕 很难讲 Garfinkel 的纲领是成功的还是失败的。在相当大的程度上，一群 20 世纪 70 年代在 Garfinkel 麾下攻读博士学位的那伙"第二代"学生，在 80 年代都从社会学系消失，在学术圈之内或者之外从事其他的工作。对我来说区别这些学生究竟是常人方法论与他们所从事的其他工作的杂合，还是他们对常人方法论的放弃是不可能的。在一些情形中，他们离开了社会学（包括常人方法论的学术研究和教学）不是因为自己的安排，而是由于就业的压迫。Garfinkel 因为激励和鼓励他的学生们致力于他们的研究工作，与此同时强制性地使他们断掉社会学中的任何传统的职业雄心，而臭名昭著。这对一些 Garfinkel 最忠诚和最有成就的学生来说，不是一个开心的结果。就我自己而言，我可以作证，在我持续的（尽管有时是乏味的）社会学系的职业生涯中，我没有完全执行 Garfinkel 的纲领。

学科的学科),迦芬克尔的唯一适用性要求就会变成走出社会学的单程旅行的一个借口。[1]

从本质性内容到可重复性的认识论话题

在我们做出唯一适用性要求仅仅是加剧社会学死亡的一种路径的结论之前,我们应该记住:对于实际活动的一种一般性的科学,它不是一个方法论的标准。当迦芬克尔说:“每一个自然科学在其自身认定的完整性中被发现,作为一种关于实际行为的特性鲜明的科学的专业性的物质性内容……是不可与任何一个其他的发现科学相互转换的。”[2]被发现的那种东西不应该被看做通过考古学的研究挖掘出来的可转运的“内容”,反倒是, 【276】
每一个学科的“内容”最好被理解为其自身就是一种知识的内在考古学。

相应的,为了能够发现一种在“自身认定的完整性、专业性的物质内容”中的“关于实际行为的特性鲜明的科学”,常人方法论者将他们的要求置身于所研究的每一个科学自身所认可的细节中。他们所做的描述以及分析的形式将不再是恰切的分析与参与者的语言和实际的驾驭之间的鸿沟、界限与断裂。常人方法论者不再是“进入”所研究的学科以便带着“认知地图”或者那种文化的其他表征“出来”,因为没有任何地图能够完全充分地发现蕴含在对地图的符号学特征娴熟读解中的场景细节。无力传递构成实际工作场所的细节的完整集合,那种能够传递给社会学家的也只能是唯一适用的“消息”将是对这样的效果的一个抱歉:“你若是在那里就好了。”

为了避免“唯一适用性”的混乱,避开这样的一个假设是非常重要的,即常人方法论是(或许可能呈现为是)“关于人类行为的自然的观察的科学”,其寻求渗透到其他学科的“核心实践活动”中。就像迦芬克尔自己所

〔1〕 注意 ArthurFrank 的“Out of ethnomethodology”(in H. J. Helle and S. N. Eisenstand, eds *Micro-Sociological Theory*: *Perspectives on Sociological Theory*, *vol* 2[London: Sage, 1985])可以被解读为对重新“进入”社会学的氛围的一种劝告。

〔2〕 Garfield et al.“Respecifying the natural sceince”, p. 2.

指出的那样，术语本质(quiddity)会助长一种对常人方法论研究究竟是什么的误解。[1]“丢失了什么”和“唯一适用性”所涉及的东西鼓励这样一种思想，即每一个学科的特性作为由单独的本质界定的独一无二的活动种类只能通过“进入”相关认知圈的“内部”才能得到理解。如果我们想假定常人方法论会变成一种认识论的中心，通过这个中心可以探究能够得到处理的所有学科，我们也许会得出结论说迦芬克尔的雄心是要建造一种能够把握每一个具体的实践种类的遗传学本质的科学。当被认为常人方法论的目的是“寻找规则，当我们追随这些规则时，会让我们产生一个给定种类的‘世界’”[2]时，一些类似的东西也被提及。当我们以这种方式审视，唯一适用性要求就会是壮观的“社会基因工程”的一个部分，其数据库会是促生
【277】不同社会世界的操作指南的集合。然而，就我的理解，这个工程会忘记了来自常人方法论的主要课程之一，即对任何一套操作指南的娴熟读解和书写本身就先存着参与者参照指南的特定时刻的“场景”细节。

如果方法论的唯一适用性要求蕴含着每一个科学学科“包含”一种“唯一性的内容”使得这个学科成为其自身，这个策略将与那种在科学的文化研究中提出的(尽管是非一贯性的)反本质主义和反基础主义的科学的学科图景冲突。但是由于常人方法论还有助于另外一个替代的学科图景，这样的“冲突”或许该归因于渐渐淡去的常人方法论的舒茨遗产的残余(见第四章)。

舒茨的科学概念，部分是他从考夫曼的方法论著述中发展出来的，其中包含着这样的思想：一个“科学的全集”——历经一个学科的历史积累起来的命题的整体，为从事这个学科工作的科学家提供一种针对特定科学的

〔1〕 Garfield放弃术语本质的理由在这部著述中得到阐释，H. Garfield and D. L. Wieder 的“Evidence for locally produced, naturally accountable phenomena of order, logic, reason, meaning, method, ect in and as of the essentially unavoidable and irremediable haecceity of immortal ordinary society：IV tow incommensurable, asymmetrically alternate technologies of social analysis”, pp. 175－206, in G. Watson and R. Seiler, eds. *Text in Context: Contributions to Ethnomethodology* (London: Sage, 1992).

〔2〕 Erving Goffman, *Frame Analysis: An Essay on the Organization of Experience* (New York: Harper & Row, 1974), p. 5.

“在手边的知识库”,把对特定学科的理论化从寻常的实践活动中区分出来。这个思想假定每一个科学发展出一种技术统一体,这个技术统一体反过来又促进了一系列建立在这个科学的全集和其他既成学科之间的方法论和认识论的分野。这一点与新近的科学的文化研究对专业化的科学对实际的技术、意识形态影响以及没有齐整地捆扎或者包容在一起的各色构成的开放性的强调,形成了对比。在拉拖尔和卡龙关于“行动中的科学”的富有影响的说明中,例如,实验室的活动和技术据说是不可变更地与文学铭写和转译的链条联系在一起,这些铭写与转译处理还会不断地跨越科学、技术、流行运动、政府、工业、医疗、农业以及日常生活之间的“疆界”。以这种方式审视,任何科学学科的“自治体”和“疆界”都是一种多重运动的副产品,通过这种多重运动,特定学科的活动和产物就历史化为“各种黑箱”,这些黑箱的内在整体性和既定的内容被视为理所当然。〔1〕如果迦芬克尔被理解为提出了一个重新发现这类黑箱的内容的纲领,他会公平地受到追求圣杯的谴责,这个圣杯的存在/不存在完全落入了产生自并且经历了对科学的成功体制化的神话之中。与之不同的理解(按照我的观点是更加正确的理解)是,唯一适用性要求意味着一个学科内在一致性的基础不是在黑箱内部被发现的,反倒是,它是在黑箱的真实存在中建立起来的。

就像维特根斯坦因为提出了“语言游戏”是无法超越和不可通约的单元,否认了从一种语言共同体“翻译”到另外一个语言共同体的可能性,时常受到错误的指责一样,迦芬克尔关于“发现的科学”的本质(quiddity)的思想被曲解为:预设了每一个科学作为很好地界定了“内部”与“外部”界限的一个明确的认识论容器这样的图景。然而,通过第五章推荐的方式解读维特根斯坦和迦芬克尔,这种指责就可以搁置一边。 【278】

维特根斯坦的语言游戏的概念(如果它的确是一个概念的话)遭到了数不清的解释,但是有一点应该是清楚的,即他没有把语言游戏描写为由参与者的明确的共同体“共享的”内在一致的知识库。反倒是,就像他明确

〔1〕 参见 Bruno Latour,“Give me a laboratory and I will raise the world”, pp. 141－170, in K. Konrr-Citina and M. Mulkay, eds. *Science Observed*: *Perspectives on the Social Study of Science* (London: Sage, 1984)。

表述的那样,“术语‘语言游戏’意味着要突出这样一个事实的重要性,那就是:一种语言是活动的一个部分,或者说是一种生活形式”。在他列举了下述的例证时,维特根斯坦就很难让人认为语言游戏是由学科或者是文化疆界限定的:

给出秩序,并且服从它们——
描述一个对象的表面,或者给出对它的测量——
从一个描述(一个描摹)那里构造一个对象——
报告一个事件——
探究一个事件——
形成和检验一个假说——
以图表的形式展示一个实验的结果——
编造一个故事并且去读它——
演戏——
唱歌——
猜谜语——
编一个笑话;讲这个笑话——
在真实的算术中解决一个问题——
从一种语言翻译到另外一种语言——
询问,感谢,诅咒,问候,祈祷——〔1〕

这些游戏中的一些与科学(例如形成和检验假说,以图表的形式展示实验结果等)或多或少地紧密联系在一起,但是实际上所有这些都可以说既发生在科学“之内”又“超越了”科学。正如对实验室日常生活的研究表
【279】明的那样,在做“检验假说”工作的同时,科学家们笑话连连,同仁攻讦,诅

〔1〕 Wittgenstein, *PI*, sec. 这个清单只能表明这个领域的复杂性。由于谈话分析研究已经证明,像故事、笑话以及发出和接受命令这些现象都是活动的秩序,这种活动的秩序可以在常规的意义上进一步细化,正是这种常规构成了这些活动以及这些活动发生的环境。

咒实验仪器,扮鬼脸,哼小调。[1]更有甚者,一些明确的科学活动是在艺术家和绘图员,计算机程序员,动物训练员和小动物,仪器的制造者和维修者,会计,秘书以及其他不能称自己为科学家的专业人员和技术人员的帮助下进行的。[2]当实验室的研究者描述了一个对象的表面或者对这个对象进行测量时,他们通常使用专业化的仪器以及学科专业性的度量单位和标准,但是他们的活动的敏感性却不是无一例外地"包含在"一个单独的学科中。描述和测量是日常生活的组成部分,什么算是一个切合实际的描述或者一个充分的测量随着环境的不同会发生很大的变化。[3]

维特根斯坦关于语言游戏的例证与对话分析中描述的"分子式"活动(见第六章)大致一致——序列的机构是为了给出秩序并且服从秩序:询问,感谢,诅咒,问候,说笑话,讲故事,等等。在谈话分析中,这类活动被说成是由语境无涉的规则组织起来的,这些规则弥漫在不同的活动和情境之间直觉上被认可的疆界内,与此同时,这些规则控制的结构却以一种语境敏感的方式被清晰地刻画,就是说,以与当下环境一致的方式被建构、被使用、被理解。然而,另外一个来自维特根斯坦的著名的类比——"家族相似 【280】
性"应该警告我们远离这样的思想,即只要活动被"实施",语言游戏就是保留一种本质的(语境无涉)形式的明晰的活动"包"。[4]

---

〔1〕 参见 M. Lynch (*Art and Artifact in Laboratory Science*: *A Study of Shop Work and Shop Talk in a Research Laboratory*[London :Routledge & Kegan Paul,1985]pp. 169 - 170)给出了一个例证。注意,像讲笑话和"捉弄人"这类活动并不是必然地外在于实验框架发生,因为它们经常在蓄意破坏实验设备、戏谑式地修改数据呈现、挑逗实验动物以及类似的活动中上演出来。尽管一些实际的笑话和幽默的其他即兴产物被认为是对"严肃的"实验室工作的一种"冒犯",但是这种认为本身就是实验室活动的一种产物。还可参见 G. Nigel Gilbert and Micheal Mulkay, *opening Padora's Box*: *A Sociological Analysis of Scientists' Discourse* (Cambridge University Press,1991).

〔2〕 在"依赖于随机组合的"题下,Garfield 概括这些技能。参见 Garfield et al, "Respecifying the work of the natural science", p. 24.

〔3〕 参见 M. lynch "Method: measurement-ordinary and scientific measurement as ethnomethodological phenomena", pp. 77 - 108, in G. Button. ed, *Ethnomethodology and the Human Sciences* (Cambridge University Press,1991).

〔4〕 Sacks 有时使用关于技术的"货仓"的类比,这是在装配各种活动时,谈话分析所依赖的东西。尽管这个类比在谈话分析的研究中已经富有成果地被使用,但认为相关的技术以一种固定技术打包的方式获得,而不是通过对地方性建构的、每一个细节都是由超越了任何一般性界定的谈话技术的那种、这里并且现在发生的细节支撑起来的活动的组合确认而获得的,就有点过于简单化了。

当维特根斯坦把各种不同的“游戏”之间的相互关系联系到“家族相似”——在家庭的不同成员之间某一时刻、相互交错的相似性——时，他明确地劝阻他的读者去做这样的思考，即一“套”相似的游戏在单一的标准下得到界定。作为一种扩展，可以在“给出秩序并且服从秩序”标题下得到描述的各种各样的活动，并不是必然共有由一套一般性的规则或者机理界定的一个结构。替代的是，对“给出秩序并且服从秩序”的描述，提供了一个言说以无数形式存在的实践活动的开放式终结序列的方法。什么算是一个切合实际和可说明的“秩序”以及什么算是相关的和可接受的“服从”模式并不必然地借助于一个一般性的规范、安排或者体系得到解决；“秩序”和“服从”在不同的时刻可以做完全不同的事情。

尽管科学不是由独有的语言游戏界定的，但是特定的认识论主题总是反复地与不同学科的话语讨论联系在一起。这些认识论话题在萨克斯对原始的自然科学的说明中受到了概括性的处理，它们包括从认识论到一般方法论中的熟悉的主题：观察、描述、重复、检验、测量、解释、证明等。[1]它们似乎是“超越了”各种各样专门学科的通用语言中的普通术语；在科学的历史学、科学哲学和科学社会学的交叉学科的话语中，它们提供标题、接触点以及争论的主题；它们组成在社会科学中为构造理论要进行交换的“元理论”术语。但是，当我把这些主题当作认识论话题言说的时候，我的意思是要把它们从一种“元理论”的氛围中分离出来，并且引起对这样的明显的事实的注意：它们是语词。[2]这并不是说它们是“单纯的”语词，我也不想把它们从物质现象和具体的应用中分离出来。替代的是，我在反对一种倾向，例如，对待观察，好像一旦我们说“观察”发生了，这个词就保证了活

〔1〕 我对“诸如此类条款”这个术语的使用本身，就是这个认识论话题清单的一个重要的特征。它们不是一个确定的组合；它们不会穷尽性地被罗列；对它们的使用也不仅仅限于科学的话语。与此同时，我认为我所罗列的认识论话题应该被认作是方法论和认识论的讨论中反复出现的主题、论题和概念。然而，请注意，Wittgenstein 倾向于把这些术语视为及物东西而不是名词（例如，进行测量而不是测量），以便能够使它们从一般性的方法论和认识论中分离出去，并且在日常活动中弹性地定位它们。

〔2〕 关于“动机”的一个类似的提法由 C. Wright Mills 给出，在“Situated actions and vocabularies of motive”, *American Journal of Sociology*, 5(1940): 904－913.

动的统一体,或者推断表征决定了一个活动的一致性种类。“测量”这个概念界定了在木工房、工程现场、实验室和田野研究以及其他不那么专业化 【281】 领域的各种不同的测量活动的核心意义〔1〕。

就像我在第五章提及的那样,把维特根斯坦的偶发性议题扩展为关于语言游戏的经验研究的任务,应该包含通过检验那些语言游戏公正地得到实施的时刻,来接受一些维特根斯坦认定的准则(如:“以图表的形式展示一个实验的结果”)的努力。这样一种研究的目的不会发展出一种科学的和日常活动的一般性模型,但是能够解释一个一般性的认识论主题如何是活动的一种地方性的复杂的一部分。

就像维特根斯坦对语言游戏的讨论使得既成的关于语言意义的哲学假设、评判标准以及理性结构问题化一样,常人方法论对语言游戏的研究,为现存的涉及认识论、科学共同体、科学的“话语”以及类似的所有这些把科学视为意识形态统一或者方法论统一的领域的东西,提供了一种解药。相应地,对于当我们言说描述、观察、发现、测量、解释和表征时,我们究竟是在说些什么,常人方法论研究有助于我们拥有一种相当不同的意识。不再去推断科学,或者在同样意义上的其他内在一致的活动,拥有一种认识论的或者认知的统一体,现在的任务变成一种对像“观察”、“测量”,或者“从一个描摹那里构造一个对象”这样的语言游戏的“认识论话题”的一致性的重新刻画。我旧词新用地使用认识论话题(epistopical)是要提出:由像观察和表征这类平俗的术语提供的主题性标题,对于各种各样可以与这些名称联系在一起的认知活动几乎不能揭示出什么东西。仅仅在名称上,这些认识论话题是经典的认识论主题。一旦被命名为观察、测量或者表征(或者地方性地被认定为是一个充分的事例),一个活动以及它的物质性踪迹就会显示为受到一套规则、一个知识体、一个方法或者一套与特定的主

〔1〕 我关于认识论话题的清单包括认识论相关的科学研究的熟悉的主题。在他最近的著述中,Garfield 提供了另外一个他叫做“秩序论题”的开放式终结的清单,在其中,他批判性地重提并且刻画了宏大的社会理论中的基础性问题。他列举的这些主题包括逻辑、意义、方法、实际活动、社会秩序中的问题、实践理性、细节以及结构等。参见 Garfinkel and Wieder, “Evidence for locally produced, naturally accountable phenomena of order”, Garfinkel 和 Wieder 提醒说在这些术语中的常人方法论旨趣不是学术探索的“主题”,而是具体的研究和证明的“现象”。

题联系在一起的规范性标准所控制。但是，一旦我们断定名义上的内在一致性对于地方性的应用不能保证任何事情，我们就开始检验一个活动如何最终确定自身为一个观察、一个测量，或者不从一开始就推断这类活动的
【282】地方性成就就可以通过一个规则或者定义得到描述，又将如何？

理解这一点是非常关键的，那就是对认识论话题的关注与唯名论纲领毫不相关。就像维特根斯坦评论的那样，“唯名论者错误地把所有的世界都解释为名称，所以不能真正地描述它们的用处，可以这样说，仅仅为这样的描述给予了纸质的草图。”〔1〕对认识论话题的一种唯名论的处理可能会按照下列步骤进行：(1) 把自然科学家、哲学家、社会学家、实业家的活动，以及其他可以在表征、书写和文本解释等的一般性标题下得到描述的活动做一下笔记；(2) 对那些被算作“一种表征”或“文本的东西”，按照地方性的“建构性”活动所界定的方式进行观察；(3) 对存在于地方性组织起来的活动网络中的实际的和概念性的链条，如何对一个表征从一个活动领域翻译到另一个活动领域的协商过程进行描述；(4) 通过涉及一个表征模型如何成为一个稳定的符号商品的过程来解释网络的内在一致性。在学科活动之间的交易于是就变成了“定义性的”和“解释性的工作”的产物，由此，在所指(signified)意义(一种表征的意识形态，一种符号性网络，具有决定性作用的一种话语)上保留了理论的统一体，尽管被指的那种东西的产生和理解方式存在着变化。一个短暂的统一体于是就覆盖了实际的多样性。但是，一旦我们不把认识论话题视为形而上学的统一体，而是视为附在这些地方性产生工作上的一种外表的往复出现的主题，就不再会有任何保证使得短暂的“一致”能够确保从重复性的共同语言的术语到被这些术语命名的广大活动领域的分析性转换。

说这些认识论话题“是语词”，我当然不是意味着它们没有其自身的意义。像观察、表征、测量和发现这样的语词，在科学史、科学哲学和科学社会学中反复地被用作大标题和经典主题，对于常人方法论研究和科学的文化研究，它们也确认了一种探究所无法回避的境况。即便这些认识论的话

〔1〕 Wittgenstein, *PI*. sec 383.

题被消解为对经验研究无意义可言的“哲学的”预设，在纲领性的论断、方法论的论证以及经验的社会科学研究的分析语言上，它们依然保留着稳固的地位。在学术讨论中无法避开它们，即便是在认识论话题不再为科学活动提供形而上学的基础得到承认的时候也是如此。

尽管在实际的科学活动和对观察的理想化说明之间存在着经常被提 【283】
及的差异，考察似乎又让我们说“实际的科学家不像他们说的那样做”，同样有意义的是得出这样的结论，即当科学家们可说明性地“进行观察”和“验证假说”时他们实际做的事情，与一般性的认识论处理（包括那些关键性的认识论）具有一种不为所知的关系。对这类问题的研究不会停留在展示科学观察的“内涵”实际上是一个叙事性建构或者意识形态的工具这一点上。替代的是，这样的一个研究将寻求去证明对术语观察的一个平俗的使用，为何对于一些活动是唯一适用性的。坚持观察除了当作地方性的观察之外什么也不是，对于实际的活动并不秉承一种反讽的观点。那么观察还能是什么？那就是重新界定那个术语究竟意味什么。

我刚才讲的无论如何不是我的一个原创性见解。它是我对迦芬克尔“把自然科学重新界定为关于实际活动的发现科学”的议题要点的概述。与其说这种发现的自然科学是文化上统一起来的学科，其“唯一性内容”可以通过日常科学研究重新发现，不如说迦芬克尔开始把科学社会学深深地植入内在的自然科学活动。就像迦芬克尔著述的一个标题所提出的那样——“把自然科学重新界定为实际活动的发现科学”〔1〕，可以说这种发现科学不仅仅发现规律以及与发现成就联系在一起的客观现象，而且还发现、并且反身性地重新发现科学史、科学哲学和科学社会学研究的经典主题如何能够运用于当下的研究境况〔2〕。发现科学不可避免地会伪造它们的历史、构造它们的体制性关联；它们界定什么算是观察、恰当的测量和可重复性发现；他们研究他们使用什么能使实验奏效。没有单个的科学家或者科学家集体凭空工作，因此历史的“反思性成就”、发现、实验性证明以及

〔1〕 Garfinkel et al, Respecifying the natural science.

〔2〕 这一点是对“发现”论题自身的直接应用。就像 Augustine Brannigan 证明的那样，in *The Social Basis of Scientific Discoveries* (Cambridge University Press, 1981).

类似的东西总是包含着各种单独的活动，这种活动在与由先辈们、同僚和竞争对手制定和构造的“历史性的”记载的关联中产生。所有人都是有准备地进入，包括若干年过后进入场景的历史学家。

也许是因为我所提及到的一些蕴含上的混淆，迦芬克尔最终搁置了术语本质(quiddity)，用更含糊一些的它的拉丁远亲特质(haecceity)来取代，意思是一个对象的“就是这个(just thisness)”[1]。尽管两个术语可以用作
【284】同义词，意思是“那种使得对象成为独有的东西”，迦芬克尔使用术语 haecceity 是想更清楚地指向一个代词或者索引性的“意义的产生”，这种索引性的“意义的产生”不再得益于本质主义。这个意义上的特质不同于内生于一个客体的经历中的稳定的“核心意义”。就像萨克斯在谈及像这个地方和这里这类指代术语情形中所强调的那样，这些术语的使用不需要其确定性地要“代表”一个可以赋予单独名称的地方(如一个建筑的名字，一个会议的名字，或者一个时刻的名字)。结论是，一个客体的“就是这个”仅仅包括一个“这个(this)”的可说明的这里并且现在的展现状态，或者说它并不代表一个已经命名的和可检验的事物。[2]

这种使用的例证式说明可以在三个天文学家在那个后来被当作第一次“发现”光脉冲时刻的录音磁带上发现。可以看一下下列的片段：

> 迪斯尼：……我简直不相信它直到我们得到了第二个。
>
> 科克：我简直不相信它直到我们得到了第二个，而且直到……这个东西移动到了其他的一些地方。[3]

一个非常精通这个表述上下文的窃听分析师，自然可以试着通过把一

[1] Garfinkel(个人通讯，1989)开玩笑说：在明白了 Quine 在他自己的一本书的书名上使用了这个词之后，他否认了自己与术语特质的关联。

[2] Harry Sacks, unpublished transcribed lecture, Department of Sociology, UCLA, Februray 16, 1967. 更详细的讨论参见第五章。

[3] H. Garfinkel, M. Lynch and E. Livingston, “The work of the discovering science construed with materials from optically discovered pulsar”, *Philosophy of the Social Sciences*, 11(1981): 138–158，引文来自 p. 154(transcript slightly simplified).

些意义赋予他们所使用的索引性表述来澄清迪斯尼和科克的用语：

> 迪斯尼：……我[Michael Disney]简直不相信它[那就是我们做出了伟大的发现]直到我们得到了第二个[在屏幕示波图上另外的尖状物，在可比较条件下的观察的一个重复]。
>
> 科克：我[John Cocke]简直不相信它[那就是我们做出了伟大的发现]直到我们得到了第二个[在屏幕示波图上的相似的尖状物，当我们在可比较的条件下重复观察时]，而且直到这个东西[屏幕上的尖状物]移动到了其他的一些地方[在屏幕的不同区域显示]。[1]

如果这个翻译证明是靠得住的，它们就可以承担重建交换的逻辑的目的（例如，迪斯尼和科克的"面对手边的证据搁置信念直到进一步的检验做出的方法论的理性"）。然而，这样一个经典的联系丢失的东西正是那种索引性表述，言说者所使用的所有的"含糊性"以及可理解地对"含糊性"的使用，没有明显的需要去翻译它们。的确，在用更详尽的术语建构/重建它们的意义时，索引性表述提供了翻译者使用的同一的资源。 【285】

通过研究行为的单独时刻的有序性来阐释"索引性表述的理性特征"的常人方法论的奇异的方法论策略，根据上述这样的例证获得了意义。这样的"理性特征"不会通过对科克和迪斯尼"方法论的议题"的一种理性重建得到揭示；反倒是，它们明显地显现在对话的表面特征产生的过程中。例如，这些"理性的特征"包括科克重复迪斯尼的代词表述"它"和"第二个"的方式，这种方式证明不需要对它们的意思形式化就能够理解这些术语，还包括双方证明他们在言说同一件事情而没有特化什么是那件事情的方式。

---

〔1〕 H. Garfinkel, M. Lynch and E. Livingston, "The work of the discovering science construed with materials from optically discovered pulsar", *Philosophy of the Social Sciences*, 11(1981): 138－158，引文来自 p. 154(transcript slightly simplified)，Garfinkel 和他的同事们(pp. 135ff)在讨论对象的临时性获得的表面时，使用了术语"明显地含糊"。

要理解这样的理性，我们需要做的要多于为言说者的表述特化一种稳定的参照背景。科克和迪斯尼的表述可能“不能涉及”这个世界上的一个可证实的实体。[1]的确，他们言说“它”、“第二个”以及“东西”的方式预期了那种非常的可能性。还有，他们的谈话是合情合理的，并且合情合理地与当下的活动、事物、仪器以及并行可能性的复杂性相关。但是要明白何以会这样，我们必须与天文学家提及的“这个和那个”相协调，并且按照他们言说的方式弄明白。这就是特质(haecceity)的意思。

对于索引性表述的理性的常人方法论的研究，在与社会科学的盛行趋势的关联中显得奇怪，这种盛行的趋势认为行为的单个时刻是混沌的、随机的、乱七八糟的和无序的，直到秩序在一个平均趋势、典型的模式、模型化结构以及方法论“过滤了的”数据水平上出现。通常认为，科学的研究不适合理解“单独的”事件，因为科学的方法只能辨明深层原因和一般性的趋势，单个事件的偶然性细节会使这些深层原因和一般性趋势模糊。[2]尽管常人方法论并不把自己视为一种研究的归纳模型，但是其分析纲领建筑在这样的“社
【286】会事实”之上，即行为的单个事例是直觉上可识别的和平俗的可描述的。另外，参与者如何设法自发地产生相互协调的活动会是一个完全神秘性的事情。这个策略不同于这样的分析纲领，即认为大量的数据对于分析者而言似乎是有名字附着其上的“既定的”东西，并且它依赖于存在着的“事实”，使得任何一个研究都会发现自己“被扔进”一个已经可理解的世界，即便是这个世界的可理解性包含着不可辨识的、引起争议的和可疑的特性时也是这样。结论是，在常人方法论中甚至连想象一种无假设的研究的可能

〔1〕 参见 Philip Kitcher，“Theories，heorists and theoretical change”，*Philosophical Review*，87(1978)：519－547. *Kitcher* 的理论涉及的东西要求分析者要拥有一个历史性表述所指涉的东西的知识。结果是，像 *phlogiston* 就无法指涉(*p*.531)，因为我们现在知道这个词似乎只是对于18世纪使用这个词的人才有实际的指涉意义。

〔2〕 例如，Ernst Nagel 断言，只有在事物的熟悉的性质和关系，在个体对象和事件通常被确认和区分的意义上，显现为依赖于一些其他的关系性或者结构性特性的显现，而这些关系性和结构性特性又在对象和过程的各种各样的存在等级中被刻画的条件下，科学的解释才能被建构。参见 E. Nagel *The Structure of Science* (New York：Harcourt Brace & World，1961)，p. 11.

性的企图都无法存在。〔1〕

建构主义的盛行版本告诉我们：科学家们遭遇了来自他们建造事实那里的原发性的混乱。活动的这个概念受到哲学中逻辑主义传统的奇特的影响，这个传统引发对迪昂-奎因的“不完全决定论思想”的大量引述。像维也纳学派任务的后继者一样，社会建构主义的支持者们同意，这个世界存在的可理解性和“装配性”先于并且超越了智能评判的任何企图这样的“事实”，指向一个未解的认识论问题〔2〕。对于逻辑实证主义者和建构主义者，由于遭遇了与实际活动和特定景致直觉上可辨认的、基本上是有序的语境的直接冲突，使得任何判定已经“走向了尽头”这样的“事实”成为我们理解上的一个鸿沟。似乎是一种“彻底的”判定的缺席意味着一种可理解性的空缺。

科学的理性主义哲学家寻求去扩展一种智能判定的丝状的组织，以便达到对一个已经可理解的世界不寻常的推断，社会建构主义者则强调这样的判定性任务本质上的不可能性意味着我们对于“实在”的意识是一个终极不可判定的和人为的建构。对于二者而言，那种先验的思想压缩为一种反身性知识的术语：在一个情形中，是公理的派生物的术语，在另一个情形中，是说明或者信念的理性不可判定的术语。〔3〕

在关于“原始的自然科学”的精彩评述中（见第六章），萨克斯确认了一个可说明性的结构（观察——描述——复制），他强调这个结构为早期的自然的历史学研究和自然的哲学研究提供了一个原初的支撑。对萨克斯来 【287】
说，生活世界可以以这种方式描述，即他者可以“走出来去看”特定的描述

〔1〕 这让我们回想起 Heideger 对 Husserl 的现象学的存在主义批评。（*Being and Time*, trans. J. Macquarrie and E. Robinson [New York: Harper & Row, 1962]）.

〔2〕 甚至，并且特别是，一些更激进的（反身性的）建构主义者，对于索引性和反身性中的“问题”给予了怀疑性的批驳。例如，参见 Woolgar, Science: The Very Idea, pp. 32－33. 对怀疑论立场的反击，可参见 Wes Sharrock and Bob Anderson, “Eoistemology: Professional skepticism” pp. 51－76, in G. Bitton, ed., *Ethnomethodology and the Human Sciences* (Cambridge University Press, 1991).

〔3〕 关于这一点的进一步讨论，参见 Jeff Coulter, Mind in Action (Oxford: Polity Press, 1989) chap. 2and G. Button and W. W. Sharrock, “A disagreement over agreement and consensus in constructionist sociology”, *Journal for the Theory of Social behaviour* (forthcoming).

说些什么。这个平淡的奇迹并没有像为可分析成就的一致性描述那样为理解自然世界的实在指路。伴随着谈话分析研究纲领的发展,萨克斯对主体间性的言说(对其他的人已经看到的东西言说)工作的原初研究,演变为研究一起说话的工作的一种专业性纲领。迦芬克尔坚持不懈地对可说明性的原始结构彻底研究的呼吁,指出了一个不太成熟的方向。不是去接受一般意义上已知的一个世界的奇迹般的"成就",并且把这种成就视为引发一种对人类行为的新的自然观察的科学的基础,迦芬克尔寻求使得这种成就成为明白易懂的。

受到指导的行为与生活世界对

我们还没有走出基础主义的丛林。尽管迦芬克尔和他的学生们在各种自然科学和数学领域新近进行的对工作的研究,可以被解读为对受指导行为研究的更一般性纲领的一种扩展,但是迦芬克尔还是重复地坚持"发现的科学"和数学的特殊的性质。[1]他的观点可能重新唤起知识社会学中曼海姆的饱受批评的数学和自然科学的(一些)"例外"。但是,这里存在着值得追究的显著的差异。

要理解迦芬克尔的观点,从回顾他的关于生活世界的"自然的可说明性"和由职业学者与官僚机能产生出来的各种形式"表现"之间的鸿沟的主题兴趣开始,应该是很有帮助的。这个鸿沟是通过地方性完成的、具体的、"鲜活的"活动转换为超然的文本文献过程中产生的。在很早的时候,迦芬克尔在一篇题为"帕森斯初级读本"的未发表的手稿中给出了这种转换的一个例证,这篇手稿基于其博士论文,并且在20世纪60年代传播。

---

〔1〕 参见 Garfinkel et al. "The work of a discovering science"(pp. 121ff,n12),Garfinkel et al, "Respesifying the work of the natural sciences";Eric Livingston, *The Ethnomethodological Foundations of Mathematics* (London:Routledge & Kegan Paul,1986)。在把这些研究归于 Garfinkel 的时候,我并不是压制对这样的事实的认可,即其他的人(包括我自己)应该列为这些研究的合作者,但是有一点不该含糊,那就是关于唯一适用性以及关于发现的科学和数学的独有特性,Garfinkel 对这种提法具有权威性。Livingston 的研究深化和发展了这个主题。

在战争期间我的叔叔有一次去一个政府办公室,因为他想要增加他的燃油的配额。在那里他向办事员抱怨他的配额不够。【288】他费了很多的口舌来证明其要求增加配额的请求。他描述了他的居家环境:房间里很冷,因为很冷,他的妻子非常不高兴;家里有一个很大的客厅总是很难加热,即便是尽你所能买到了燃油也只能如此;他居住在城里一个特别冷的地方,孩子生了这个病又生那个病,这个孩子病着、那个孩子也不舒服,家里哪一个人也得不到安宁;等等。

几分钟后这个办事员制止了他。"你家房子有多大?"故事又重新开始描述他的房子有多大,这个房子何以总是成为一个负担;是他的妻子而不是他想要这个房子。办事员再次打断他:"对不起,在你的住宅里有几个房间? 有多少平方英尺?"我的叔叔告诉了他。"你使用的是什么加热器?"以及"去年你的燃油配额是多少?"等等,就这样继续。脱离我叔叔描述其生存状况的资料流,办事员提炼了4个要点或者5个要点。

办事员理解我的叔叔描述的那种状况,任何一个人注定都会这样。但是办事员参照办公室的运作规则,并且遵循这些规则。这些询问具体化为例证成为办事员填在表格中的信息,这个办事员经历了筛选、分级的过程以及剩余的类似的过程,最后办事员呈现出来的是来自行政表格的观点:一个"案例"。

这是对社会结构的一个描述。在表格中呈现的是关于我的叔叔境况的转换了的描述。所描述的世界不包括妻子的抱怨,或者对房子的大小和费用的遗憾等。这些特征,尽管办事员都知道,但却是无关的。而办事员描述的含有房子的平方尺寸、何种类型的加热器的例证这样的社会境况,则会显示单位时间内产生的单位热量超过平均水平以上。预期的结果是:这个例证中的

“房屋所有者”已经用完了稀缺商品的预期数量。[1]

这个例证是对于社会结构两个不可通约的描述之间冲突的一个生动呈现:叔叔的抱怨,清楚地阐述给办事员,办事员那里的文献则是“案例”。纵观所描述的叔叔和办事员的交涉过程,这个叔叔的叙事被转换成了可理解的和站得住脚的官僚文献。办事员建立了一套“这个案例”的要素,这套
【289】要素与政府体制中未被陈述的“这类案例”的组织形式相关并且一致。作为一种超然的文献,这个案例报告预示着与“房屋所有者”实际境况存在着有争议的联系的一整套规则、标准、判定和认同,与此同时它系统性地省略了这个叔叔情绪激动地试图打动办事员的“日常的房屋状况”的细节。通过运用常人方法论研究后来发展起来不同于这个故事的策略,我们可以用一个完整的认同序列代替这个关联对:【叔叔的描述与办事员的案例记录】;【陪审员意愿与 Bale 对陪审员意愿的相互作用分析】;【见面面试与数据面试】;【游戏过程与对游戏者策略的理性重建】;【一个实验的操作过程与对这个实验的报告】;【现场对话与对话的分析性记录】。[2]

使用由这类关联对构成的“显现的东西”的分析师和职员倾向于抬高这些超然的文献的客观性、可分析性和形式特性,在这里迦芬克尔却指向不对称的一个不同的秩序:“社会结构的描述”的剩余关联、意义和瞬时特性。只要超然的案例报告转变为关于案例的官方记录,这些剩余关联、意义和瞬时特性就会不可逆地消失。更进一步,并且是关键之点,一旦案例报告变成相关的分析数据,从案例的呈现中实现的转换过程自身就被隐去。这种剩余细节的抹去必然不会产生一个一般性的认识论问题,尽管它会成为间或的争论和方法论不确定的一种资源。反倒是,它是实际存在的

〔1〕 来自 H. Garfinkel,“Parsons' primer-‘ad hoc uses’”, unpublished manuscript, Department of Anthropology and Sociology ,UCLA,1969,chap. 2. pp. 2 - 3。

〔2〕 括号【】是一种注解的惯例,用来明确一种常人方法论所达成的确认:一个在“说明”和“鲜活的工作”之间的内在产生的、使用的、草草带过的关联。参见 Harold Garfinkel and Harvey Sacks,“On formal structures of practical actions”, pp. 337 - 366, in J. C. Mckinney and E. A. Tiryakian eds, *Theoretical Sociology: Perspectives and Development* (New York: Appleton-Century-Crofts, 1970).

对社会结构说明的每一个分析纲领所不认可的部分。

在后来的工作中，迦芬克尔集中于“书写”这个行为本身就是合成一个文本的工作和因文本合成产生的文献而发生的回溯式分析特性之间的鸿沟产生的资源。这一点已经由他的一个学生伯恩斯(Stacy Burns)在一个录像带展示的证明中得到清楚的阐释。〔1〕伯恩斯制造了一个录像带，这个录像聚焦于打字员在电子打印机键盘上的手。这个录像带记录了打字员的手在键盘上工作，在合成一个文本的同时发出声音解说“现在正在干什么”。录制下来的文件显示出一张放置在托架上的展开的纸张，与此同时打字员在字符间敲击序列键盘，换行、重新开始段落、停顿，并且想着大声地说下一步做什么。这个录像带于是就勾勒了一个独特的可理解的文献对：(1) 打字，带有迟疑地完成和解说的一个“实时的”视频序列；(2) 可以 【290】
对实时序列进行读解、复印和独立分析的打印出来的纸页。在录像带上，打印的纸页可以被看做工作过程的一个产物，但是这个纸页一旦被解读为一种超然的文本，其内在的符号学特征就蕴含着关于“权威”的一种不同的秩序。那些完成的句子成为一套内在一致的“思想”、“意图”、“语法资质”等的文献，这种文献不再展示录像带记录下来的文献产生的地方性历史。写就的文本的分析性特性没有记录那些录像带上明确显示的单个的“迟疑”、“中断”以及“瞬间的想法”。〔2〕

在迦芬克尔的意义上，两个文献是一种“非对称性交替”的关系：一种文献(录像带序列)有助于重现另外一个文献(纸页上的文本)，但反过来不成立：写就的文本的可分析领域不再保留打字的剩余细节的痕迹。这并不是要否认录像带本身就是“书写的活生生的工作”的一种超然的文献，因为一种类似的非对称性的交替内在于这个文献对。这个简单的练习清楚地证明了社会科学家们使用报告、档案、文稿、编码数据以及其他作为活动表

〔1〕 在 Garfinkel 的高级研讨班上已经证明。Department of Sociology，UCLA，1980.

〔2〕 就像 Derrida 指出的那样(“Signature，event，context”，Glyph1[1977]：172－197)，“独文本”远非是明白易懂的。尽管指出一个人需要去观察一个“作家”的“真实的”写作过程以便能够理解他写作的文本，会有些荒谬，但 Garfinkel 的要点是：可理解性的独特的秩序(可以确认为是写作的一部分)通过观察写作的鲜活的工作过程被打开。

征的文献时所达成的那种缩减。尽管这样的“呈现”有助于社会科学家从他们做出的一致的和站得住脚的分析中积累数据库，但他们的这种使用促生了一种“文献的鸿沟”或者“丢失了的什么”，这种“鸿沟”与“丢失”通过“一种文献”的事实和确切的存在可以得到再创。

社会科学家和自然科学家一样，都促生、依赖于他们的地方性活动转换为超然的对这种活动的说明，并把这种转换视为理所当然的事实，这在社会科学的研究中已经变成了一个熟悉的主题。例如，拉拖尔因为强调科学领域的一致性(再生性技术的网络，书写的累积体，自然实体和关系的一致性领域)是通过“文学铭写”[1]的链条建立起来和维持下来而闻名。

【291】 对于拉拖尔来说，重写的痕迹和实验室工作的记录囊括了产生看得见的现象、校准仪器和尺度、描述和测量、三角测量不同的度量和读数、开发模型和观点以及传播报告等所有的过程。他进一步强调，由文本、比例、图表、符码、图片以及重复实验和散布重复实验的方法提供的稳定形式，有助于科学家们超越任何单个的观察的地方性环境，同时把有选择的铭写吸收进权力/知识的广泛领域。拉拖尔援用他称之为机械性复制的文本的“不可改变的”、“流动的”特性来解释科学的成长和知识的稳固。

然而，从常人方法论的观点看，这样的一种解释还是保留了“文献的鸿沟”。这个鸿沟涉及一种路径，即任何痕迹、标记、铭写、表征、图表以及引述，原本意义上并且始终都是一些实践中的特定时刻的一种表述、一种隐喻、一种图标或者一种刻画。这并不是说，这类“索引性的东西”的意义依赖于这个或者那个读者的主观性解释，而是说这类意义与由一种活动的引导性的可重复性提供的微妙条件联系在一起。拉拖尔承认一种活动的发展和分布(在福柯的意义上是一种规训)与“永恒流动着的”扩散密不可分地联系在一起，但是，在他所认定的文本性“陈述”的一种结构性分析所达

〔1〕 Bruno Latour and Steve Woolgar, *Laboratory Life*: *The Social Construction of Scientific Facts*(London, Sage, 1979; 2nd ed, Princeton NJ: Princeton University Press, 1986); Bruno Latour, “Visualization and cognition: thinking with eyes and hands”, *Knowledge and Society*: *Studies in the Sociology of Culture Past and Present*, 6(1985): 1 - 40; Latour, *Science in Action*; and Latour, *The Pasteurization of France*, trans, *Alan Sheridan and John Law* (Cambridge, MA: Harvard University Press, 1988).

成的“符号学转换”中，可以重新发现“行动中的科学”进入“稳定的技科学事实”的转换。〔1〕

尽管拉拖尔努力使他的符号学解释与先前对秩序问题的社会学解决拉开距离，但最终他还是追随了一种熟悉的分析路径。首先，他把实验室科学的鲜活的工作视为一种操作各种标记，阅读和书写各种铭写、表征、痕迹、陈述和文本的活动。结果是，行动中的科学（或者实验室生活）变成了一种建构和解构标记体系的形式特征的事情，并且基于此得出结论：符号学分析的形式纲领应该能够重新发现在情境性建构、转译以及解构各种铭写、痕迹和文本中的相关运动。从生活世界到形式体系的转移，于是就降 【292】
为对所指的分析性的透明链条的特定建构，这里所指链条是去地方性网络中的地方性活动。

至少在两个方面常人方法论挑战了这种符号学的研究方向，第一，否认在文字性表征与生活世界活动之间的形式上的对等性；第二，把在文字性表征与实际活动之间存在的实际对等，认作是一种地方性的和反身性的成就，这个成就本身就是对在形式分析的一个一般性纲领中重新发现这个成就的企图的背叛。取代“一头扎进”一个预想了符号学要素和这些要素的操作性蕴含之间实际成就的一致性的模型建造领域，常人方法论则付出持续的努力去研究特定的活动如何被指导性地重复产生。

迦芬克尔并不认为通过描述生活世界领域的前文字性内容，常人方法论能够填平社会文献的社会研究中的鸿沟；反倒是，他强调，这个鸿沟的出现对职业和非职业社会学而言都是一种必然的、可理解的和站得住脚的及不可避免的产物。尽管这个鸿沟指出了一种对实际活动的总体性说明的

〔1〕 Latour (“Will the last person to leave the social studies of science please turn on tape-recorder”, *Social Studies of Science*, 16[1986]:541－548)推荐了一种“符号学转向”作为他所发现的常人方法论对实验室研究的严重局限的解药。当然，不仅仅是对一条道路提出这种转向，并且有人会认为 Latour 所推荐的一种符号学的“右转”，与其说借用了解构主义的翅膀，不如说深深地借用了符号学中的形式主义和结构主义的传统。对于 Latour 来说，复述与语段为一种稳定穿越情境的意义的产物提供了一种解决，而在这里 Derrida 通过质疑对每一个自治的合法性的复述文本的确认，改述了 Heidegger 式的对“确认”的质疑。尽管对特定痕迹的复述对抗任何的把文本缩减为一个言语行为的努力，但是，对于特定文本的形式稳定性或者它的可理解性，它不能保证任何东西。

荒谬性，但对于常人方法论者对特定实践活动的研究而言，它并不必然呈现为一种不可解决的问题。在迦芬克尔和列文斯通(Eric Livingston)对数学中的生活对的处理上，这一点显得格外清楚。对这一点的简单证明可见图 7.1，即对毕达格拉斯(Pythagorean)定理的视觉证明(一个直角三角形的斜边的平方等于其他两个边的平方之和)。[1]

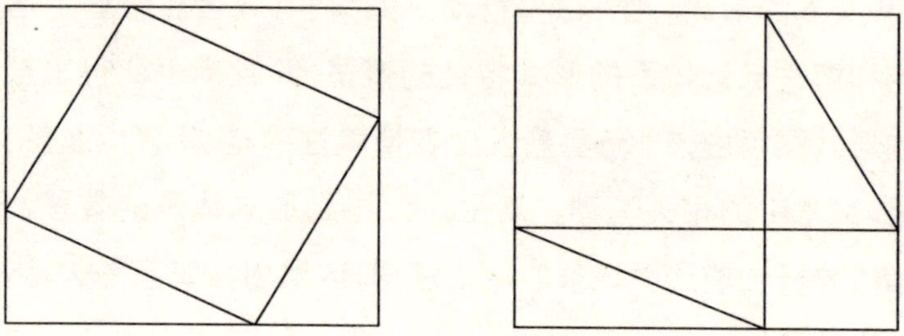

图 7.1

在对这个例证的讨论中，列文斯通邀请读者试着去“发现”几何学的图形如何构成一个对定理的证明，他注意到对于那些不熟悉特定证明的人而言，
【293】最初会感到迷乱。但是，一旦他们得到一套启发，借助于各种各样的能够指示如何找到图形中选择出来的对等以及指定关系的标记性设计，读者就会开始明白：证明说明的构成如何扮演着证明的要素。列文斯通首先指出左边的面积被“分割”为四个直角三角形和一个镶嵌其中的正方形。通过审视这个图形以及推断各种不成问题的几何关系(诸如三角形的内角之和等于 180 度，直角三角形的两个锐角之和等于 90 度这样的定理)，我们就会开始明白在左边图形中的四个三角形具有相等的角和相等的边。我们于是应该能够看到，镶嵌在大正方形中的图形本身就是由四个直角三角形的斜边构成的正方形。列文斯通引导我们明白右手那边的正方形图形“可以被认为是同一个正方形，只是三角形被重新安置占据了图上显示出来的位置”[2]。

〔1〕 在 Eric Livingston 的“*Making Sense of Ethnomethodology*”(London：Routledge & Kegan Paul，p. 119)中，“中国人证明”得到证明。在随后合写的论文中，Livingston 和 Garfinkel 对此给出了一个更宽泛的处理。参见 Eric Livingston and Harold Garfinkel，“Notation and the work of mathematical discovery”，unpublished paper，Department of Sociology，UCLA，1983。

〔2〕 Livingston，*Making Sense of Ethnomethodology*，p. 120.

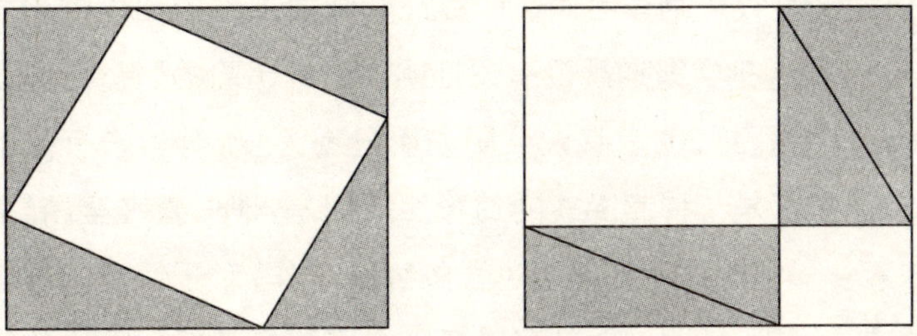

图 7.2

现在,诀窍是要看在右手边图形 7.2 中的正方形中两个没有阴影的正方形,占据了与左手图形中嵌入的正方形(没有阴影的)同样的表面面积。他们的对等性通过大的正方形的面积与两边图形中四个全等三角形之间的差异而建立起来。通过明白右边的两个没有阴影的正方形就是三角形的两边构成的正方形,而左边的没有阴影的正方形就是三角形斜边构成的正方形,证明得以发现。然而,重要之点不是我刚才给出的特定的启发是否恰当地展示了图形如何扮演着证明的角色[1],而是只要图形被视作是一种证明,在边、角以及面积中间的对等性的整体就内在地依照定理彼此支持。当这一切发生时,证明的说明就作为多种不同方式中一种"精确的说明"而出现,这种说明可以被解释为进行证明的启发,在这一点上,证 【294】明就:

> 呈现为一种超验的、客观的、可说明的姿态。这个证明就被视为已经存在于证明图形本身之中。它具有了实质性的、"有分量的"姿态。他显现出拥有证明关联的、可发现的细节的一种无限的深度;从证明的各种方面的不同视角来看,这种显现都是可以得到的。它经受对它的重复的质询并且被视为所有与它有关的探究的致因和资源。它是毕达哥拉斯定理的可说明性和可分析性的一个证明。[2]

〔1〕 例如,一个人可以用剪刀剪出图形,然后,以一种可感知的方式把它们拼合在一起。

〔2〕 Livingston, *Making Sense of Ethnomethodology*, p. 119.

在我读它时(我鼓励读者通过明白证明经由工作的启发性引导过程来理解这一点[1]),列文斯通既没有说证明说明的超验的“真理”是证明过程的鲜活的工作“原因”,也没有说证明说明显现为“所有与它有关的探究的致因和资源”仅仅是一种回溯式的幻影。反倒是,他一直在坚持:生活对的两方面因素——证明说明和证明过程的鲜活工作,对于恰切的理解这类证明是必须的。否则,证明说明就变成了一个可以指涉任何事物的空洞的文本形象,而不能发现它如何担当以及如何作为证明本身。读者对特定的证明陈述如何担当起定理证明工作的“精确的描述”的发现,是通过证明过程(解读、勾勒、疑惑、驾驭以及重组证明说明提供的文本要素的过程)的鲜活的工作而达到的,并且,说一个读者必须“理解”或者“解释”这个证明以便能够明白启发所导引的图形,也是不够的,因为,证明的要点在于去刻画:作为一个具体的数学的过程,这样的“理解”或者“解释”可能包括些什么。

数学中的生活对可能与其他一些活动的鲜活的工作文献所呈现的这类“对”相近,但是迦芬克尔猜测:“存在,但仅仅是可发现的,仅仅对于自然科学领域对,化学领域生活对,物理学领域生活对,分子生物学领域生活对,等等,就像它们存在于可发现的数学领域生活对”,并且,更进一步,“生
【295】活对领域不能为社会科学所证明”,也不能为各种各样的按照游戏规则、指导手册、高速公路标记、职业伦理法规、合同法规等类似的实施行动所证明。[2]

相应地,与迦芬克尔叔叔打交道的职员的“案例记录”大概只能具讽刺意味地算作从活动过程中抽取出来的对行为过程的“精确的描述”。仅仅在讽刺意义上这个记录才可以说能够经受反复的质询,才可以被看做“所有与它有关的探究的致因和资源”。案例报告后来可能被用作否认或者评判那个对叔叔要求增加他的燃油分配请求的拒绝的文献基础这样的事实,

〔1〕 读者会发现我的指导的混乱和不完整是因为参考了 Livingston 的文本所致(同上)。这个和另外的例证 Dusan Bjelic 也有讨论,“The praxiological validity of natural scientific practices as the criterion for identifying their unique social-object character: the case of the ‘authentication’ of Goethe's morphological theorem”, *Qualitative Sociology*, 15 (1992):221 - 245.

〔2〕 Garfinkel, et al, “Respecifying the work of the natural sciences”, p. 128.

并不能排除列文斯通称之为关于那个叔叔境况的文献形成的“不同视角的观点”的可能性。简单地说，“对那个叔叔的请求的文献性拒绝本身，就变成对武断的、僵化的官僚体制以及官员介入的权威不具同情性的强制的抱怨的资源”。如果我们说，数学中的一个特定的证明陈述，被一种来自负责对数学做硬性规定的“官员”权力的武断所支撑，将会是更加令人惊讶，也许就像用约定的方式言说数学证明那样不能理解。

然而，我们可以很容易想象常人方法论者并不想与化学家遵循实验室手册的指导或者数学家在欧几里德几何中完成对一个定理证明的特定方式相符合。这类行为为什么与更“寻常的”像追随地形图上标记出的陆地路线或者按照烹饪书所罗列的顺序步骤和配料准备“一顿波士顿大餐”这样的行为具有本质的不同？[1]常人方法论的无差异，以及布鲁尔的“对称性”主张，将会是对数学证明以及实验活动具有特殊性质的确定无疑的推断成见的合法对抗。

沿着这个思路看，在发现的科学和社会科学之间的迦芬克尔对比，似乎把随机组合技能和文本实践之间的具有不寻常区分的熟悉的划界主义主题并置起来。

> 社会科学在言说科学，言说可观察性以及他们所研究的现象的实际客观性，并且是在文本上、而不是别的什么地方言说。通过读解和书写文本的艺术，借助于支配梳理好的文献以及“推挤周边语词”……他们在文学领域实现了这一点。社会科学不是发现的科学，不像“硬科学”，它们不会“失去”他们的现象；他们不会像对待一个待解的问题那样探索现象，他们最终也无法做到这样，这样只能是“浪费时间”；他们不知道随机组合能力的必不可少；在他们的探究与理论化过程中，这些东西永远不是地方性的 【296】

〔1〕 根据 Craig Claiborne (The New York Times Cook Book [New York: Harper & Row, 1961], p. 377)，这是一个准备起来极乏味的简单游戏。

条件。[1]

在其他的地方，迦芬克尔提到其他独具特色的主题，诸如实验室实验的“不折不扣的严格序列”以及在科学家和数学家之间“问题可以得到解决”这样的事实[2]。自然，这一点使得迦芬克尔的纲领迥异于关于文学铭写的重要性、争论的社会性终结以及科学家活动和论点的机动性等颇具影响的科学知识社会学的观点。他对社会科学研究的文本特性的强调似乎是假定了人文学科和自然科学之间的一种对比，这种对比由于对科学的当代处理，即把科学视为包含有“虚构的”修辞比喻和叙事框架的一种文学类型，而引起纷争。更进一步，他对“文学领域”的贬低隐含着一个相当狭义的概念：文本性。这个概念与被许多社会学家和历史学家通常使用的概念形成对比，这些社会学家和历史学家使用文学理论的概念去描述像构建样本材料和仪器的痕迹，组织博物馆收藏和立体模型以及构造各种各样的视觉文献等的异质性模型的文本表征。[3]

尽管涉及发现的科学的迦芬克尔议题似乎表达了一种对科学实在论和科学自然主义的一种倒退的坚持，但我强烈反对这样的解读。他并没有援用一种独立的自然世界的“实体”以便解释产生发现、丢失现象等的可能性，反倒是他主张科学书写和数学文本都是生命的物质的具体形式的一部分。通过把“一种发现科学的工作”视为不可还原的具体成就，迦芬克尔反对把科学实践简化为观念体、公式、方法规则、参考文献网络以及理论的和方法论的信奉。没有否认规则、等式以及其他形式化东西的作用，他只是

〔1〕 Garfinkel et al, “The work of a discovering science”, p. 133. 不同于 Garfinkel, Derrida 把写作视为一种科学家、工程师、文学学者共同具有的修补匠的活动。参见 Jacques Derrida, “Structure, sign, discourse and play in the discourse of the human sciences”, pp. 247 - 272, in R. Macksey and E. Donato, eds, *The Structuralist Controversy: The Language of Criticism and the Sciences of Man* (Baltimore: Johns Hopkins University Press, 1970)。

〔2〕 Garfinkel et al, “Respecifying the natural science”, pp. 3 - 33.

〔3〕 例如，参见 Joseph Gusfield, “The literary rhetoric of science: comedy and pathos in drinking driver research”, *American Sociological Review*, 41 (1976): 16 - 34; Michael Mulkay, *The Word and the World: Explorations in the Form of Sociological Analysis* (London: Allen & Unwin, 1985); Haraway, Primate Visions.

强调把这类形式置于具体实践中是必要的。

尽管有人可能会倾向于反对迦芬克尔断然拒绝接受这样的思想,即社会科学可能拥有他们自身的具体实践[1],就我的理解而言,这种拒绝的要点是要避免规则、模型、文本、标记以及公式的透明性、语境独立性和强制性力量。这一点使得迦芬克尔迥异于许多社会学家,这些社会学家主张,对社会性行为的一种"单纯的地方性"理解是不"充分的",我们必须设计超越于内在于特定活动者的生活世界界限的对行为的社会体系的表征。[2] 【297】

通过质疑把社会分析者置于生活世界"之外"、置于标记整体领域的中心的表征纲领的恰当性,对于这类禁令常人方法论的无差异具有把社会科学中的基础观点相对化的作用。标记的一个文字性集合(一种规范性类别的纲要性说明,一种哈贝马斯的类型学,一个符号学图谱,一个叙事结构,一个编码了的交汇的合集,一组同族或者同源的概念,一个界定"言语交换体系"的规则体)变成了一种中介,通过这种中介,分析者自由地跨越多样性能力构成的风景,以便把塑造代表着一种实际的系统社会秩序的要素集结起来。

通过对从单个表述到去地方化的符号学图式的分析运动喊停,迦芬克尔搁置了对社会科学中每一个既成纲领的基本要求,其中包括许多在常人方法论旗帜下驰骋的纲领。通过言说社会科学"不知道随机组合能力的必不可少;在他们的探究与理论化过程中,这些东西永远不是地方性的条件",他认为,社会科学因为无视文本性呈现的具体产生和对文本性呈现的相互作用的使用,从而使各种标记偶像化。然而,即便是我们承认这一点,似乎也很难对从那种作为自动机制、烹饪、茶仪式以及犯罪辩护的物质性

---

〔1〕 参见 Harold Garfinkel,"Cant he contingencies of the day's work in the natural sciences be used to distinguish them as discovering sciences from the social sciences and hamanities?"unpublished proposal, Department of Sociology, UCLA,1989.

〔2〕 参见本书的第一章我对来自 Juren Habermas, *The Theory of Communicative Action*, vol 1:Reason and the Rationalization of Society, *trans. Thomas McCathy* (*Boston*: *Beacon Press*, 1984);*Anthony Giddens*, The New Rules of Sociological Method: A Positive Critique of Interpretive Sociologies (*London*: *Hutchinson*, 1978); *and Pierre Bourdieu*, Outline of a Theory of Practice, *Trans. Richard Nice* (*Cambridge University Press*,1977)的批评的讨论。

介入的、地方性的、具体的实践中具有“可发现性”作用的事物方面，区分出来的“自然科学”中的生活世界对，作出评判。

从我早先谈及的“语言游戏”看，似乎可以合理地推断，例如，分子生物学中的语言游戏并不受制于一组封闭的学科技能或者知识集成，但是它们通过多变的、分立的、具体的实践而弥漫开来，其中的一些并不比调节发动机或者
【298】制作蛋奶酥更严格、独特和精确。更进一步，在实验室工作中就像在各种各样的工艺、文学艺术以及家务活动中一样，精确度的标准、严格的序列以及对变化的容忍度是“为了所有实用的目的”而评估的。实验室工作的序列并不总是“不折不扣的严格”，也不存在必然地“寄居于”自然科学内部而不经争论过程的问题(也许数学家会这样做)，就像科学社会学文献记录下的那些研究一样。

关于在数学和(一些)自然科学中我们是否要接受迦芬克尔的关于生活世界对的说明，有一点应该清楚，那就是他的目的并不是把他们从“社会学”利益中排除出去，恰恰相反，他把这些“严格的”活动确认为常人方法论特别有意义的常人方法论现象。回想一下在第五章讨论的维特根斯坦关于数字序列的例证，我们会意识到，没有必要认为，为了理解一种严格的活动是一种“社会成就”，我们需要采取一种指向这种活动的怀疑的立场。这样的理解也没有使得参与者共同体成员如何在他们活动的严格、可靠性中达成“共享的信念”的解释成为必要，似乎这种“信念”是某种没有根基的或者武断地强加的。反倒是，维特根斯坦的证明重新刻画了“严格”和“确定”意味着那种在实际的世界中被剥离了不相干的和非具体的某种智能的东西。一致性(一些)活动的那种严格不是一种与“真正的”严格形成对比的人为的严格；对维特根斯坦来说，那是一种我们会拥有的仅有的那种严格。

还是遵循维特根斯坦，我们没有必要把“不折不扣的严格序列”和“精确的描述”仅仅与数学和自然科学实践联系起来。与测量、计算、描写、观察等联系在一起的各种各样的语言游戏在日常生活中一点都不亚于它们在科学中那样有“家”。当然，高度复杂和“稀有”的技能与直觉孕育在专门化的学科领域中(例如，在分子生物学中，其组成因素以精确到分钟的数量，日常性地接受处理)，但是这一点并不能在自然科学的严格的生活世界

对和在社会科学以及日常生活中运作特设的“文献方法”之间判定一种类型的区分。我们要避免那种通常的倾向,即把“科学”视为某种拥有最有效和最高尚品质的实践理性的同义词。

尽管在发现的科学与其他的实践活动之间一种类型区分可能是没有正当理由的,但是,迦芬克尔和列文斯通的研究仍然引发了对不是基于形而上学的实在论或者理性主义信奉的科学社会学的建构主义的挑战。例【299】如,列文斯通并不试图去解释数学证明的严格。在一定程度上,他的文本证明是成功的,他们把读者置于一种现象的领域,在其中,文本运动的序列将为对行为的明确的和反身性说明提供证明,提供进一步的证据。对数学的列文斯通版本的“检验”来自于读者是否能够发现他所说的支持读者的解读的东西。这就是说,在一定程度上他成功地使得读者的努力(既包括“得到”证明的努力,也包括“阻止”其不明确的经验的努力)变成了那种证明说明所描述的数学语言游戏的语法性“内容”。尽管各种各样路径能够清楚地刻画证明陈述如何体现在证明的展现之中,这些“选择”路径表明它们自身不是随意地被某种个体的策略或者顺从于某种正统“观点”的勉强行为所选择的。对于常人方法论者来说,这样的游戏一点也不比呈现一种仪式或者遵循军事命令更少一点社会性,但是其语法是独特的并且在其自身意义上是值得研究的。

走向一种对原始的认识论话题的研究

终于,我可以勾画这种把对日常实践活动的常人方法论处理和科学知识社会学对科学活动“内容”的兴趣综合在一起的研究“纲领”了。存于我心的这种研究将与构成社会行为的指导性的可再生性和可说明性的原始结构相关。我推测,这不是一个单独的现象。基于承认方法论和科学社会学现存的研究状况,技艺、目的、仪器、文本、资源、路线、力量模型的不同构成,很可能在实践活动的高度离散和不连续的领域中被发现。这类研究的这样的起点是特定的“认识论话题”——观察、描述、复制、测量、理性、表征以及解释等,这些经常在关于科学理性和实践理性的讨论中出现的散乱主题。对于经典的认识论和方法论的讨论,这种认识论话题提供了焦点,但是它们与平俗的研究并不是没有关联的。释义迦芬克尔,它们是“进入学院并且受到训练后回来的”平俗的主题。

自然,提出(仇视的?)一种对认识论主题的接管没有什么新意。科学社会学中的强纲领就尝试对认识论进行彻底的“社会学”重写,迦芬克尔和萨克斯继续了社会科学哲学中的经典主题,并且寻求把它们作为寻常的社会性成就重新界定。但是,就像我已经强调过的,这样的接管已经被那种通过援用关于科学神话的概念来保证这个或者那个研究纲领的分析性基础的努力所颠覆了。科学主义的吸引力和陷阱在常人方法论和科学知识【300】社会学中已经不像在社会学的更传统的领域中那么突出。这里的问题是,许多社会科学家看不到一种合法性的替代。

出于对人类活动以及对所评估和修补的规范性纲领“体系”全面说明的迫切需求,任何缺少严格的和决定性的科学的东西,似乎都不在秩序之中。然而,在既成科学的条件下工作是一回事,希望这样的条件已经就位则是另外一回事。在这样的条件缺失的情况下,似乎很值得对一门科学其专业化中的那些平俗主题进行一个盘点。尽管一门全面的社会科学并不必然地因为这样一种研究发生变化,但是它的确允许对特定的社会科学如何以及为何在它们努力超越寻常的实践理性中被“卡住”进行一种检验。存于我心中的研究纲领可以勾画如下:

(1) 从接受一个或者更多的认识论话题开始。在科学史、科学哲学以及科学社会学大量的文献中,认识论话题拥有显著的地位,但是,在当下我们的目的是逃脱学术性文献,寻求迦芬克尔称之为“明白易懂的场景”的东西:熟悉的语言游戏,在其中一个或者另外一个认识论话题具有明显的平俗的作用。这样的话,例如,尽管在科学哲学中有许多的对“观察”的有意义的和博学的讨论,但是,在实践中,在书面和口语说明中,在无数的其他有组织活动的报告中,“观察”依旧具有显著的地位,其中一些相当朴素和寻常。学术性文献为开始这样的研究提供了一种相关的背景,至今为止的学术性处理和长时间的争议性地位,确立了认识论话题的原初的意义。尽管对于我正在勾画的纲领来说,这样的文献不能被忽视(毕竟,它的确提供了一种通行的研究背景),但是学术性的对话将通过其他方法而不是通过对经典文献的解析而延续。

(2) 探求原始的例证。在本书中我集中于科学,毫无疑问认识论的话题在科学中扮演着角色。然而,我们不应该忘记:科学家并不具有独一无二的权利进行观察、描述、测量、告知真理或者依照“不折不扣的严格的序列”进行操作。科学和数学(不管怎样,我们也许要界定这些活动)对于特定的认识论话题的研究的确提供了清楚的案例,但这并不意味着粒子物理学进行观察的方法应该为所有的观察提供范式。[1]事实上,粒子物理学的实践可能并不是开始对观察进行研究的一个最好的案例。除非一个人已 【301】经接受物理学的训练,否则平俗的语言、计算的方法以及专业的技能进入粒子物理学“进行一种观察”实际上是不可能的。更进一步,为了在科学社会学、科学史以及科学哲学的大多数读者中拥有意义,对这类观察(例如物理学)的描述将会以一种简单化和误导的方式展现。

尽管迦芬克尔的唯一适用性要求的方法本身似乎就要求在能够进行常人方法论分析之前,具有一种对实践的娴熟的驾驭,但是,维特根斯坦对于语言游戏的说明则暗示出一幅不同的图景。对于维特根斯坦来说,对于如何数数、计算、推断、测量、观察、描述、报告、遵照指导等,我们已经具有某种意识,这并不意味着对这些主题的理解的“反思”的努力,将带给我们经得起检验的能力。反倒是,维特根斯坦设计了一些方法使得我们的活动明晰,即在其他的事物中,设计“原始的语言游戏”,在其中一个特定的语词或者语言活动变得突出。例如,在他对数学的研究中,维特根斯坦一般使用诸如对基数序列数数这样的简单的例子。尽管数数可能是没有什么意义的简单动作,但它依旧是一种真实的数学运算;而且,它“是我们生活活动的一个重要的部分……一种日常最多样地运用于我们生活的技艺”。正是这样,我们学会“以无情的精确”去数“无止境的活动”,“这就是为什么要

〔1〕 例如,Shapere 似乎是认为无须质疑物理学家用来建立他们已经“观察到”的东西的技术,并用此提供产生关于这类观察的普遍性陈述的基础,参见 Dudley Shapere,“The concept of observation in science and philosophy”, *Philosophy of Science*, 49(1982):231-267.

毫不留情地坚持在‘一’之后我们说‘二’，在‘二’之后是‘三’等等”〔1〕。维特根斯坦用下述评述，评判他对算术中的简单例子的使用：

> 我可以像一个哲学家那样讨论数学，因为我仅仅处理那些来自于我们寻常的日常语言的语词，如："证明"、"数"、"序列"、"秩序"等。
>
> 知晓计算中的我们的日常语言（这是为什么我能够谈论它们的一个原因。另外一个原因是我将讨论的所有的谜可以通过最基础的数学得到简化），我们可以从六岁学习到十五岁，或者，例如，在其中我们可以学会康托证明（Cantor proof）。〔2〕

（3）围绕在认识论话题周围，仔细研究实际的案例。对维特根斯坦的研究的常人方法论转换，是去探求原始的语言游戏的"自然发生过程"，在
【302】细节上研究它们的运作。例如，为了举例说明"数数"的实际的组织，像训练一个孩子数数那样去探究那类通行的、常规性地展现的、熟悉的、可观察的和可比较的"游戏"是值得的：在二十一点游戏中数卡片；出于税收的目的算出一个人的"收入"；数在政府机构中供职的职员的数目；或者处理监狱中的囚犯的"数目"。每一个例证都使得相关的组织变得鲜明，而当我们把数数作为一种算术运算思考时，这一切并没有出现在我们的脑际。然而，与此同时，对每一个案例的研究毫无疑问地延伸并且区分出数数所意味的东西。没有一个单独的案例可以代表所有的其他案例，但是由认识论话题（在这个案例中是"数数"）提供的存在于这些案例中的"概念的结合"对于这种研究给出了一般的意义：对每一个语言游戏研究对于数数都"说了些什么"。

（4）按照唯一适用性要求研究每一个案例。鉴于我刚才所说的，迦芬

〔1〕 Wittgenstein, *Remarks on the Foundation of Mathematics*, ed. And trans. G. E. M. Anscombe (Oxford : Blackwell Publisher, 1956) pt. 1. sec. 4.

〔2〕 Wittgenstein, *Lectures on the Foundations of Mathematics*, ed. Cora Diamond (Ithaxa, NY: Cornel University Press, 1976), p. 14.

克尔的"方法的唯一适用性要求"不应该被理解为一种警告,即学会所研究的那种学科是进行日常科学分析的先决条件。尽管它的确警告我们要远离宏大理论的优越和别有用心的批评,但就我对它的理解,这种要求的确与一种方法有关,即强调通过使读者进入特定的实践现象领域来明白这个描述究竟对所描述的实践说了些什么。

例如,列文斯通所说的在一种数学证明中计数法的作用,通过给读者一种证明的陈述和一套指导说明得到强调。列文斯通的论断与读者的工作必然相关,因为他的关于证明的无情性观点的权威性并不是其自己观点所配备的,除非、并且直到这些观点在读者实际操作的活生生的证明工作中被发现,例如,在便笺本上涂写。按照这样的方式理解,"唯一适用性"就很难在文本描述中实现和证明(更不必说,它不会在我们的这一卷中实现)。[1]

对于像观察、测量以及解释这样的认识论话题,任务于是就是建构练习,在其中,读者被指导着去从事观察、测量和解释(或者,最起码的要间接地遵循得到了细节性阐释的其他人的成就),这样,他们就能够去检验相关的操作。例如,迦芬克尔和他的一些同事"再造了"伽利略的斜面实验,不 【303】
是为了重建伽利略必须做的那些事情,而是要探索这个经典案例的相对的简单性和熟悉性,以便去研究控制一个实验的细节性的操作性特征。出于所有的实际目的,"伽利略的实验"变成了一个研究"进行实验观察"的原始的语言游戏。

(5) 把常人方法论无差异地运用于现存的科学的状态。当萨克斯提出显然的"科学存在"时,他断定一种普适化的方法与这种存在必然联系在一起。并且,就像我在这一章的早些时候陈述的那样,迦芬克尔和列文斯顿有时候似乎给予数学和自然科学中的生活世界对一种特殊的认识论地位。

---

〔1〕 Garfinkel(个人通讯)确认在整个常人方法论研究群体中的四个研究,四个研究是在"唯一适用性"意义上的。这些是 Eric Livingston 对 Godel 证明的证明(The Ethnomethodological Foundations of Mathematics);Garfinkel and Livingston 的论文"Notation and the work of Mathematical discovery";Dusan Bjelic and Michael Lynch 的论文"The work of a (scientific) demonstration: respecifying Newton's and Goethe's theories of prismatic color", pp. 52 - 78, in G. Watson and R. Seiler, eds, *Text in Context*: 1 *Contributions to Ethnomethodology*"(London: Sage, 1992);以及由 Garfinkel, Britt Robilard, Louis Nares 和 John Weiler 合写的未发表的关于 Galileo 斜面实验的论文。

我在这里介绍的是把常人方法论的无差异策略运用于科学的存在的事实。这样做,并不意味着我要去质疑现代生活世界中“科学”的存在这样一个普遍认可的事实,而是对科学家和数学家的活动是否具有某种认识论上“特别的”东西的判断做一种悬置。一点也不亚于修理汽车或者准备一顿正餐,我们不会否认科学的和数学的活动要求一种与对一般的技艺和常规的专业性使用相伴随的专业化训练,我要建议的是我们不能断定这些稀有的和专业化的能力区分出了一个独特的方法的内在组合,这种方法可以产生真正的观察、建构无可置疑的证明并且完成发现。在某种程度上,这种建议显现出布鲁尔的公正性假设与迦芬克尔的无差异策略结合的某些方面,但是在结果上不同于布鲁尔所设想的那种东西。一种关于科学的“反身性”的常人方法论并不通过其所研究的那些领域的类推确保自身方法的有效性;它将悬置这样的一个推断,即“科学”既为所研究的领域,又为研究所需的方法提供了“场地”。

一种指向科学的无差异带走了把科学和数学视为知识社会学研究的特殊主题的动力。我们可以认为没有理由设想一个先验的东西,那就是专业数学家进行“证明”的方法,比研究一个孩子如何被指导着学习初级算术,或者一个有资质的雇员在对顾客提供饮料服务时如何评估“年龄证明”的文件证据,更能够说明一种对“证明过程”的研究有助于解释“证明”能够承载的具体是什么。但是,鉴于对经典文献大部分主题的持续抱怨的背景,其中的案例被赋予“文献方法”的特殊品格,因而,接受一种对“高水平”数学的研究的建议是有意义的。

【304】 因为无差异策略不是要引导我们不相信关于数学的真理性的论断,始终可能的是:对数学证明的研究能够重新刻画数学的“真理”究竟意味着什么。[1]对于像观察、测量、发现以及类似的东西的研究来说,作为明白易懂的案例,科学和数学时常地联系在一起,因为在实践中这些“认识论话题”被明晰地勾画出来。尽管没有理由赋予物理学家所使用的观察方法以特

[1] 我提到的是,Garfinkel和Livingston关于他们对科学和数学研究的观点。Livingston的著述“*The Ethnomethodological Foundations of Mathematics*”是这些观点依赖的主要的文献。

权,但是他们的实践以一种非常有意义的方式告知着在观察的名义下对异质性活动的一种研究。〔1〕这并不是要取消其他科学之内和科学之外的各种其他模式的对观察的研究;事实上,我们也需要这些案例。

(6) 使用一种"常规科学"方法论。这不是库恩的"常规科学",因为它来自于乔姆斯基(Norm Chomsky)与一个社会学家争论中的一个临时性点评。〔2〕对于美国"主流"媒体报道国际事件和国际冲突的方式,乔姆斯基给出了一个批评性的观点。在他的发言中,他给出了大量的跨国家的和历史性的对比,随后一个社会学家评论员对其质疑:他的观点是否遵循了选择可比较案例的适当的"方法论的"总体原则。在对他的反击中乔姆斯基指出:没有任何特殊的知识社会学或者这种知识社会学的方法论对于他所要达到的目的是必不可少的;反倒是他断言,在他展现或者记录他的论点时,他按照"常规科学"行事。基于此,我理解他的意思是"没有空想的东西",就是说,他的方法是:并置可比较的案例、援引证词和报告、描摹一般主题、记录相关的分歧和趋势以及诉诸于直觉和判断〔3〕。

在这个意义上,"常规科学"使用了观察、描述、比较、解读、质疑的寻常模式,其构成性的活动在各种各样的平俗术语中得到表达。从一个理想化的科 【305】
学的观察者的观点看,这可能是一个令人丧气的方法论,因为它几乎没有提供任何东西来终止一个争议性主题的争论,或者提供能够压倒"常识偏见"的规范性判断的权威性基础。这种常规科学提供了一种彻底被原始的直觉、平俗的分类以及常识性判断所"污染的"分析。在乔姆斯基的案例中,它为一种

〔1〕 例如,参见 Tevor Oinch,"Towards an analysis of scientific observation: the externality and evidential significance of observational reports in physics", *Social Studies of Science*, 15 (1985):3-36。

〔2〕 The Eastern Sociological Association's annual meeting, Boston, April 1990.

〔3〕 类似的社会学回避,在 Freeman Dyson 的下述引文中给出,"我在社会科学领域的许多同事讲了大量的关于方法论的问题。我倾向于称之为风格。这本书中的方法论,与其说是分析性的不如说是文学性的。出于对人类事物的看法,我更倾向于故事和诗,而不是社会学。"Freeman Dyson Disturbing the Universe(New York: Harper & Row, 1979) Bernard Barber 在 *Social Studies of Science* (NewBrunswick, NJ: Transation Publishers, 1990) pp. 254-255 中引用 了此段。Dyson 假定,没有一种专业的方法论,他必须依赖于故事和诗歌。Chomsky 的"常规科学"的吸引力是:他不把科学等同于这类方法论的严格性。我不想把 Chomsky 对一个学术会议的评述等同于一个研究纲领的提出,而且我也在怀疑这一点是否能够涵盖他的语言学研究。

政治上有争议的论点,配备了一套设备。尽管规范科学为一种科学的社会学没有提供基础,但它却的确有助于我所在意的那种研究,因为一种更“专业的”研究可能会迷惑我们,这样的话,要从原初的认识论现象中分散出我们的注意力,首先就必须在它们的“自然”设置中理解它们。

我推荐“常规科学”并不是为了吸引常识意识,而是要对与社会科学方法论联系在一起的特殊的认识论地位保持一种无差异的指向。因为那些认识论的话题既是主题性对象,又是分析性的“仪器”,要想唯一适用(在早些时候勾画的意义上),任何分析必须受制于某种“双重的透明性”。例如,经过检验的“描述了一个对象的表面或者给出对这个对象的测量的”语言游戏,必须是读者认可的透明性的,并且这种透明性必须被主题化。关于说明的激进的反身性问题,不仅在于通过各种累退性地暗指“观察自己的观察”,而且在于把行为的透明性置于一种描述构造的检验之下,这种描述构造促成对一种行为的“恰当的”再生产。

为了参与这种双重的透明性,一个描述必须既能促进一个直觉上认可的行为的实际的再生产,又能够提供关于这个行为操作的透明性细节的一个备忘式索引。这两种透明性都会崩溃为一个单独的文本(就像图 7.1 中那样),但是,一旦呈现为一种读解的过程,它们就变成独特的“指导性的”瞬间。针对这种原始的自然科学的参照点,不是一种普遍的意识或者一种专家的专业共同体,而是一种广泛的和变化的能力组合,这种能力组合是我们“已经”得到的,但又是易于进一步指导和明晰的东西。通过推荐常规科学,我并不是要主张一种“轻松的”或者“容易的”常人方法论研究;反倒是,我的意思是把重担从一种先验的一般方法论上转移到与明白易懂的背景相一致的单独的“唯一适用”方法的要求上来。这无论如何不是一个轻松的要求。

【306】 (7) 把“发现过程”追溯到经典文献中。[1]认识论话题是集合起来的规

〔1〕 这是我在此勾画的纲领的最终的观点,但是它并不必然是这个游戏的终结。我所提出的是一种开始走出一种学术篱藩的方法。常人方法论的一种更“高级的课程”还要为这样的可能性投入更多的精力,即跳出一种常人方法论研究与其他实践研究之间的实用的交换,发展一种“杂交”的学科。为了能够对这样的可能性给出更严肃的考量,我将努力跑在这本书开始的地方的前面。(cf. Garfinkel et al, “Respecifying the work of the natural science”)

则,但却是对认识论话题的情境性呈现的"发现";这种发现对于观察、测量等的经典的认识论和方法论的版本,具有区分性和治疗性的蕴含。关于"区分性蕴含",我的意思是,当维特根斯坦断言促成证明的再生产的东西不是任何像对颜色的阴影或者一种手写文本那样精确地再生产时[1],他所传递出的那种信息。尽管就像第六章所提出的那样,我们可以把对行为的指导性复制言说为一种基本的社会"分子",但是维特根斯坦告诫我们,例如,从一个证明陈述那里产生的对证明的复制与从一个草稿那里再生产一个剧本或者从一个乐谱那里再生产一个交响乐不是"同样"的东西。这些生活世界对的每一个都是在一种"发源地(home terrain)"上产生出来的。就其自身而言,这并不是非常深刻的课题,但是,在维特根斯坦批判性地把它与哲学中长期存在的谜团联系起来的方式中,它就变成了深刻的课题。

对认识论问题抱有兴趣的各种领域的研究,类似的课题都会出现。在不同的环境下完成的关于观察、表征以及社会结构再生产的众多方面的详细目录,对于任何一般性的理论、方法论或者认识论都会产生巨大的麻烦。这些一般性的理论、方法论或者认识论断言:我们称之为"表征"的那种东西是过程的单独种类,或者"社会结构的再生产"可以被一种学习的特定图式或者国际化所囊括。这似乎不是很靠谱。但是如果我们想像我们的社会理论家,不是晚近一些时候的牛顿们,而是使用与地球、空气、火和水的中世纪四重表类比的分类机(categorical machineries)的宇宙学家,那么这一点似乎就颇有前景了。对于他们研究的任何主题,其任务就是决定"哪一个是"。通过提出对理论的类别进行区分,我没有意图把"火"的社会对等物分割为更细小的区分,而是要寻求一种更恰切的框架。

我主张一种对认识论话题的经验性研究,但是,与其说是引导一种对认识论中的核心术语更精确的界定,不如说其作用是对认识论框架的一种取代。与其说通过比较经验性案例并且展示这些案例中的共同之点去尝试界定,例如,"表征"或者"测量",不如说我所勾画的纲领似乎更适合那种对要建造一般性模式并且发展跨越情境的规范性标准的所有努力的颠覆。

---

[1] Wittgenstein, *Remarks on the Foundation of Mathematics*, pt. 3. sec. 1.

但是，尽管这种否定在一定程度上可能具有无政府主义的外表，它还是丢
【307】失了蕴含在我刻画认识论话题的方式中的一些东西。我并没有说认识论话题是“空洞的语词”，我也没有否认对它们使用的一般性（尽管我质疑对它们给予恰切的一般性定义的可能性）。

可能会说像表征和观察这些术语是“有用的含混”〔1〕。作为一种通用语言（lingua franca）的组成部分，它们允许一种弥漫着深度的相互误解的讨论方式；它们提供跨学科对话的始点、名义上的约束、文字段落的顿点和文字逃跑的出口。当它们作为一种一般性的理论要素被使用时，当它们从有用的含混退化为一种“纯粹的”含混时，这些认识论话题会招致灾难。但是，当被认为是开始和终止科学实践的一个讨论的重要场所时，它们的非常的含混就变成一个不可替代的资源。回想一下常人方法论，“索引性”远非一个认识论问题，在科学的语言游戏中认识论话题的索引性作用变得远非仅仅是含混和不确定性的资源，它们变成了研究“索引性表述的理性特征”的主题。

当社会科学家宣告新纲领时，他们经常助长那种幻觉，即每一个读者都会被说服，沉浸到他或者她已经在做的事情以便接受正在需要的那种经验研究。在常人方法论中，一个越具偏见的观点就越是切合实际：它不是“适应每一个人”。萨克斯曾经这样开始一次他的本科生课堂教学：告诉那些第一天到课的学生，在他们决定这个课程是否是“适合他们的”之前，他们要花几个小时时间观看一个日常对话的录像带（萨克斯提供磁带和设备）。也许这是削减注册上这门课程的学生人数的一个设计，但是，它明确地承认，萨克斯的研究项目仅仅对于那些在生活中有先前“准备”的、对这类现象感兴趣的学生那里才有回响。萨克斯的设计对于招募新成员是一个可靠的策略，但对于致力于一种“普遍的”科学（或政治学）的社会科学家来说，似乎一定是沮丧的，甚至更糟，因为常人方法论对解决社会问题、推动革命性变迁、矫正常识错误或者对城市变迁如何与历史关联获得一种更具纲领性的观点等，不会提出当下的展望。

我着了迷地相信，我所勾画的纲领将被许多我的同行者所接受。它绝

〔1〕 这一点与 Garfinkel 关于一般社会学概念的“特别的含糊”特性相近。

对不是为了实现发展一种规范的社会科学的目标，不是对技科学的霸权组织的一种政治化的进攻或者用专家的知识启蒙大众。那么，它的益处何在？为什么有人对做这些事情有兴趣？对这样的问题，我不能给出直接的回答。对此，我特别想鲁莽或者无礼地撇开这个问题说，"如果你读到现在还是不明白，那我还有什么可说的呢？"或者"常人方法论是针对那些已经进入其中的人的"〔1〕。但是，这样做会有损于承认这个问题的严肃性。接近这个问题的直接的路径将是对"经典的"认识论主题在人文学科中既作为宏大主题，又深存方法论忧虑，以及它们不间断地处在讨论和无穷无尽的技术修补之中的现存状态进行反思。【308】

常人方法论研究的吸引力或许在以下情况时能够得到最好的理解：当一个学生（或者有过几十年学术研究经历的老者）在他或者她的研究中陷入困局的时候，例如，当一个从事科学研究的学生对于发生在实在论和建构论之间来来回回的同样的无尽头的观点的持续争论变得厌烦的时候；当一个数量社会学家到达这样一点，即任何数量的专业完善都无法满足其解决测量与社会现象之间的有效对应问题的时候；当一个"话语分析"的支持者因为在一个人尝试进行情境分析时，"标记"和"意义"的经典定义为其提供了无实质意义的指导而变得挫败的时候；或者当一个谈话分析的支持者得出结论：他在这个领域的新近发现与这个领域曾经呈现的希望相比似乎显得极为贫乏的时候。

对科学的一种后分析研究最好能够设想为作为人文科学领域的一门研究生课程，不是在传输比学生先前所学的更艰深或者更专业的知识体的意义上，而是在要求一种不同种类的知识准备的意义上，即把熟悉和挫败与经典的学术研究结合为社会科学课程和人文课程的最基础、最有意义的主题。尽管我所建议的这类研究不能承诺去解决前述讨论中产生的那些问题或者打破前述讨论中出现的困局，但是它的确预示着从一种不同角度"审视"它们的路径。

---

〔1〕 这后一个回答重述了某种 Garfinkel 在 UCLA 的高级研讨班上说的什么东西(1976)。实际上，并不是一个坏的回答。

结　语

【309】　常人方法论和科学社会学已经发展出一种对科学史、科学哲学和科学社会学既往所推动科学的经典版本的激进的替代，但是它们的潜力一直被熟悉的认识论的倾向所扭曲。两个纲领都被内部的矛盾、未完成的纲领、半生半熟的思想以及无休无止的争吵所撕裂。我不能指望仅仅通过写这本书使得事情走向正轨，但是，也许我已经成功地指出了存在的问题在哪里以及为厘清这些问题我们可以做些什么。一次又一次，我们通过努力去确保那种促使一个社会学分析看起来超越了平俗的语言和从事研究的共同体的认识论信奉的那种优势地位，相应地，我们的这些研究纲领一直抑制着其激进的潜质。〔1〕我所讨论和批判的各种分析立场如下：

- 曼海姆的一般的意识形态的非评价性总体概念。
- 布鲁尔关于解释的反身性的“科学的”纲领。
- 拉拖尔和伍尔伽对不受“部落术语”污染的一种分析语言的研究。
- 在研究“主题”和方法论“资源”间作出区分的原型常人方法论研究。

〔1〕在科学的社会研究中，激进是一个相当滑稽的术语，因为它的意思既可以是指向西方科学的一种政治性的批判锋芒，也可以是对实证主义、实在论和理性形而上学的一种反对。常人方法论所持有的激进主义不是所有这些。不是去寻求使现代科学的既有状况问题化或者改变这种状况的“基础”原音或者基础，常人方法论试图去取代社会学的统一的理论和方法论大厦，同时把社会秩序中存在的“问题”消解为无数的地方性活动。常人方法论的这种煽动性作用在主要部分一直限于社会科学和交往科学的范围内的争论。Garfinkel 的工作，提出研究日常活动的“常规性基础”的主题（Studies in Ethnomethodology［Englewood Cliff，NJ：Prentice3-Hall，1967］pp. 35. ff），也提供了关于社会秩序的激进的谱系。

● 对平俗直觉和专业分析之间谈话分析性区别的研究。

● 作为揭示每一个科学领域“核心活动”的一种方法的迦芬克尔的唯一适用性要求的阐释。

在上述每一个情形中，都有建立一种分析纲领的努力，这种分析纲领获得独立于其成员进行观察、描述、解释、表征或者其他参与实际活动的方式。在每一个情形中，社会科学的模型和方法都提供了分析与解释科学活 【310】
动和日常活动的“本质内容”的方式。这一点通过把实际的活动转换为各种标记的可分离的构成而实现。这些各种标记的可分离的构成会融入相似案例的集合、语境描述、模拟物、地图、案例、档案记录以及其他文本。只要我把它们进行来自常人方法论的(见第四章)叫做“基本课程”的说明，即，社会学中不会有任何一种“外在于”所研究的实际活动领域的可理解的理论立场，这类分析纲领就成为问题。即便是没有更多地受惠于一种全面性的理论、使用样本、档案和编码进行“归纳的”或者“经验主义”的社会分析纲领，这些分析纲领也会把地方性的表述重构为各种去情境化的表征。

那么，这种替代究竟是什么？一种关于实际行为的无根据的科学要完全使熟知的科学崩溃为常识吗？一种超级归纳主义的社会学要依赖于一种对成员的不受中介文献影响的生活世界的“直接的”担忧吗？要对作为一种领域的社会理论放弃吗？不，我所建议的是一种纲领性的失忆：对梦想建立一个关于社会的一般性科学的“忘记”。代替它的是，我提出一种“原始的自然科学”(一种没有学科自负的“常规科学”)，它使熟知的认识论主题与一种深思熟虑地“潜在建造的”方法论友好相处。在推荐这样的一个纲领的同时，我还会劝导我们要忘记对一种科学的未来的所有预期。我牢记在心的那种原始的自然科学无论如何不是一种注定会变成自然科学的自然哲学。反倒是，它保留着对这样的可能性的开放，即对像观察、描述和解释这样的“认识论话题”(在认识论的通用语言中的名义上的主题)的检验将使我们相信，关于人类行为的自然的观察的科学不大可能曾经发明过。

在那些忘却的事物中有这样的一个思想，即社会学是一种“欠发达的科学”，在它变得充分地“工业化”之前，它还需要更多的时间(或者一种技术和资本的融合)。为应对这种倾向，我们应该考虑那种相反的可能性，即社会学越是变得工业化(例如,严格、资助稳固、标准化、累积的、公共政策关联的以及科层式管理的),越是会变得更少趣味性和更难以忍受。同样的,我们应该忘记认识论,就是说,我们应该忘记“元理论”和“知识的理论”作为建造一种社会科学的前提。不仅仅如此,我们应该忘记知识是系统表达一门科学全部“内容”的一种恰切的方式。在对科学的各种研究中在“知识”标题下的许多东西都可以被分解为操作仪器、做实验工作、以文本形式展示观点或者证明。当“观察”被系统地表达为“作为某种技能以一种可靠
【311】的方式展示现象”时,在许多情形下,“观察”需要一个明确的,也许是更有限的角色。[1]于是,当被转译为各种实际活动和文本产物时,“知识”就变得更加有形和较少地固定一致。

对于许多读者来说,这些议题似乎要烧毁社会学的房子,同时又没有为我们中间那些真诚致力于设计一种对当下被误认为是文化知识和社会知识那种东西的强有力的和进步性的替代的人留下合法的居住空间。不过,这样的一个结论完全夸大了事件本身。我在这本书中使用的许多观点已经在周遭存在了很长时间,它们几乎没有阻止任何分析哲学家和社会科学家去追求传统的观点模式和学术模式。对于我来说,期待着去说服许多社会学家放弃一种科学社会的梦想将是不现实的,实际上是浮夸的。此外,我将不想去使他们相信他们的研究活动(例如,访谈、使用统计数据、参考档案、分析记录等)是没有价值的。

鉴于我这里所说的,我不想去争辩牢固的认识论“基础”的缺失意味着可理解性或者实际效用的缺失。说各种社会科学“仅仅是实践的”或者“仅仅是文本的”事业,那就回避了问题的实质,除此之外它们还是什么?与此同时,我绝对坚持我们应该憎恨那种鼓励与更加成功的科学描摹类比的社会学图景。我所建议的“忘记科学”于是就意味着:忘记按照(或者忘记让其他人相信你正在按照)一些一般的认识论图示去做的努力。这样的一个劝告特别适用于去研究我所讨论过的那些研究项目,因为科学知识社会学和常人方法论明确地建议去检验认识论主题。观察、表征、复制、测量以及

〔1〕 Ian Hacking, *Representing and Intervening* (Cambridge University Press, 1983), p. 167.

类似课题，在社会科学研究的目的和方法上所具有的“组织的地方性特性”没有什么不同于通过这种研究所解释和描述的外行的和专业的活动。但是，我远非认为认识论的主题是普遍地“成问题的”，这样的一种课题鼓励我们去检验这些活动在其发生的位置上是如何完成的。

非科学的和后分析的对科学的研究

这本书几乎是引起全面的争议、并且仅仅是纲领性的，读者们可能会倾向于发问，为什么不简单地进行经验性工作？无论是常人方法论还是科学知识社会学都是具有高比例纲领成就的争端四起的领域〔1〕，伴随着关 【312】于认识论和方法论问题的不间断的论证，非常容易滋生急躁。尽管我总是尝试不去理会进行“原始的”经验研究的渴望，与此同时也总在设想着高学术背景的理论和文本批判，但我还是倾向于同意：这本书是不充分的，仅仅是纲领性的，仅仅是一个兑现期望的笔记，除非会有一些追随其后的经验性研究出现。在随后的工作中，我计划承担这样一个任务，但是我在这里提出的大量的工作已经有人做了。在相当的程度上，我提出了一种扩展各种发端的一种方式，这些发端已经在相当大的研究范围内得到呈现。

就像在第七章提及的那样，我在这里勾画的纲领在很大程度上是一个否定性的纲领。在承认这一点的同时，我也要强调，基于社会科学的当下状态，这样的一种否定性会是一种“治疗性的”或者甚至是“解放性的”。如果我们推断社会科学处在强有力的轨道上，那么即便在“正确的轨道”没有被确认存在的时候，否定性依旧具有它的位置。

在这本书中，我批判了各种各样的分析运动，社会科学家们通过这种运动使得他们关于日常活动和科学活动的版本权威化，而我所主张的一种“后分析”的研究纲领，可能会继续那种熟悉的认识论主题的研究。这种后的前缀意味着其与现在在人文学科和社会科学领域流行的后结构主义和

〔1〕 Stephen Turner, *Sociological Explanation as Translation* (Cambridge University Press, 1980), p.4.

后现代主义的联系。尽管我倾向于回避经常被那种"后现代状况"的分析家促成的关于巨大的历史"时代"的包罗万象的观点，我还是在后的展现中发现了某种意义。后不同于反，后意味着在"之后"的某种取代，而不是某种反对。这个术语有一个前缀。直接的反对和转换被某种"自由运动"所取代。一种后现代建筑在各种现代风格的建筑的争斗中获得生存，同时保留着与早先的建筑风格的一种反讽的关联。

倡导后分析的对科学的研究，我并不是否认分析，而是建议一种对已经完成了的分析的回顾式的关联。对于科学社会学、科学史以及对科学的常人方法论研究来说，这样的一个定位是独特的。对科学的研究预先设定了它们
【313】的主题〔1〕，以及与之相伴随的既成的相关的主题：理论、观察、描述、复制、测量、实验、理性、表征以及解释。社会学和历史学分析本身要求一种与既成的先前主题的关联，并且在有学问的无知的策略下，所分析的"知识"或者"信念"被认定为是熟知的，但在某种程度上是尚未知的或者尚不清楚的。除此之外，分析对于其主题将有一种纯粹的指示性关联："瞧！看！这就是！"

对于一种培根式的纲领，科学的分析同那种部落共同体和部落共同体的常规关系的地方性联系在一起的、不清晰的、具有偏见的、利益导向的、片面的知识，形成鲜明的对比。当社会学家们尝试研究一个或者另外一个"部落"的科学家所持有的内生的"信念"时，他们面对着一个困难的问题，因为在成员间的平俗的利益和信念之间的任何不可通约性，以及社会学家对这些信念资源的更全面的解释，建立起一种超越了其所言说的东西，从而代表着"科学"的利益的竞争。尽管科学知识社会学家声称对于特定的自然科学的理论和事实的正确性具有公正性的判断，但是带有被关在"黑箱"(被社会学研究的集体无意识重新打开的那种)内的这些理论和事实中内生的争议性或者不确定性特性的分析性观点就与这些理论或者事实被接受的"部落信念"直接发生冲突，因为这些"部落信念"具有替代任何"理

〔1〕 即便是社会学家强调科学是成问题的(在科学本质上区别于"非科学"的意义上)，他们也没有质疑科学的社会的、实际的和修辞性的功用。的确，在讨论科学这个论题时，他们承认"它"的居先存在。很难给出一个单独恰切的"科学"的定义并不意味着"它"不能够被认识、被操作、具体地被讨论。

性的东西”的优越性。

因为社会学被广泛地认为(甚至许多社会学家也这样认为)是一个弱的、欠发达的学科(或者,仁慈一点说,仅仅是披着行话外衣的“常识”),在具体的活动参与者和社会学家各自对粒子物理学或者生物化学“内容”的说明之间的任何竞争,都会在赞同相关的自然科学家观点的“科学的基础上”得到解决。除了断定社会学(或者社会历史)是一种能够理解专业科学家的观点并把它们纳入一个更大的解释图景的“超科学”之外,去做这样的思考或许是合情合理的,即是否可能不主张科学的权威而去研究科学的活动。

我已经强调过,这样的一种“非科学的”研究已经通过常人方法论对维特根斯坦的哲学研究的典范性“扩展”得到发展。维特根斯坦对其所声称的研究的处理,既不是解释性的,也不是基于科学方法的,而是基于语言使用者共同体对日常语言的直觉性熟悉。他不是提出一种语言学,而是提出一种“推理”如何具体存在于一种共同语言的公共使用中的证明方法。常人方法论通过设计各种程序扩展了维特根斯坦的语言研究,这些程序基于平常生活中实际使用的明白易懂的案例以及更加具体化的环境,提供“成员的直觉”。

在谈话分析的支持者们想象他们已经确保了一种经验性科学的时候,这 【314】
种研究性程序转入谈话分析的边缘。不是把对磁带录制的谈话的收集、转译以及系统性的审查视为对具体存在于日常活动中的公共理解的一种反身性解释的协助,一些著名的谈话分析通过他们的专业分析与平俗直觉的对比而混淆了问题。在此之后,谈话分析把它们的命运拉向这样的道路,即作为一种新的社会的科学的纲领,它是成功还是失败。这样的纲领开始背离常人方法论,尽管它还在为承认方法论研究提供着既成的案例。[1]

〔1〕 鉴于常人方法论和谈话分析的那种历史性的关联,考虑到这样一个事实,即谈话分析无论如何不是一个温和的话语研究,只能认为谈话分析是与常人方法论研究相关的并且是挑战性的事例。由于它比物理学更接近人体,谈话分析似乎最好是与常人方法论研究“杂交化”的后继者。然而,建造(重建)常人方法论/谈话分析的一种杂合体的潜在的东西由于这样的一个事实变得复杂,即这个杂合体(代表着20世纪60年代晚期Garfinkel和Sacks的合作)现如今已经擦肩而过,它需要经过现存的并且是纷争的常人方法论/谈话分析参与者的共同体(其中一些人对于这种杂合体有其自己的设计)的批判性介入,才能重新焕发活力。

一种后分析的常人方法论开始于一种对分析的观点以及舒茨式的在科学的理论化态度和“非反思性”成员的自然态度之间对比的一种反讽式的欣赏。[1] 这种反讽涉及的是:研究一个前科学的生活世界中秩序的内生产物的一个“激进的”尝试,如何演变为对一种社会科学的优越地位的另一种索偿。言说这样的反讽是要表达一种“戏谑的”承认,即常人方法论没能产生一种关于人类行为的自然的观察的科学:“对于所有的人,为什么常人方法论者会认为他们可以做到那样?”远非预先设置了一种对常人方法论的拒绝或者一种对曾经在常人方法论者那里鲜活、激进的原初力量的怀疑性的超脱,这样的反讽激发了一种复活那些旧有的原初力量的谨慎的尝试。这并不必然意味着返回一种“经典的”或者“基础性的”文本或纲领,因为对于常人方法论而言不会有内在一致的基础。需要做的是把新的生命注入原有的议程。

在本书中,我通过常人方法论与一种批判性地大修过的科学知识社会学结伴,来提出这种注入。尽管科学社会学一直鼓励它们的充斥着大量科学主义(或者某种变种,符指过程——标记的一种形而上学的膨胀)的分析,但是它们的历史案例研究和人种学研究已经非常有效地挑战了关于
【315】“男人”的科学的尊贵的版本和实践,这种实践曾经给予社会科学中颇受推崇的那种寄生的方法论如此强烈的激励。与对认识论大厦的各种各样(通常是误导的)后现代攻击并行,科学社会学的成功为复活一种激进的常人方法论提供了一种历史性的环境。舒茨和早期的常人方法论者曾经没有选择,只能尝试用“科学的”术语为他们的研究辩护,这一点现在已经不再必要。现在已经可能进行研究,而不必首先划定一种方法论基础,不必承受令人难堪的“非科学性”的谴责。现在已经可能(尽管也许是有倾向性地)说:这样的谴责基于一种错误的关于科学的概念。

[1] 这里的“反讽”不是那种对一个人说些什么和实际做些什么之间的差异进行利用(例如,一些反讽性的主题在许多科学的社会学研究中发现,说科学家实际做的不同于他们在报告中报告的),反倒是,它更具有一种回溯式的色彩,承认而不是谴责一个设计很好的奋斗如何成功地再造了一个曾经是与之对抗的变种。

日常且有秩序的科学

一种后分析的常人方法论，像各种其他后启蒙议题迅速演变为社会科学和人文科学中冗长的对话主题一样，面对着如何使“日常生活”走出科学和科学理性的遮蔽问题。尽管就像早先提及的那样，后这个前缀意味着某种不仅仅是情绪性对抗的东西，而这一点在“西方科学”的当代批判中也经常被忽视。代表着隶属性知识、叙事知识、边缘化话语、常识推理或者被鄙视的“非理性”的对科学的反抗，如今趋向于在当下关于统一的科学的“过时的”框架中勾勒出其中的问题。

那种政治性的、认识论的压制，把“科学”视为具有内在的理性，把科学家视为掌握自然的概念、掌握由一种实证主义认识论所支配的自身活动的概念的形而上学家。当提出在实践中、在原初的状态，工程师就是修补匠的一种，科学家就是一个常人方法论者时，这样的一个科学图景就消解了。来自常人方法论和新的科学社会学的禁令是“停止谈论科学！去到一个实验室——任何一个实验室——闲逛一下，听一下谈话，观察一下技师的工作，请他们解释为什么这样做，阅读他们的笔记，当他们检查数据时注意他们说些什么，观察他们如何移动设备！”尽管这样的一个经历会对一个社会科学家希望如何确认(更不用说解释)另外一个学科的厚重的专业惯例中在进行着什么引起无数的怀疑，但是要回答这样的问题还是足够的，“你看到了任何的随机组合、日常的讲述以及情境性行为之外的东西吗?”于是，【316】科学和专业理性的幽灵很可能就消解为无数的具体惯例和多种多样的语言游戏，没有任何一个独具“科学性”。〔1〕

经常争论的是，对科学以及对所有科学所产生的经典探究的常人方法论的消解，是一种方法论的错误的产物。几乎是在第一个实验室研究兴起的即刻，一种反禁令就出现：“从特定的实验室项目的琐屑的细节和混乱中

〔1〕 当精细地描述时，像“通过血管灌注而固定”这样的技术，在大量的方法中无疑是唯一的，对于使用这个或者那个技术的变种的学科是唯一的，对于涉及手边的项目的精细的刻画是唯一的。这样产生的技术并不是唯一地针对科学，技术的各种各样的变化同样被用作“产业”的组成。

退出去;关掉录音机;仔细看看相互组织、合作和军事赞助的链条,科学文本的修辞,相互组织的网络,跨地域的共同体以及长跨度的历史。"[1]

"旧的"科学社会学的既成的主题和问题(文献性网络,相互组织的链条,规范,文化,体制化)回到一种分析性重构的修正主义模型。可以推测,通过检查特定的实验室项目表面上看来混乱的细节来寻找科学是一个错误,因为科学仅仅在分析得更加整体的层面解决自身的问题[2]。在对科学的研究中,这样的一种观点已经司空见惯,即,对"在工作的一些人"进行封闭的观察不能说明这个工作如何被提升到"创新"的地位,或者降低到
【317】"失败"的地位或者索性被忽视。我们经常被告知很有必要"向外看",超越实验室的大墙透过事件的网络航行。这种向外看的目的是要解释实验室的混沌如何在"建构"的一种历史性和体制性可能过程的尺度上转换为科学的秩序。[3]

很容易理解,从一种对"混乱的"和"无序的"实验室工作的实践的直接的日常科学干预中撤退出来,支持历史性和体制性分析的既成模式,具有

---

〔1〕 许多"新"社会学和科学的人类学研究的支持者,对这种责难的表述要更加火爆。例如,参见 Karin Knorr-Cetina,"The ethnographic study of scientific work: Toward a constructivist interpretation of science ", pp. 115 - 140, in K. Knorr-Cetina and Michael Mulkay, des, *Science Observed: Perspectives on the Social Studies of Science* (London: Sage, 1984); Latour, "Give me a laboratory and I will raise the world ", pp. 141 - 170, in Science Observed; Latour, "Will the last person to leave the social studies of science please turn on the tape-recorder?", *Social Studies of Science*, 16(1991): 541 - 548.

〔2〕 在对科学的社会研究中,这样说已经成为一种惯例,即 Latour, Knorr-Cetina 以及其他人已经对实验室进行了足够多的访问,现在我们必须做的是:要挑战通过涉及实验室"大墙之外"的事件和社会结构对科学家的"微观"行为的解释。例如,参见 William Lynch and Ellsworth Fuhrman, "Recovering and expanding the normative: Marx and the new sociology of scientific knowledge", *Science, Technology, and Human Values*, 16(1991):233 - 248。这样的一些提议旨在恢复那种一度遭到常人方法论研究和科学知识社会学研究反对的多变量分析,他们忽视了密切地介入科学的实践的一个最基本的动机。这里的要点不是要把实验室科学家的"观察"与一个更综合的社会学研究"框架"联系在一起,它只是想撼动一下已经渗透在社会学中的关于科学、方法、观察以及解释得让人疲倦的假定。这并不是要否认实验室深深地依赖于基金、公共支持以及类似的东西。例如,参见 Chandra Mukerji, A Fragile Power: Scientists and the State (Princeton, NJ: Princeton University Press, 1990); and Michael Dennis, "Accounting for research: new histories of corporate laboratories and the social history of American science", *Social Studies of Science*, 17(1987):479 - 518。它更是想坚持一种不同于把综合性的术语集结起来研究实际活动的对实际活动的研究导向。

〔3〕 这条线索上的最有影响力的概括性陈述是 Latour 的 *Science in Action* (Cambridge, MA: Harvard University Press, 1987)。

理论上、纲领上和专业上的理由。对于许多社会学家的目的来说,与拉拖尔称谓的“既成的科学”的方法与逻辑的“纯化”说明之间的对比,足以把实验室和实验室活动界定为“混乱”。

这种混乱与科学研究的纯化产物之间的对比很好地支持了这样的思想,即科学的社会建构是在“超越了”实验室范围的组织层面上运作的,但是对混乱的实验室工作的特征化本身则招致大量的问题。在混乱中没有秩序吗?[1]“社会建构”意味着自由的、蓄意的以及不受约束的“发明”和“制作”吗?像任何其他有组织的活动一样,说科学是包含着对索引性表述、随机组合、特设活动、即兴创作、说服、或然性判断、修补仪器等这样的一个可证明的“事实”,能够阻止我们说科学事业产生稳定的、可复制的事实和高度可靠的程序吗?一旦我们同意,绝对的确定性对于确定科学的程序或者科学的事实并不是一个有意义的标准,说实际的科学活动无法达到那样的标准便不再能够揭示任何东西了。说所声称的标准无法“使人遗忘”科学家所做的事情倒是更有意义。关键性的靶子,如果有的话,是指向科学的神性教条的逐渐衰微的前景,而不是合理性、效力、秩序和实际科学活动的稳定性。

远非终结了关于科学探究的理性和自然基础的争论,实验室研究和新的科学历史编纂学促进了关于合理性的争论从理性、认知和逻辑的领域到实践、书写和仪器操作的领域的转移。说最具体的实验室研究已经描述了自然科学研究的“内容”已经是受到质疑的了,更不用说其已经解释了这样的“内容”;说这样的研究有足够的信心争辩“实际的”科学活动不能“内在地”证明自身,同样是遭受质疑的。对“新的”知识社会学的批判经常强调 【318】
其赞成在决定科学发现中“自然”和“认知”角色的作用,还赞成对在怀疑论

〔1〕 Bruno Latour and Steve Woolgar (*Laboratory Life*: *The Social Construction of Scientific Facts*[London:Sage,1979. Princeton,NJ: Princeton University Press,1986],p. 33)除了他们建构的集体性完成和成就的铭写模式之外,他们的观点接近于关于知觉的实用主义版本(对于建构知觉秩序,反对一种“原初的模糊的混淆”)。他们对原初的混沌状况的说明,完全是形而上学的,它要求我们想象,科学家们在一个并非已经充斥着意义、可理解性和熟悉性的世界,开始他们的研究项目。

处理中产生的非决定性问题和理论负载问题的实际解决的重要性。[1]这些议题有时重弹反对哲学相对主义的老调,典型地体现在它们对科学社会学中对特殊性和多样性的研究表示忏悔,但是对于实际的实验室研究产生了“非常混乱”的观点,它们也的确提出了严肃的质疑。

“实际的”活动究竟意味着什么并不总是明显的,但是在实验室研究中所使用的术语的意义上这一点是清楚的,即反对事后的说明;“实际的”科学活动是物质的、具体的、真实时间中的成就。在这样的刻画中存在着某种幼稚,因为,每当它们描述“实际的”科学活动以及其他事后说明本身就是这些活动的“物质性呈现”的具体特征时,它们忽视了那种社会学家构造的事后说明。尽管如此,对科学研究的参与者们还是几乎没有麻烦地发现了“实际的”科学活动运作的地方。这类地方充斥在具体的活动中,在其中仪器和样本可触摸地呈现着;它们是科学的任务言说、书写和读解运作的场所。但是,问题还保留着:科学活动的生活世界内在地是混乱和无序的吗?

把科学工作场所刻画为一种实际的和认知的泥沼,非常契合一种通过寻找“超越”实验室的解释性要素寻求科学事实和科学描述的“显在”秩序的纲领。但是,如果实验室研究的经验性发现自身遭受到视其为混乱的、支离破碎的、总体上是纲领性的挑战,那么,把这些发现纳入“更大的技科学领域”的更具抱负的模型就显得为时过早。尽管其正在挑战科学观察、科学描述、科学解释等的先前的版本,但是除非这类挑战被成功地搁置一旁,否则我们只能得出结论:科学社会学不能保证其自身对观察、描述、解释的科学的权威。

与其说建议科学社会学要求助于既限制了其探究领域又给予其方法
【319】的权威性的科学和自然的图景,不如说我强调维特根斯坦和常人方法论提供了一种避免实在论与建构论争论的新颖的路径。就像在第五章我所陈述的那样,常人方法论者研究“索引性表述和索引性行为的理性特征”。这就意味着,远非是在秩序构建中产生出的混沌,在实验室中实际行为的地

〔1〕 参见 Stephen Cole, *Making Science: Between Nature and Society* (Cambridge, MA: Harvard University Press, 1990); and Peter Galison, *How Experiments End* (Princeton, NJ: Princeton University Press, 1987).

方性的组织化和反身性的细节是有序的和可描述的。

在萨克斯的早期文章中表述过那种把地方性活动说明为混乱和无序的勉强。在其中他怀疑一种在社会科学中广泛流行的思想,即不首先孤立相关的变量和控制无关变化的资源来研究人类行为的“自然发生”将是不会有结果的。[1]萨克斯强调,不应该认为单个的对话是“很好地被安排的”,而要认为这种秩序在相互作用的瞬时性产物中的“所有位点上”都可以发现;并且,最为重要的是,单个行为的可理解性对于作为社会性组织起来的行为的产物来说是内生性的。相应地,通过提出实验室(或者其他任何可辨识的设置)的专业性工作要对把原初的混沌转化为秩序负责,并对这类活动进行说明,将是无意义的。对于萨克斯和常人方法论者来说,对人类行为的任何观察或者描述都与行为在其中发生的高度有序的行为构成密切相关;对“行为”和“语境”在其中反身性地得到刻画的单个的“游戏运动”的说明,没有出口。

尽管我倡导常人方法论是走出知识社会学面对的一些困境的方法,我依旧非常谨慎地不把常人方法论推荐为能够对认识论的相关现象产生上乘分析的一种新生的科学的纲领。建造一种社会科学的压力是巨大的,可以理解,为什么新的研究纲领的热衷者想去建造一种关于科学的抽象的版本以便能够使他们的工作权威化和合法化。鉴于经常被强调的事实,即科学社会学的维护者总是倾向于指责它们是具有“非科学性”的异端的运动,想避免呼吁科学方法的权威以便能够承受这种指责的一种倾向就变得非常困难。然而,在这本书中,我主张悬置对科学和科学方法的一般性界定的使用,这种界定假设性地把科学和科学方法视为一种社会科学研究的“基础”。尽管这样做一开始就可能会显现出一种没有希望的“弱”势(一种没有方法论基础并且没有科学的权威性观点的研究),但我还是强调:这正是对在所有的社会科学和人文学科中发生的一种统一的科学思想的质疑所需要的那种东西。

---

〔1〕 Harvey Sacks, “Sociological description”, *Berkley Journal of Sociology*, 8(1963):1-16; Sacks, “On sampling and subjectivity” (Lecture 33, spring 1966), pp. 483-488, in Sacks. *Lecture in Conversation*, vol. 1. G. Jefferson, ed (Oxford: Blackwell, 1992).

人名索引

主 题 索 引